U0944457

本书出版得到了国家自然科学基金重点项目（40930845）、国家油气重大专项课题（2011ZX05026-004-06）、国家基础科学研究973项目（2015CB251201）、国际科技合作计划项目（2010DFA21740）和国家科学技术学术著作出版基金的资助

天然气水合物丛书

天然气水合物地质概论

吴时国　王秀娟　陈端新　王志君　等◎著

科学出版社
北京

内　容　简　介

本书总结了天然气水合物国内外研究的最新进展，系统地介绍了天然气水合物形成的地质理论。针对我国南海海域，建立了一套估算无井和有井地区天然气水合物饱和度的方法，阐述了天然气水合物富集机理，并对南海天然气水合物进行了远景资源评价。

本书是天然气水合物研究的系统总结，无论是基础理论的创新，还是对勘探实例的分析都有独到的见解，可为天然气水合物的研究工作者和地质专业学生，以及对新能源有兴趣的读者提供有价值的参考。

图书在版编目(CIP)数据

天然气水合物地质概论／吴时国等著．—北京：科学出版社，2015.5
(天然气水合物丛书)
ISBN　978-7-03-043659-7

Ⅰ．①天…　Ⅱ．①吴…　Ⅲ．①天然气水合物-石油天然气地质-概论
Ⅳ．①P618.13

中国版本图书馆 CIP 数据核字(2015)第 046232 号

责任编辑：李　敏　周　杰　王　倩／责任校对：钟　洋
责任印制：徐晓晨／封面设计：铭轩堂

科学出版社出版
北京东黄城根北街 16 号
邮政编码：100717
http://www.sciencep.com
北京虎彩文化传播有限公司印刷
科学出版社发行　各地新华书店经销
*
2015 年 5 月第　一　版　开本：720×1000 1/16
2017 年 1 月第三次印刷　印张：20 1/4
字数：510 000

定价：380.00 元
（如有印装质量问题，我社负责调换）

天然气水合物是一种清洁高效的能源，被认为是21世纪的替代能源。天然气水合物对油气勘探开发、天然气传输又有灾难性的影响，如在天然气传输中常见到水合物堵塞现象，天然气水合物的分解可能引发海底天然气的快速释放和沉积层液化，导致海底滑坡、海啸等灾害，对海洋工程造成毁灭性的破坏。其分解产生的甲烷作为一种主要的温室气体，可能对全球气候变化以及海洋生态环境产生重大影响。因此，天然气水合物的资源潜力、有效利用及其与全球环境和海底地质灾害的关系研究，已经成为前沿科学研究的热点课题。

吴时国研究员及其研究团队是我国较早从事天然气水合物研究的队伍之一。吴时国2001年参加了有关天然气水合物的香山会议，其团队先后完成了中国科学院知识创新重要方向性项目，118专项综合研究项目子课题，国家自然科学基金重点项目，科技部973基础研究项目课题，科技部高技术863课题，科技部重要国际合作项目，国家油气重大专项子课题等一系列重要研究工作，开展了广泛的国际合作，取得了众多的创新科研成果，在东海冲绳海槽和南海北部天然气水合物探测中做出了应有的贡献。

2006年和2013年我国有关单位分别在神狐和东沙海域钻探到多种储集类型的天然气水合物样品，2014年7月在北京成功举办了第八届国际天然气水合物大会，由中国地质调查局组织指导的国家天然气水合物专项的顺利实施，推动了我国水合物研究的步伐。当前，吴时国、王秀娟、陈端新、王志君等4位同志撰写的《天然气水合物地质概论》一书出版，将有助于我国天然气水合物地质理论的讨论和发展。

《天然气水合物地质概论》一书是该团队十余年来有关天然气水合物研究工作的总结，在基础理论的创新和勘探实例的分析上都有可供参考的独到见解，该书可为天然气水合物的研究工作者和地质专业学生提供参考。

秦蕴珊

2015 年 4 月于青岛

前言

自 1998 年我到日本海洋研究开发机构（JAMSTEC）①开展日本南海海槽俯冲带地质研究工作初识天然气水合物的概念（以下简称“水合物”），至今已有十余载。十几年来，我对水合物研究的热情一直不减。2001 年，我满怀激情地参加了由金翔龙、汪集旸、秦蕴珊、汪品先等院士组织的香山科学技术会议；2003 年积极申请并承担了中国科学院资源环境与技术第一个重要方向性项目和国家水合物专项综合研究；2008 年成功申请了有关水合物的国家自然科学基金重点项目，经过多年的努力，对水合物的认识不断深入。然而，在水合物的研究道路上，也经历了 973 项目申请的失败，关于水合物的认知依然不足。幸运的是，虽在研究道路上历经曲折，但结识了不少良师益友，伴我走到了今天。

一分耕耘，一分收获，十几年来在学科组共同努力下，我们在水合物方面取得了骄人的研究成果，在 *Journal of Geophysical Research*、*Geophysics*、*Geofluids*、*Marine Geology*、*Marine and Petroleum Geology* 等国际著名刊物上发表了数十篇研究论文。这些研究成果是在与中国海洋石油总公司（以下简称中海油）及中国地质调查局共同开展研究工作过程中取得的。与他们合作，既提升了我们的研究水平，也促进了我们水合物的勘探实践经验积累。

国际上对水合物的研究忽冷忽热，跌宕起伏，尤其是水合物作为资源潜力到底有多大，备受争议。大多数政府、石油公司认为距离对水合物进行商业开发仍十分遥远，因此对水合物研究的投入不断减少，国内项目申请难度也不断增加。但学科组王秀娟、陈端新、孙启良等同志不放弃、不气馁，从资源评价、水合物海底滑坡，到水合物引起的全球变化，不断拓展水合物的研究范围。本书也是对我们的工作总结。

我们的研究水平仍十分有限。从今年 7 月在北京召开了第八届国际天然气水

① JAMSTEC：Japan Agency for Marine-Earth Science and Technology。

合物大会上，了解到同行的重大研究进展，我们备受鼓舞。科学是无止境的，因此，我们也想通过本书的出版，一方面加强与同行的交流，另一方面也激励自身努力赶上世界先进水平，勇攀水合物研究高峰，希望学科组出现更多、更好的成果。本书系统介绍天然气水合物成藏的地质条件，结合南海的具体实践，也给出了很多研究实例，希望能够对我们的水合物科学工作者、大学生和水合物爱好者有所裨益。

虽然许多人的名字没有出现在本书的封面上，但本书是学科组及合作伙伴的共同成果。特别感谢孙启良、徐宁、董冬冬、王大伟、钱进、李翠琳、张广旭、袁圣强、刘锋、孙运宝、王吉亮、秦芹、谢杨冰等同志的杰出贡献。特别感谢广州海洋地质调查局付少英博士、龚跃华博士对书稿在执行重点基金时的共同讨论和对我们研究工作的长期支持。衷心感谢中海石油研究总院［中海石油（中国）有限公司北京研究中心］首席工程师李清平博士的支持和帮助。

尽管我们在写作上力图突出重点、点面结合，注重理论与实际结合，但面对水合物涉及学科多、研究手段发展的日新月异，我们还是深感压力和挑战，本书的不足之处和缺点恳请读者批评指正。我们将本书呈奉给读者，希望借此抛砖引玉，引起更多对热心天然气水合物研究的同仁关注，使更多学子为之奋斗，共同推动这一迅速发展着的研究领域的不断深入，为我国的海洋科学事业发展添砖加瓦。

吴时国
2014 年 12 月

目　录

第1章 天然气水合物概况

天然气水合物作为一种新能源，已经引起了政府、各大公司和高等院校的广泛注意，他们纷纷开设相关研究部门和新能源学院以加强水合物方面的研究。有关水合物的概念、结构和机理及其在自然界的分布成为热点。本章将抛出对这些热点问题的评述，以便读者有一个总体认识，并进一步讨论。

1.1 天然气水合物概念及其研究意义

天然气水合物，简称水合物，又称“可燃冰”，是由水和天然气在高压低温环境条件下形成的冰态、结晶状笼形化合物（Paull and Dillon，2001；Sloan and Koh，2008）。它是自然界中天然气存在的一种特殊形式，主要分布在一定水深（通常>300m）的海底以下和永久冻土带。在自然界中，天然气水合物常常以甲烷水合物为主，其包络的气体以甲烷为主，与天然气组成非常相似，这种化合物具有小的分子质量，化学成分不稳定（即成分可变），可用通式$M \cdot nH_2O$表示，式中，M为水合物中的气体分子，n为水分子数。除此之外，还有其他单种气体水合物，虽存在着多种气体混合的水合物，但比较少见。在自然界发现的水合物多呈白色、淡黄色、琥珀色、暗褐色等轴状、层状、小针状结晶体或分散状结晶体。从目前所取得的岩芯样品来看，水合物主要以以下方式赋存：①以球粒状散布于细粒沉积物或岩石中；②占据粗粒沉积物或岩石粒间孔隙；③以固体形式填充在裂缝中；④出现在海底的块状水合物伴随少量沉积物（Lee and Collett，2009；Boswell and Collett，2011；Zhang et al.，2014）。

天然气水合物被认为是一种巨大的高效清洁能源。据研究人员估计，全球天然气水合物的资源总量换算成甲烷气体为$1.8\times10^{16}\sim2.1\times10^{16}m^3$，有机碳储量相当于全球已探明矿物燃料（煤炭、石油和天然气等）的两倍（Paull and Dillon，2001）。海洋天然气水合物资源量十分巨大，通常是陆地冻土带的100倍以上（Paull and Dillon，2001）。天然气水合物的显著特点是分布广、储量大、高密度、高热值，$1m^3$天然气水合物可以释放出$164m^3$甲烷气和$0.8m^3$水。因此，天然气水合物，特别是海洋天然气水合物被认为将是21世纪的替代能源。

与此同时，天然气水合物既是一种十分棘手的自然灾害（MacDonald，1990），又是一种十分有用的技术。水合物的分解可能引发海底天然气的快速释放，造成温室气体的增加；水合物分解使沉积层液化，导致海底滑坡（submarine landslide）、重力流和海啸等地质灾害，对海洋工程造成毁灭性的破坏作用。由于天然气水合物引发地层失稳、溢流、井涌和导管下沉等，也成为深水钻井地质灾害研究的“三浅”地质之一（吴时国等，2011）。在深水油气田的生产过程中，由于水合物造成的井筒、处理装置和输气管线堵塞一直是困扰油气生产和运输的棘手问题，开发研制经济环保的水合物抑制剂是当前的热点之一。同时，水合物技术正在应用到资源、环保、气候、油气储运、石油化工、生化制药等诸多领域。其中，典型的例子有以水合物的形式储存、运输、集散天然气，用水合物法分离低沸点气体混合物（如乙烯裂解气、各种炼厂干气和天然气），用水合物法淡化海水，利用CO_2水合物法将温室气体CO_2存于海底以改善全球气候环境等。

甲烷可能是导致全球气候变暖、冰期终止和海洋生物灭绝的重要原因之一，海底天然气水合物的分解会释放大量甲烷，对全球气候变化以及海洋生态环境将产生重大影响。

1.2 天然气水合物的晶体结构特征

水合物的基本结构特征是主体水分子通过氢键在空间相连，形成一系列不同大小的多面体孔穴，这些多面体孔穴或通过顶点相连，或通过面相连，向空中发展形成笼状水合物晶格。如果不考虑客体分子，空的水合物晶格可以被认为是一种不稳定的冰。当这种不稳定冰的孔穴有一部分被客体分子填充后，它就变成了稳定的气体水合物。水合物的稳定性主要取决于其孔穴被客体填充的比例，被填充的比例越大，它就越稳定。而被填充的比例则取决于客体分子的大小及其气相逸度，可以按照严格的热力学方法进行计算。目前已发现的水合物晶体结构（按水分子的空间分布特征区分，与客体分子无关）有Ⅰ型、Ⅱ型、H型三种（Sloan and Koh，2008）。结构Ⅰ、结构Ⅱ的水合物晶格都具有大小不同的两种笼形孔穴，结构H则有三种不同的笼形孔穴。一个笼形孔穴一般只能容纳一个客体分子（在压力很高时也能容纳两个像氢分子这样很小的分子）。客体分子与主体分子间以范德华（van der Waals）力相互作用，这种作用力是水合物的结构形成和稳定存在的关键。Ⅰ型、Ⅱ型和H型水合物的典型晶体结构如图1-1所示。

Ⅰ型水合物的晶胞是体心立方结构，包含46个水分子，由2个小孔穴和6

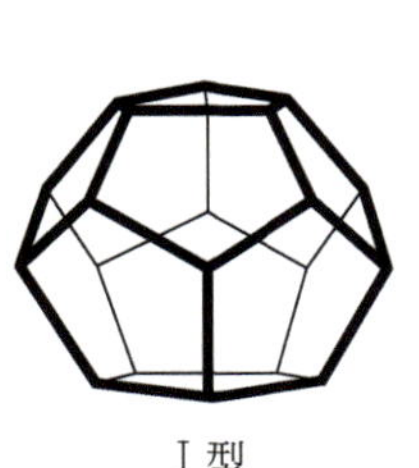

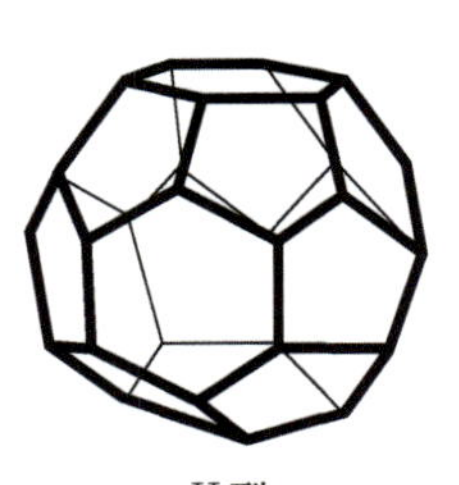

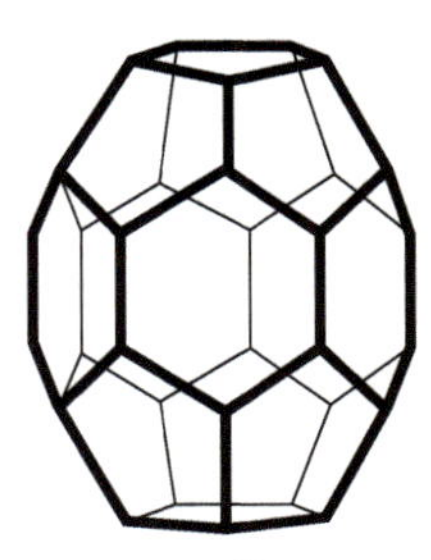

图 1-1 天然气水合物结构示意

个大孔穴组成。小孔穴为五边形十二面体（5^{12}），大孔穴是由 12 个五边形和 2 个六边形组成的十四面体（$5^{12}6^{2}$）。5^{12}孔穴由 20 个水分子组成，其形状近似为球形。$5^{12}6^{2}$孔穴则是由 24 个水分子所组成的扁球形结构。Ⅰ型水合物的晶胞结构式为 2（5^{12}）6（$5^{12}6^{2}$）·$46H_2O$，理想分子式为 8M·$46H_2O$（或 M·5.75H_2O），式中，M 表示客体分子，5.75 称为水合数。Ⅰ型结构在自然界分布最为广泛，形成Ⅰ型水合物的气体分子的直径要小于 0.52nm，仅能容纳甲烷（C_1）、乙烷（C_2）这两种小分子的烃以及 N_2、CO_2、H_2S 等非烃分子。

Ⅱ型水合物晶胞是面心立方结构，包含 136 个水分子，由 8 个大孔穴和 16 个小孔穴组成。小孔穴也是5^{12}孔穴，但直径上略小于Ⅰ型的5^{12}孔穴；大孔穴是包含 28 个水分子的立方对称的准球形十六面体（$5^{12}6^{4}$），由 12 个五边形和 4 个六边形所组成。Ⅱ型水合物的晶胞结构式为 16（5^{12}）8（$5^{12}6^{4}$）·$136H_2O$，理想分子式是 24M·$136H_2O$（或 M·5.67H_2O）。Ⅱ型水合物要求气体分子直径小于 0.59nm，除包容 C_1、C_2 等小分子外，较大的“笼子”（水合物分子中水分子间的空穴）还可容纳丙烷（C_3）及异丁烷（i-C_4）等烃类。

H 型水合物晶胞是简单的六方结构，包含 34 个水分子。晶胞中有 3 种不同的孔穴：3 个5^{12}孔穴、2 个$4^{3}5^{6}6^{3}$孔穴和 1 个$5^{12}6^{8}$孔穴。$4^{3}5^{6}6^{3}$孔穴是由 20 个水分子组成的扁球形的十二面体，如图 1-2 所示。$5^{12}6^{8}$孔穴则是由 36 个水分子组成的椭球形的二十面体，如图 1-2 所示。结构 H 水合物的晶胞结构分子式为 3（5^{12}）2（$4^{3}5^{6}6^{3}$）1（$5^{12}6^{4}$）·$34H_2O$，理想分子式为 6M·$34H_2O$。H 型水合物中的大“笼子”甚至可以容纳直径超过异丁烷（i-C_4）的分子，如 i-C_5 和其他直径为 7.5～8.6Å① 的分子。H 型结构水合物早期仅见于实验室，1993 年才在

① 1Å=0.1nm=10^{-10}m。

墨西哥湾大陆斜坡发现其天然形态。Ⅱ型和H型水合物比Ⅰ型水合物更稳定。除墨西哥湾外，在格林大峡谷地区也发现了Ⅰ型、Ⅱ型、H型三种水合物共存的现象。三种类型的天然气水合物的结构参数见表1-1。三种天然气水合物的孔隙结构如图1-2所示。

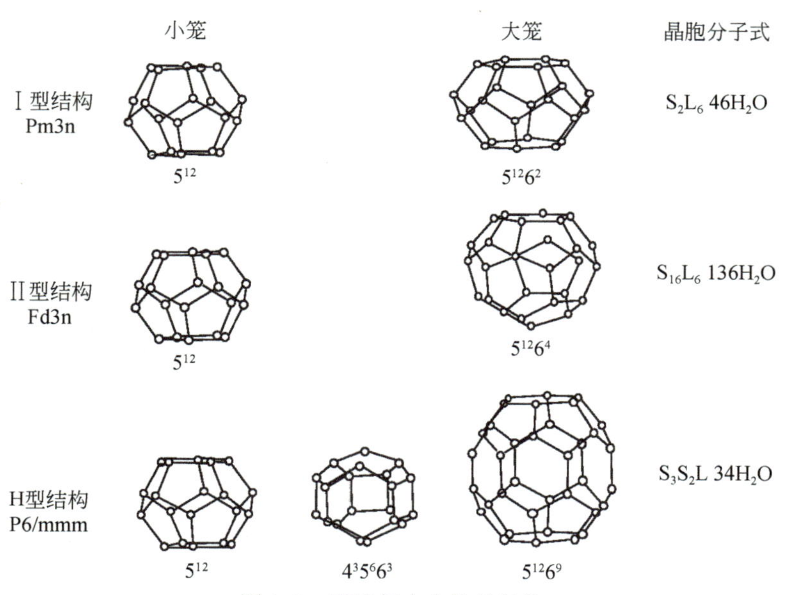

图1-2　天然气水合物的结构

表1-1　三种类型的天然气水合物结构参数

项目	Ⅰ型		Ⅱ型		H型		
晶种类	小晶穴	大晶穴	小晶穴	大晶穴	小晶穴	中晶穴	大晶穴
晶穴结构	5^{12}	$5^{12}6^2$	5^{12}	$5^{12}6^4$	5^{12}	$4^35^66^3$	$5^{12}6^8$
晶穴数目	2	6	16	8	3	2	1
晶穴平均半径/Å	3.95	4.33	3.91	4.73	3.8	3.85	5.2
配位数	20	24	20	28	20	20	36
单位晶胞水分子数	46	46	136	136	34	34	34
晶体结构	立方型	立方型	立方型	立方型	六面体型	六面体型	六面体型

客体分子与主体分子在一定条件下通常只能形成单一的晶体结构，但随着条件改变形成的晶体结构也可能发生变化。小客体分子能稳定Ⅱ型水合物中的小孔，因此形成Ⅱ型晶体，如N_2、O_2等。中等大小的客体分子能稳定Ⅰ型水合物中的中孔，因此形成结构Ⅰ型水合物，如CH_4、H_2S、CO_2及C_2H_6等。较大的客

体分子只能进入Ⅱ型水合物的大孔，因此只能形成结构Ⅱ型晶体，如 C_3H_8、i-C_4H_{10}等。更大的客体分子必须与小分子一起形成结构Ⅱ型或 H 型晶体，如正丁烷、已烷、金刚烷、环辛烷及甲基环戊烷等。

当温度变化时，环丙烷形成的水合物的晶体结构会从结构Ⅰ变到结构Ⅱ或从结构Ⅱ变到结构Ⅰ，而且可能出现结构Ⅰ、Ⅱ共存的情况。晶体结构还可能会因为另一种客体分子的加入而改变，如甲烷纯态时形成Ⅰ型水合物，如果加入少量的丙烷，将形成Ⅱ型水合物。

比较常用的研究水合物结构的方法有拉曼光谱法、核磁共振（NMR）波谱法、X 射线多晶衍射法、中子衍射法、红外光谱法等，应用这些方法不仅可以识别水合物的晶体结构类型，还可以识别客体分子所占据的孔穴结构以及水合数、占有率等参数（Sloan and Koh，2008）。

1.3 天然气水合物的研究进展

1.3.1 国际研究进展

人们从开始认识天然气水合物至今已有 200 年的历史。早在 1810 年就已发现天然气水合物，但天然气水合物的晶体结构直到 20 世纪 50 年代才得以确定。从水合物研究的历程（表 1-2）来看，天然气水合物研究大致可分为三个阶段。

表 1-2 天然气水合物研究的重要事件

阶段	年份	重要事件
第一阶段实验室探索阶段	1810	Cl_2 水合物被 Davy 发现
	1823	Faraday 确定 Cl_2 水合物的组成为 $Cl_2 \cdot 10H_2O$
	1828	Br 水合物被 Lowig 发现
	1829	SO_2 水合物被 de la Rive 发现
	1848	Pierre 确定 SO_2 水合物的组成为 $SO_2 \cdot 11H_2O$
	1855	Schoenfield 测定 SO_2 水合物的组成为 $SO_2 \cdot 14H_2O$
	1876	Alexeyeff 确定 Br 水合物的组成为 $Br_2 \cdot 10H_2O$
	1877	Cailletet 等首次测定了混合气体（CO_2+PH_3；H_2S+PH_3）水合物
	1882	Wroblewski 测定了 CO_2 水合物
	1882	de Forcrand 提出的 H_2S 水合物的组成为 $H_2S \cdot$（12～16）H_2O，并测定了 30 种含 H_2S 的二元气体水合物的组成，认为可用通式 $G \cdot 2H_2S \cdot 23H_2O$。二元气体的另一个组分有 $CHCl_3$、CH_3Cl、C_2H_5Cl、C_2H_5Br、C_2H_3Cl 等

续表

阶段	年份	重要事件
第一阶段实验室探索阶段	1882	Ditte 和 Maumene 怀疑 Cl_2 水合物的组成
	1884	Roozeboom 证明了 Cl_2 水合物的组成为 $Cl_2 \cdot 10H_2O$
	1885	Chancel 和 Parmentier 确定 $CHCl_3$ 能生成水合物
	1888	Villard 获得了 H_2S 水合物对温度的依赖关系
	1888	de Forcrand 和 Villard 测定了 CH_3Cl 水合物对温度的依赖关系
	1888	Villard 测定了 CH_4 水合物、C_2H_6 水合物、C_2H_4 水合物、C_2H_2 水合物、N_2O 水合物
	1890	Villard 测定了 C_3H_8 水合物，提出水合物的低四相点随客体分子量的增加而降低，并提出水合物为规则晶体
	1896	Villard 测定了 Ar 水合物，并推测氮气和氧气也能形成水合物，第一次用热生成数据确定水/气值
	1902	de Forcrand 首次用 Clausius-Clapeyron 公式确定反应热和水合物组成
	1919	Schefer 和 Meyer 改进了用 Clausius-Clapeyron 公式确定反应热和水合物组成的方法
	1925	de Forcrand 测定了 Ar 水合物和 Xe 水合物
第二阶段应用发展阶段	1934	Hammerschmidt 发现水合物堵塞管线现象，水合物开始引起工业界的关注
	1949	von Stackelberg 报道对水合物晶体结构近 20 年的散射研究结果
	1951	由 Claussen 提出，von Stackelberg 证实了Ⅱ型水合物结构
	1952	Claussen 等确定了Ⅰ型水合物结构
	1959	van der Waals 和 Platteeuw 提出基于统计热力学的水合物热力学模型
	1963	McKoy 和 Sinanoglu 将 Kihara 位能模型应用于 VDW-P 理论
	1963	Davidson 进行首次绝缘性实验
	1965	Kobayashi 及其合作者将 VDW-P 理论应用于混合物
	1965	Makogon 及其合作者声明西伯利亚冻土带存在水合物
	1966	Davidson 首次对水合物进行广泛的 NMR 测定
	1969	俄罗斯开采 Messoyakha 的天然气水合物
	1972	Parrish 和 Prausnitz 将 VDW-P 理论应用于天然气水合物
	1972	ARCO-Exxon 公司在 Alaskan 井取得水合物岩芯样品
	1974	Bily 和 Dick 报道在加拿大的 MacKenzie Delta 发现天然气水合物
	1976	Holder 开始研究Ⅰ型、Ⅱ型水合物结构共存的问题
	1979	Bishnoi 等开始进行水合物动力学研究
	1980	Kvenvolden 发表全球水合物调查报告
	1980	Dillon 和 Paull 开始研究大西洋的水合物
	1982	Tse 等开始进行水合物的分子动力学研究

续表

阶段	年份	重要事件
第二阶段应用发展阶段	1982	Brook 开始在墨西哥湾寻找生物成因和热成因的天然气水合物
	1983	Collett 发表对 ARCO-Exxon 公司水合物岩芯钻探记录的分析报告
	1984	Handa 开始研究水合物相平衡
	1985	John 和 Holder 提出多层球模型改进 VDW-P 理论
	1987	Ripmeester 等发现 H 型水合物结构
	1988	Makogon 等估算地球天然气水合物资源量为 $10^{13}m^3$
	1988	Kvenvolden 估算水合物分解产生的甲烷气对温室效应贡献不大
	1990	Gudmundsson 等提出水合物法固态储存天然气概念
	1991	Behar 提出水相微乳化控制水合物堵塞概念
	1991	Sloan 提出水合物动力学抑制的分子机理
第三阶段全面研究时期	1993	第一届国际水合物会议，美国纽约。郭天民教授参加会议
	1996	第二届国际水合物会议，法国图卢兹。郭天民教授参加会议，并报告了 Chen-Guo 水合物模型
	1999	第三届国际水合物会议，美国盐湖城，郭天民教授参加会议，报告水合物法分离氢气进展
	2000	Rogers 报道 SDS 等表面活性剂显著促进水合物生成，并提出胶束成核机理
	2002	第四届国际水合物会议，日本横滨
	2004	国际上首个水合物法分离气体混合物的实验装置在中国石油大学建成并开车成功
	2002	加拿大马更些三角洲水合物钻探
	2005	第五届国际水合物会议，挪威特隆赫姆
	2006	日本南海海槽水合物钻探
	2007	南海北部陆坡水合物钻探，在 SH2、SH3、SH7 井位钻到孔隙充填型水合物
	2007	阿拉斯加北部水合物试采
	2008	第六届国际水合物会议，加拿大温哥华
	2008	印度大陆边缘水合物钻探，在裂缝泥质沉积物中发现了厚达 120m 的块体水合物，并在火山灰沉积物中发育最厚达 340m 的水合物
	2010	韩国在郁陵盆地成功钻探到大量水合物样品
	2011	第七届国际水合物会议，英国爱丁堡
	2013	南海北部陆坡东沙海区成功钻探到了各种类型的水合物
	2013	日本海域进行水合物试采，产量可达 400 万 ft^3
	2014	第八届国际水合物会议，中国北京

①$1ft^3=2.831685\times10^{-2}m^3$。

第一个阶段（1810～1933年）为实验室探索研究。在这一阶段，研究人员在实验室确定哪些气体可以和水一起形成水合物，以及水合物的组成。最具代表性的是英国皇家学会会员Davy在1810年首次人工合成了Cl_2水合物，随后法国、美国等许多国家的化学家也成功地合成了一系列气体水合物，并引起了各国化学家对其化学组分和物质结构的激烈争论。虽历经百年，但人们对自然界的水合物仍知之甚少。

第二阶段（1934～1992年）为天然气水合物应用发展阶段。这一阶段的研究重点是工业界对管道水合物的预测和抑制技术。20世纪30年代，人们发现输气管道内易形成白色冰状固体填积物，给天然气输送带来很大麻烦，石油地质学家和化学家便把主要的精力放在如何消除管道中天然气水合物堵塞的问题中。在这一阶段，水合物研究获得了很快的发展，水合物的两种主要晶体结构得到确定，基于统计热力学的水合物热力学模型诞生，热力学抑制剂在油气生产和运输中得到广泛应用。后期在陆地永久冻土带和海底陆续发现了大量的天然气水合物资源，1968年苏联在开发麦索亚哈气田时，首次在地层中发现了天然气水合物矿藏，并采用注热、化学剂等方法成功地开发了世界上第一个天然气水合物矿藏，掀起了20世纪70年代以来空前的水合物研究热潮。

第三阶段（1993年至今）是天然气水合物全面研究时期。此阶段以第一届国际水合物会议为标志，为水合物研究的全面发展和研究格局基本形成阶段。天然气水合物作为人类未来的潜在能源在世界范围内受到高度重视，水合物生成/分解动力学等基础研究取得重大进展，天然气固态储存等新技术的开发取得重大突破，动力学抑制剂取代传统热力学抑制剂的研究不断深入，天然气水合物和全球环境变迁之间的关系受到关注，形成了以基础研究、管道水合物抑制技术开发、天然气固态储存和水合物法分离气体混合物等新型应用技术开发、天然气水合物资源勘探与开发、温室气体的水合物法捕集和封存等为基本方向的气体水合物研究格局。同时在西伯利亚、马更些三角洲、北斯洛普、墨西哥湾、日本海、日本南海海槽、孟加拉湾、印度大陆边缘、中国南海北坡等地相继发现了天然气水合物，并开始了广泛的钻探和试采（Lee and Collett，2009；Boswell and Collett，2011；Riedel et al.，2012；Zhang et al.，2014）。我们相信水合物全面开采和利用的时代即将来临。

大洋钻探对海洋水合物研究意义非凡。大洋钻探，包括1968年开始实施的深海钻探计划（DSDP）、1985年正式实施的大洋钻探计划（ODP）、2002年业已实施的综合大洋钻探计划（IODP）和目前进行的国际大洋发现计划（IODP），已覆盖了世界上许多大陆边缘天然气水合物的重要远景地区，天然气水合物研究和普查勘探被推向一个崭新阶段。1982年，Glomar Challenger号科考船上的科学家在危地马拉附近沿海收集到 1m 长的含有大量天然气水合物的样品，取样成功有力地推动了美国第一个天然气水合物的国家研究发展计划。接下来的十年中，美国能源部（DOE）、美国地质调查局（USGS）和其他许多组织获取的数据证明天然气水合物在全球有很大储量的潜力。到 20 世纪 90 年代，普遍认为天然气水合物具有巨大的天然气储量，天然气水合物商业化开采成为重要目标。

由于天然气水合物具有重要的战略意义和巨大的经济价值，政府部门也意识到天然气水合物研究的重要性。20 世纪 80 年代初，世界上许多发达国家和发展中国家都将天然气水合物列入国家重点发展战略。其中，美国和日本等发达国家率先制订了全面的天然气水合物研究发展计划，并从能源储备战略角度考虑，作为政府行为，投入巨大的人力和物力资源，相继开展本国专属经济区和国际海底区域内的调查研究、资源评价和有关天然气水合物的基础和应用基础研究，内容包括天然气水合物的成藏机理、勘探技术、开采技术、利用技术、环境影响等，这些研究目前已取得巨大进展。在此基础上，美国和日本已经分别制订了到 2015 年和 2016 年进行商业开采的时间表。日本制订的计划简称“MH21”，其研究内容包括资源的评估、开采与模拟、环境影响三个研究方向，分别由日本国家石油公司（JNOC）、工业科技局（AIST）和日本工程技术发展协会（ENAA）负责。其他国家，如印度、韩国、俄罗斯、英国、加拿大、德国、墨西哥、巴西等均先后制订了开发天然气水合物的技术研究和发展计划。一个深入开展天然气水合物调查研究和开发的热潮正在全球兴起。

2002 年 1 月，日本与加拿大等国合作在加拿大北部冻土带马更些三角洲 Mallik 5L-38 井试验开发天然气水合物取得成功（Dallimore et al.，1999），为天然气水合物资源的利用提供了范例，目前，已经进行了第二期试采（Moridis et al.，2004）。与此同时，国外科学家开展了天然气水合物沉积学、成矿动力学、地热学以及天然气水合物相平衡理论和实验研究，并对沉积物中气体的运移方式和富集机制进行了探索性研究，取得了丰硕成果，同时在找矿方法上综合采用了地球物理、旁侧声呐、浅层剖面、地球化学以及海底摄像等技术手段，在取样技术方面也不断推陈出新，天然气水合物保真取芯设备 HYACE（hydrate autoclave coring equipment）已在 ODP193 航次（2001）投入了使用，比 ODP164 航次采用的 PCS（pressured core sampler）技术又有了提高。

当前国际上天然气水合物调查与研究趋势表现在以下几个方面：①调查研究范围迅速扩大，钻探、试验开采工作不断深入。美国、日本、德国、印度、加拿大、韩国等国家成立了专门机构，投入巨资，制订了详细的天然气水合物勘探开发研究计划，正在积极探明本国的天然气水合物资源分布，并为商业性开采做前期试验开采技术准备。②找矿方法上呈现出多学科、多方法的综合调查研究，如美国、加拿大、日本及印度等国家通过地震调查并结合已有资料，已初步圈定了邻近海域的天然气水合物分布范围，广泛开展了勘查技术、经济评价、环境效应等方面的研究。③天然气水合物资源综合评价方法有待完善，国际上流行的估算方法有常规体积法、概率统计法两种，虽然有许多方法出现，如地球物理方法、地球化学方法、生物成因气评估方法、有机质热分解气评估方法，以及以天然气水合物的赋存状态来评估的方法等，但都带有很大推测性。④现在进行的天然气水合物计划集中目的在于提高了解自然环境中天然气水合物的特征来发展用于水合物开采的技术，确定来自自然和诱导驱气的环境影响，提高含天然气水合物地区常规石油开采的安全性（Allison and Boswell，2009）。

美国甲烷水合物计划的首要目标是调查最有希望开采的天然气水合物矿藏。但是，鉴于深海和极地研究的高昂花费和可用的资金，提出的相应工作计划包括：①阿拉斯加北坡的 DOE/Maurer/Anadarko 热冰计划；②DOE/Chevron 墨西哥湾天然气水合物联合工业（JIP）计划；③DOE/BP 阿拉斯加北坡计划；④MMS/NOAA/DOE 墨西哥湾海底监测计划。

1995 年，日本政府通过经济贸易工业部（METI），建立了第一个大规模的国家天然气水合物研究计划。METI 现在仍然主导世界范围的天然气水合物研究，METI、日本石油矿业工团（JOGEC）和 AIST 开始了一个联合天然气水合物研究和开发计划，其目的包括：①了解日本周围天然气水合物的情况和特点；②估算水合物中储存的天然气量；③评估日本海上天然气水合物矿藏的经济利用性；④选择矿藏进行天然气水合物生产试验；⑤开发商业生产技术；⑥在不影响环境的前提下开采天然气水合物资源。

天然气水合物开采技术研究呈现多元化，传统的加热、注剂、降压逐步深入，CO_2置换、等离子开采等新方法探索，同时大型、可视开采模拟装置成为物理模拟的主要方向，室内模拟、数值模拟与试开采、工业开发正在实施（蒋国盛等，2002）。有关水合物在能源、环境、油气储运、边际气体新型储运技术，水合物可能带来的环境灾害和对海上结构物和作业影响等多方面的研究逐步引起工业界的重视。

1.3.2 国内研究进展

虽然国内在天然气水合物的研究方面起步较晚，但近来有奋起直追之势。1990 年中国科学院兰州冰川冻土研究所与莫斯科国立大学合作，成功地进行了天然气水合物人工合成实验；1992 年中国科学院兰州分院翻译出版了《国外天然气水合物研究进展》一书，较系统地介绍了天然气水合物的研究进展（史斗等，1992）；20 世纪 90 年代，国内有关单位和学者主要对国外调查研究情况进行了跟踪调研和文献整理，也对我国天然气水合物资源远景作了一些预测；1995年，我国正式以1/6成员加入ODP大洋钻探计划；2002年，我国启动天然气水合物资源调查项目，即“118”专项；2002年，国家863计划关于水合物资源调查关键技术研究项目启动；中国科学院在2003年启动了重要方向性项目“大陆坡天然气水合物形成的地质构造条件和成藏机理研究”；2005年6月，中德联合考察发现香港九龙甲烷礁，自生碳酸盐岩分布面积约430km^2（黄永样等，2008；黄永样和张光学，2009）；2006年12月，国家863计划启动天然气水合物勘探开发关键技术研究重大专项；2007年5月，国土资源部在我国南海神户海槽钻探取样得到天然气水合物岩芯；2008年，科学技术部（简称科技部）启动了重大基础研究项目“南海天然气水合物富集规律与开采基础研究”；2009年，在我国祁连山木里地区冻土带发现水合物；2010年我国水合物国家专项结题，并在2011年启动了第二轮国家“127”专项（Zhang et al.，2014）。

自1999年以来，广州海洋地质调查局在南海北部陆坡区开展的大量天然气水合物资源调查的总工作量为：高分辨率多道地震调查大于30000km，海底浅表层地质取样138站位，海底摄像59站位，浅层剖面2100km，并取得了丰硕的研究成果，发现了水合物存在的地质、地球物理和地球化学异常标志，如似海底反射层（bottom simulator reflector，BSR），取得了深水天然气水合岩芯，初步证实我国海域存在天然气水合物，让我们看到了我国清洁天然气水合物能源的美好前景（黄永样等，2008；黄永样和张光学，2009）。国内学者中，姚伯初（1998）发表了第一篇关于南海水合物的文章。近年来，我国学者陆续在国际重要刊物上发表有关南海水合物的研究论文。2014年7月在北京召开的第八届国际水合物大会上，我们看到了许多可喜的进展。

同时我国在海底天然气水合物岩石物理模型、AVO分析、实际地震处理、多种地球物理资料的综合分析和速度全波形反演、天然气组成对水合物生成条件的影响等方面也取得了较突出的成绩，部分成果在国际上占有一席之地，其中Zuo-Guo模型和Chen-Guo模型被Sandler等国际同行多次引用，并参与国际水合物研究计划（Chen and Guo，1996）。

1.4 天然气水合物在海洋沉积物中的分布

海洋天然气水合物的出现往往形成一种特征的地震反射——似海底反射层，这是由于天然气水合物稳定带底部的含天然气水合物地层与含游离气沉积层之间的波阻抗差引起的（Shipley et al.，1979；Collett，2002；宋海斌，2003）。天然气水合物一般分布在海底以下300m深度范围内的浅层沉积物中，从目前钻遇水合物的海区来看，主要集中在三类构造背景：①被动大陆边缘，如美国大西洋布莱克海台（Blake Ridge）、墨西哥湾（Gulf of Mexico）盆地、挪威大西洋被动陆缘、美国阿拉斯加陆坡、印度被动陆缘克里希纳-戈达瓦里（Krishna-Godavari，KG）盆地等；②汇聚大陆边缘弧前盆地，如美国俄勒冈外水合物脊、加拿大卡斯凯迪亚（Cascadia）俯冲带、日本南海海槽、新西兰希库兰吉（Hikurangi）等；③边缘海盆地，如日本海东南缘上越（Joetsu）盆地、韩国郁陵（Ulleung）盆地、中国南海、鄂霍次克海等。最近，在北极海域也发现了丰富的天然气水合物，因此，天然气水合物在海洋中的分布十分广泛，从赤道到极地海域大量富集（图1-3）。下面，我们简单介绍不同构造背景的天然气水合物的分布特征。

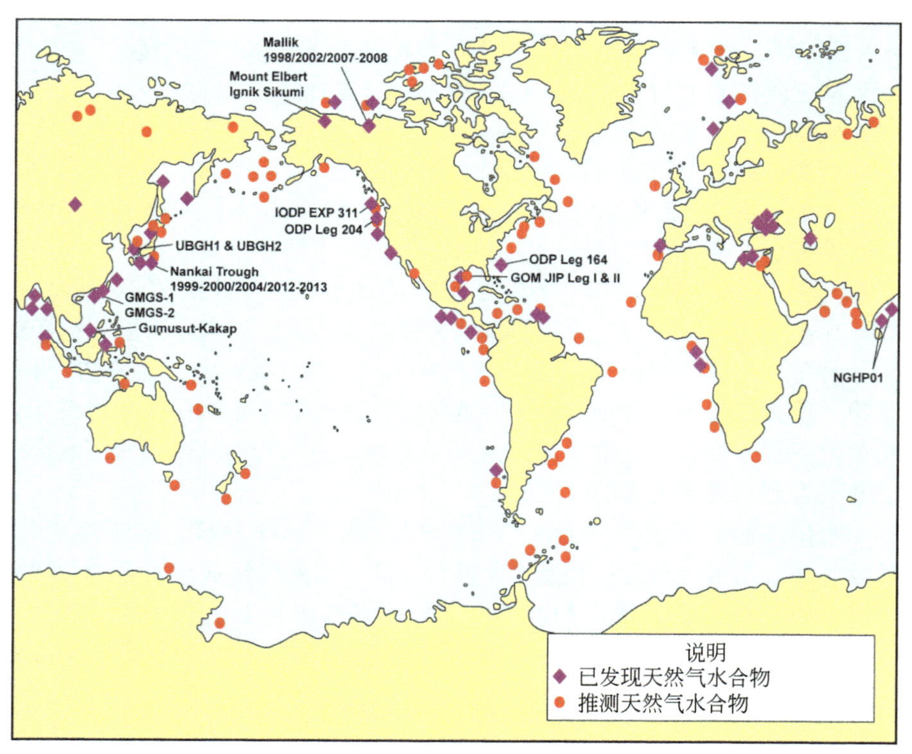

图 1-3　天然气水合物分布图（Collett，2014）

1.4.1　被动大陆边缘

被动大陆边缘，也称大西洋型大陆边缘，是经过大陆张裂和海底扩张后，形成的大陆边缘。在张裂过程的初期，新生的大陆边缘地带开始发生强烈的断裂作用和岩浆活动，后期发生岩石圈减薄和破裂，并开始海底扩张，裂后漂移期发生单纯的沉降、侵蚀和沉积作用（吴时国和喻普之，2006）。被动大陆边缘可分为三种类型：非火山性大陆边缘、火山型大陆边缘和张裂–转换型大陆边缘（周祖翼和李春峰，2008）。不论火山型还是非火山型被动大陆边缘，多数具有分段性，即被近垂直于走向的转换断层分成每段 400 ~ 1000km，且每一段内结构特点较均一。地壳张裂的两侧往往形成一对共轭陆缘，二者分段性的特征相近，但结构上却存在明显的差别。伊比利亚–纽芬兰边缘是典型的非火山型共轭边缘，而挪威、格陵兰东南边缘则是火山型共轭边缘。大西洋两侧大陆边缘、印度洋和北冰洋的被动大陆边缘分布着丰富的天然气水合物资源。

1.4.1.1 布莱克海台

布莱克海台位于美国大西洋被动陆缘，是天然气水合物研究最早、最深入的地区之一（Paull et al.，1996）。在大陆边缘的地层中广泛发育有强振幅的似海底反射层（图 1-4 和图 1-5），意味着该区存在着丰富的水合物。

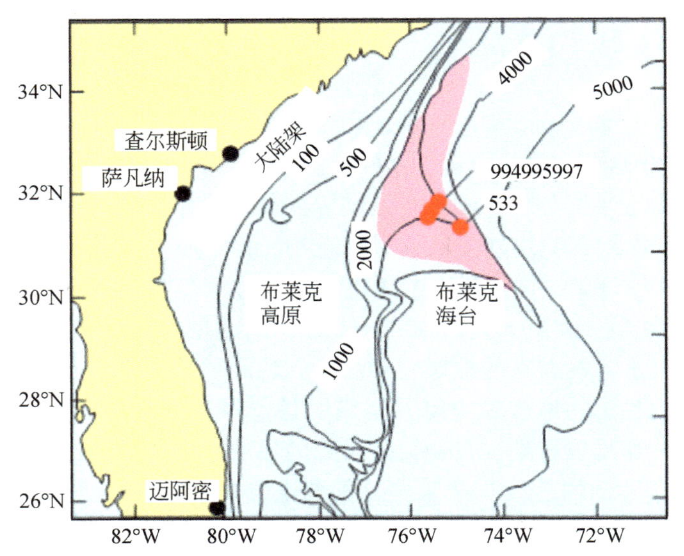

图 1-4 布莱克海台水深及钻孔（DSDP Leg76-553、ODP Leg164-994、ODP Leg164-995、ODP Leg164-997）位置

DSDP Leg76 最先钻遇布莱克海台的水合物（图 1-4）。在 533 孔 238mbsf 采

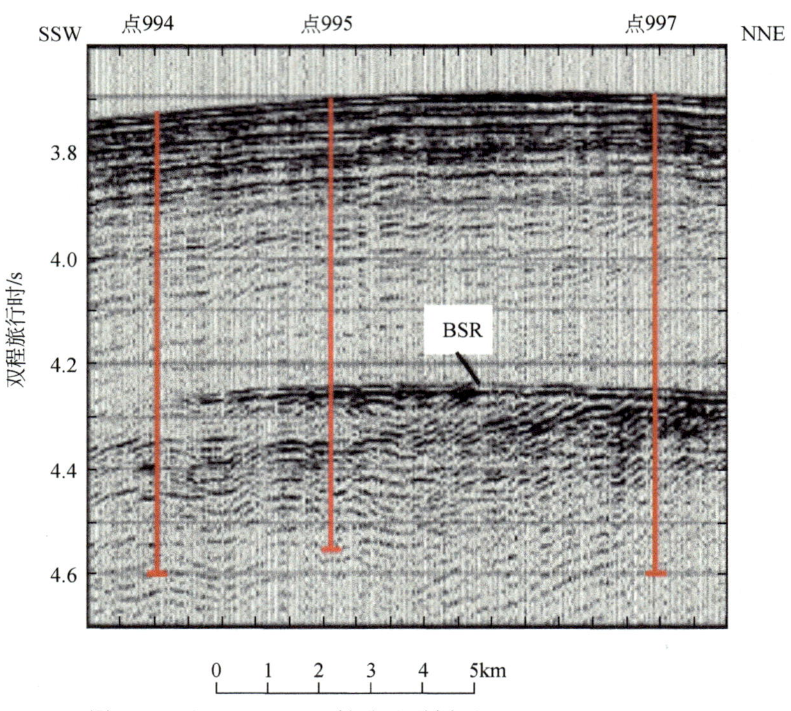

图 1-5　过 ODP Leg164 钻孔地震剖面（Paull et al.，1996）

集到了天然气水合物样品。ODP Leg164 航次进一步调查研究了布莱克海台沉积层中的天然气水合物（Paull et al.，1996），其中 994 井、995 井和 997 井钻穿了天然气水合物稳定带底界，在同一地层间隔内仅发育很小断距的断层（图 1-5）。在 994 井、995 井和 997 井直接钻到了水合物，但 996 井没有发现天然气水合物（Paull et al.，1996）。根据孔隙水中氯化物浓度和测井数据，可以确定三个井中呈分散状的天然气水合物分布在 190 ~ 450mbsf 的地层深度（图 1-6），由测井推断得到的天然气水合物存在的地层底界深度大致和预测的甲烷水合物稳定带的底界一致，接近观测到的地层水中氯异常带的最低深度（图 1-6）。由观测到的氯离子浓度通过计算可以得到水合物分解得到的地层水淡化后的量，进而求得布莱克海台的天然气水合物的量。从采集到的岩芯中估计的天然气水合物的饱和度（孔隙中天然气水合物占据的百分比）有了一个非正态分布，从 994 井和 995 井的最大约 7% 和 8.4% 到 997 井的最大约 13.6%。

尽管布莱克海台饱和度似乎很小，但由于水合物分布面积广，而且储层也多赋存在细粒沉积物中，这引起大家对细粒沉积物天然气水合物的成藏机理，以及细粒产层中天然气水合物开发所需要的各种技术的广泛关注（Dillon et al.，1993）。

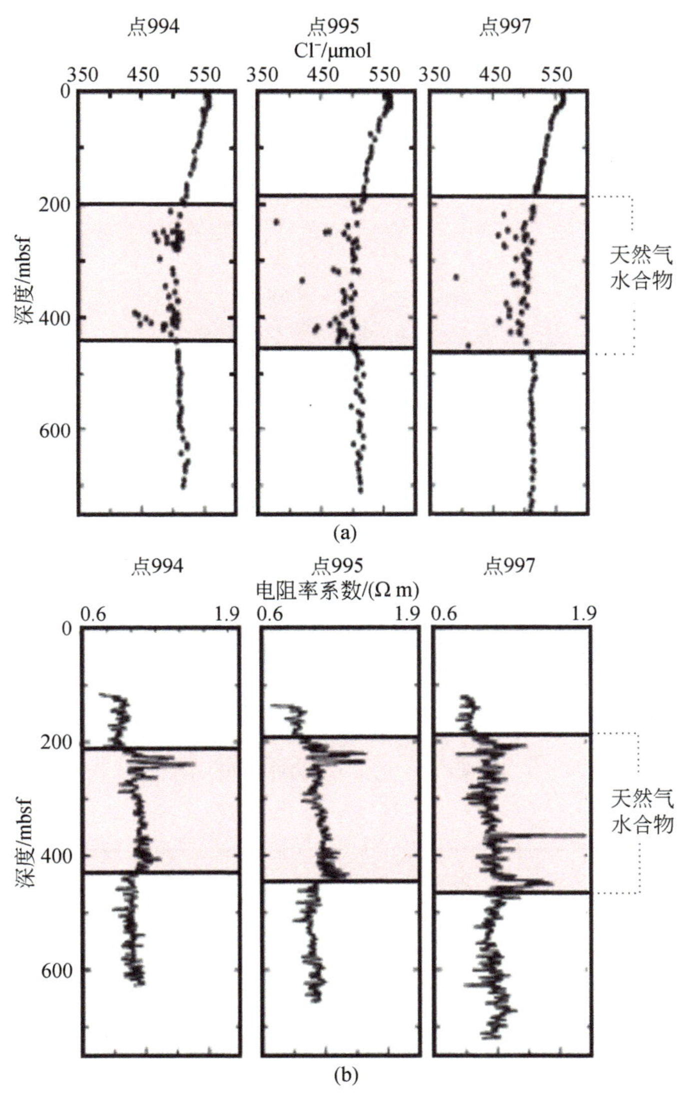

图 1-6 994 井、995 井和 997 井的氯离子浓度剖面和电阻率曲线（Paull et al.，1996）

1.4.1.2 墨西哥湾

墨西哥湾西北陆缘是油气十分富集的被动大陆边缘（图 1-7）。中新生代沉积盆地发育了巨厚的碳酸盐岩层和海相沉积，因此，这一大陆边缘地质特征包括大量的盐底辟构造和大规模发育的断裂构造。在墨西哥湾许多地方识别出了似海底反射（Shipley et al.，1979；Krason et al.，1985；Hutchinson et al.，2008）。大部分的BSR出现在大陆坡水深1200～2000m的褶皱背斜上（图1-8）（Shipley et al.，1979），在水深2700m深度，BSR出现在400～600mbsf深度（Boswell et al.，2012）。

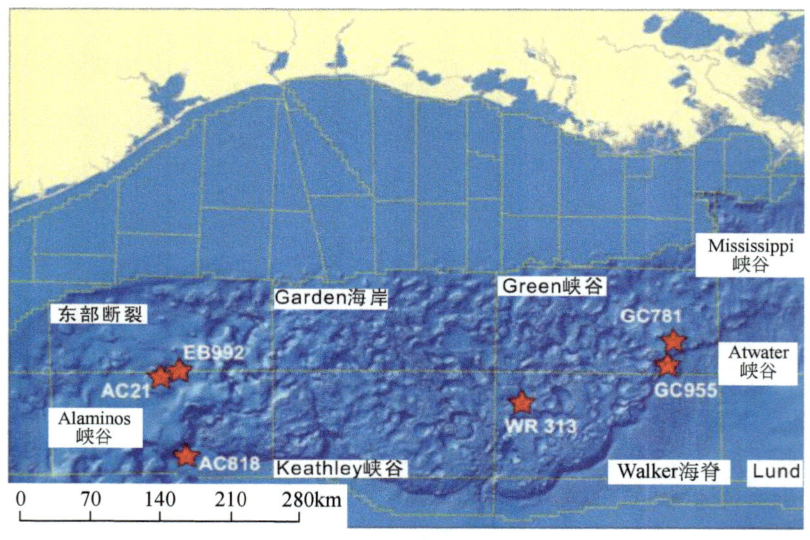

图1-7　JIP项目钻孔位置

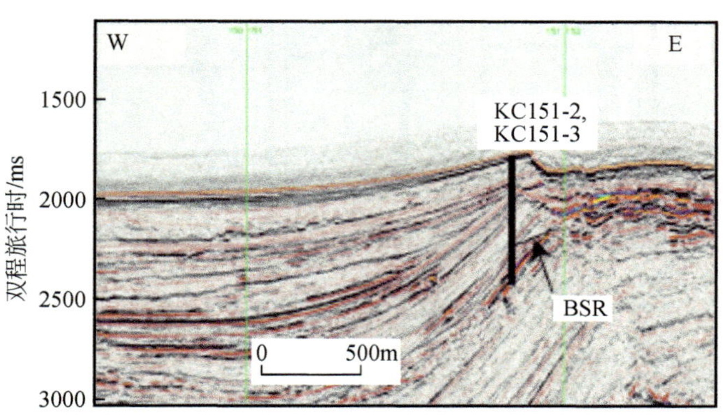

图1-8　地震剖面与KC151-2、KC151-3钻井位置

墨西哥湾水合物的存在证据最初来自1970年的DSDP Leg10。当时从西格斯比深海平原和坎佩切湾采集到富含天然气的岩芯（Shipboard Scientific Party,

1973），但真正获得天然气水合物样品是在 DSDP Leg96 航次。当时在 Orca 盆地 20～40mbsf 的深度采集到了大量天然气水合物样品（618 井及 618A 井）。Orca 盆地位于路易斯安那州南部 300km 水下 2000m 深度大陆坡。在路易斯安那大陆坡近海底（0～5m）沉积物中也采集到了大量天然气水合物样品。这些海底天然气水合物出现结核、分散状和大块固体形态，与明显的渗漏发生的裂隙系统有关，水深深度在 530～2400m。

墨西哥湾天然气水合物联合工业计划是最重要的水合物研究计划之一。这个由雪弗龙石油公司和 DOE 主导的水合物钻探计划始于 2001 年，科学目标包括三个方面：①研究钻探天然气水合物地层的灾害；②开发和测试用于预测和分析天然气水合物特征的地质和地球物理技术；③采集天然气水合物储层样品，得到需要分析海洋天然气水合物资源和生产问题的物理化学数据。利用钻探、取芯和测井数据评估细粒沉积物中低饱和度水合物的形成机理与水合物有关的灾害（Ruppel et al.，2008）。

目标位于墨西哥湾 Atwater 峡谷和 Keathley 峡谷的两处深水峡谷水道沉积区（图 1-9）。钻探位置选取在水深 1300m 的陆坡区。Keathley 峡谷钻井位于盐丘构造十分发育的四个小盆地的交界处，在钻探之前，根据地震剖面上发育很好的 BSR 推测天然气水合物出现在水合物稳定带底部附近。Atwater 峡谷 Block13 和 Block14 井位于盐底辟构造高点，这一地区存在许多与盐卤和天然气有关的渗漏，可能会产生天然气水合物。

尽管在 Keathley 峡谷岩芯中没有获得天然气水合物样品，但得到了许多水合物存在的间接证据，如井孔电阻率曲线，发现在 KC151-2 井 220～300mbsf 深度可能存在水合物（图 1-9）（Collett，2006）。利用电阻率测井数据和阿奇公式来计算水合物储量，估计在 KC151-2 井高电阻率异常带内存在大量水合物，平均饱和度为 10% 左右，在许多小层段内饱和度超过 40%（Lee and Collette，2008）。KC151-2 井中井孔电阻率（RAB）的正弦曲线表明 220～300mbsf 的深度内有大量近似垂直的裂隙构造（Collett，2006；Hutchinson et al.，2008）。裂隙空间中充填的水合物造成了测井异常。在 KC151-2 井中发现 BSR 的深度上出现了一个弱的电阻率异常。Keathley 峡谷地区天然气水合物和游离气表现的低饱和度是跟 BSR 弱反射一致的（Hutchinson et al.，2008；Lee and Collett，2008）。

Atwater 峡谷两个 JIP 井孔中的测井数据并没有显示天然气水合物存在的证据，但是存在许多可能受地层控制的天然气水合物填充的薄层。这些井孔显示复杂的测井曲线，推断孔隙中盐度不同的孔隙水处于流动状态（Collett，2006）。在 Atwater 峡谷保压或不保压钻井岩芯中的地球化学分析都表明其存在低饱和度的天然气水合物（Ruppel et al.，2008）。但是，在 Atwater 峡谷明显发生渗漏的

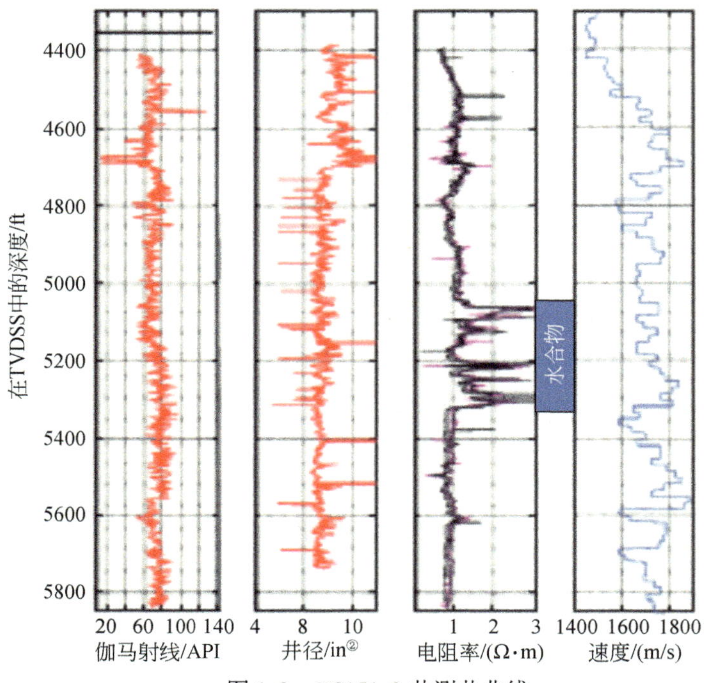

图 1-9　KC151-2 井测井曲线

注：①1 ft = 3.048×10^{-1} m。②1 in = 2.54cm。

隆起处取得了一些短岩芯，其孔隙流体盐度和氯离子浓度表明其具有较高的水合物饱和度，达到 7% ~9%。

墨西哥湾 JIP 计划的下一个目标正在转向对高饱和度的天然气水合物开展研究。新的 JIP 研究集中在评估天然气水合物饱和度和储层性质。2009 ~ 2010 年，墨西哥湾 JIP 计划针对含天然气水合物的砂层进行钻探和测井研究。墨西哥湾 JIP 井位选择团队确定了三个地区作为钻探候选，这三个地区可以用来对砂岩储层中存在天然气水合物的不同地质模型和地球物理解释进行检测。这三个井位位于已经存在的工业钻井点附近，在 Alaminos 峡谷的 818 井、Green 峡谷的 955 井和 Walker 海脊的 313 井可以提供天然气水合物可能存在的地质数据（图 1-7）。

在 AC818 井中，水合物出现在褶皱顶部渐新世 Frio 组火山碎屑砂体中。Tiger Shark 井的测井数据表明：Frio 组地层显示大约 18m 厚的砂体（3209 ~ 3227m 深度），砂体孔隙度大约 30%，电阻率在 30 ~ 40Ω · m（图 1-10），地层（不含水合物）渗透率在达西范围内。从测井数据中得到的泥质含量达到 30%，天然气水合物饱和度达到 80%。初步计算表明天然气水合物稳定带底位于井中观测到的天然气水合物存储带的底部。在 GC955 井的钻探预计遇到了埋藏的更新世水道，天然堤沉积表现出与海底流体排出、上拱盐丘有关的构造闭合，以及流体与气体向上运移进入沉积砂体的大量地震证据。在 WR313 井钻探的目标是席状砂以及与小盆地有关的水道——漫溢沉积。在 WR313 井的天然气水合物存在的证据是一系列叠瓦状的地震相反转与含气砂岩到天然气水合物填充砂岩的过渡是一致的。同时，这些井位可以建立天然气水合物矿藏地质模型进而校正地球物理模型。这些井位也将提供墨西哥湾天然气水合物资源评估所需要的数据（McConnell et al.，2009）。

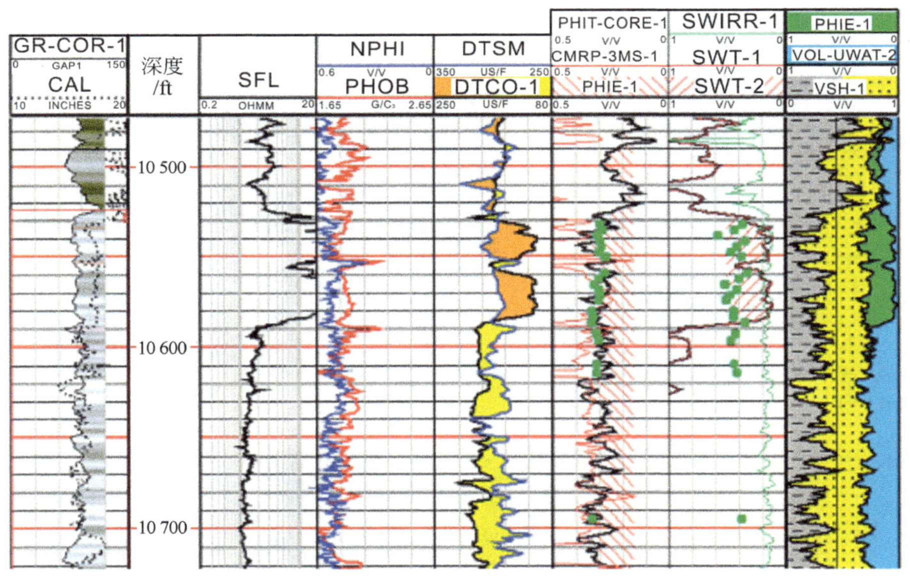

图 1-10　AC818 Tiger Shark 井测井曲线

1.4.1.3　印度被动陆缘 KG 盆地

印度在水合物的开发方面雄心勃勃，印度国家水合物项目 NGHP 01 的目标之一就是对印度半岛东部的 KG 盆地进行科学钻探、取芯、测井和分析来评估水合物赋存的区域地质构造、分布概况及水合物产状特征，达到在安全模式下进行天然气水合物商业开采的长期目标。

NGHP 01 科考目标是研究印度被动陆缘和安达曼（Andaman）汇聚陆缘的天然气水合物，重点了解在两种不同构造环境控制下水合物富集的地质地球化学因素。NGHP 01 科考由石油天然气部（MOP&NG）下属的烃类调查局（DGH）和 USGS、大洋钻探组织和 FUGRO McClelland 海洋地质科学联合组成的甲烷水合物科学调查组织（CSMHI）共同策划和管理。

在 114 天的航程中（2006 年 4 月 28 日～8 月 19 日），大洋钻探船“决心号”（JOIDES Resolution）在 21 个位置钻探了 39 个井［Kerala 的 1 个位置，KG 盆地的 15 个位置，默哈讷迪（Mahanadi）盆地的 4 个位置，Andaman 深海中的 1 个位置］，穿透了超过 9250m 的沉积层，采集了 2850m 的岩芯（图 1-11～图 1-13）。12 个井进行了随钻测井，另外的 13 个井进行了电缆测井。NGHP 01 科考在已经进行的甲烷水合物研究中是最复杂和最系统的一个科考计划。

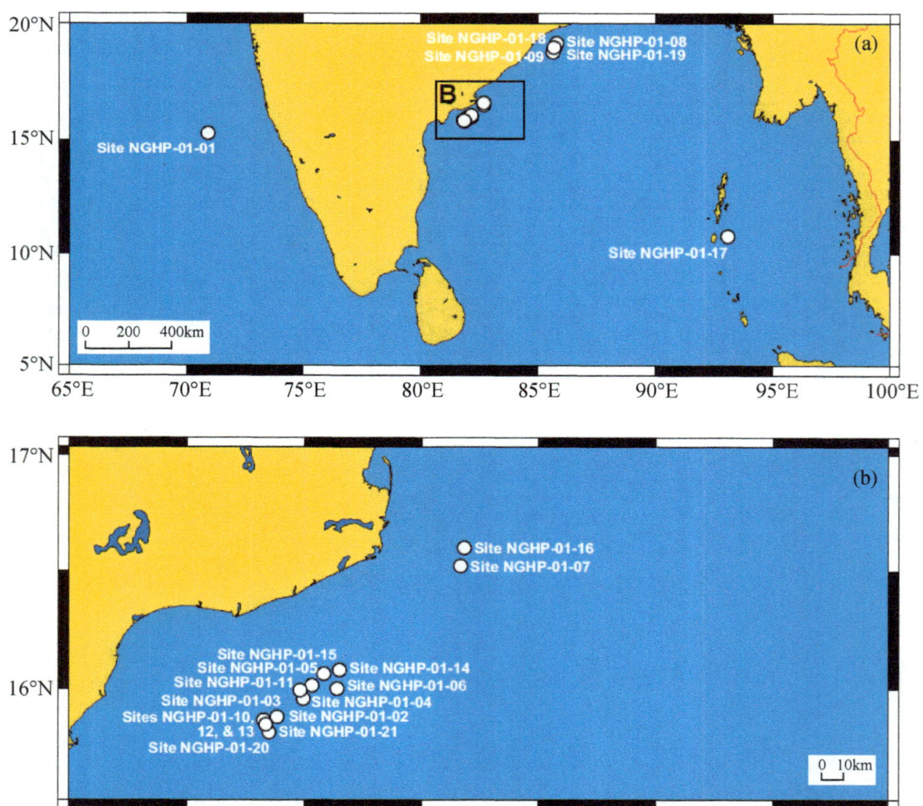

图 1-11　印度被动陆缘 NGHP-01 水合物井位

NGHP 01 科考证实了 KG 盆地、Mahanadi 盆地和 Andaman 盆地存在丰富的天然气水合物。发现了最厚和最深的天然气水合物稳定带（Andaman 海的 17 井位

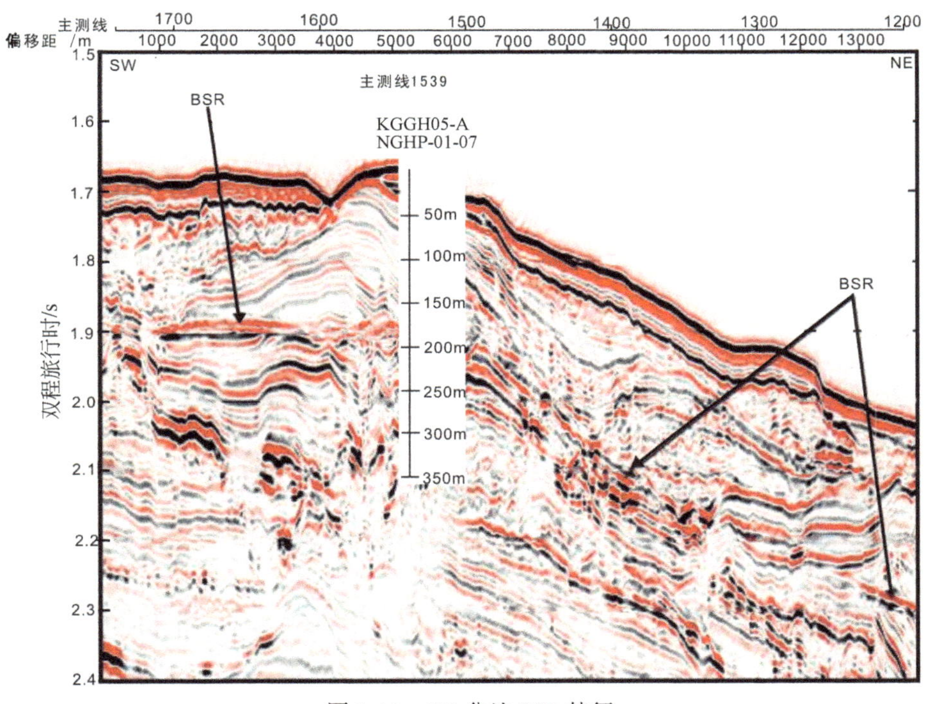

图 1-12　KG 盆地 BSR 特征

置）。最重要的发现是，在测井数据钻井岩芯和保压岩芯中地层水的分析结果表明天然气水合物富集在裂隙或者粗粒沉积物（砂岩）中（Collett et al.，2008）。

NGHP 01 科考井位中的 9 个天然气水合物矿藏是出现在砂岩储层中的。但是 NGHP-01-10、NGHP-01-12、NGHP-01-13 和 NGHP-01-21 井点，天然气水合物储集在裂隙地层中。目前为止研究的大部分海洋天然气水合物是细粒沉积物，而且都与海底的气体渗漏有关。在 NGHP-01-10 井点（图 1-13）发现的 130m 厚裂隙控制的天然气水合物似乎是裂隙性黏土控制的系统，天然气水合物集中在垂直或者次垂直的某一时期连接海底渗漏的气体通道。井下获得的电阻率成像表明许多独立的、明显受地层控制的、分散的天然气水合物出现在复合型储层中，水平或者次水平粗粒渗透性岩层（大部分是砂岩）和明显垂直到次垂直裂隙为气体的运移提供通道。

印度的下一步水合物计划还包括钻井、取芯和野外的生产测试。NGHP-01-10井已经认定为世界级、泥质控制的裂隙性天然气水合物储层，值得继续调查。NGHP 01 科考也发现了大量砂岩和盐丘控制的天然气水合物储层。即将

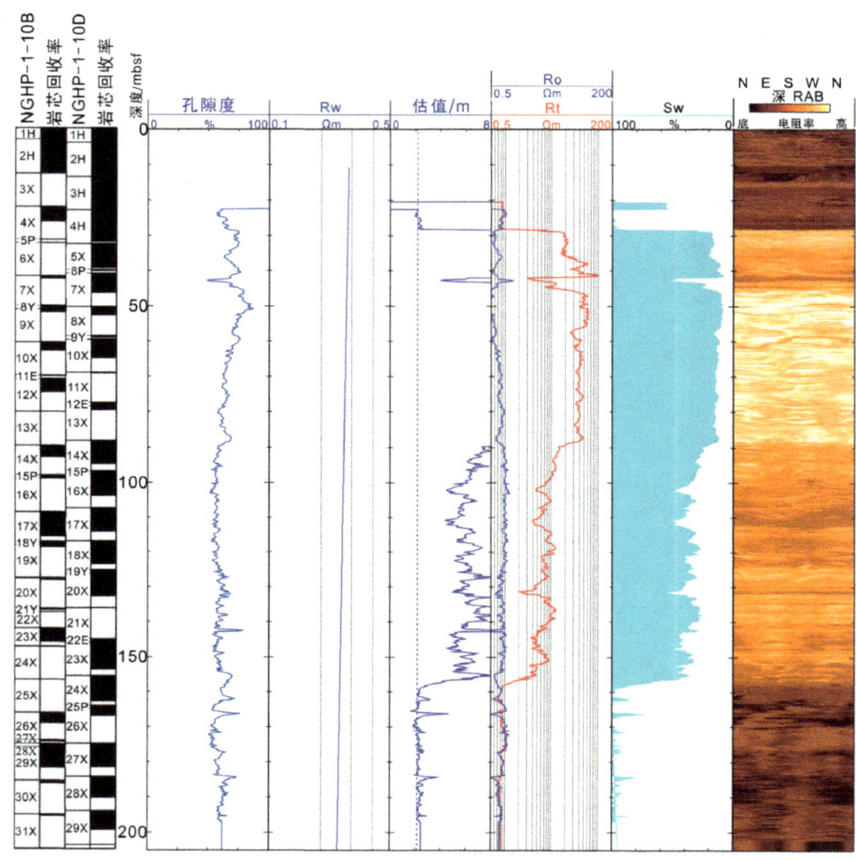

图 1-13　KG 盆地 NGHP-01-10A 孔随钻测井曲线

执行的 NGHP 02 科考可能致力于钻探和测试更多被砂岩控制的天然气水合物远景区。

1.4.2　活动大陆边缘

活动大陆边缘，也称汇聚型大陆边缘（简称活动边缘、汇聚边缘），包括海沟直逼陆缘的安第斯型大陆边缘和西太平洋型活动大陆边缘，后者由海沟、岛弧、边缘（弧后）盆地构成三位一体，简称沟弧盆系（吴时国和喻普之，2006）。活动大陆边缘存在贝尼奥夫带，是沟通地表与地球深部的最重要场所。俯冲板块携带洋壳和上地幔、陆源和生物源沉积以及地外宇宙尘进入地球内部，在弧前区发生俯冲增生与俯冲侵蚀，俯冲板块释放出的流体导致其上方地幔楔的脱水和改造，进而引起熔融和强烈的岩浆活动，沉入地球深部的板块补给深地幔对流并可能成为地幔柱的源区。各类活动边缘具有一定的共性，它们通常发育海沟、贝尼奥夫带和火山弧，但也存在显著的差异性。本章在概述活动边缘的组成单元和地球物理特征之后，着重论述近年来取得较多进展的弧前地质作用、大陆物质的俯冲再循环、活动边缘的流体活动、岩浆活动和深部过程等问题。活动大陆边缘包括七个主要地貌单元的地质构造：外缘隆起、海沟、增生楔构造、弧前盆地、火山弧、弧间盆地、弧后盆地。水合物主要分布在增生楔构造、弧前盆地和弧后盆地中，其中以增生楔构造和弧前盆地最为典型。

1.4.2.1 水合物脊

水合物脊位于俄勒冈岸外 Cascadia 大陆边缘。ODP Leg204 航次是第一个在增生楔进行的天然气水合物钻探计划。在 ODP Leg204 航次钻探井点大都获得了天然气水合物（图 1-14）。天然气水合物饱和度较大，如果平均到整个天然气水合物稳定带大约是所有孔隙空间的 2%（Trehu et al.，2004），但在东部增生楔脊部渗漏区可增加到 10%，在 20 ~ 30mbsf 深度，天然气水合物在 20% ~ 30%（Trehu et al.，2004）。

在 ODP Leg204 中，识别出了两种不同的天然气水合物成藏类型。一种是海底渗漏点附近的高浓度水合物，它是由于增生楔内气体沿着逆冲断层从深部运移形成的；另一种是在水合物脊南部，气体似乎是沿着粗粒岩石孔隙从深部向上运移的（Trehu et al.，2004）。地球化学分析数据表明，大部分形成水合物矿藏的烃源是从更深的地方运移来的，即具有热解成因的或者是混合生物成因的特点。在其他的天然气水合物形成模式中，分散的天然气水合物通常浓度相对较低，气源主要来自原地的微生物成因，只有遇到构造抬升含气流体才会向上运移。

1.4.2.2 加拿大 Cascadia 俯冲带

尽管没有官方的国家水合物计划，但是加拿大对水合物研究做出了很大贡献。加拿大拥有研究最多的与海洋和冻土有关的天然气水合物矿藏，特别是 Cascadia 和 Mallik 的水合物研究。加拿大西海岸的天然气水合物首先是渔民在海底表层打捞上来的，后来在多道地震调查中发现了大量的 BSR（Hyndman and Spence，1992）。在 ODP Leg146（Shipboard Scientific Party，1994）和 IODP 311 航次（图 1-14、图 1-15）（Riedel et al.，2006a，b）钻探中，获取了进一步研究的大量岩芯和测井数据。

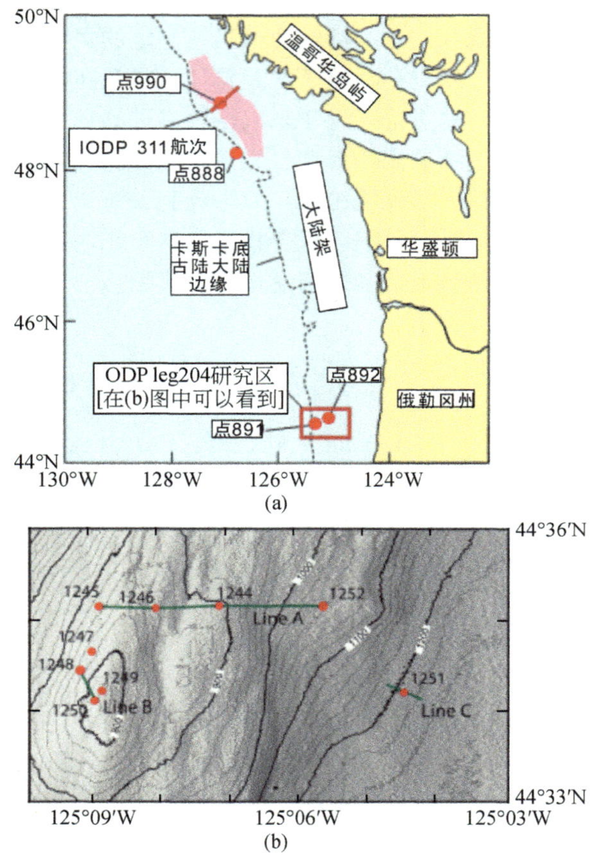

图 1-14　加拿大 Cascadia 大陆边缘天然气水合物钻探位置

Cascadia 边缘广泛出现的各类 BSR，ODP Leg146 航次（Shipboard Scientific Party，1994）旨在检测 Cascadia 大陆边缘增生楔的流体活动（图 1-15），也可验证水合物和 BSR 之间的关系。在 889 井没有识别到水合物，但在 128 ~ 228mbsf 层段出现地球化学、井下垂直地震剖面（VSP）和测井异常，这与在布莱克海台井中观测到的数据相似，因此，推断有天然气水合物的出现（Shipboard Scientific Party，1994）。此外，在 889 井井下 VSP 和海底地震仪得到的沉积层速度显示天然气水合物出现在 230mbsf 深度，BSR 之上 50 ~ 80m 厚的地层中，根据氯离子浓度异常用来估计 889 井的天然气水合物量，为 5% ~ 39%（Shipboard Scientific Party，1994；Spence et al.，1995）。

IODP 311 航次设计了跨过北部 Cascadia 边缘的四个钻孔（U1325 井、U1326

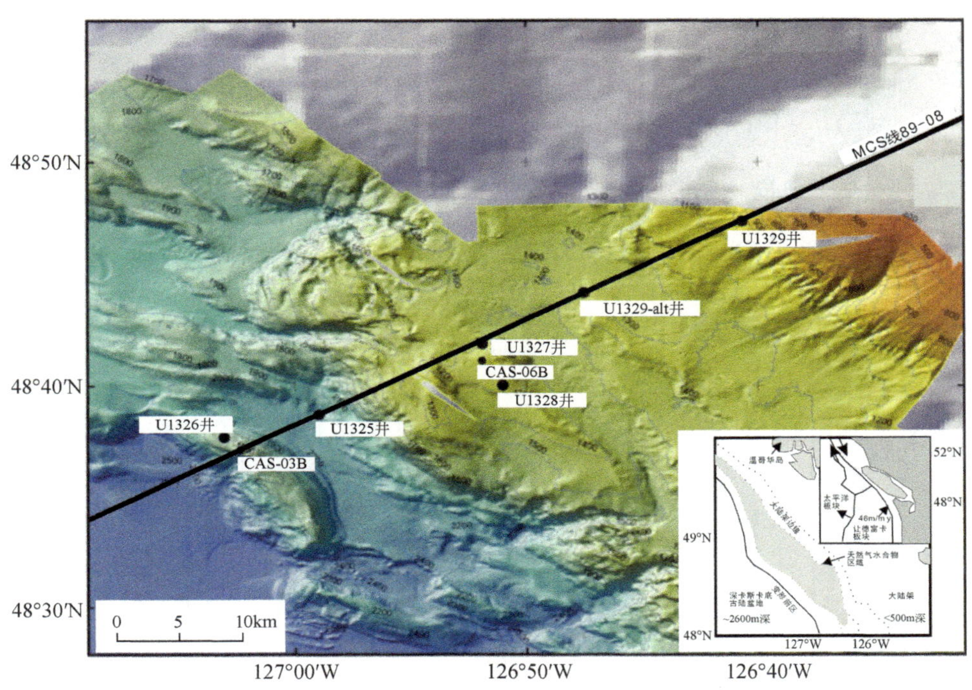

图 1-15　温哥华岛岸外海底多波束地形地貌与 IODP 311 钻孔位置

井、U1327 井和 U1329 井）的大断面（图 1-15 ~ 图 1-17）。除了断面上的四个井位，第五个井（U1238 井）设计在活跃流体和气体渗漏的冷泉附近。沿着断面的四个钻孔反映了天然气水合物在陆缘的不同演化阶段，从西部最新的增生脊上出现得最早的水合物（U1326 井）到东部浅水陆架缘上出现的天然气水合物（U1329 井）。

U1326 井位于断面最西部的增生楔脊部。天然气水合物的存在是根据广泛分布的 BSR 推断的。在 72 ~ 240mbsf 深度范围内井下电阻率和声波测井出现高电阻率和声波速度表明存在天然气水合物。U1326 井位处的地层水饱和度剖面显示天然气水合物有关的低氯异常到 270mbsf。在 U1326 井的浅层具有浓度特别高的天然气水合物矿藏及 BSR 附近缺少高浓度天然气水合物，与之前的加积陆缘水合物模型相矛盾（Riedel et al.，2006a）。联合钻探和地震观测表明，岩性对主要产于砂质浊积岩中的天然气水合物地层中的水合物具有强烈的控制作用。

U1325 井位于一个主要的斜坡盆地内部，发育在增生楔沉积物的第一个脊后变形前锋的东部。测井数据表明，天然气水合物聚集在 173 ~ 240mbsf 深度的薄

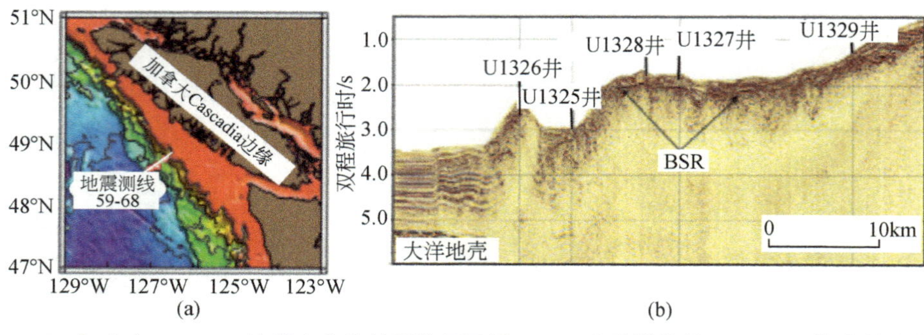

图 1-16 加拿大 Cascadia 边缘水合物钻研位置及沿 89-08 地震测线的 IODP 311 航次钻孔位置

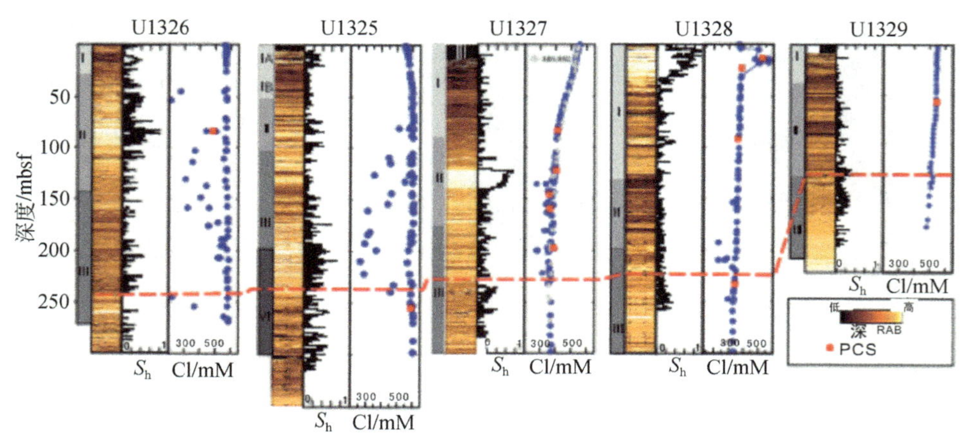

图 1-17 IODP 311 航次孔隙水 Cl^- 剖面和随钻测井电阻率成像

层砂岩靠近天然气水合物稳定带的底部。测井还显示，天然气水合物矿藏是非均质的，由天然气水合物饱和的砂层或不含天然气水合物的富含泥质层组成。这与采集的砂岩样品观察到的地层水的淡化结果是一致的。

U1327 井邻近 ODP Leg146 井 889 和 890 站位，大约位于增生楔的中部，U1327 井处沉积层的特点是一个大约 90m 厚的不含天然气水合物的孤前盆地，覆盖在很厚的增生楔沉积物之上，随钻测井显示，在 120 ~ 138mbsf 范围内存在一个高电阻率的厚层。数据显示，在这一层中天然气水合物占据了 50% 的孔隙空间，但是，邻近的 U1327C 井和 U1327D 井穿透到同一层更大的深度上得到了很低的天然气水合物饱和度。这说明天然气水合物的巨大变化，这有可能是由岩性变化和复杂构造控制的。U1327 井跟 U1326 井相似，为由岩性控制的天然气水合物，大量浅的天然气水合物矿藏及在 BSR 附近很低的天然气水合物浓度。

U1329 井代表北部 Cascadia 陆缘天然气水合物的东部边界。在地震剖面上 126mbsf 的深度识别出了较弱的 BSR。不论是测井还是岩芯数据都显示该站位没有大量天然气水合物存在的证据。

U1328 井位于由至少四个泄露点组成的冷泉附近，其中最大的渗漏点称为 Bullseye 冷泉，是这个钻孔的目标，自 1999 年以来已经成为了许多地球物理和地球化学的研究课题（Riedel et al.，2006a，b）。U1328 井不同于 IODP 311 航次的其他所有井位点，它代表的是聚集流体渗漏。U1328 井测井数据的最大特点是在 40mbsf 的层出现高电阻率。在邻近表面的电阻率测井成像，高电阻率层反映的是出现陡峭倾斜裂缝，可能出现天然气水合物。这些陡峭倾斜裂缝可以作为气体运移的通道，为该点的渗漏提供气源，也是发现的裂隙性天然气水合物的储层。在邻近海底的岩芯中也发现了大量天然气水合物和天然气水合物充填的裂隙，U1238 井的发现表明复杂变化的裂隙通道为流体和气体运移到海底提供通道，然后在 40mbsf 范围内形成大量的原地水合物，这与之前 Bullseye 冷泉的地球物理观测是一致的（Riedel et al.，2006a，b）。

IODP 311 航次采集的岩芯和测井数据分析最重要的发现包括观测到天然气水合物主要在富含砂岩的地层中，而不是在细粒沉积物中出现。由此推出，岩性也是天然气水合物出现的主要控制因素，我们将在天然气水合物系统部分进一步阐述。总之，BSR 的出现和物理性质跟温压稳定带中的天然气水合物浓度没有关系，只是为天然气水合物的可能出现提供了第一手证据。IODP 311 航次中的所有钻井都显示了天然气水合物矿藏的非均质性。

1.4.2.3 日本南海海槽

日本南海海槽是汇聚型大陆边缘。1999 年和 2000 年完成的日本天然气水合物第一个五年计划，在日本南海海槽弧前盆地进行了一系列的钻井取芯和地球物理测井（图 1-18）。2001 年，METI 发起了日本天然气水合物开采计划，由甲烷水合物 2001 合作组织（MH21）实施，用于评估日本南海海槽地区的深水天然气水合物潜在资源。这个计划的目的是推动技术发展和采集天然气水合物，以期能提供长期的能源支持。自 1999 年/2000 年第一个研究钻探后，一系列的调查在日本南海海槽地区展开，并在 2004 年进行钻探计划。在 2004 年的钻探计划中，对 16 个井点进行了钻探，采集到含有大量天然气水合物的砂层岩芯，利用多种地球测井工具对岩芯进行分析。评估日本南海海槽水合物储量的工作仍在继续，计划最快于 2010 年进行实地生产测试，到 2016 年开发出适合商业生产的技术。日本国家天然气水合物还参加和领导了三个加拿大 Mallik 天然气水合物研究计划。

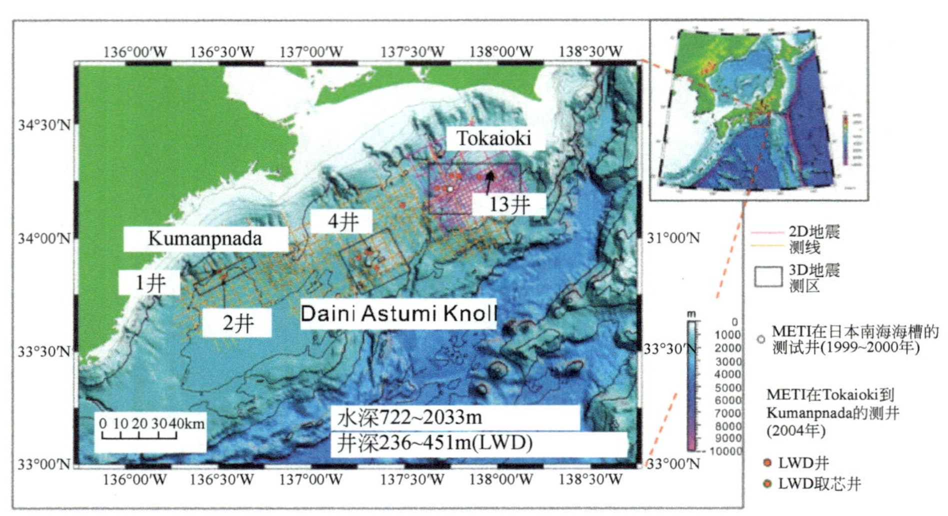

图 1-18 日本南海海槽的地震调查和钻孔位置

日本南海海槽大量 BSR 的出现是在作为 METI 的多种地球物理调查计划一部分的地震调查中发现的。1999 年和 2000 年日本南海海槽的钻探取芯计划目标是 BSR 分布的区域，位于日本南海海槽东部 Tenryu 水道口外 50km 左右水下 945m 深度的陆坡上。这个钻探计划包括一口试验井和三口探井，通过测井数据分析和常规压力岩芯测试确认浊积砂岩颗粒孔隙间天然气水合物的存在（Tsuji et al.，2009）。1999 年和 2000 年钻探计划的井位中，有四个水合物充填的富含砂质的层（解释为浊积扇沉积）被识别出来。天然气水合物充填了这些沉积物的孔隙空间，某些层的饱和度达到 80%。单个水合物充填的砂层小于 1m 厚，累积的天然气水合物充填砂层厚度达到 12 ~ 13m。

在日本南海海槽取芯计划中，采集到的两个样品地球化学分析结果表明天然气水合物中的气体是微生物成因的，甲烷碳同位素值从 −95.5‰ ~ −63.9‰变化（PDB^{13}C），$C_1/(C_2+C_3)$ 值是 4392 ~ 5365（Waseda and Uchida，2004a，b）。

Fujii 等（2008）在一个天然气水合物的资源评估报告中提出东南海海槽水合物中含气总量大约为 1.1 万亿 m^3，其中一半赋存在浊积砂岩储层中。因此，日本南海海槽也成为砂岩型水合物研究的典型区域。

1.4.2.4 新西兰 Hikurangi 俯冲带

新西兰的年均石油消费量为 0.5 万亿 ft^3，其主要气田如毛伊气田，新增储量甚微，日渐枯竭，寻找广泛分布的天然气水合物势在必行。新西兰最具资源潜力的 Hikurangi 边缘是一个汇聚型大陆边缘，大约有 50 000km^2 BSR 分布区（图 1-19）。

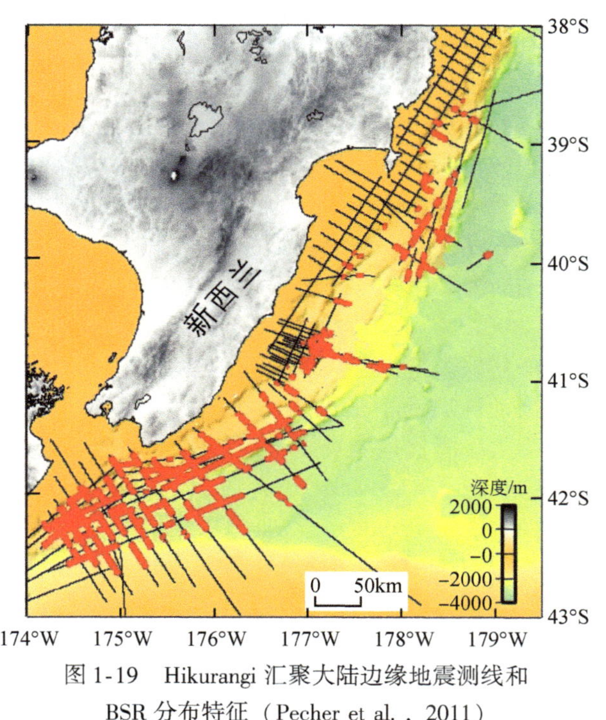

图 1-19 Hikurangi 汇聚大陆边缘地震测线和 BSR 分布特征（Pecher et al.，2011）

Hikurangi 边缘是否存在浊积砂岩型的水合物呢？了解该区水合物系统成为十分关键的问题。虽然许多学者对地层中流体活动、BSR 分布和地球物理异常特征已进行了许多研究（Pecher and Henrys，2003；Pecher et al.，2010），了解到聚集流体、流体通量和背斜核部局部流体通量增强对水合物成藏具有重要的控制作用，但仍亟须水合物钻探取样计划。

1.4.3 边缘海盆地

边缘海盆地成因十分复杂，既有与俯冲有关的弧后盆地并由此决定边缘海盆地的主要特征，又有一些与俯冲无直接关联的边缘海盆地。Tamaki 和 Honza（1991）总结边缘海盆地的特征包括：①大多数分布在西太平洋，仅有少部分分布在西大西洋，且都分布在大陆东侧。②与大洋相比，边缘海盆地生存的时间很短，一般不超过25Ma。边缘海盆地的形成是间歇性的，这与其成因有关。③边缘海盆地因为海底扩张而形成，由于俯冲而关闭消亡，故某些边缘海盆地在扩张停止后就将消亡。例如，日本海，由于在日本岛弧的西侧目前正在发育一个俯冲带，这将使日本海沿着它俯冲逐步消亡。菲律宾海、中国南海、所罗门海、洛亚尔提海等盆地也正分别沿着日本南海、琉球、菲律宾、马尼拉、所罗门和瓦努阿图海沟俯冲。马鲁古海盆地由于沿着以东和以西的成对俯冲带俯冲而几乎已经关闭消亡。④西太平洋俯冲带开始活动于180Ma前，而其边缘海盆地的年龄却不到80Ma，说明古老的边缘海盆地都已经消亡而难以认定。⑤边缘海盆地与其主要大洋相比具有较深的岩石圈深度。同时，如菲律宾海、日本海和千岛盆地，中国南海、苏禄海、西里柏斯海和伍德拉克等盆地，它们的水深分别比太平洋、大西洋和印度洋要深600~800m。⑥边缘海盆地有时可改变其扩张轴的走向。这种现象见于西菲律宾和斐济盆地。这说明边缘海盆地易受其周围构造单元的影响，因此其海底扩张是属于被动性质而不是主动性质的。最近，在苏禄海、中国南海、日本海、鄂霍次克海等边缘海盆地发现了丰富的天然气水合物资源。

1.4.3.1 中国南海

中国南海是西太平洋最大的边缘海，蕴藏着丰富的天然气水合物资源（图1-20）。在20世纪80年代认识到天然气水合物的存在（Chi et al.，1988；McDonnel et al.，2000）。广州海洋地质调查局大量的2D地震调查圈定了中国南海北部陆坡BSR分布和天然气水合物的资源分布（Guo et al.，2004；Wu et al.，2005；Yang et al.，2008；Wang et al.，2010）。然而，中国南海北部陆坡BSR表现出不同的特征（Wu et al.，2007）。2007年广州海洋地质调查局在神狐海区实施水合物钻探。神狐海区（白云凹陷）获取水合物样品的钻孔大致位于1200m水深的大陆坡崎岖海底的脊部，天然气水合物分布在200mbsf左右的泥质沉积物孔隙中，充填方式为分散式或胶结式，气体组分中的甲烷含量高达99.7%（Zhang et al.，2007）。中国南海神狐海区水合物的饱和度平均可达到20%，在全球范围内也属于高含量区。该区天然气水合物存在三个特征：①含天然气水合物的沉积物为有孔虫黏土或有孔虫粉砂质黏土，且高饱和度的水合物在沉积物中均匀分布；②在纵向分布上，天然气水合物往往分布在BSR上的一定深度，一般在25m左右；③平面上，天然气水合物往往同强BSR反射地震相一致，所发现水合物的层位都有良好的BSR显示。

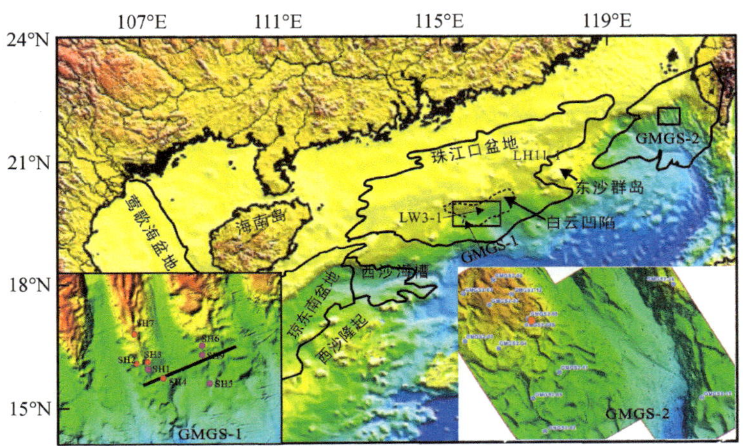

图 1-20 中国南海北部陆坡水合物钻探靶区

图 1-21 中国南海北部陆坡 GMGS-2 水合物取芯样品（Zhang et al.，2014）

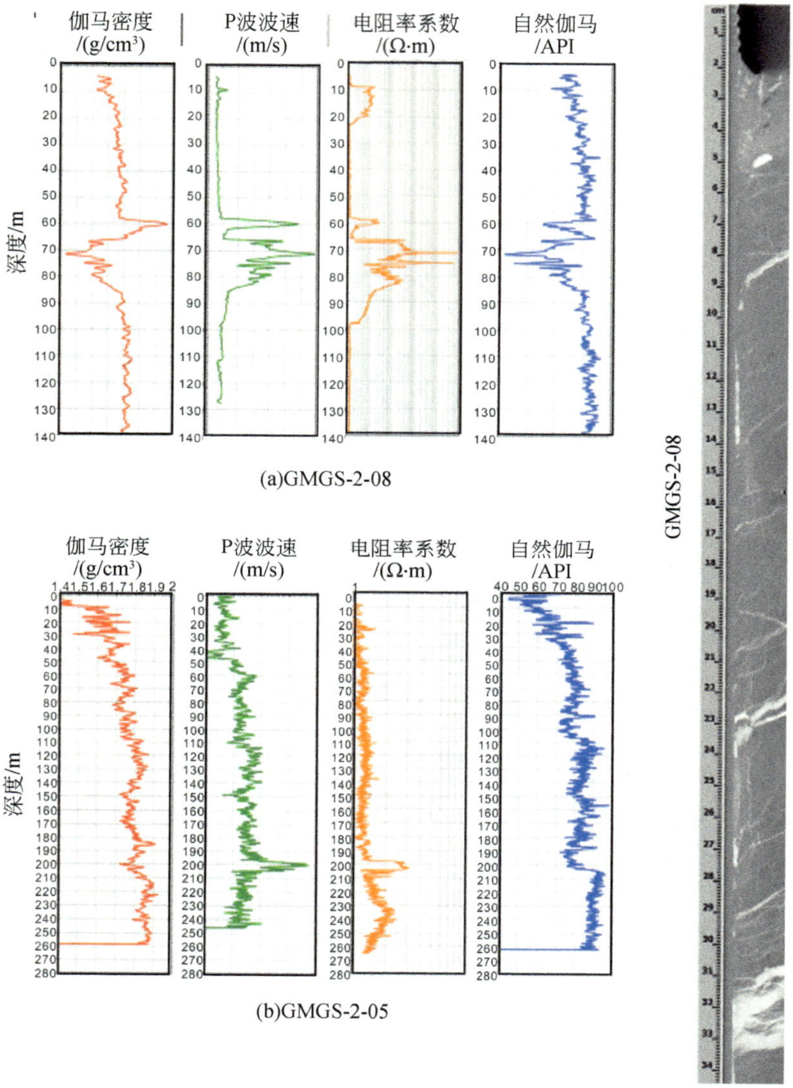

(a)GMGS-2-08

(b)GMGS-2-05

图 1-22　中国南海北部陆坡 GMGS-2 水合物 X 射线成像及测井曲线（Zhang et al.，2014）

地震资料精细解释和钻井揭示的水合物分布规律表明，天然气水合物分布与强 BSR 有密切关系。根据白云凹陷 2D/3D 地震资料分析，陆坡山脊的核部 BSR 清楚、平行海底、呈负极。根据电阻率、P 波速度、Cl^-含量和钻井岩芯脱气四种方法估算，SH2 孔具有高饱和度水合物（Wang et al.，2011）。两种速度模型，即有效介质理论（EMT）和简化的 Biot 方程与实验室分析（Schultheiss et al.，2009）对比，EMT 速度计算的 SH2 井最大饱和度为 38.5%，而简化的三相介质理论（STPE）计算的 SH2 井最大饱和度约为 41.0%。由于发表资料较少，我们对中国南海北部水合物形成过程了解不多。

2013 年 6 ~ 9 月，广州海洋地质调查局在珠江口盆地东部海域实施第二次钻探，共计 102 天。通过实施 23 口钻探井，控制天然气水合物分布面积 55km^2，将天然气水合物折算成天然气，控制储量为 1000 亿 ~ 1500 亿 m^3，相当于特大型常规天然气田规模。水深 600 ~ 1100m 的海底以下 220m 以内的两个矿层中，上层厚度 15m，下层厚度 30m。岩芯中天然气水合物含矿率平均为 45% ~ 55%；其中天然气水合物样品中甲烷含量最高达到 99%。此次发现的天然气水合物样品具有埋藏浅、厚度大、类型多、纯度高四个主要特点（图 1-21、图 1-22）（Zhang et al.，2014）。由于项目的保密性，许多成果未能总结到本书中。

1.4.3.2 韩国郁陵盆地

韩国有一个庞大的天然气水合物国家计划，由韩国天然气水合物研究发展组织（GHDO-K）、商业工业和能源部支持。这个计划包括许多政府研究组织，也有一些工业参加者［如韩国天然气公司（KOGAS）和韩国国家石油公司（KNOC）］。GHDO-K 有四个基本的目标（Park，2008）：①明确韩国东海郁陵（Ulleung）盆地的天然气水合物分布（图 1-23）；②获得一种可以取代常规石油资源的清洁能源；③发展天然气水合物储量评价和开发的技术；④到 2015 年实现商业生产天然气水合物。此外，还包括天然气水合物气候变化预测和二氧化碳的捕获和分离。GHDO-K 的研究于 2000 年在 Ulleung 盆地采集了地震数据，还获得了浅层岩芯和热液流体进行分析，目的是查清该盆地的地质特点和天然气水合物的资源潜力。

2007 年，韩国在日本海韩国海域完成了第一个天然气水合物勘探和钻探，即 Ulleung 盆地天然气水合物科考 1（UBGH1）。KNOC 和 KOGAS 联合 FUGRO 进行钻探、测井、取芯和为 UBGH1 提供相关服务，Schlumberger 和 Geotec 分别提供随钻和取芯分析服务。科考计划由 GHDO-K、韩国地球科学和矿物资源研究所组织（Park et al.，2008）。

UBGH1 的 Leg1 包括 Ulleung 盆地五个随钻测井的钻探，这些具有代表性的井位是根据盆地地质情况选择的。Leg1 获得的随钻数据用来选择可能含有天然气水合物的三个井，作为 Leg2 钻探和取芯井位。Leg2，在水深 1800 ~ 2100m 确认了天然气水合物储层出现在 150mbsf（图 1-24）（Park et al.，2008）。在三个

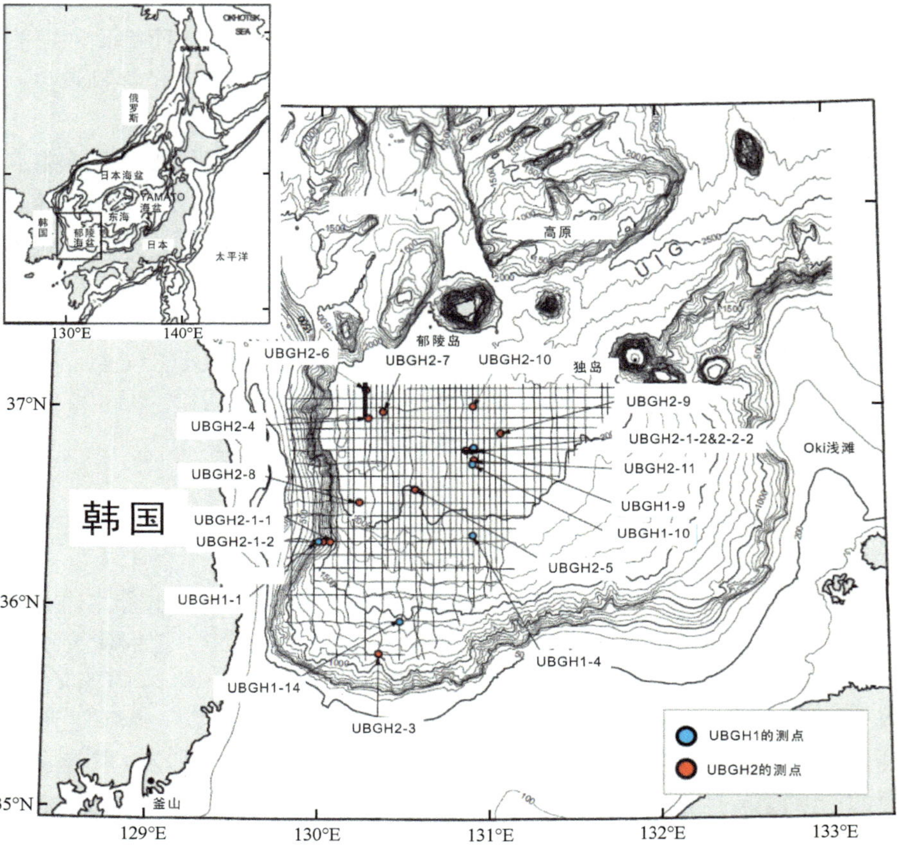

图 1-23 韩国 Ulleung 盆地水合物钻探位置

井中都采集到了天然气水合物样品，水合物以脉状出现于含有丰富泥岩的沉积物中，也可作为孔隙填充于粉砂层或者砂层中。在一个井位，一个 130m 厚的砂泥互层中的水合物储层被穿透。在另外一个井位，发现了一个相似的 100m 厚的水合物储层（图 1-25）。孔隙水淡化分析表明在水合物砂岩储层中平均天然气水合物饱和度为 30% 左右。甲烷是岩芯空间中主要的气体，也是三个井中水合物中最主要的气体。

在 Ulleung 盆地发现了一个巨厚的裂隙型天然气水合物储层的井位，这与印度沿海 KG 盆地 10 井出现的裂隙型天然气水合物是类似的，都是在泥质沉积物中的脉状天然气水合物。而且，还发现了与 IODP 311 航次发现的砂泥互层中相似的天然气水合物矿藏。

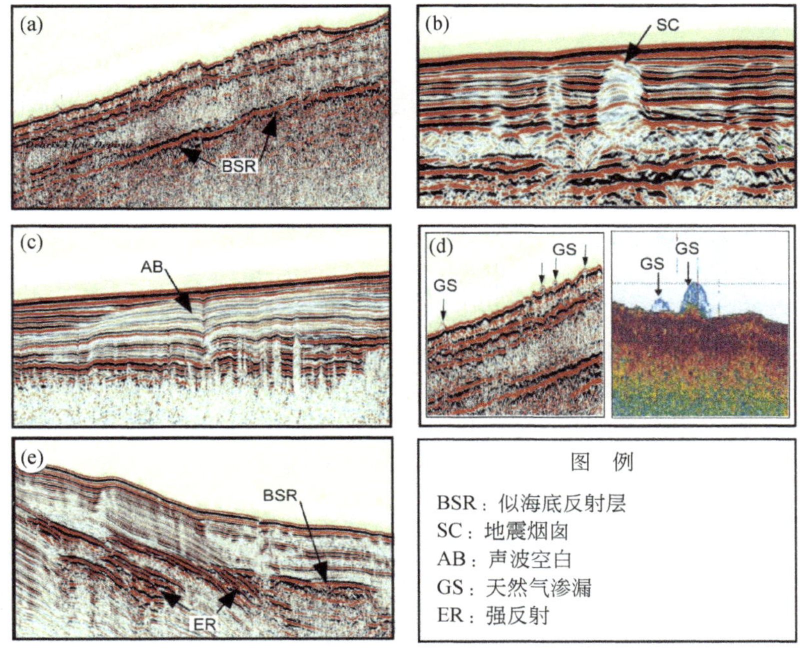

图 1-24　BSR 反射特征与气烟囱构造（Park et al.，2008）

图 1-25　UBGH2 钻探的水合物样品

2010 年进行 UBGH2 的第二次调查，在 10 个站位进行了取芯作业（Lee et al.，2011），这次钻探调查的主要成果是发现天然气水合物的主要类型包括不连续的砂岩层中的孔隙充填，未固结泥岩中的裂缝脉状、结核状和分散状分布。此外，在硅藻泥中也发现了由沉积压实作用控制的孔隙充填型水合物（Bahk et al.，2011）。UBGH2 为韩国计划中的水合物试开采提供了重要的地质信息和工程技术基础（UBGH2 scientists，2010）。

1.4.3.3 鄂霍次克海

俄罗斯地质学家 Makogon 是北极冻土带天然气水合物最早的研究者之一，负责西伯利亚盆地 Messoyakha 气田天然气水合物生产报告（Makogon，1981）。在圣彼得堡的海洋地质研究所（VNII Okeangeologiya）领导了俄罗斯的海洋水合物研究，包括北大西洋、黑海、里海和 Sahkalin 岛外的鄂霍次克海的水合物研究（Ginsburg and Soloviev，1997）。VNII Okeangeologiya 也负责进行全球水合物评估以及其他广泛被引用的评估。近年来，全俄罗斯天然气研究所（VNII GAS）加入了位于莫斯科国立大学冻土带天然气水合物研究组，俄罗斯天然气水合物研究由俄罗斯基础研究部和科技部资助，通过石油和天然气公司实施计划。

鄂霍次克海位于太平洋的西北角，以千岛群岛与太平洋分隔开，是西北太平洋大陆边缘中的第二大边缘海。鄂霍次克海大致呈菱形，其南北两边走向东北，长约 2000km，东西两边则大致为南北走向，长约 1700km。每年大量沉积物通过河流、冰川、滑塌等方式从周围的高山运输到鄂霍次克海沉积下来，在其北部、西部和东部形成了世界少有的宽广而深厚的沉积体系。除陆架部分外，鄂霍次克海发育德鲁根和千岛两大盆地。整个海域沉积地层发育，陆架区沉积层厚度可达 10km，以新生代沉积为主。沉积地层的总有机碳含量普遍较高，通常超过 1.0%。在构造上，鄂霍次克海微板块位于太平洋板块、欧亚板块、北美板块和阿穆尔板块四大板块之间，受到四个板块的挤压。由于挤压作用，在萨哈林岛东侧陆坡区形成了一系列的海底泥火山、泥底辟构造。优异的构造条件和丰富的气源条件使该地区成为天然气水合物调查研究的主要目标区（图 1-26）。

鄂霍次克海地处高纬度地区，冬季海面大部分被海冰覆盖。海面以下 50 ~ 120m 常年存在一个低温盖层。这个低温盖层使得海底温度一直保持在 2℃左右，这样的温度条件下，鄂霍次克海 350m 以深的区域都满足水合物赋存的温度、压力条件。海底以下满足水合物温度、压力条件的沉积地层厚度为 450 ~ 800m。鄂霍次克海域的沉积物源、沉积厚度、有机碳含量等构成了该区域水合物发育良好的气源条件，而温度、压力和构造控制条件等也都非常有利于水合物在该地区的发育。俄罗斯、德国 KOMEX 合作计划，俄罗斯、韩国、日本 CHAOS 合作计划，俄罗斯、韩国、日本、中国鄂霍次克海天然气水合物联合调查航次都是以鄂霍次克海天然气水合物调查为主要目标，并在该海域成功采获天然气水合物样品（图 1-27）。

在鄂霍次克海海底出现大量的甲烷气体喷溢，围绕喷溢位置设置的重力采样岩芯样品揭示，柱状样品大都含气，含气层段的沉积物分切面表现为特有的脱气

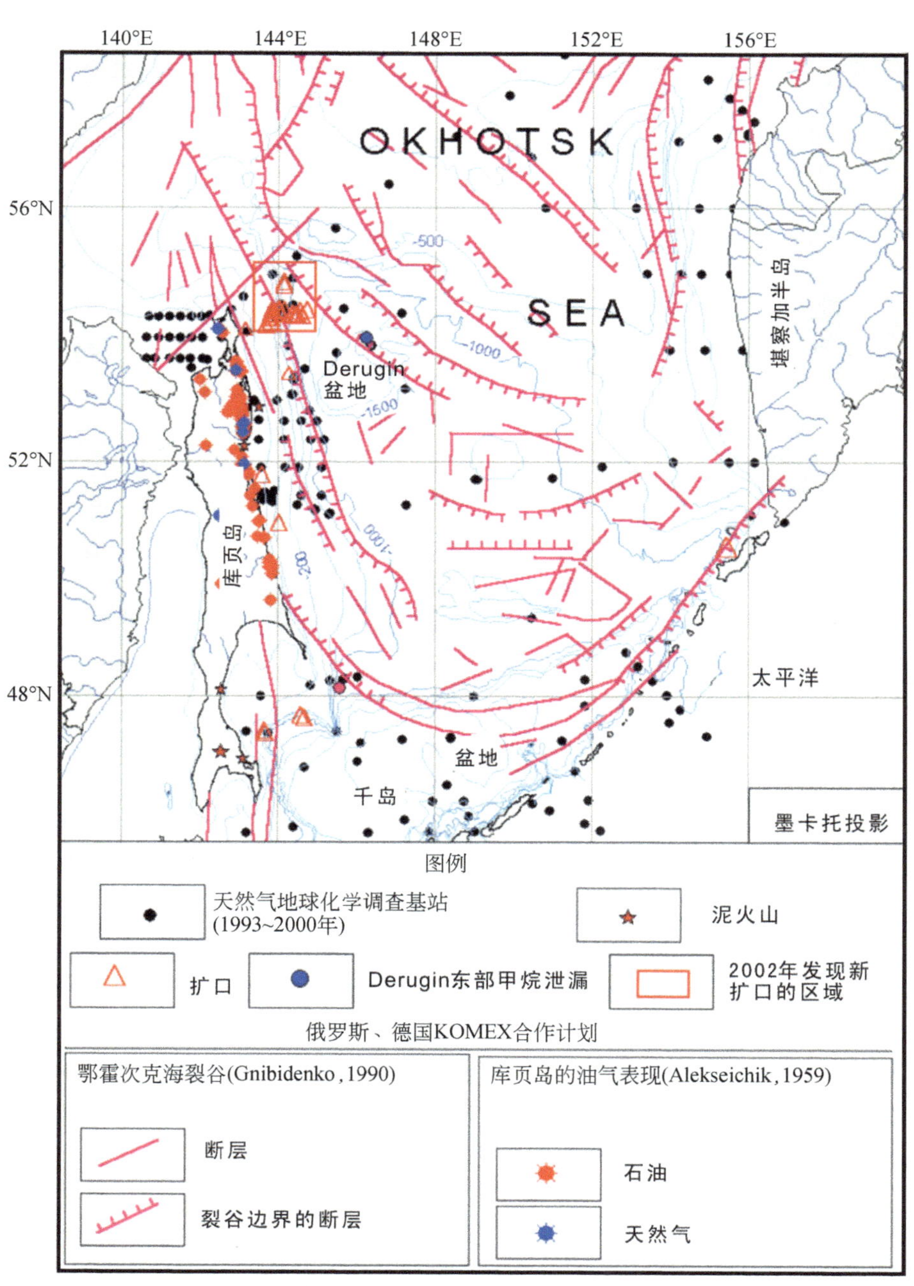

图 1-26 鄂霍次克海构造位置（Obzhirov et al.，2004）

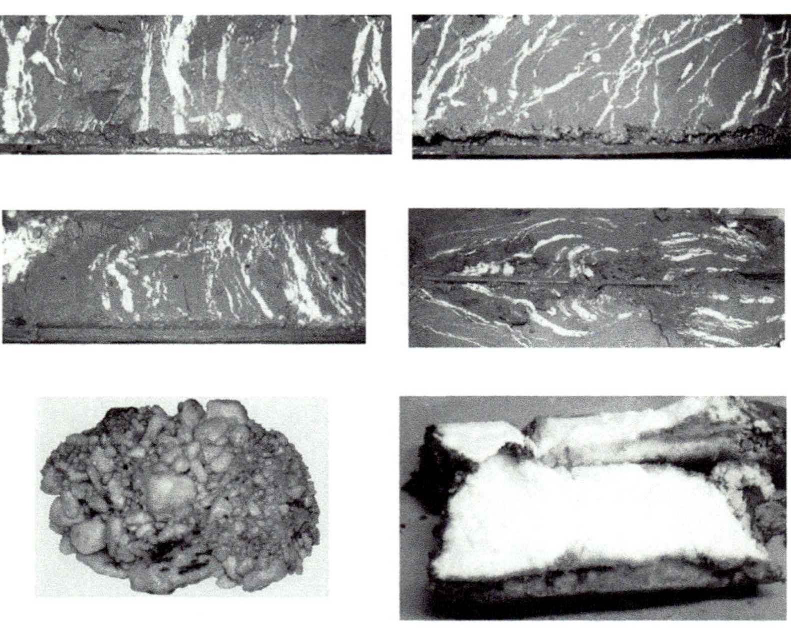

图 1-27 在重力采样站位获取的天然气水合物样品（Nikolaeva et al.，2010）

构造。在重力采样站位获取了天然气水合物样品（图 1-27）。水合物呈薄层状与沉积物互层，薄层的厚度从几毫米到 3cm 不等，出现水合物的层段，肉眼可见的水合物占柱样体积的 5% ~30% 不等。在出现水合物的层段，仔细观察可以发现，在没有水合物的区域，微小的水合物颗粒存在于沉积颗粒之间。重力取样管中含有的气体并不完全是重力取样管上升过程中水合物分解形成的。在水合物的稳定域内，当气体含量不足时，地层中的气体仍可能以游离态的形式存在。一些特殊构造，如泥底辟、泥火山等成为海底浅层天然气水合物形成的中心。地层中的气体在沿着这些特殊构造向上迁移的过程中部分气体在合适的温压条件下，在底层裂隙和孔隙度较大的地层中与孔隙水结合形成天然气水合物。在这些构造以外的区域，由于沉积地层中的气体含量有限，其中的气体仍可能以游离气的形式存在，而不是以水合物的形式存在。

参考文献

黄永祥，Suess E，吴能友，等. 2008. 南海北部陆坡甲烷和天然气水合物地质——中德合作 SO-177 航次成果专报. 北京：地质出版社

黄永祥，张光学. 2009. 我国海域天然气水合物地质——地球物理特征及前景. 北京：地质出

版社

蒋国盛，王达，汤凤林，等. 2002. 天然气水合物的勘探与开发. 武汉：中国地质大学出版社

史斗，孙成权，朱岳年，等. 1992. 国外天然气水合物研究进展. 兰州：兰州大学出版社

宋海斌. 2003. 天然气水合物的地球物理研究. 北京：海洋出版社

吴时国，王大伟，秦志亮. 2011. 深水油气开发中地质灾害及其预测技术. 自然灾害学报，20（增刊）：1～8

吴时国，喻普之. 2006. 海底构造学导论. 北京：科学出版社

姚伯初. 1998. 南海北部陆缘天然气水合物初探. 海洋地质与第四纪地质，18（4）：11～18

周祖翼，李春峰. 2008. 大陆边缘构造与地球动力学. 北京：科学出版社

Aleksichik S N. 1959. Geological structure and oil gas-gas potential of the northern part of Sakhalin Island. Proceedings of Russian Oil Science and Research Institute for Geologic Prospecting. Moscow, 135：133

Allison X, Boswell R. 2009. Overview of the United States Department of Energy's gas-hydrate research program：2000 to 2005//Collett T, Johnson A, Knapp C, et al. Natural Gas Hydrates——Energy Resource Potential and Associated Geologic Hazards. American Association of Petroleum Geologists Memoir, 89：228～246

Bahk J J, Kim D H, Chun J H, et al. 2011. Gas hydrate occurrences and their relation to hosting sediments properties; Results from UBGH2, East Sea. The 7th International Conference on Gas Hydrate Edinburgh, Scotland, July 17～21

Boswell R, Collett T, Frye M, et al. 2012. Subsurface gas hydrates in the northern Gulf of Mexico. Journal of Marine Petroleum Geology, 34：4～30

Boswell R, Collett T. 2011. Current perspectives on gas hydrate resources. Energy Environ. Science, 4：1206～1215

Chen G J, Guo T M. 1996. Thermodynamic modeling of hydrate formation based on new concepts. Fluid Phase Equilibria, 122：43～65

Chi W C, Reed D L, Liu C S, et al. 1998. Distribution of the bottom-simulating reflector in the offshore Taiwan collision zone. Terrestrial Atmospheric and Oceanic Sciences, 9：779～794

Collett T S. 2002. Energy Resource Potential of Natural Gas Hydrates. American Association of petroleum Geologists Bulletin, 86（11）：1971～1992

Collett T S. 2006. Gulf of Mexico gas hydrate JIP drilling program downhole logging program, the Gulf of Mexico. Gas Hydrate Joint Industry Project Cruise Report. National Energy Technology Laboratory

Collett T S, Riedel M, Cochran J R, et al. 2008. National Gas Hydrate Program (NGHP) Expedition 01 Initial Reports. New Delhi：Directorate General of Hydrocarbons

Collett T S. 2014. The gas hydrate petroleum system. Proceedings of the 8th International Conference on Gas Hydrates (ICGH8-2014), Beijing, China, 28 July～1 August

Dallimore S R, Uchida T, Collett T S, et al. 1999. Scientific results from APEX/JNOC/GSC Mallik 2L-38 gas hydrate research well, Mackenzie Delta, Northwest Territories. Canada：Geological

Survey of Canada Bulletin，544：403

Dillon W P，Lee M W，Felhaber K，et al. 1993，Gas hydrates on the Atlantic continental margin of the United States-Controls on concentration. //Howell D G. The Future of Energy Gases. U. S. Geological Survey Professional Paper，1570：313～330

Fujii T，Saeiki T，Kobayashi T，et al. 2008. Resource assessment of methane hydrate in the Nankai Trough. Japan，Offshore Technology Conference，Houston，TX，Paper 19310

Ginsburg G D，Soloviev V A. 1997. Methane migration within the submarine gas-hydrate stability zone under deep-water conditions. Marine Geology，137（1-2）：49～57

Gnibidenko H S. 1990. The Rift System of the Okhotsk Sea. In Proc. Of the First Int. Conference on Asian Marine Geology（Shanghai，Sept. 7～10，1988）. Beijing：China Ocean Press

Guo T M，Wu B H，Zhu Y H，et al. 2004. A review on the gas hydrate research in China. Journal of Petroleum Science and Engineering，41：11～20

Hutchinson D，Hart P，Collett T，et al. 2008. Geologic framework of the 2005 Keathley Canyon gas hydrate research well，northern Gulf of Mexico. Journal of Marine Petroleum Geology，25：906～918

Krason J，Finley P，Rudloff B. 1985. Basin analysis，formation，and stability of gas hydrates in the western Gulf of Mexico. DOE-NETL，DE-AC21e84MC21181，168

Lee M W，Collett T S. 2008. Integrated analysis of well logs and seismic data to estimate gas hydrate concentrations at Keathley Canyon，Gulf of Mexico. Marine and Petroleum Geology，25：924～931

Lee M W，Collett T S. 2009. Gas hydrate saturations estimated from fractured reservoir at Site NGHP-01-10，Krishna-Godavari Basin，India. Journal of Geophysical Research，114，B07102，1～13

Lee S R，Kim D S，Ryu B J，et al. 2011. Recent developments of gas hydrate program in Korea：2nd Ulleung basin gas hydrate drilling expedition. The 7th International Conference on Gas Hydrate Edinburgh，Scotland，July 17～21

MacDonald G J. 1990. Role of methane clathrates in past and future climates. Climatic Change，16：247～281

Makogon Y F. 1981. Hydrates of Natural Gas. Penn Well

McConnell D，Boswell R，Collett T，et al. 2009. Gulf of Mexico gas hydrate Joint Industry Project Leg Ⅱ Green Canyon 955 site summary：Proceedings of the drilling and scientific results of the Gulf of Mexico. Gas Hydrate Joint Industry Project Leg Ⅱ：23

McDonnell S L，Max M D，Cherkis N Z，et al. 2000. Tectono-sedimentary controls on the likelihood of gas hydrate occurrence near Taiwan. Marine and Petroleum Geology，17：929～936

MED. 2010. Table E. 5b：Natural Gas Consumption by Secter（Gross P J）. Ministry of Economic Development. Volume 2010

Moridis G J，Collett T S，Dallimore S R，et al. 2004. Numerical studies of gas production from several CH_4 hydrate zone at the Mallik site. Mackenzie Delta，Canada. Journal of Petroleum Science and Engineering，43：219～238

Nikolaeva N A, Derkachev A N, Obzhirov A I. 2010. Lithological, mineral and geochemical indicators of methane emanations and associated gas hydrates in the sediments of Ne Sakhalin Slope (Okhotsk Sea)

Obzhirov A, Shakirov R, Salyuk A, et al. 2004. Relations between methane venting, geological structure and seismo-tectonics in the Okhotsk Sea. Geology Marine Letters, 24: 135 ~ 139

Park Y, Choi Y, Yeon S, et al. 2008. Thermal expansivity of tetrahydrofuran clathrate hydrate with diatomic guest molecules. Journal of Physical Chemistry, B112 (23): 6897 ~ 6899

Paull C K, Dillon W P. 2001. Natural gas hydrates: Occurrence, distribution, and detection. American Geophysical Union Geophysical Monograph, 124: 3 ~ 18

Paull C K, Matsumoto R, Wallace P J. 1996. Proceedings of the Ocean Drilling Program Initial Reports. Volcano, 164: 620

Pecher I A, Henrys S A. 2003. Potential gas reserves in gas hydrate sweet spots on the Hikurangi Margin, New Zealand. Institute of Geological & Nuclear Sciences Science Report, 23: 36

Pecher J A, Bialas J, GHR Working Group, et al. 2011. Gas hydrate research in New Zealand-overview on latest results. Proc. 7th International Conference on Gas Hydrates, Edinburgh: 8

Pecher J A, Henry S A, Wood W T, et al. 2010. Focused fluid flow on the Hikurangi margin, New Zealand—Evidence from possible local upwarping of the base of gas hydrate stability. Marine Geology, 272: 99 ~ 113

Riedel M, Bahk J J, Scholz N A, et al. 2012. Mass-transport deposits and gas hydrate occurrences in the Ulleung Basin, East Sea. Part 2: Gas hydrate content and fracture-induced anisotropy. Marine and Petroleum Geology, 35: 75 ~ 90

Riedel M, Collett T S, Malone M J, et al. 2006a. In: Proceedings of the Integrated Ocean Drilling Program Expedition 311. Integrated Ocean Drilling Program, Washington, DC

Riedel M, Novosel I, Spence G D, et al. 2006b. Geophysical and geochemical signatures associated with gas hydrate-related venting in the northern Cascadia margin. Geological Society of America Bulletin, 118: 23 ~ 38

Ruppel C, Boswell R, Jones E, 2008. Scientific results from Gulf of Mexico gas hydrates Joint industry Project Leg I drilling: Introduction and Overview. Journal of Marine Petroleum Geology, 25 (8): 819 ~ 829

Schultheiss P, Holland M, Humphrey G. 2009. Wireline coring and analysis under pressure: Recent Use and future developments of the HYACINTH system. Scientific Drilling, 7: 40 ~ 45

Shipboard Scientific Party. 2003. Proceeding of the Ocean Drilling Program Initial Reports, Log 204. Ocean Drilling Program, Texas A&M University, College Station, TX: 1 ~ 75

Shipboard Scientific Party. 1973. Sites 85 ~ 97//Worzel J L, et al. Proceedings of the Deep Sea Drilling Project. initial reports, 10: 3 ~ 336

Shipboard Scientific Party. 1994. Sites 892 and 889 (leg 146) //Westbrook G K, et al. Cascadia margin Sites 888 ~ 892. Proceedings of the Ocean Drilling Program. initial reports, 146: 301 ~ 396

Shipley T H, Houston M H, Buller R T, et al. 1979. Seismic evidence for wide-spread possible gas hydrate horizons on continental slopes and margins. America Association of Petroleum Geology Bulletin, 63: 2204 ~ 2213

Sloan E D, Koh C A. 2008. Clathrate hydrates of natural gases (3d ed) New York: CRC Press

Spence G D, Minshull T A, Fink C. 1995. Seismic studies of methane and gas hydrate, off shore Vancouver Island//Carson B, Westbrook G K, Musgrave R J et al. Proc. ODP Sci. Results, 146 (Part 1): College Station, TX (Ocean Drilling Program), 163 ~ 174

Tamaki K, Honza E. 1991. Global tectonics and formation of marginal basins: Role of the west Pacific. Episodes, 14: 224 ~ 230

Trehu A M, Flemings P B, Bangs N L, et al. 2004. Feeding methane vents and gas hydrate deposits at south Hydrate Ridge. Geophysical Research Letters, 31, L23310

Tsuji Y T, Namikawa T, Fujii T, et al. 2009. Methane-hydrate occurrence and distribution in the eastern Nankai Trough, Japan: Findings of the Tokai-oki to Kumano-nada methane-hydrate drilling program//Collett T, Johnson A, Knapp C et al. Natural gas hydrates-Energy resource potential and associated geologic hazards. American Association of petroleum Geologists Memoir, 89: 228 ~ 246

UBGH2 scientists. 2010. Preliminary report of the 2nd Ulleung Basin Gas Hydrate Drilling Expedition. Submitted to Gas Hydrate R&D Organization, Korea

Veerayya M, Karisiddaiah S M, Vora K H, et al. 1998. Detection of gas-charged sediments and gas hydrate horizons along the western continental margins of India//Henriet J P, Mienert J. Gas Hydrates: Relevance to world margin stability and climate change, Geological Society. London: Special Publication, 137: 239 ~ 253

Wang X, Hutchinson D R, Wu S, et al. 2011. Elevated gas hydrate saturation within silt and silty clay sediments in the Shenhu area, South China Sea, Journal of Geophysical Research, 116, B05102, doi: 10. 1029/2010JB007944

Wang X, Wu S, Yuan S, et al. 2010. Geophysical signatures associated with fluid flow and gas hydrate occurrence in a tectonically quiescent sequence, Qiongdongnan Basin, South China Sea. Geofluids, 10 (3): 351 ~ 368

Waseda A, Uchida T. 2004a. Origin and migration of methane in gas-hydrate-bearing sediments in the Nankai Trough//Hill R J, Leventhal J, Aizenshtat Z. Fromgeochemistry of the geosphere, atmosphere and cosmos to forensic environmental geochemistry. A tribute to Ian Kaplan: The Geochemical Society Publication, 9: 377 ~ 387

Waseda A, Uchida T. 2004b. The geochemical control of gas hydrate in the Eastern Nankai Trough. Resource Geology, 54: 69 ~ 78

Wu S G, Wang X J, How K W, et al. 2007. Low-amplitude BSRs and gas hydrate concentration on the northern margin of the South China Sea. Marine Geophysical Researches, 28: 127 ~ 138

Wu S, Zhang G, Huang Y, et al. 2005. Gas hydrate occurrence on the continental slope of the northern South China Sea. Marine and Petroleum Geology, 22: 403 ~ 412

Yang S X, Zhang H Q, Wu N Y, et al. 2008. High concentration hydrate in disseminated forms obtained in Shenhu area, north slope of South China Sea. Proceedings of the 6th International Conference on Gas Hydrates, Vancouver, British Columbia, Canada

Zhang G, Yang S, Zhang M, et al. 2014. GMGS2 expedition investigates rich and complex gas hydrate environment in the South China Sea. Fire in the Ice. Methane Hydrate Newsletter, National Energy Technology Laboratory, US Department of Energy, 14: 1 ~ 5

Zhang H, Yang S, Wu N. 2007. GMGS-1 Science team: China's first gas hydrate expedition successful. Fire in the Earth. Methane Hydrate Newsletter, National Technology Laboratory, US Department of Energy, Spring/Summer Issue, 1: 4 ~ 8

第 2 章　天然气水合物的识别标志

如何识别海洋天然气水合物，是开展水合物研究的首要问题。目前，关于海洋天然气水合物可以从三个方面进行识别，即地球物理识别标志、地球化学识别标志和海底地质识别标志。

2.1　天然气水合物地球物理识别标志

地球物理技术无疑是水合物识别最核心的技术。利用反射地震技术，在 20 世纪 70 年代就发现了似海底反射层（Shipley et al.，1979），自此，似海底反射层成为识别水合物最重要的标志（宋海斌等，2002；张光学等，2003）。后来石油勘探中 AVO、AVA 技术也用于水合物识别（Andreassen et al.，1997；Ecker et al.，1998；Song，2003）。随着海底勘探技术的进一步发展，高频 OBS 技术、海底电磁法勘探等陆续用于水合物的探测。随着水合物钻探的实现，常规油气测井应用到水合物勘探中，应用电阻率、声波、成像等测井技术识别出各种类型的水合物，并实现了水合物饱和度的高精度评价。

2.1.1　似海底反射层

似海底反射层是海域天然气水合物最重要的识别标志之一，具有与海底大体平行、与海底反射波极性相反、强振幅的特点。BSR 上覆地层含有的天然气水合物声波速度高，而下伏地层可能含有游离气则声速度较低。海底沉积物的地温变化很大（压力变化不大），海底的起伏变化将造成沉积物中等温面的起伏变化，故 BSR 大致与海底地形平行。由于天然气水合物的形成可能导致 BSR 至海底间的沉积层固结而呈均质，内部波阻抗差减小，因而，BSR 至海底间出现空白带/弱振幅带的特征。许多地区水合物 BSR 表现十分明显，然而，也有一些地区因为构造沉积十分复杂以及弱 BSR 等因素，不易识别。神狐海域由于大量峡谷的出现，BSR 表现较为杂乱不连续（图 2-1）。在韩国郁陵盆地的浊流–半深海沉积层中，发现了大量的“气囱”反射结构被认为是水合物的形成造成地层纵波速度增加，而形成的上拱反射特征（图 2-2）。“气囱”现象在水合物地区相对普遍，韩国钻探证明，在水合物稳定带内的“气囱”指示相对高富集水合物的存在，在 UBGH2-3 井烟囱内发现的水合物饱和度高达 70%。从 LWD 测井看，含水合物层电阻率较高，达上千欧姆米，含水合物层的纵波速度也出现明显增加。

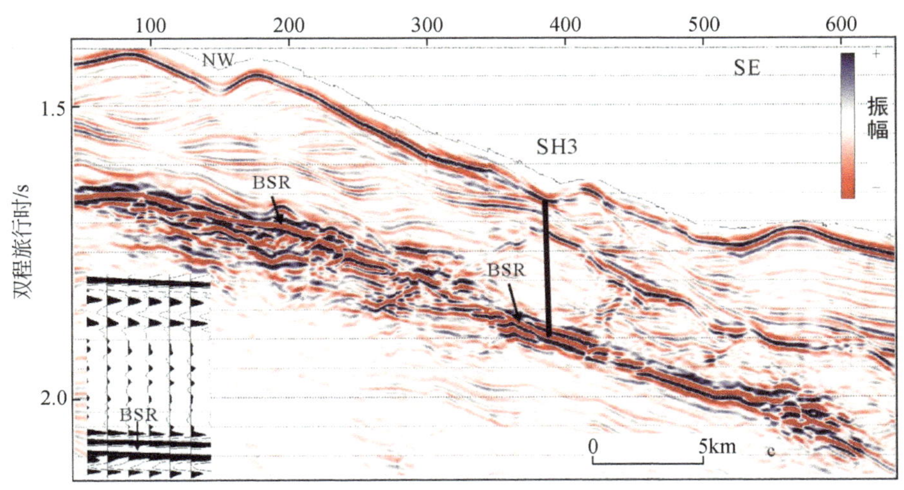

图 2-1　中国南海北部神狐海域地震剖面的 BSR

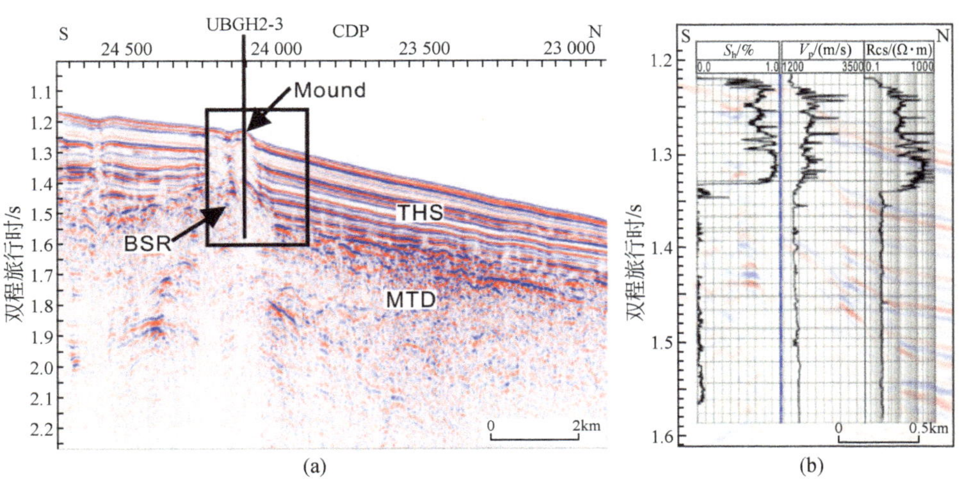

图 2-2　韩国郁陵盆地地震测线及气烟囱内发现脉状水合物（Yoo et al.，2013）

BSR 是水合物稳定带底界的反射，而不是由地层构造引起的。BSR 有时与沉积层理斜交，但是如果和沉积界面平行，同样性质的平行海底沉积层反射，还有多次波以及与海底平行地层的反射波，都在视觉上与天然气水合物产生的BSR相似，造成BSR在地震剖面上识别比较困难。振幅空白带内存在亮点，这是水合物后期形成并充填于地层的特征。BSR非常接近理论计算的水合物稳定带的底界面。因此，BSR指示天然气水合物可能存在，但是不能说明水合物的厚度和饱和度。

BSR也会有假象，需要更多的地质地球物理信息来验证。地层侵蚀（或沉积）或矿物相变会形成BSR假象，也称伪BSR（图2-3）。伪BSR代表地层侵蚀（或沉积）前的岩性边界，伪BSR作为水合物区顶界的反射有两个特征：①伪BSR和BSR之间的地层与上覆地层相比反射弱；②与同样埋藏深度的地层相比纵波速度高。当然，矿物相变也会产生伪BSR，硅藻类沉积中的蛋白石A到蛋白石CT的成岩变化也能产生与海底起伏平行的反射，切穿了海底沉积层，类似BSR，但是具有正极性的特点，这是BSR解释中的一个误区。

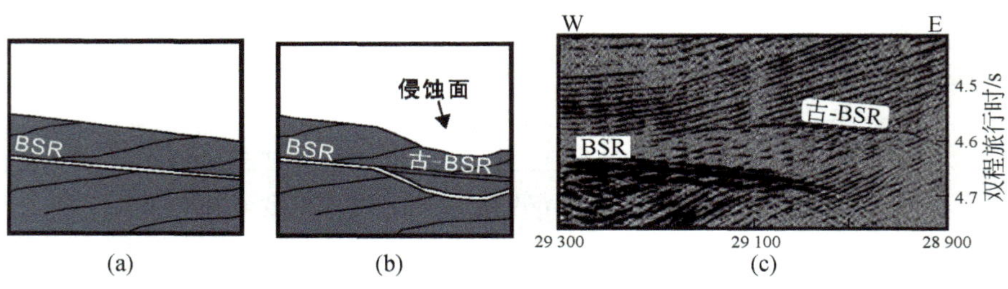

图2-3　伪BSR示意图和地震剖面（Hornbach，2003）

BSR作为水合物稳定区域的底界通常较容易识别出来，但却很难识别出水合物层的顶界和BSR之下游离气层的底界。推测原因：BSR之上沉积物内的水合物浓度向上逐渐降低，BSR之下游离气层仅局限于薄层，地震难以分辨。BSR的确定不能单纯用目测方式决定，要经过振幅保真、相位校正以及正反演处理等手段之后才能确定。BSR横向往往不连续，振幅的强弱和下伏游离气层的厚度有很大关系。在水合物沉积层内，随着水合物含量的增加，会导致振幅的衰减增加。水合物浓度的增加使得岩石的弹性模量增大，弹性模量的增加引起岩石弹性不均匀增加。孔隙流体的交叉流动会产生地震波的衰减，弹性不均匀增加会增加散射引起的地震能量的衰减。从图2-4我们可以看出随着水合物浓度的增加，能量耗损（1/Q）增加。

块状水合物存在明显的强振幅异常，具有较高的波阻抗，但由于块状水合物的厚度小于现有的地震分辨率时，受地震波的调谐作用的影响，剖面上难以看到

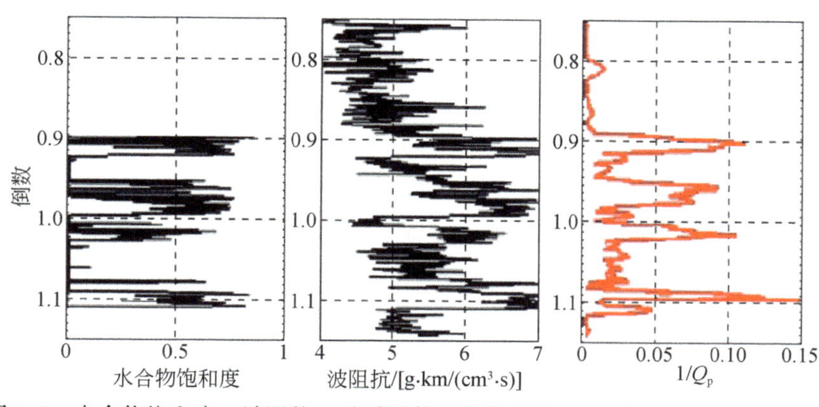

图 2-4 水合物饱和度、波阻抗、品质因数的倒数对比（Dvorkin and Uden，2004）

正常的 BSR 反射。但由于块状水合物集合体地层的高速度和 BSR 之下由游离气引起的低速度造成了明显的上部速度上拉、下部速度下拉现象。二者垂向叠置称为“VAMPS”现象。当块状水合物的厚度较小，其高速度造成的地震波形上隆并不明显，由游离气层的低速度引起的地震波形的下凹是明显的，且有限的上隆直接覆盖在多层下凹之上，所以“VAMPS”现象仍然显著。在不变形背景中的一般平缓起伏的沉积物地震剖面上，BSR 难以“拾取”，但“VAMPS”却可以识别确定是否存在天然气水合物。

2.1.2 地球物理属性识别技术

（1）天然气水合物岩石物理研究

含天然气水合物的岩石物理模型是地震研究的基础。基于简单模型（如孔隙度降低模型、时间平均方程、时间平均 Wood 加权方程等）和复杂模型（弹性模量模型、等效介质理论模型等）研究含天然气水合物沉积岩石弹性参数与水合物饱和度、研究含游离气岩石弹性参数与游离气饱和度的关系、计算不同模型振幅随入射角的变化，对于估计天然气水合物的浓度，进而确定天然气水合物资源量十分重要。

（2）地震正演模拟

地震正演模拟包括数值模拟和实验室物理模拟。数值模拟正演可以结合反演结果修正模型来进行正反演交替迭代进行，物理模拟大多数是用来验证数值模拟结果是否能够体现地震波传播的物理过程。通过正演得到的地震响应分析，研究

天然气水合物沉积层和含游离气沉积层的厚度、孔隙度、饱和度、流体性质及组合结构的变化与地震反射特征、结构的关系。地震正演模拟与实际地震资料相结合会对天然气水合物资源评价产生重要的作用。

（3）水合物的地震资料处理

由于水合物沉积层相对于油气储层而言埋藏较浅，地震波传播距离短，振幅、频率损耗少，利于高分辨率采集、处理技术的实施。结合海域天然气水合物的地震反射机理，重点进行地震资料的叠前去噪（多次波、鬼波和气泡效应压制）、能量衰减分析和补偿、地表一致性振幅恢复、地表一致性静校正、地表一致性相位校正、高精度速度分析、保持振幅反褶积、保持振幅叠加以及叠前偏移处理（含 DMO）等高分辨率处理方法，得到高品质的地震资料。

（4）AVO 识别技术

AVO 识别技术是利用地层的纵横波特性，由此形成的地震反射振幅与偏移距以及随入射角（AVA）的变化关系来判断地层物性和岩石的一项地震勘探技术。它依据 Zoeppritz 方程的简化式，该近似表达式反映了反射系数 R 随着入射角的变化关系。AVO 分析与反演技术在天然气水合物的研究中被广泛应用，几乎所有的水合物研究区都进行了以 BSR 和伪 BSR 的识别为目的的 AVO 研究。

AVO 正演分析技术，设计不同的水合物赋存状况的地质模型，在此基础上根据反射层不同的弹性参数（如纵波速度、横波速度、密度、泊松比）模型，正演计算单个反射层的 AVO 响应特征，然后与拾取的实际 AVO 响应进行对比分析，探讨 BSR 成因，最后进行分析是否存在游离气并反演计算游离气厚度、水合物厚度和水合物饱和度。由于游离气饱和度为 2% 的沉积物与 100% 的沉积物的泊松比差别极小，因此 AVO 分析通常无法估算游离气的饱和度。此外由于沉积物水合物、游离气饱和度与其弹性参数关系的研究没有定论，因此理论的 AVO 特征也在争论之中，而 AVO 不仅与下层的弹性参数有关，还与上层的弹性参数有关，还可能受薄层（包括上层、下层都可能是薄层）的影响，因此分析对比相当复杂，也可能是多解的。

AVO 反演技术在天然气水合物中得到广泛使用。由于水合物沉积层与其上覆、下伏沉积层明显的纵横波速度、纵横波阻抗和泊松比特征的差异，由 AVO 信息可以反演得到纵横波速度、纵横波波阻抗、泊松比等剖面（图 2-5）。

AVO 处理在获取角道集成果的基础上，一般还要获取反映近似于零炮检距的反射纵波的 P 波剖面，反映反射振幅随入射角的变化率以及变化趋势的梯度剖面 G 剖面，反映地层横波变化的拟横波剖面，反映水合物异常的亮点剖面和反映

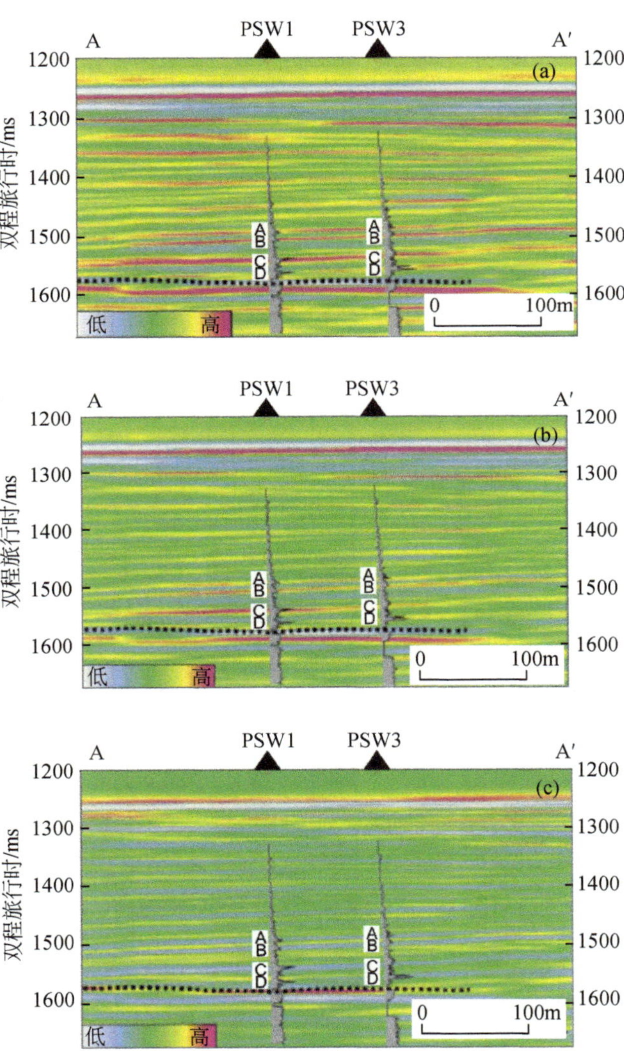

图 2-5 反演得到的纵波波阻抗（a）、横波波阻抗（b）和泊松比剖面（c）（Hato et al.，2006）

泊松比变化的泊松比差值剖面，这些剖面统称为 AVO 属性剖面。

利用 AVO 技术进行水合物定量研究必须在 AVO 反演提取属性剖面的基础上，先验性地给出一个纵横波速度比，由此可以求出横波速度。最后可用 AVO 的截距和横波数据求出纵波和横波的波阻抗值，根据这两种波阻抗值求出泊松比。高分辨率的纵波速度、横波速度及泊松比反演并结合岩石物性分析结果和模型 AVO 正演结果进行 BSR 识别水合物、含游离气沉积层储层预测、物性参数的定量预测。

（5）波阻抗反演

相对于饱和海水沉积层和含游离气沉积层，水合物沉积层具有高波阻抗值，波阻抗由低向高变化的拐点处为水合物层的上界面，波阻抗由高向低变化的拐点处为水合物沉积层的下界面。

利用测井信息的纵向高分辨性和地震资料的横向连续性，对地震剖面进行宽带约束反演处理得到波阻抗剖面。它能够反映水合物在横向和垂向上的分布。

（6）弹性波阻抗反演

利用纵波反射数据（角依赖）进行弹性波阻抗反演可以估算弹性参数，已被有效用于岩石特性分析和解释中。当子波随偏移距变化的时候，弹性波阻抗反演优于 AVO 反演。图 2-6（A）是时间偏移共角度孔径数据，入射角度孔径由上而下分别是（a）0°～8°、（b）8°～16°、（c）16°～24°、（d）24°～32°；图 2-6（B）是弹性波阻抗反演的结果。主要特征是两组由水合物和游离气层交互产生的高低阻抗层（H1、L1、H2、L2）。从 L1 和 H2 可以明显地看出随着入射角度的变化弹性波阻抗的变化。利用弹性波阻抗结果和纵波波阻抗结果（入射角约为 0°），可以得到横波波阻抗结果。由横波波阻抗和纵波波阻抗数据可以得到纵横波的速度比、泊松比和拉梅参数等弹性参数，继而预测天然气水合物和游离气的浓度及分布。

（7）吸收系数反演技术

由于水合物沉积层具有较低的吸收系数，而其在上下围岩（尤其是含游离气层）具有较高的吸收系数，同时水合物的含量与吸收系数的大小有密切的关系，因此，吸收系数反演技术可以预测水合物的存在与否及其含量。因此，吸收系数剖面可以用于水合物沉积层顶底界面的标定和厚度预测，吸收系数是水合物探测的一个重要属性。

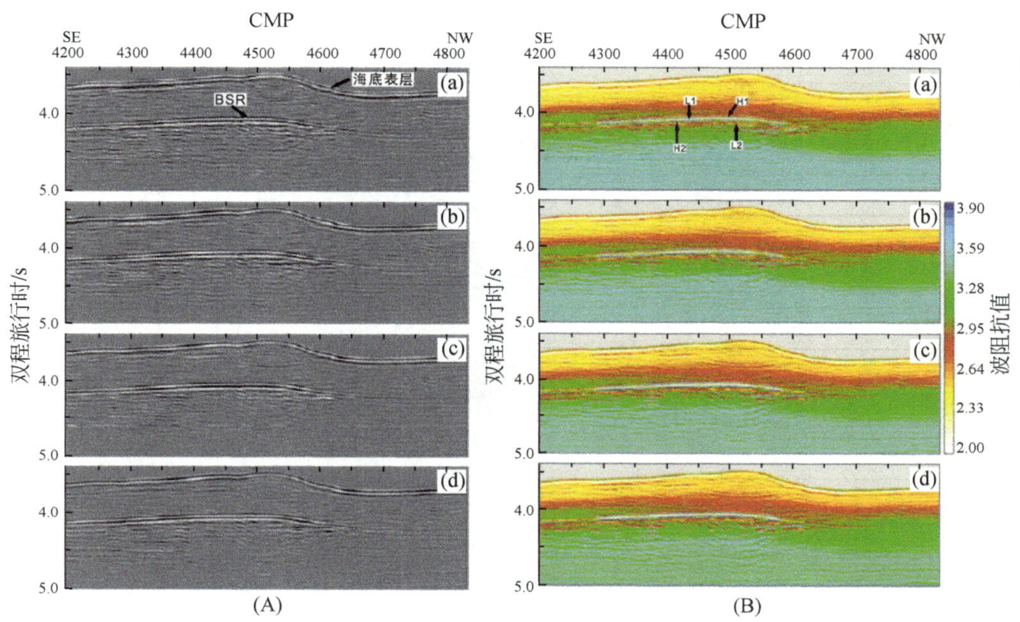

图 2-6 时间偏移角（孔径）道集（A）与弹性波阻抗反演结果（B）
（Lu and McMechan，2004）

(8) 全波形反演

纯天然气水合物的密度（$0.9g/cm^3$）和海水的密度相近，产生 BSR 的波阻抗差主要是由水合物和自由气之间的速度差异造成的。速度分析是地震研究天然气水合物的关键，全波形反演是反演求取速度的重要方法。在地震资料振幅保真、高分辨率处理的基础上，进行高分辨率速度反演处理以获取速度剖面，在此剖面上利用水合物沉积层与其上下围岩（层）的速度差异进行水合物的识别（图 2-7）。全波形反演是为了求取水合物沉积层速度的精细结构，主要是通过实际的地震记录波形与计算合成的地震记录波形之间的方差为最小目标函数进行求解来完成的。

(9) VSP 技术

利用 VSP 技术可以得到纵波速度和横波速度的垂向分布，也能刻画水合物分布的横向变化。由图 2-8 可以明显看出 VSP 处理数据有很好的横向连续性。

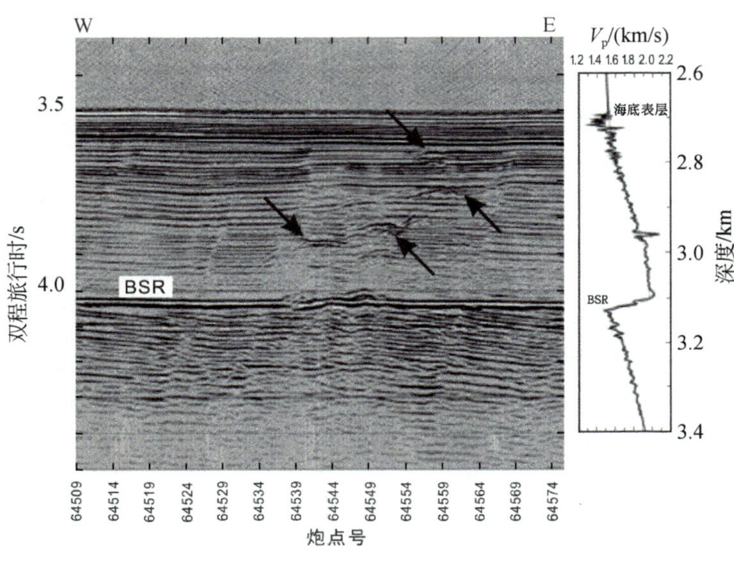

图 2-7 波形反演得到的水合物稳定带内和 BSR 处的速度异常（Holbrook et al.，2002）

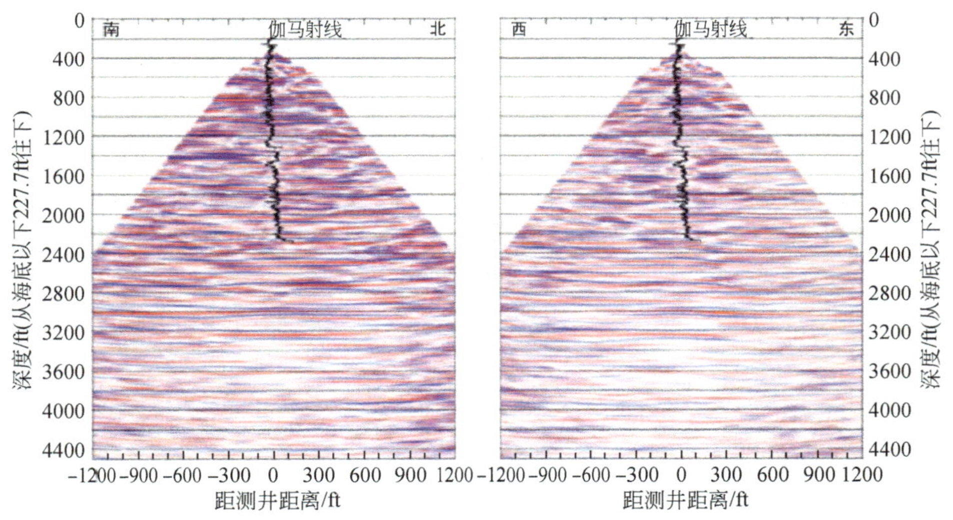

图 2-8 上行地震纵波数据和伽马测井曲线对比（McGuire et al.，2004）

2.1.3 测井地球物理特征

地球物理测井技术在水合物识别中十分重要，具有准确度高的特点。电阻率测井是估算水合物饱和度最直接的方法。电阻率方法求得的孔隙度与密度测井和中子孔隙度测井分析孔隙度相比，更接近岩芯分析孔隙度。从电阻率估算出的水合物饱和度值与从氯离子异常估算出的水合物饱和度值类似，但用电阻率估算的饱和度总体上更高，原因可能是取样过程中水进入岩芯降低了氯离子浓度。核磁共振测井装置可以提供与岩性无关的孔隙度测量并估计渗透率，这些数据可以改善测定天然气水合物饱和度的定量技术。另外，在天然气水合物性质调查方面也起着重要的作用。碳氧比能谱测井也叫中子伽马能谱测井，碳氧比能谱技术能提供岩石矿物中大多数的元素信息，从而建立详细的矿物模型。碳氧比能谱测井提供了一种定量评价地层中含天然气水合物饱和度的方法。利用斯伦贝谢公司制造的储层饱和度测井仪（RST）可以测量水合物层的饱和度。

2.1.3.1 测井地球物理特征

（1）气测异常

在含水合物岩层钻井过程中，洗涤液和钻头工作时放出的热量可以分解井壁的水合物，形成气体异常，泥浆含气录井和气测井中有明显显示。

（2）电阻率增高

孔隙被水合物充填后的岩层导电率降低，即电阻值升高，在视电阻率测井曲线上，水合物沉积层的顶部呈台阶状突变增大。运用电阻率可以确定沉积物的孔隙度和沉积物中天然气水合物的含量。

（3）低自然电位

与含游离气层相比，含水合物层存在较低（较负）的自然电位异常，且长电位与短电位分离。其原因可能是钻探引起的水合物分解除了造成水合物分布层段井径的扩大外，还使得该井段泥浆离子浓度降低，从而导致泥浆活度降低，进而使水合物上下岩层的高活度地层水向该井段扩散（氯离子扩散速度>钠离子扩散速度），最终使水合物赋存井段泥浆负电荷数增多而呈现负的电位异常。

(4) 密度降低

与含水或含游离气沉积层相比，含水合物沉积层的密度降低，声波速率增大，同时还具有较高的纵横速度比，水合物底界面存在速度负异常。

(5) 声波时差降低

天然气水合物沉积层的声波时差与声波的传播速度成反比，沉积物纵波速度的增大，会导致声波时差的减小。

(6) 中子孔隙度增大

与含水或含游离气沉积层相比，含水合物层的中子孔隙度略有增大。因为中子测井值反映的是地层中的氢含量，对于砂质沉积物而言，大体反映了被流体充满的孔隙度。当水合物形成时，一方面要从邻近地层中汲取大量淡水；另一方面，单位体积水合物中有20%的水为固态甲烷所取代，引起单位体积沉积物内的含氢量大大增加。即使考虑到水合物形成造成的沉积物密度降低还会适当减少沉积物的含氢量，但最终结果也是单位体积内沉积物的含氢量增加，从而导致中子孔隙度增加。这与含游离气层位中子孔隙度明显降低恰好相反。

(7) 介电常数差异

由于冰和天然气水合物的介电常数有显著差异，在273K条件下，冰的介电常数是94，而天然气水合物为58，所以介电测井可能成为永冻层识别天然气水合物的一种可行方法。

(8) 自然伽马变化

砂岩储层的天然气水合物赋存层段的自然伽马曲线表现为箱状降低的谷值。沉积层自然伽马能谱的强弱与对放射性元素有强烈吸附作用的黏土含量有关。水合物在形成时不但要从上下地层中吸取大量的水分子，还要吸收大量来自下伏沉积物的烃类气体，导致单位体积沉积物内的黏土含量相对减少，使水合物赋存层段的自然伽马曲线降低。但是在细粒沉积物中，由于水合物饱和度并不高，因此，含水合物层的伽马并没有发生明显变化。

(9) 地层微电阻率扫描

采用地层微电阻率扫描技术可得到井壁高分辨率的电阻率特征图像，从而得出岩层中反映天然气水合物性质和结构的信息。对于井壁上垂向和侧向细微的变化，都能反映出来，因而可探测到非常细微的地质异常特征，如宽度只有几微米到几十微米的裂缝，可用来进行详细的沉积和构造解释。

2.1.4　海洋电磁法

海洋电磁法是利用海底岩石介质的电磁感应信息，对海底的矿产资源分布进行电性推断的一种技术。受控于天然气水合物的成分组成，天然气水合物是高阻绝缘体。因此，可以利用海底瞬变偶极-偶极系统测得天然气水合物层位的电阻率异常数据，这些数据用来判断水合物产状和资源量计算（许东禹等，2000）。海洋电磁法用于探测海底甲烷水合物的基本原理基于甲烷水合物与海底沉积物的电学性质差异，与声波的变化相比，电阻率的变化似乎对水合物的存在更敏感。例如，在普拉德霍湾（Prudhoe Bay）含有水合物的区域内，测井曲线上声波速度增加了30%，而电阻率却增加了30倍。利用天然场源进行探测的方法，称为大地电磁测深法（magneto telluric，MT）；而利用人工场源的进行探测的方法，则称为可控源电磁法（controlled source electromagnetic，CSEM）。对于一些埋藏较浅的天然气水合物资源，需要电磁探测的中高频段，一般在0.1～20Hz，在这个区间选择若干个频点，向目标区域进行拖曳式电磁发射，达到电磁扫面的效果（盛堰等，2012）。目前关于利用大地电磁或可控源电磁研究水合物的实例较少，是今后水合物研究的重要方向。

2.2　天然气水合物的地球化学识别标志

地球化学方法是识别天然气水合物的另一种重要的技术手段，它能够有效弥补地球物理手段带来多解性这方面的不足。应用天然气水合物的地球化学识别标志，结合地球物理等其他调查手段，综合判断天然气水合物的存在，对进一步认识天然气水合物的成分、物化性质及其形成机制、资源量评价等有着重要意义。

2.2.1　海底甲烷异常

甲烷含量异常高可能是天然气水合物分解或深水常规油气渗漏所致，水合物的形成和赋存与其下的游离气处于一种动态的平衡状态。当水合物分解或有地质构造（如断层和气烟囱）穿过水合物层时会导致甲烷逸散到海底而形成羽状流，从而引起海底甲烷的含量异常高。另外，高的甲烷含量表明地层中的烃类气源充足。因此，海底甲烷异常在一定程度上可以作为判别天然气水合物的间接标志（赵青芳，2006）。

海底甲烷有三个来源：生物成因、热解成因、岩浆成因。而构成天然气水合物的甲烷，主要由前两种来源提供（许东禹等，2000）。通常，生物成因气的甲烷主要在海底沉积物的浅部形成，而热解成因气的甲烷则在较深处产生（许东禹等，2000）。上述三种甲烷来源是通过甲烷与乙烷的比值（CH_4/C_2H_6）或 $C_1/(C_2+C_3)$ 和碳同位素比（$\delta^{13}C={}^{13}C/{}^{12}C$）来区分。具体标志见表 2-1。

表 2-1　三种不同来源甲烷气的识别标志

气体成因	一般特征	CH_4/C_2H_6	$C_1/(C_2+C_3)$	$\delta^{13}C=({}^{13}C/{}^{12}C)/‰$	生成深度
生物成因气	与 APT、LPS 等生物质及微生物有关系	高（~104）	>1000	−50 ~ −100	浅
热解成因气		低（~10）	<100	−25 ~ −50	较深
岩浆成因气		高（>103）		−15 ~ −18	深

资料来源：许东禹等，2000

2.2.2　孔隙水氯离子异常

孔隙水中氯离子含量的异常是天然气水合物存在的重要标志。水分子与烃类气体在沉积物孔隙中结合形成水合物的过程中，只吸取孔隙中的淡水而盐类物质不能进入水合物的晶体结构，这会引起水合物存在范围内局部孔隙水离子浓度的浓缩。随着埋深增加，沉积物被压缩，其中的孔隙减少，赋存水合物的沉积物中的流体被排驱向上运移，从含水合物层运移上来的孔隙流体具有明显的高氯度。随着时间的推移，这些与水合物形成有关的高盐度孔隙水会由于梯度差而扩散掉。水合物形成后，如果维持水合物的温度-压力的体系发生变动，对温度和压力变化异常敏感的水合物就会发生分解，释放出其中的淡水，引起孔隙水的淡化，造成沉积物孔隙水氯离子含量降低。值得注意的是，单纯的沉积物孔隙水氯离子浓度在垂向上的降低并不完全指示水合物的存在，如蛋白石、失水或渗滤、黏土矿物的自生成因等作用都可以导致氯离子浓度在垂向上的降低（史斗等，1992）。如果沉积物形成于淡水向海水依次变迁的环境，同样可以引起孔隙水氯离子浓度在垂向上的降低（公衍芬等，2008）。例如，南挪威海盆的 MSTyro 航次 NA81-11 钻孔剖面上，虽然孔隙水的氯离子浓度随着深度的增加而呈现直线降低，但其孔隙水的氧同位素变化趋势与有水合物的钻孔的特征相反，$\delta^{18}O$ 却随着深度增加而线性降低。进一步的研究（Lange，1983）表明，该钻孔中孔隙水氯离子浓度在剖面上的变化特征是由于该钻孔保持了其形成时海岸淡水–半咸水沉积环境中的沉积构造和孔隙水中包含的淡水成分引起的，与水合物的形成和分解没有任何关系。水合物赋存区沉积物孔隙水氯离子浓度在垂向上的降低，同时必定伴随有 $\delta^{18}O$ 值的增大，这是应用孔隙水离子含量的垂向变化判别水合物存在与否时必须注意的问题。

2.2.3 孔隙水 SO_4^{2-} 异常

天然气水合物赋存层段沉积物的 SO_4^{2-} 浓度同样呈现降低的趋势，其原因除了上述水合物形成过程导致的孔隙水淡化外，富烃类流体（主要是甲烷）在向海底底床运移的过程中（即烃渗漏过程中），甲烷气体也会还原海底沉积物中的 SO_4^{2-} 而将其不断消耗，即硫酸盐–甲烷还原带称为硫酸盐–甲烷界面（sulfate methane interface，SMI）（图 2-9）（Borowski et al.，1999），其所发生的化学反应为

$$CH_4+SO_4^{2-} \longrightarrow HCO_3^-+HS^-+H_2O$$

从而造成 SO_4^{2-} 浓度自海底向水合物稳定带的降低趋势。因此，线性的、陡的硫酸盐梯度和浅的 SMI 都是天然气水合物可能存在的标志（赵青芳，2006）。另外大量研究证明，浅表层沉积物中 H_2S 含量异常。对有水合物的钻孔沉积物的气体含量分析表明，它们均含有 H_2S 气体，而不含水合物的沉积物样品基本不含 H_2S 气体（Brooks et al.，1991）。

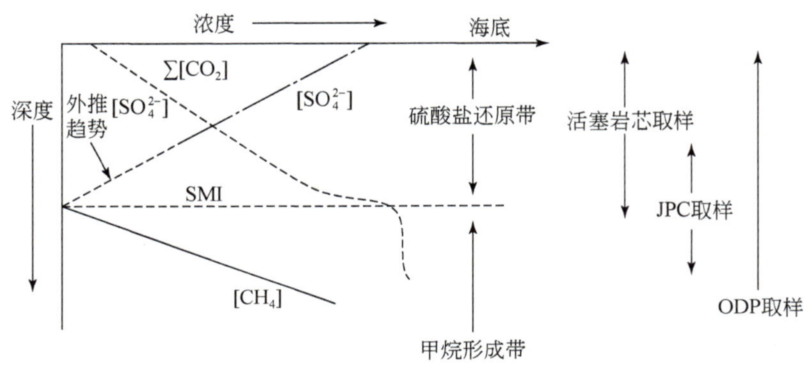

图 2-9 海底沉积物中硫酸盐–甲烷之间的关系（Borowski et al.，1999）

2.2.4 孔隙水 $\delta^{18}O$ 异常

氧同位素的分馏是另一个水合物化学指示。与结冰类似，天然气水合物结晶时 $H_2{}^{18}O$ 和 $H_2{}^{16}O$ 发生分馏，使 $^{18}O/^{16}O$ 值增高至与冰相同，造成水的同位素组成异常。其中，氧同位素的分馏系数 $\alpha = ({}^{18}O/{}^{16}O)_{固体}/({}^{18}O/{}^{16}O)_{液体} = 1.0026$，重的氧同位素（$^{18}O$）浓集于固相。

2.2.5 沉积物地球化学异常

尽管顶空气指标还难以作为量化指标来判别是否存在天然气水合物，但天然气水合物分布区往往存在烃类气体（特别是甲烷）的高值异常，特别是当顶空气的高值异常与孔隙水的低氯异常现象同时存在时，就有可能存在天然气水合物（Kvenvolden，1995）。下面以中国南海海区为例，具体分析水合物富集区的沉积物地球化学异常。

中国南海北部顶空气气体含量数据分琼东南海域、西沙海槽、神狐海域和东沙群岛海域四个区域，对所有数据进行归一化处理，以避免不同航次之间数据比较存在系统误差。归一化方法如下：在同一海域中把每一航次的平均值看作是该航次数据的背景值，将所有航次的现场测试数据的平均值归一到同一平均值上，那么，这些数据的分布是可以对比的。对气态烃的甲烷含量数据处理方法如下：

$$C'_{ij} = \frac{C_{ij}}{\overline{C}_j} \times \overline{C}_t \tag{2-1}$$

$$\overline{C}_j = \sum C_{ij}/n_j \tag{2-2}$$

$$\overline{C}_t = \sum (\overline{C}_j \times n_j/n) \tag{2-3}$$

式中，C'_{ij}为第 j 航次现场测试的第 i 个样品的处理后的数据；C_{ij}为第 j 航次现场测试的第 i 个样品的原始分析数据；n_j 为第 j 航次现场测试分析的样品数；n 为样品总数；$\overline{C}_j$为第 j 航次现场测试分析数据的平均值；$\overline{C}_t$为所有样品测试分析数据的平均值。除去个别站位甲烷含量有异常高值之外，各区域甲烷含量的总体分布特征为近似对数正态分布（图 2-10）。

区域上，南海北部陆坡浅层（1mbsf）沉积物气态烃的甲烷含量具有如下特征：①气态烃甲烷含量多位于 5～25μL/kg，由东北向西南表现为低高相间的分

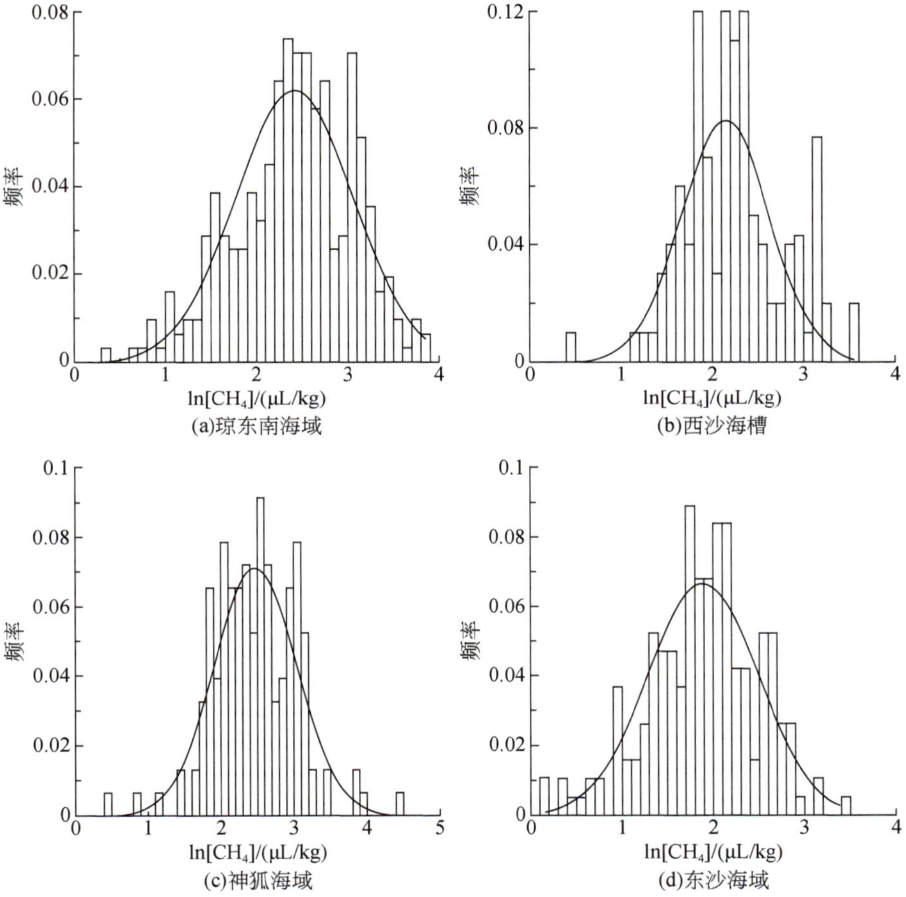

(a)琼东南海域

(b)西沙海槽

(c)神狐海域

(d)东沙海域

图 2-10 中国南海北部陆坡顶空气甲烷含量的频率分布特征

布特征，即甲烷含量在东沙群岛海域和西沙海槽海域相对较低，而神狐海域和琼东南海域相对较高。但在东沙群岛海域的海洋四号沉积体存在局部的高通量甲烷。②甲烷含量等值线总体上呈北东向展布，局部呈北西向分布，这主要是由于烃类渗漏受北东向和北西向断裂构造所控制。③水深对甲烷含量具有一定的影响作用，一般水深较浅的区域由于生物地球化学作用较强，可在甲烷生成带中生成大量的甲烷，这些甲烷向上扩散渗透使浅表层沉积物中的游离气含量增高。④甲烷含量高值区与 BSR 具有较好的对应关系，BSR 分布区的甲烷含量往往都较高，但并不是所有甲烷高值区域的下伏地层中都发现有 BSR 存在；浅层（1mbsf）沉积物顶空气甲烷含量低的站位或区域，其甲烷含量的垂向变化并不一定小，垂向

上甲烷高含量站位并不都位于甲烷高值区。

2.3 天然气水合物的海底地质识别标志

2.3.1 麻坑

麻坑（pockmark）是超压流体渗漏到海底形成的凹地，其在平面上多呈圆形或椭圆形，直径从数米到数千米，深度为数米至数百米（Sun et al.，2011）。麻坑最早于19世纪60年代在加拿大新斯科舍（Nova Scotia）岸外地区发现（King and McLean，1970）。其后，许多研究者对该地区的麻坑进行了深入的研究。随着旁侧扫描声呐和高分辨率多波束技术的发展，在许多沉积盆地中都发现了海底麻坑。麻坑的发育往往与深部烃类气体的逸散有关。因其与油气之间关系密切，许多学者都专注于对它的研究，并出版了大量的学术著作（Judd and Hovland，2007）。

麻坑密度和规模与浅层沉积类型和厚度有关。细粒沉积物中发育的麻坑规模较大，但是密度较小；而粗粒沉积中发育的麻坑密度大但规模较小（Josenhans et al.，1978）。底流对麻坑的发育、形态和规模也具有重要的影响（Sun et al.，2011）。底流可以疏散悬浮的沉积物，使麻坑壁滑塌，造成麻坑的增大。麻坑不是简单倒立的圆锥，一些有光滑的平底，一些是丘状底。麻坑的斜坡很少是光滑的，通常表现为很多的波折或角度的变化。

众多学者对麻坑的成因进行了探讨，大量的证据表明麻坑主要是由下部的流体逸散所形成。在麻坑之下往往存在地震反射异常，如浅层地震剖面上的杂乱反射、强振幅反射、空白反射和柱状地震扰动反射等（Cathles et al.，2010）。对阿拉伯湾海底的长期监测也表明，麻坑的形成与流体活动关系密切。阿拉伯海湾原来平整的海底出现了多个麻坑（Hovland and Judd，1988），对这些麻坑进行浅层取样，发现样品中沉积物膨胀，出现孔洞，有H_2S的气味，含高浓度的甲烷。Gay等（2006）对刚果盆地进行了麻坑取样，地球化学分析也表明麻坑中高浓度甲烷气体的存在。虽然麻坑的存在指示了气体逃逸，但是现在发现的麻坑并不是都在活跃。另外，气体的逸散也并不一定都产生麻坑。甲烷的逸散也为海底的化能生物提供能量，促进这些生物的繁盛和麻坑中冷泉碳酸盐岩的形成。在南海北部神狐海域发现大量的海底麻坑，表明神狐水合物钻探区流体活跃（图2-11）。

麻坑之所以能成为水合物的一个地质识别标志，是因为它在全球已发现的海

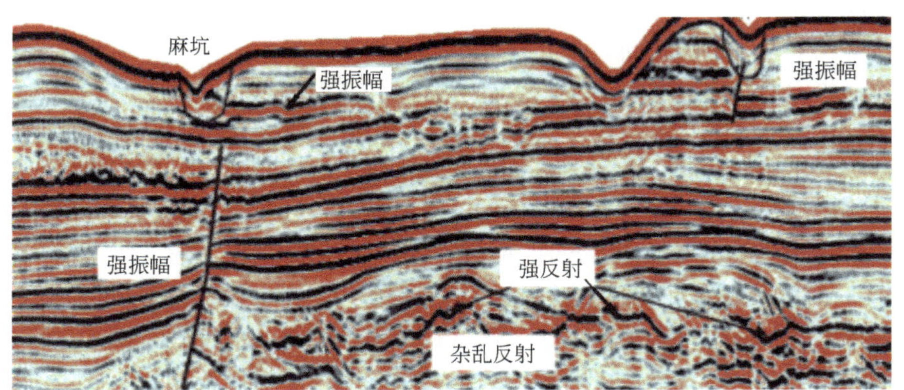

图 2-11 神狐海域海底麻坑及振幅异常

洋天然气水合物分布区广泛发育。2006 年，由联合国教科文组织实施的 TTR 计划（Training Through Research）第 16 航次第 3 航段，首次在挪威大陆边缘 Voring 台地东南部麻坑构造里取得了天然气水合物样品（Ivanov et al.，2007）。该研究成果表明，麻坑构造是含甲烷流体的通道，是深部热成因或生物成因气体沿多断层向上运移至海底，致使海底塌陷而形成的。在许多地震剖面上均显示麻坑构造之下为一些窄的垂直通道，伴随散射和杂乱反射或亮点，称为气烟囱（gas chimney）。气烟囱可能表明了游离气体的存在，几乎所有的麻坑及其下的气烟囱都位于 BSR 之上，如果游离气能通过这些烟囱向上运移到麻坑附近，甲烷气体的供应将更加快速。由此可以推断，麻坑构造反映了强烈的流体活动，并且推断在水合物稳定带可能形成天然气水合物。

天然气水合物富集区往往存在上述一种或多种地质构造背景，如在卡斯凯迪亚增生楔，断裂作为气体向上运移的通道；在布莱克海脊气体通过断裂向上运移至海底形成麻坑构造；而在挪威斯托里格（Storegga）滑塌区，天然气水合物的发育则受到滑塌构造、断层、底辟和麻坑等多种构造因素的综合控制。这些构造背景相互作用，既充当深部热成因气、生物成因气、混合成因气体或流体向上运移到海底的通道，形成天然气水合物矿藏；又可能造成天然气水合物的温压环境改变，破坏天然气水合物矿藏致使天然气水合物分解，甚至发生海底滑塌等地质灾害。

相对海平面下降或地壳隆升造成了天然气水合物上覆地层压力减小，致使天然气水合物分解，当这些气体或流体运移到海底发生渗漏时，还与泥火山或泥底辟、麻坑构造有关，前者可以为渗漏提供通道和气源，后者则可能是由于渗漏而在海底产生塌陷地貌特征。泥火山、泥底辟会在海底形成隆起的地貌，而麻坑则形成下陷地貌。例如，挪威 Storegga 滑塌区在存在 BSR 的陆坡上部不仅出现了泥底辟构造，而且有许多麻坑构造。这些构造均充当了深部流体向上运移的通道而进入天然气水合物稳定带，有些则直接出露海底而形成麻坑。

Gay 等（2006）描述了刚果盆地水合物成藏和气体泄漏，中新统—渐新统浊积水道作为主要储层为气体渗漏提供了气源，储层气体压力超过盖层毛细管阻力时，气烟囱形成，同时多边形断层的发育为流体运移提供了通道，流体在多边形断层顶部受到上新统泥岩层的封堵，并在合适的温压场条件下形成了天然气水合物（图 2-12）。天然气水合物顶部气烟囱的形成有两个可能性，一般认为相对海平面变小，或地壳隆升造成了天然气水合物上覆地层压力减小，致使天然气水合物分解，气压升高，突破盖层封堵，形成气烟囱。另外如果相当长时间内，没有发生相对海平面变小，或地壳隆升，水合物底部持续增大的气压可能会使水合物层产生微断裂，进一步形成气烟囱，气烟囱内部气体驱动孔隙水流动，在浅部地层发生液化，从而形成麻坑。

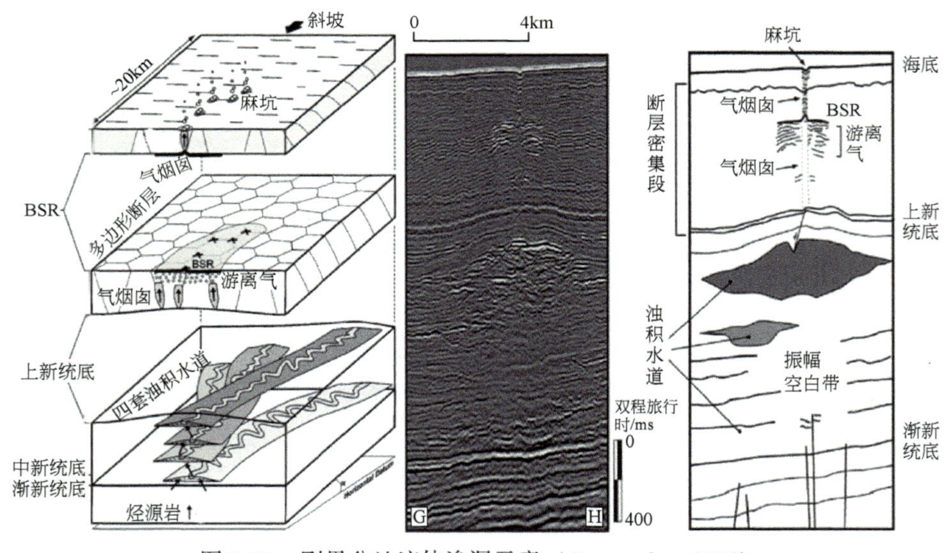

图 2-12　刚果盆地流体渗漏示意（Gay et al.，2006）

Petersen 在 2010 年研究了挪威冷岸群岛西部海域 Vestnesa Ridge 地区的沉积物，研究中使用专门设计的勘探浅部地层的 P 波电缆三维勘探设备，取得的地震数据对浅部地层中的水合物、气烟囱、麻坑等具有很高的分辨率（图 2-13），水合物稳定带底部 BSR 能够清晰识别，顶部气烟囱的轨迹和内部反射特征分辨更加清晰（Petersen et al.，2010）。气烟囱连接麻坑和 500mbsf 处的水合物层，地震识别出气烟囱的运动轨迹不是垂向直线，而是横向摆动，摆动的最大距离有200m。另外，高分辨地震能够识别出气烟囱内部的强反射和弱反射区，强反射发生在 BSR 之上靠近海底 40 ~ 50m 的地方，很可能是大量气体存在，或是自生碳酸盐影响所致。

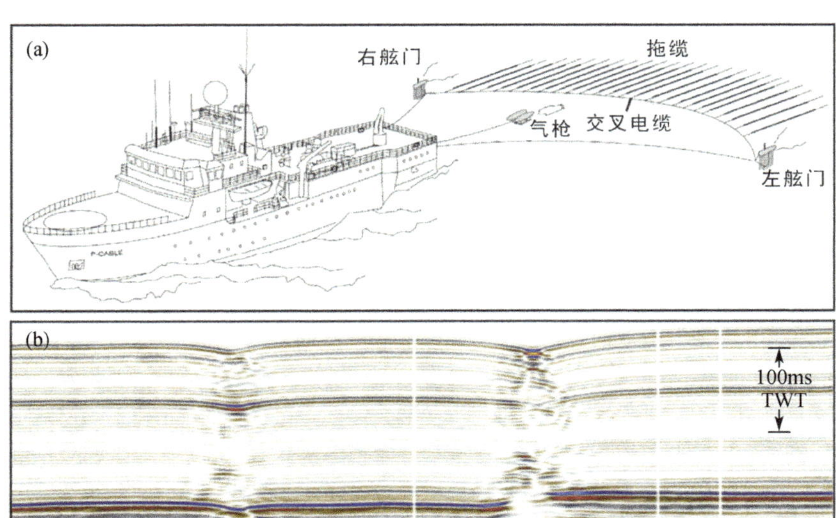

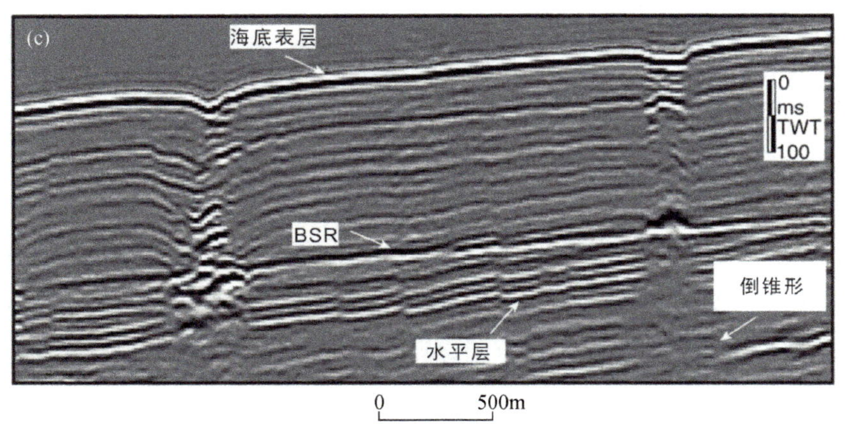

图 2-13　P 波三维电缆地震系统探测麻坑构造（Petersen et al.，2010）

2.3.2 冷泉碳酸盐岩

近30年的海底探测展现了过去许多不为人知的海底复杂而奇特的自然现象，冷泉（cold venting，cold seep-age，hydrocarbon venting，hydrocarbon seepage，cold hydrocarbon venting）流体是继洋中脊以下盆源中高温流体的热泉被发现和研究之后的又一个新的盆地流体沉积体系。而冷泉碳酸盐岩是冷泉流体由深部向上渗漏过程中，在海底附近经甲烷氧化古细菌和硫酸盐还原细菌共同新陈代谢的产物，与冷泉化能自养生物群（chemoauto synthesis-based communities）呈现出互利共生、相互依存的关系。它不仅是冷泉渗漏活动的重要标志之一，同泥火山、泥底辟一样，也是海底浅埋藏渗漏型天然气水合物产出的理想场所，成为继指示水合物底界的强反射（BSR）之后又一指示现代海底发育或存在天然气水合物的有效标志。

公元前1世纪，古罗马和古希腊地理学家就注意到叙利亚、希腊和意大利的浅水海域有淡水上涌现象。1983年，人们在墨西哥湾佛罗里达陡崖3200m深的海底观察到海底冷泉（海底天然气渗漏）特征及其相关产物（如冷泉碳酸盐岩、冷泉化能生物群、麻坑、泥火山等），研究程度最深的冷泉包括阿留申群岛、卡斯凯迪亚、巴巴多斯、俄勒冈州沿岸和墨西哥湾等地区。2004年，在中德合作项目调查“南海北部陆坡甲烷和天然气水合物分布、形成及其对环境的影响研究”中，利用德国“太阳号”SO-177科学考察船，通过海底电视观测和海底电视监测抓斗取样，首次在南海东沙附近发现了冷泉喷溢形成的巨型自生碳酸盐岩，面积达430km^2，并命名为“九龙甲烷礁”（黄永祥等，2008）。在“九龙甲烷礁”区碳酸盐岩结壳裂隙中，科学家发现了天然气水合物甲烷气体喷溢形成的菌席和双壳类生物，这就证实了冷泉仍在活动。2005年中国科学院南海海洋研究所在九龙甲烷礁、西沙海槽水合物异常区外又发现“明珠甲烷礁”（陈忠等，2007）。

2.3.2.1 冷泉

冷泉广泛发育于活动及被动大陆边缘斜坡海底沉积界面之下，沿构造带和高渗透地层带呈线性群产出，也有围绕泥火山或盐底辟顶部集中分布，呈圆形或不规则状冷泉群出现，在海底地形低凹处和峡谷转向处也有孤立冷泉产出。冷泉以水、碳氢化合物（天然气和石油）、硫化氢、细粒沉积物为主要成分，流体温度与海水相近并含有一定流速的、受压力梯度影响从沉积体中运移和排放出的流体（本书指以甲烷为主要成分的冷泉，目前多数学者均针对此类冷泉进行研究）。

根据冷泉喷溢的速度将冷泉分为喷发冷泉、快速冷泉和慢速冷泉，而冷泉碳酸盐岩主要由快速冷泉形成。喷发冷泉是由于海平面快速下降、强烈的构造活动、地震等引发的大陆坡崩塌，或海底沉积物中水合物分解导致压力过高，在很短时间内大规模排放甲烷，在海底一般不形成冷泉沉积和冷泉生物群。快速冷泉常形成于泥火山或断层构造面，是富甲烷的流体，因携带大量的细粒沉积物使得海底表面具有麻坑、海底穹顶、泥底辟等冷泉地貌特征，海底常形成多种自生矿物沉积，冷泉生物群发育并具有繁盛、死亡多次演替特征。目前世界上发现的冷泉大部分是快速冷泉，具有资源意义和生物价值。慢速冷泉是浅表层的生物成因气以及缓慢来源于深部的热成因气在相对透水的粗粒沉积层运移，是富油或者气的流体，一般不形成排放口或特征冷泉地貌，冷泉生物不发育或零星发育，管状蠕虫、蛤类、贻贝类较少，易形成菌席结构。在空间上三类冷泉常过渡伴生，这点与海底高温流体相似。

导致冷泉形成的因素很多，主要包括：①全球气候变暖或变冷事件使极地冰盖消融或凝结，改变海水的体积造成海底压力的变动和温度变化；②构造抬升或海平面下降使压力降低；③沉积物埋藏、海底沉积物滑动、运移及重新沉积；④与地震活动有关的压力快速变化、火山喷发、地温梯度升降；⑤海底底层水变暖或温盐环流变化，冬季变冷和夏季升温引起的海底环境变化。不同成因的甲烷通过输导系统聚合在温压条件有利的构造场所，形成天然气或天然气水合物。当稳定条件被破坏，即如上所述因素之一出现时，天然气或天然气水合物分解后释放的甲烷沿泥火山、构造面或沉积物裂隙向上运移和排放，在近海底就形成甲烷冷泉（图 2-14）。

全球冷泉分布广泛，从热带海域到两极地区、从浅海陆架到深海海沟均有分布，其中现代（活动）冷泉分布在除南北极地区外的各大洋，多数分布在太平洋的活动俯冲带，主要沿美国阿拉斯加州、俄勒冈州、加利福尼亚州及中美洲国家和秘鲁、日本、新西兰的大陆边缘分布。根据采获的冷泉生物、冷泉沉积和冷泉自生矿物、海底摄像、ROV 调查、水体甲烷浓度及其他资料，初步推出我国近海也广泛分布众多冷泉，如台西南海域、东沙群岛东北海域、东沙群岛西南海域、神狐海区、西沙海槽和南沙海槽，以及东海冲绳海槽冷泉区（Chen et al.，2004；陈忠等，2007；Feng et al.，2013；Tong et al.，2013）。各冷泉区（点）的简要特征见表 2-2。

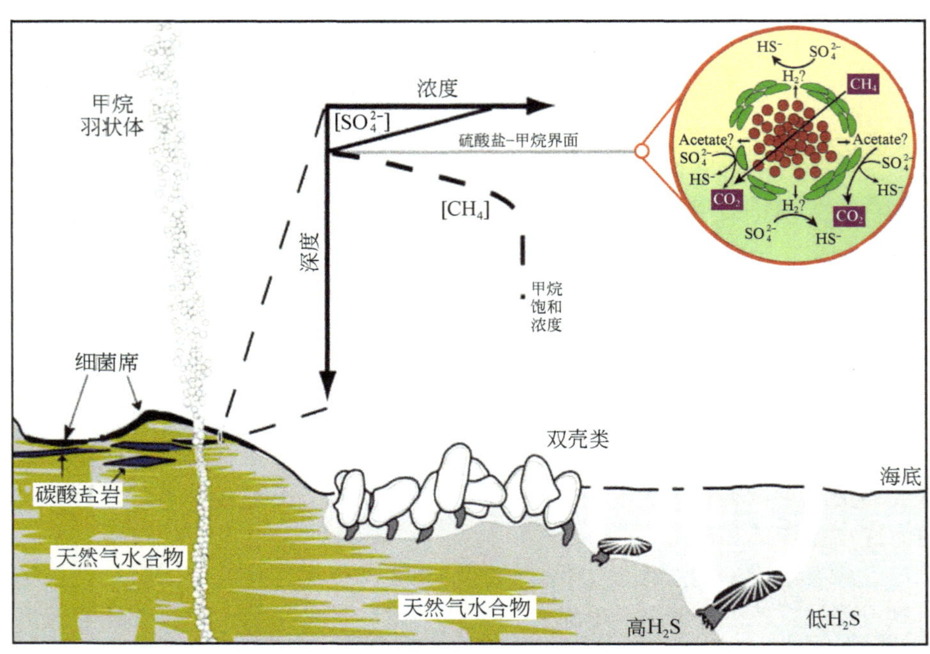

图 2-14　冷泉碳酸盐岩形成示意（Klaucke et al.，2006）

表 2-2　中国近海冷泉区（点）基本特征

序号	冷泉区（点）	自生矿物	其他	资料来源
1	台西南	文石、高镁方解石，少量白云石、铁白云石和菱铁矿	结壳、烟囱形式出现，结壳的裂隙或孔洞中常常充填有淡黄-白色的文石晶体，观察到正在喷发的冷泉，泥底辟、泥火山发育	陆红锋等，2012
2	东沙东北部	文石、方解石、少量铁白云石、白云石、菱铁矿	发育巨大面积的冷泉碳酸盐岩，泥底辟发育	黄永样等，2008
3	东沙西南部	铁白云石、菱铁矿以及少量文石、方解石	发生了至少三次冷泉流体活动，形成了多期冷泉碳酸盐岩	陈忠等，2007
4	神狐海区	铁白云石、文石、方解石	主要为烟囱状，明显可见内外两层分界线，显示不同生长期次，有以石英、长石为主的陆源碎屑	陆红锋等，2010
5	西沙海槽	文石、重晶石、方解石、硬石膏、石膏	硫酸盐-甲烷界面相对较浅	吴能友等，2007

续表

序号	冷泉区（点）	自生矿物	其他	资料来源
6	南沙海槽	石膏、黄铁矿	海底甲烷浓度骤增	陈忠等，2007
7	冲绳海槽	尚未发现冷泉沉积和冷泉生物，仅识别出气柱，游离气含量高		徐宁等，2006

同时，根据已发现的冷泉资料，海底冷泉的形成时间和深度变化可能集中在三个时期（图 2-15）：①150～100 Ma BP，冷泉发育在 1000m 以浅海底；②42～28Ma BP，冷泉出现在水深小于 2000m 的海底；③12Ma 以来为冷泉活动频繁期，冷泉形成于浅水海域至深水海底。

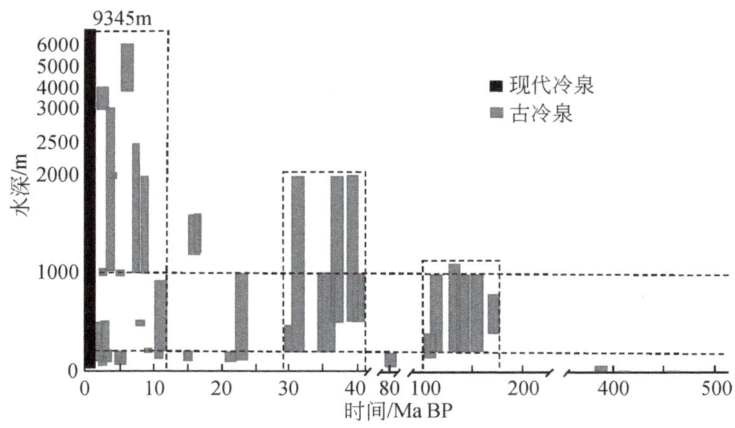

图 2-15　现代冷泉、古冷泉形成的时间和水深变化（陈忠等，2007）

然而，对海洋天然气水合物而言，希望通过对直接证据、间接证据等指标的分析并采用与多种技术相结合的方法，从地球物理、地球化学、沉积学、现代生物学的不同角度去识别和寻找现代（活动）冷泉，为天然气水合物的寻找和探查提供新线索和新区域。与冷泉有关的地质、构造、地球物理的简要特征见表 2-3。但是，从该表中也可以看出，天然气水合物是否尚存是多方面因素共同耦合的产物，是多方面联合推断的结果，因此对于水合物的识别是需要从多个方面联合进行的。

表 2-3 海底冷泉系统主要特征简表

	特征	描述	流体通量
直接证据	天然气渗漏	肉眼可见从海底排溢出气泡，旁侧扫描声呐或高分辨率地震系统侦测到的证据	大
	菌席	经常发育杆状、纤维状硫的氧化物，常见的类型包括 Beggiatoa、Thioploca 和 Thiothrix	中
	麻坑	流体排放形成的浅海底凹陷	
	自生碳酸盐岩	甲烷冷泉环境下微生物活动形成	中
	生物礁	与浅层气或冷泉存在有关的似珊瑚的岩群	低
	泥火山	在正常沉积物表面由喷溢气体驱动形成的具有火山构造的泥质沉积	高
	泥底辟	由比泥火山小的气上升形成的正向隆起的海底沉积	
	天然气水合物	由含气的塑性流体上升形成的正向隆起，位于海底以下	中
	上升形成的孔洞	由来自深部的流体形成的多孔状结构	低
间接证据	空白带	指示地震数据反映的大幅度负相带	
	声学噪声	指示气体存在的不规则地震反射结构，在地震剖面上具体表现为声浑浊、空白带、增强反射、亮点、速度下拉、多次波和气烟囱等	
	气孔	高气量的流体通过沉积物后的孔洞	
	构造	冷泉出露的悬崖	
	深水珊瑚礁	石化冷泉口，经常与碳酸盐岩丘共存	低—无
	海面油渍膜	SAR 等遥感方法识别，SAR 成像上相对周围无油膜的亮散射，油膜区位暗色	

资料来源：据陈忠等（2007）修改

2.3.2.2 冷泉碳酸盐岩的形成

在渗漏系统下，由于构造变形或超压，地层流体将沿断层或底辟构造中应力梯度方向运移（张敏强等，2004），同时深部油气藏或储层游离态天然气以渗漏方式沿断层等通道向海底运移，这就形成了冷泉中天然气有四种归宿：在水合物稳定带内部分渗漏天然气以游离态气泡形式迁移，部分沉淀为水合物，部分通过微生物活动转变为 CO_2 最终沉淀为冷泉碳酸盐岩，最后剩余部分则喷溢进入上覆水体（图 2-16）（MacDonald et al.，1994；Chen et al.，2004）。其中天然气水合物和冷泉碳酸盐岩是冷泉沉积的主要产物，由此不仅可以看出冷泉碳酸盐岩是冷泉渗漏的产物，也进一步说明了冷泉碳酸盐岩是指示水合物可能存在的标志。下面将详细介绍冷泉渗漏过程中碳酸盐岩的形成过程。

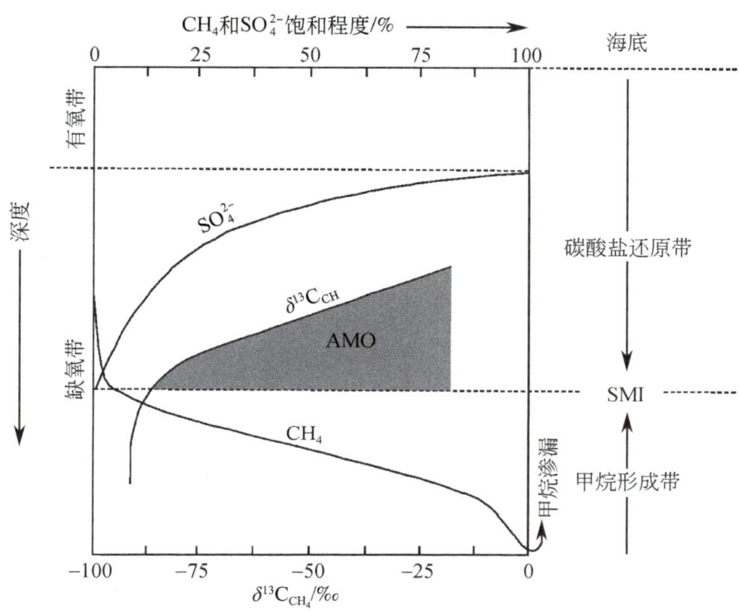

图 2-16　海底浅层沉积物地球化学分带（冯东等，2006）

在冷泉系统缺氧带环境中，当上升的甲烷气体与向下扩散的海水硫酸盐混合时，在硫酸盐–甲烷界面附近硫酸盐和甲烷含量急剧下降的一个很窄的带内（图 2-16 中的 AMO），将发生甲烷的缺氧氧化作用（anaerobic oxidation of methane，AOM），即甲烷古细菌氧化渗漏的 CH_4，生成 CO_2 和 H_2；同时硫酸盐还原细菌消耗海水中的 SO_4^{2-} 和甲烷古细菌氧化 CH_4 所产生的 H_2，生成 HS^- 和 H_2O。这一生物化学过程表示为

$$CH_4+2H_2O \longrightarrow CO_2+4H_2$$

（甲烷氧化古细菌的氧化作用）

$$SO_4^{2-}+4H_2+H^+ \longrightarrow HS^-+4H_2O$$

（硫酸盐还原细菌的还原作用）

综合起来，即 $CH_4+SO_4^{2-} \longrightarrow HCO_3^-+HS^-+H_2O$。同时反应可引起 CO_3^{2-} 与 Ca^{2+}、Fe^{2+} 与 S^{2-}、Ba^{2+} 与 SO_4^{2-} 以及 Ca^{2+} 与 SO_4^{2-} 等达到过饱和，并且因微生物活动形成的过量孔隙水 DIC 使得环境碱度增加而有利于自生碳酸盐岩形成，多个因素共同作用最终沉淀出以镁方解石、文石及白云石为主的冷泉碳酸盐岩，同时伴生黄铁矿、菱铁矿、重晶石、石膏、自然硫等，这些自生矿物可以单独出现或几种同时出现在冷泉沉积环境中。当然，不同的渗漏系统具有相似的生物化学过程。

但目前对于甲烷缺氧氧化作用的机理仍存在一定的争议。有些学者认为甲烷缺氧氧化是一个反甲烷生成（reverse-methanogenesis）的过程，在此过程中起作用的是原核生物，一般认为甲烷缺氧氧化是由甲烷氧化古细菌和硫酸盐还原细菌互相进行的一个两步反应过程，首先甲烷氧化古细菌将甲烷转化为一未知的中间电子载体，然后硫酸盐还原细菌以硫酸盐为氧化剂还原这种电子载体。只有当以上两种反应同步进行时，甲烷氧化古细菌和硫酸盐还原细菌才能获得维持生命活动的必要的能量来进行反甲烷生成作用过程。这个过程已通过实验室分离甲烷氧化古细菌和硫酸盐还原细菌及对与甲烷缺氧氧化生物化学过程相关的研究证实。

这种特殊的生物化学作用使得冷泉碳酸盐岩在物质来源、形成环境、形成作用方面及其最终的矿物组成、形态等与传统海水来源的碳酸盐岩建隆不同，术语通常用 chermoherm，与表述传统海水来源碳酸盐岩建隆术语 bioherms、lithoherms、pseudobioherms、biostromes 等相区别。

同时，通过以上甲烷缺氧氧化作用，可看出冷泉碳酸盐岩的形成同时受动力学和热力学的控制。研究人员在美国水合物脊（Hydrate Ridge）水深 775m 处采集到沉积物岩芯，应用数值模拟的方法，对冷泉碳酸盐岩的形成及其控制因素进行了研究，认为影响冷泉碳酸盐岩形成的因素主要为海底沉积物表面孔隙水中甲烷的浓度、生物扰动作用、流体流动速率、沉积速率、生物灌洗作用。同时，数值计算表明，孔隙水中溶解足够量的甲烷、冷泉渗漏强度（速度）适中、较小的生物扰动作用有利于冷泉碳酸盐岩的生成，而过高的沉积速率及流体流动速度则抑制冷泉碳酸盐岩结壳的生成。

2.3.2.3　现代冷泉碳酸盐岩的地质及地球化学特征

冷泉按其活动性分为古冷泉和现代冷泉，古冷泉指地质历史时期就已不活动的冷泉，而后者是指现今仍在活动的冷泉。通过对现代冷泉的深入研究，可以加深对古代冷泉的理解和认识，并恢复古冷泉的动力学特征，因此现今多数学者的研究主要针对现代冷泉。下面也将主要介绍现代冷泉碳酸盐岩的地质及地球化学特征。

冷泉碳酸盐岩常以不规则的丘、结核、硬底、烟囱、胶结物和小脉等形式产出，其中以丘最为常见，常含大量底栖化石，化石种类与冷泉体系中的化能自养生物群相同。在沉积环境和相分析中出现纵向和横向上的不连续，甚至反常现象，主要由化能自养生物碎屑和多期次的化学自生碳酸盐胶结物组成。矿物成分以微晶的碳酸盐岩为主，常见的有高镁方解石、白云石和文石，这与传统的碳酸盐岩基本相同，但是常以单一矿物为主。非碳酸盐岩矿物以草莓状黄铁矿为主，单个草莓状集合体通常由微米级的黄铁矿小球构成，同时冷泉碳酸盐岩中的溶蚀面、黄铁矿富集边及其粗糙的表面均是这种黄铁矿溶蚀碳酸盐岩的产物。

冷泉碳酸盐岩中也存在一些特殊的沉积组构，如向下平底晶洞、向上平底晶洞、凝块、叠层石、草莓状黄铁矿、黄铁矿环带结核、溶蚀面等。向下平底晶洞组构可能是在先前存在的碳酸盐岩结壳之下，碳酸盐矿物向下结晶成集合体，而向上平底晶洞组构则是碳酸盐岩矿物向上结晶集合形成。凝块构造由微晶碳酸盐岩矿物构成不规则的凝块，其间为结晶较好的方解石充填，可能与微生物新陈代谢沉淀碳酸盐岩过程中化学环境的小尺度变化有关。叠层石与传统的叠层石类似，但纹层是向下生长的，指示了能量来源（渗漏的流体）的方向。同时，现在有些学者对碳酸盐岩的微观特征也有些研究。杨克红等通过南海北部冷泉碳酸盐岩的扫描电镜观察到：①碳酸盐岩矿物的微形态多数和各种极端环境下的纳米细菌形态相似，而与活体甲烷氧化古细菌及硫酸盐还原细菌在大小和形态上差别较大；②矿物或其集合体多数有微生物结构，并认为这反映了在冷泉碳酸盐岩的沉淀过程中，甲烷氧化古细菌和硫酸盐还原细菌可能只提供了物质基础，而真正与沉淀作用密切相关的是微生物细菌——纳米细菌。通过对冷泉碳酸盐岩的层状结构分析认为这种层状结构在不同程度上反映了其形成时的沉积条件、生物的活动情况和作用、冷泉流体的变化、矿物的变化特征等，是地质、物理、化学和生物等信息的反映，对于恢复其所形成时的古环境有重要的意义。

在碳氧同位素地球化学特征方面，冷泉碳酸盐岩因其继承了其母源（冷泉流体）的碳同位素特征，使其相对海水碳而言，$\delta^{13}C$ 常常是极低的负值，一般在 $-60‰ \sim -5‰$（图 2-17），这点正是区别于正常海相碳酸盐岩与冷泉碳酸盐岩最重要的地球化学标志。同时，该值主要受碳的来源和生物作用的控制，因此可通过碳同位素大致确定其中碳的来源。这些在我国南海北部神狐海区、东沙西南海区、台西南区等地区均有发现（表 2-4）。但是，冷泉碳酸盐岩的碳同位素值并不都具有比较大的负值。而冷泉碳酸盐岩中常显示富异常正的 $\delta^{18}O$（图 2-17 和表 2-4），这可能与渗漏区水合物分解产生的富集 ^{18}O 的孔隙水有关，其值大小主要与冷泉碳酸盐岩的流体来源和形成温度有关。对于古冷泉，由于明显亏损 ^{18}O 的大气降水与地质历史时期发育的冷泉碳酸盐岩间的同位素交换，使得冷泉碳酸盐岩原有的 $\delta^{18}O$ 异常发生改变，无法示踪水合物分解所产生的 $\delta^{18}O$ 异常。

表 2-4　我国南海地区冷泉碳酸盐岩的碳氧同位素值

地区	$\delta^{13}C$	$\delta^{13}C$ 源	$\delta^{18}O$
神狐海区	−47. 65‰ ~ −29. 67‰ PDB	生物甲烷成因碳源	3. 75‰ ~ 4. 31‰ PDB
东沙西南	−36. 07‰ ~ −18. 23‰ PDB	热成因	0. 42‰ ~ 2. 98‰ PDB
台西南	−56. 88‰ ~ −32. 83‰ PDB 大多数小于 −40‰ PDB	生物甲烷成因碳源	2. 19‰ ~ 5. 05‰ PDB 主要为 4‰ PDB

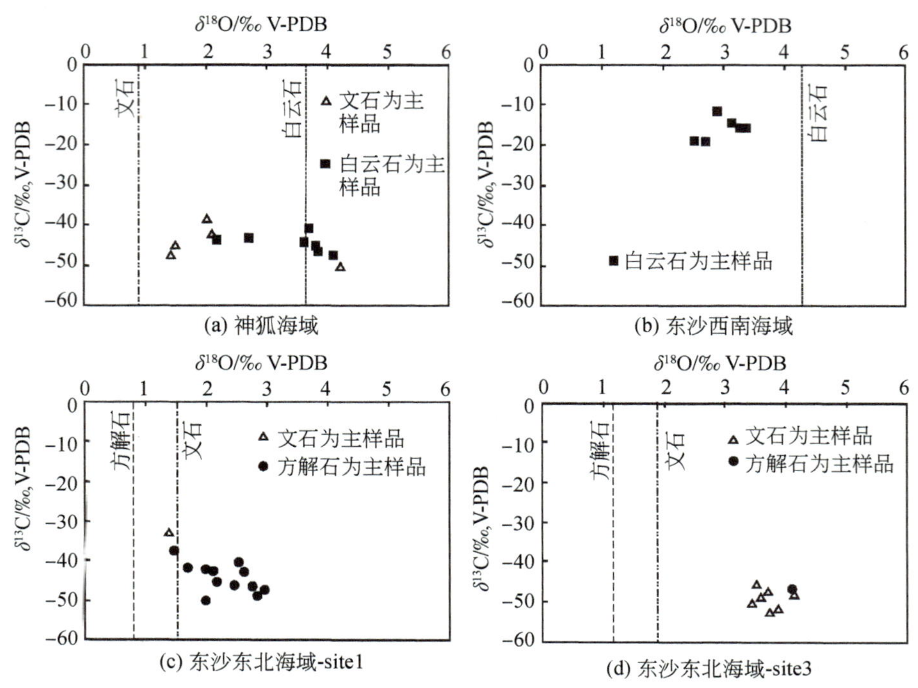

图 2-17 南海北部冷泉碳酸盐岩的碳氧同位素组成（Tong et al.，2013）

黄铁矿是天然气渗漏系统冷泉碳酸盐岩中最常见的非碳酸盐矿物，反应生成的黄铁矿继承了微生物活动形成的硫化氢的硫同位素特征，具有极负的 $\delta^{34}S$ 值，而不同种类的硫酸盐还原细菌的硫同位素分馏能力的差异很大，这就使得 $\delta^{34}S$ 变化范围大（−42‰～2‰）。

冷泉碳酸盐岩的 Ce 异常可用来指示海底沉积的形成环境，不同沉积区域的样品或同一沉积区域样品，不同组成部分（如泥晶、微晶和亮晶等）的 Ce 异常特征能够反映氧化还原环境的时间和空间变化。当然控制冷泉碳酸盐岩复杂多变沉积环境的主要因素为冷泉流体的渗漏速率。通过对墨西哥湾 Bush Hill 的研究得知，在相对慢速渗漏的情况下，碳酸盐岩在海水/沉积物界面之下沉积，环境相对还原，显示 Ce 的负异常，形成的冷泉碳酸盐岩无孔隙且相对亏损 ^{13}C，生成温度和文石含量也相对较低。当渗漏速率较高时，碳酸盐岩在浅表层沉积物中甚至在海水/沉积物界面之上沉积，环境相对氧化，沉淀的碳酸盐岩多孔隙且相对富集 ^{13}C，文石含量和形成的温度也相对较高。

2.3.3 化能自养生物群

前已述及，化能自养生物群与冷泉碳酸盐岩是共生的。在甲烷氧化菌和硫酸盐还原菌参与下，冷泉流体中的甲烷发生缺氧甲烷氧化反应，为化能自养生物提供了碳源和能量，维系着以化能自养细菌为食物链基础的冷泉生物群，并繁衍成冷泉生态系统，同时反应沉淀出以碳酸盐岩为主的冷泉沉积。整个过程当中，以冷泉为源形成冷泉碳酸盐岩的化学反应为自养生物群提供能量，供其繁殖生长，同时，繁殖出的新生物又对化学反应的进行起推动作用，两者是互惠互利的。气体一旦停止喷发，该生物群落死亡，并在新喷口附近形成新的群落。这类生物对生存环境的变化异常敏感，只要受到干扰，如被浊流等天然事件掩埋或窒息死亡，整个群落就会回到其初始状态，直至相同的地球化学条件重现。同时，冷泉生物群也能指示流体流动方向和大小。

与水合物有关的化能自养生物群落包括：菌席（橘黄色，生活在富氧水体与硫化物沉积物界面附近）和深海双壳类（包括贻贝类和蛤类）及蠕虫（管状蠕虫和冰蠕虫）（图 2-18）。生物群落中，生物密度大，数量多，而且相对热泉生物群该类生物的生长速度非常缓慢。

图 2-18 南海北部陆坡冷泉生物群（来自 ROV“发现号”）

综上可知：冷泉碳酸盐岩是甲烷泄漏的标志，同时也是海底浅埋藏型天然气水合物形成的重要地质背景，如此就使得冷泉碳酸盐岩一直被视为指示现代海底可能存在天然气水合物的重要标志，同时也促使人们希望通过寻找和识别海底冷泉碳酸盐沉积为天然气水合物调查提供新线索。但是，冷泉碳酸盐岩结壳沉积所需的物理、化学和生物学条件非常苛刻，只有海底表层沉积物孔隙水中溶解一定数量的甲烷，环境具有较微弱的生物扰动作用且适度的流体流动速率和沉积速率，才能形成冷泉碳酸盐岩。因此，冷泉碳酸盐岩在对天然气水合物的指示方面还需结合多个因素进行综合分析。

参考文献

陈忠，杨华平，黄奇瑜，等.2007. 海底甲烷冷泉特征与冷泉生态系统的群落结构．热带海洋学报，26（6）：73～82

冯东，陈多福，刘芊.2006. 新元古代晚期盖帽碳酸盐岩的成因与“雪球地球”的终结机制．沉积学报，24（2）：235～241

公衍芬，曹志敏，郑建斌.2008. 天然气水合物的特征及其识别标志．地质与资源，17（2）：139～147

陆红锋，廖志良，陈芳，等.2010. 南海神狐海域天然气水合物钻孔自生黄铁矿特征．南海地质研究，2010：1～6

陆红锋，刘坚，陈芳，等.2012. 南海东北部硫酸盐还原-甲烷厌氧氧化界面——海底强烈甲烷渗溢的记录．海洋地质与第四纪地质，32（1）：93～98

盛堰，邓明，魏文博，等.2012. 海洋电磁探测技术发展现状及探测天然气水合物的可行性．工程地球物理学报，9（2）：127～133

史斗，孙成权，朱岳.1992. 国外天然气水合物研究进展．兰州：兰州大学出版社

宋海斌，江为为，张文生，等.2002. 天然气水合物的海洋地球物理研究进展．地球物理学进展，17（2）：23～34

吴能友，张海啟，杨胜雄，等.2007. 南海神狐海域天然气水合物成藏系统初探．天然气工业，27（9）：1～7

徐宁，吴时国，王秀娟，等.2006. 东海冲绳海槽陆坡天然气水合物的地震学研究．地球物理学进展，21（2）：564～571

许东禹，吴必豪，陈邦彦.2000. 海底天然气水合物的识别标志和探测技术．海洋石油，4：1～7

张光学，黄永样，陈邦彦.2003. 海域天然气水合物地震学．北京：海洋出版社

张敏强，钟志洪，夏斌，等.2004. 莺歌海盆地泥-流体底辟构造成因机制与天然气运聚．大地构造与成矿学，31（1）：15～21

赵青芳.2006. 天然气水合物的地球化学识别标志及探测技术．海洋地质动态，22（12）：24～27

祝有海，吴必豪，罗续荣，等.2008. 南海沉积物中烃类气体（酸解烃）特征及其成因与来

源. 现代地质，22（3）：407～414

黄永样，Suess E，吴能友，等.2008. 南海北部陆坡甲烷和天然气水合物地质——中德合作 SO-177 航次成果专报. 北京：地质出版社

Andreassen K，Hart P E，Mackary M. 1997. Amplitude versus offset modeling of the bottom simulating reflection associated with submarine gas hydrate. Marine Geology，137：25～40

Borowski W S，Paull K，Ussler W Ⅲ. 1999. Global and local variations of interstitial sulfate gradients in deep-water，continental margin sediments：Sensitivity to underlying methane and gas hydrates. Marine Geology，159：131～154

Brooks J M，Field M E，Kennicutt M C. 1991. Observations of gas hydrates in marine sediments，offshore northern California. Marine Geology，96：103～109

Cathles L M，Su Z，Chen D F. 2010. The physics of gas chimney and pockmark formation，with implications for assessment of seafloor hazards and gas sequestration. Marine and Petroleum Geology，27：82～91

Chen D F，Dong W Q，Zhu B Q，et al. 2004. Pb-Pb ages of Neoproterozoic doushantuo phosphorites in South China：Constraints on early metazoan evolution and glaciation events. Precambrian Research，132（1-2）：123～132

Deville E，Guerlais S H，Lallemant S，et al. 2010. Fluid dynamics and subsurface sediment mobilization processes：An overview from Southeast Caribbean. Basin Research，22：361～379

Dvorkin J，Uden R. 2004. Interpreter's Corner-Seismic wave attenuation in a methane hydrate reservoir. The Leading Edge，23：121～130

Ecker C，Dvorkin J，Nur A. 1998. Sediments with gas hydrates structure from seismic AVO. Geophysics，63（5）：1959～1669

Feng D，Cordes E E，Roberts H H，et al. 2013. A comparative study of authigenic carbonates from tubeworm environments：Implications for discriminating the effects of tubeworms. Deep Sea Research Ⅰ，75：110～118

Gay A，Lopez M，Berndt C，et al. 2007. Geological controls on focused fluid flow associated with seafloor seeps in the Lower Congo Basin. Marine Geology，244（1-4）：68～92

Gay A，Lopez M，Cochonat P，et al. 2006. Isolated seafloor pockmarks linked to BSRs，fluid chimneys，polygonal faults and stacked Oligocene——Miocene turbiditic palaeochannels in the Lower Congo Basin. Marine Geology，226：25～40

Hato M，Matsuoka T，Inamori T，et al. 2006. Detection of Methane-hydrate-bearing zones using seismic attributes analysis. The Leading Edge，25（5）：58～63

Holbrook W S，Gorman A R，Hornbach M，et al. 2002. Seismic detection of marine methane hydrate. The Leading Edge，21：686～689

Hornbach M J. 2003. Direct seismic detection of methane hydrate on the Blake Ridge. Geophysics，68（1）：92～100

Hovland M，Judd A G. 1988. Seabed Pockmarks and Seepages. Impact on Geology，Biology and the

Marine Environment. London: Graham & Trotman Ltd

Ivanov M, Westbrook G K, Blinova V, et al. 2007. First sampling of gas hydrate from the Voring Plateau. EOS, 88 (19): 209 ~ 212

Josenhans H W, King L H, Fader G B J. 1978. A side scan sonar mosaic of pockmarks on the Scotian Shelf. Canadian Journal of Earth Sciences, 15: 831 ~ 40

Judd A G, Hovland M. 2007. Submarine Fluid Flow, the Impact on Geology, Biology, and the Marine Environment. Cambridge: Cambridge University Press

King L H, MacLean B. 1970. Pockmarks on the Scotian Shelf. Geological Society of America Bulletin, 81: 3141 ~ 3148

Klaucke I, Sahling H, Weinrebe W, et al. 2006. Acoustic investigation of cold seeps offshore Georgia, eastern Black Sea. Marine Geology, 231 (1-4): 51 ~ 67

Kvenvolden K A. 1995. A review of the geochemistry of methane in natural gas hydrate. Organic Geochemistry, 23: 997 ~ 1008

Lange G J. 1983. Geochemical evidence of a massive slide in the southern Norwegian Sea. Nature, 305: 420 ~ 422

Lu S M, McMechan G A. 2004. Elastic impedance inversion of multichannel seismic data from unconsolidated sediments containing gas hydrate and free gas. Geophysics, 69 (1): 1112 ~ 1119

MacDonald I R, Guinasso N L, Jr Sassen R, et al. 1994. Gas hydrate that breaches the sea floor on the continental slope of the Gulf of Mexico. Geology, 22: 699 ~ 702

McGuire D, Runyon S, Williams T, et al. 2004. Gas hydrate exploration with 3D VSP technology, North Slope, Alaska. SEG Expanded Abstracts, 23

Petersen C J, Bünz S, Hustoft S, et al. 2010. High-resolution P-Cable 3D seismic imaging of gas chimney structures in gas hydrated sediments of an Arctic sediment drift. Marine and Petroleum Geology, 27: 1981 ~ 1994

Shipley T H, Houston M H, Buller R T, et al. 1979. Seismic evidence for wide-spread possible gas hydrate horizons on continental slopes and margins. American Association of Petroleum Geologists Bulletin, 63: 2204 ~ 2213

Song H B. 2003. Full waveform inversion of gas hydrate-related bottom simulating reflectors. Chinese Journal of Geophysics, 46 (1): 44 ~ 52

Sun Q L, Wu S G, Hovland M, et al. 2011. The morphologies and genesis of mega-pockmarks near the Xisha Uplift, South China Sea. Marine and Petroleum Geology, 28: 1146 ~ 1156

Tong H, Feng D, Cheng H, Yang S, et al. 2013. Authigenic carbonates from seeps of the northern continental slope of the South China Sea: New insights into fluid sources and geochronology. Marine and Petroleum Geology, 43: 260 ~ 271

Yoo D G, Kang N K, Yi B Y, et al. 2013. Occurrence and seismic characteristics of gas hydrate in the Ulleung Basin, East Sea. Marine and Petroleum Geology, 47: 236 ~ 247

第3章 天然气水合物地质构造分析

天然气水合物的形成和分布受温压条件的控制，但是天然气水合物富集的最为关键因素之一是烃类气体丰度和储集体地质构造条件（王宏斌等，2003；吴时国和姚伯初，2009）。无论是流体运移通道，还是储层的构造裂缝，都与地质构造密切相关。人们认识到水合物在自然界分布的不均一性，海底活动断裂、底辟、泥火山、气烟囱和海底滑坡等地质构造可能控制着天然气水合物的形成和富集。

3.1 天然气水合物形成和富集的构造因素

3.1.1 构造应力

近年来，构造应力对油气运移的作用越来越引起人们的重视。构造应力是油气运移的主要驱动力之一，它通过岩石变形、岩石内部孔隙流体压力发生变化、压力梯度或势差明显改变等来驱动流体在岩石中的流动。在构造活动强烈时期，构造应力引起的岩石孔隙压力远远大于其他因素对流体带来的压力，对油气运移起重要作用。

天然气水合物的成藏最重要的条件之一就是气源充足。它包括两种气源，即原地生物成因气源和深部热裂解成因气源。构造作用会导致中层和浅层天然气藏的破坏、重组，也对组成天然气水合物深部的裂解气影响很大。深部的油气沿断层垂向运移和沿不整合面侧向运移是中浅部气体来源不可缺少的条件。在热成因型天然气水合物的形成过程中，断层的发育不仅提供了运移的通道，而且影响了天然气从液态中的分离和聚集。断层不但可以将中层和浅层的沉积层与深部的烃源岩直接连通，而且也可以连接深部的油气藏。当其切过深部油气藏时，地层压力骤然下降，天然气会不断地沿着断层向上运移。在运移过程中相态的分异比在圈闭内部更加完全，其中甲烷气运移速度最快，运移距离最远，甚至可以连续以高通量气流的方式运移，更容易在盆地的边缘或内部的凸起带、断裂带形成纯气藏或天然气水合物矿藏。因此，以热成因为主的水合物矿藏在盆地中的分布主要受断层控制，其运移的通道可能是连接下部油气藏的微裂隙。沿断层发生的垂相运移分异起到重要的作用。

构造应力控制水合物成藏除了形成一系列变形构造外，就是通过断层对地层流体的运移来实现的。这里以神狐海域神狐一统隆起为例来说明。神狐海域晚中新世以来的地层层序呈现北厚南高的均态分布，在神狐隆起的隆升过程中，由于区域抬升，地层压力降低也导致了气体析出。而且，该区古近纪地层中断裂异常发育，早中新世—中中新世地层发育了一套孔隙度较大的浊积扇沉积体，以断裂为主的运移通道体系和与不整合面有关的运移通道体系起主导作用，沿断裂作用同生或沿断裂侵位的岩浆岩也直接起到流体运移通道的作用，气体沿断层和不整合面由下部气源高压区向上部低压区侧向运移，或垂向与侧向联合运移而形成上升流，当富含烃类气体的上升流进入水合物稳定域时，即可形成天然气水合物。

3.1.2 孔隙超压流体

流体（气体）在水合物成藏中具有重要作用，尽管目前形成水合物矿藏既有生物成因气也有热成因气（Collett，1993，2002；Kvenvolden，1993），但是，普遍认为仅靠水合物稳定带内产生的原位生物成因气很难满足形成水合物所需的气体含量，所以，携带烃类气体的流体运移到水合物稳定带内的地层就显得十分重要（Trehu et al.，2006）。碳同位素分析表明，大多数海洋系统水合物为生物成因甲烷气体，但是墨西哥湾、里海、黑海、麦肯齐三角洲等水合物样品释放的气体分子和同位素分析表明其含有热成因气。甲烷及形成水合物的其他气体组成主要通过三种方式运移：①扩散；②溶解于水中与水一起运移；③气体相在浮力作用下运移。以扩散方式运移的气体速率非常慢，在大多数情况下扩散运移的气体不能形成高浓度水合物（Xu and Ruppel，1999）。溶解气或者气体相通过对流方式运移的气体是水合物成藏的一种重要气源。对流运移的气体与水合物生成之间的关系主要包括两种模式，一种模式是流体（包括甲烷的溶解液体相和其他气体）被运移到水合物稳定带，上升的流体遇到合适的温压条件，甲烷气体析出生成水合物。大量野外和实验室观测表明只有当孔隙水中溶解甲烷气体超过溶解度时才能形成水合物。海洋系统中，在甲烷渗漏不活跃地区，海底不能生成水合物。另一种模式是甲烷气体以气泡相（或气体相）方式向上运移到水合物稳定带，水合物在气泡和孔隙水界面处结晶生长。两种模式均需要水/气体相（气泡）沿可渗透路径运移，相比溶于水的运移模式，气体相运移模式需要相对强的流体运移通道。沉积物中孔隙水流和气泡相气体通过聚集流体沿着断裂系统或者可渗透的孔隙介质进行运移。因此，如果缺乏有效的运移通道，就难以形成大量水合物。

聚集流体（focused fluid flow）运移是深水沉积盆地中常见的一种流体运移方式。应用3D地震资料、多波束资料可以识别出流体沿着不同通道进行侧向和垂向运移，如断裂、底辟、麻坑、多边形断层、烟囱、管状通道、不整合面、侵蚀面、砂岩侵入体等（Berndt，2005；Cartwright，2007；Gay et al.，2007）。出现亮点、暗点、平点等振幅异常反射，地震反射轴呈下拉、上拱、不连续性、杂乱反射和局部凹陷的异常特征（Schroot et al.，2005）。

深水盆地的水合物富集区域一般为未固结的沉积物，构造活跃区域断裂比较发育，但是深水盆地的水合物发育区，由于构造运动相对不活跃，断距大，延伸至海底的断裂并不发育。随着3D地震和高分辨率地震采集，人们利用3D地震成像技术，在深水盆地发现了大量裂隙，这种裂隙尽管断距小、穿透地层有限，但是却分布广泛，如海底滑塌使沉积物发生变形，局部地层就可以产生活动断层或裂隙；沉积物快速堆积造成局部超压、底辟、气烟囱和火山活动，可使相邻地层发生变形或上拱，产生裂隙。同时，泥岩超压脱水等原因形成的多边形断层等为流体从下部向水合物层稳定运移提供通道。

到目前为止，低渗透率地层（泥岩）的气体运移机制还不是十分清楚，我们能发现气体运移，甚至大规模气体运移，但是很多情况下还是不能准确了解气体为什么运移。很多种因素可以导致气体运移，如重力作用、对流、扩散、散射、多相流等。流体运移的触发机制主要有地震、潮汐、大气压力变化、卸荷、沉积物加载等。泥底辟、泥火山和麻坑等是由于流体运移作用形成的，但是沉积物类型、流体含量、流体类型、应力环境或者内外触发机制的细微差异将导致出现不同的海底地貌。有些可能是长时间的触发完成，有些可能是瞬间或灾难性的。

流体浮力提供了合适的运移方式，流体可以沿着不整合（断层和裂隙）面运移，除在海底附近，流体压力要使不整合面保持张开才可能产生流动。同样，流体通过高渗透地层时，压力大于毛细管力使流体得以通过孔隙。一般而言，多相流体比单一流体更容易通过细粒沉积物地层。流体在遇到闭合断层、横向地震相变化、圈闭或者水合物层时，停止运移而聚集起来。气体（不是液体）可以穿过细粒地层（低渗透地层）沿裂隙或者孔隙运移，该运移是垂直的气体运移，如气烟囱。圈闭下来的孔隙流体使沉积物不易胶结和成岩，使地层具有相对低的剪切强度和体积密度，可能导致密度反转，进而发生流动，如岩体、细粒地层等。在浮力作用下可以触发地层流动，但是流动将在一定的浮力下停止，如海底以下或者上部；流体持续渗漏使地层可以胶结不再变形，低浮力和流动到此为止或者遇到障碍时，再通过其他方式运移。

3.2 活动断裂构造

无论是热成因气还是生物成因气，都必须运移至水合物稳定带才可能成为形成天然气水合物的气源，而活动断裂构造则是沟通气源到水合物稳定带的重要通道，也是稳定带内部含气流体运移十分重要的通道。在布莱克海台、印度西部陆坡、阿拉斯加北部波弗特海、挪威西北巴伦支海熊岛盆地均发现断裂-褶皱型水合物矿藏。构造型水合物矿藏通常以断裂系统控制的渗流模式形成，一般发生于断裂发育、流体活跃的断褶带，流体以垂向运移方式为主，成矿气体主要为中深层热解气。渗流作用的主要特点是在渗流方向上，气体的组分有所变化。气体发生渗流主要有三种动力机制，即盆地拗陷期气体从地下水的渗流中析出、区域抬升时地层压力降低而导致气体析出、水动力相对平静时在大地构造运动中即气藏重组过程中析出气体。在渗流成藏中，油气运移的通道体系主要由断层、裂隙、孔隙、洞穴等构成，在地下组成复杂的网络体系。

在断褶带，与断裂和不整合面有关的运移通道体系起主导作用，气体沿断层和不整合面由下部气源高压区向上部低压区侧向运移，或垂向与侧向联合运移而形成上升流，当富含烃类气体的上升流进入水合物稳定域时，即可形成天然气水合物（图3-1）。

3.2.1 断层封堵对流体运移的影响

断层既可以是烃类运移的通道，也可以是其遮挡面，这主要取决于断层面的封堵能力。作为对水合物形成有重要意义的研究对象之一，断层的开启非常重要，以下几方面是决定断层是否开启的影响因素。①断层的走向：一个地区断层的走向可以有许多组，但由于形成时间、规模等都不一样，因此其封闭程度也是有区别的。一般来说，走向与区域最大主应力垂直的断层的封闭几率比那些与最小主应力垂直的要大。②断距：断距大，断层带物质遭受的摩擦强，形成断层泥的机会就多，容易形成好的封闭物。但是如果断距超过区域盖层的厚度，就有可能造成垂向不封闭。③埋深：有利于断层封闭的变形机制通常随埋深增加，温度和应变率也相应增大，孔隙度和渗透率的减小幅度随埋深而增加。④净厚度与毛厚度比率：指净砂岩的厚度占整个目的层段厚度的多少，地层中非储集层的占比

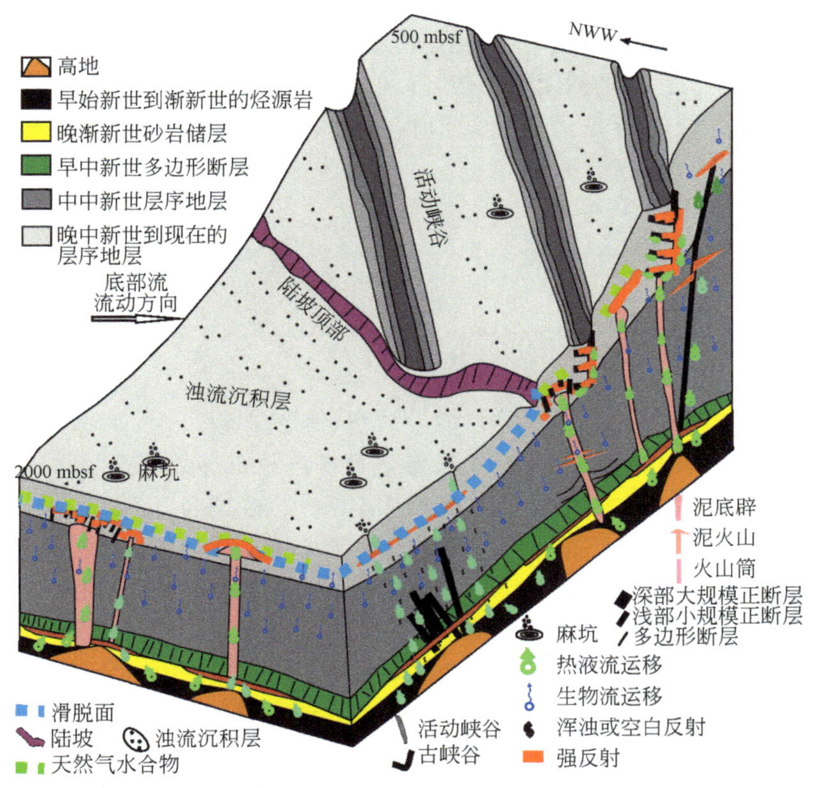

图3-1 盆地断裂流体运移（Sun et al.，2012）

和分布标志塑性涂抹或注入断层带的可能性，也可指砂岩对砂岩的比率，而对同一砂层段不适用。⑤断层年龄：相同条件下，通常同沉积断层比沉积后断层的封闭性要好。如果断层是年轻的或重新复活过，尤其是断穿不整合面或浅部储层，则封闭能力差。⑥断层封闭物的连通性：沿断层带封闭物的分布对于断层的封闭能力是一个重要的控制因素。影响连通性的因素包括：与断层面相交的岩性分布；断层的增生和位移机制，即不同的断层或断层段的变形机制历史；断层内流体的属性；断层面的几何形态。一般来说，断层两盘的重力垂直作用、断裂活动时形成的断层泥、断裂带内地下水溶解物质（如碳酸钙）的沉淀作用形成的断层墙，以及沿断层运移的原油经氧化形成的固体沥青塞等都会影响断层的封闭性。⑦断层类型：在相同条件下，逆断层的封闭性要比正断层好，走滑断层要比逆断层好；压性和压扭性断层的断面紧闭，具有封闭性，容易形成断层圈闭，而张性断层则相反。⑧断面倾角：无论是正断层还是逆断层，断层面倾角由陡变缓处往往封闭能力强。⑨断层的组合形式：地堑型断层比地垒型断层的封闭性要好。⑩构造样式：在逆断层和聚敛型走滑断层的下盘以及正断层的上盘往往形成断层圈闭，说明它们的封闭能力较好。⑪断层密度：一定范围内的断层条数越多，说明岩石破碎得越厉害，变形程度越大，因而断层封闭的程度也就越小。

3.2.2 断层带流体运移

3.2.2.1 多期活动断层特征

多期活动断层是经过多个构造旋回、多期变形的产物，它一般规模大，活动时间长，对沉积盆地的形成发展、岩浆活动及矿产分布等起着控制作用，因此，对其调查与研究具有重要意义。由于断层多期活动，晚期变形不同程度地掩盖了早期的变形形迹，致使以往在断层研究中仅侧重于晚期活动特征的描述，而对断层早期活动研究不够深入，不能表示断层多期活动及演化的整个过程，不利于恢复区域应力场和追溯地质构造发展史。

多期活动断层一般指经过两次以上活动的断层，它可经历一个以上的构造旋回，也可在同一构造旋回不同期次内多次活动，即不仅在构造旋回的激化时期活动，也在相对宁静时期活动；可在活动一定时期后静止，以后再活动，间歇“休眠”是多期活动断层的普遍特点。

多期活动断层有两种情况：一类是虽然经历了两个或更多的大地构造旋回，但断层性质并没有发生改变，也有人称为长期活动断层；另一类是断层性质在不同的大地构造旋回期间发生变化，也称复活的断层。对断层活动时间的确定，主要有两种方法：一是利用与该期断层活动相关的岩体、地层等地质体形成时代及其之间的关系，通过区域分析间接推测该断层活动的时代；二是在断层带内，针对每期形成的构造岩、岩脉等取样测定同位素年龄，可直接得出该期断层活动的时间，从而确定每条断层有保留痕迹的活动时期。

3.2.2.2 多期活动断层流体运移

近年来，大量的地质地球化学和地球物理研究证实，流体沿断层运移是一个幕式流动过程，该过程与断裂活动期次和断裂性质密切相关，且流动速度较快，释放出的流体赋存于断裂上部的地层之中。在断层幕式活动期，油/水运移的动力主要为构造作用力及异常压力，作用力较大；而断层间歇期，油/水运移的动力主要为流体幕式运动后的剩余压力和浮力，作用力较小。由于作用力大小的差异，导致运移路径不同。

（1）断层幕式活动期流体运移特征

断层幕式活动期流体运移的动力主要有两种：一种是地震泵作用；另一种是超压作用，运移的动力较大。地震泵作用主要指地下深处的地震活动使岩层发生剪切破裂，导致断层带内部的裂缝开启，断层带重新开始活动，其附近岩石渗透率也随之增加，这使得超压带内流体迅速外泄，孔隙流体压力也随之下降；同时，在内外压力差的作用下，断层带像泵一样把围岩内大量流体吸入，造成流体向断层带汇流；随着断层带的活动，应力得以释放，被吸入的流体则被带至浅部压力较小的地层，断层逐渐停止活动；当地层中应力再次积累导致地震时，断层再次活动，流体则又一次被带至浅层。这种地震泵作用在我国渤海湾盆地较为常见。超压作用为断层流体幕式运移的另外一种动力。生长断层下降盘由于各种作用，往往形成异常高压带，当异常高压带的孔隙压力达到断层带内已固结破碎岩石的破裂压力时，断层带内的裂缝重新开启，大量超压流体进入裂缝，极大地提高了断层带的渗透性，并减小了断层滑动所需的剪切应力，可能造成断层的活动；流体进入断层带后，在异常高压和浮力作用下向浅部地层运移，遇到合适的地层则使流体排出；流体排出后，断层带附近流体势降落、压力释放，同时断层带内裂缝逐渐闭合、流体压力降低，断层带则重新作为异常压力带的侧向封闭层，异常高压带内孔隙流体压力继续缓慢增加，等待下一次释放。这种超压作用造成流体幕式运移的机制在莺歌海盆地非常普遍。断层幕式活动期，深部超压流体以断层带（典型的断层破碎带由断层角砾岩、断层碎屑岩和断层破碎带组成）内的垂向运移和进入储层后的侧向运移为主，流体运移的相态为油、气、水的混合相态。在断层角砾岩不连续处，断层带内流动的部分超压流体会在浮力和流体压力共同作用下穿过断层带进入断层上盘。当断层带内的流体进入油气储层后，断层带内流体压力下降，渗透率也随之降低，可以有效地阻止进入储层的流体流回断层带，此时断层带则起到单向阀的作用。

（2）断层幕式活动间歇期流体运移特征

根据流体运移特征，又可将断层幕式活动间歇期分为紧邻断层活动后阶段和断层封闭阶段。在紧邻断层活动后阶段，断层带与两侧岩层之间处于一种短暂的压力不平衡时期，流体运移的主要动力为流体幕式活动后的剩余压力和浮力，且断层带渗透率虽然大大减小，但仍有一定的渗透性，所以该阶段仍有流体活动。

断层封闭阶段则处于系统稳定的时期，断层带本身或者断层带两侧围岩对油气形成封闭，油气难以突破断层带的排驱压力，故极少通过断层带运移至浅层。在断层幕式活动间歇期，流体运移的动力远小于断层幕式活动时流体的运移动力。断层幕式活动间歇期，断层带与两侧岩层的压力平衡由于断层活动的停止而被打破，从而引起断层带及两侧储层之间流体的再分配（运移）。在此过程中，流体的运移以砂层内及穿越断层的侧向运移为主，运移动力为浮力和断层带与其两侧砂层的排驱压力差，流体则以连续游离相为主。此时，断层角砾岩则成了流体在断层带内侧向运移的障碍，由断层一侧储层排入断层带的流体只有在角砾岩不连续处才能横穿断层带进入另一侧储层，且多为断层下盘流体进入断层上盘。这种流体穿越断层带的侧向运移会一直持续到断层带与两侧砂层所构成的输导系统达到压力平衡为止，它影响着断层带油气的再分配。除此以外，当断层带两侧岩层内的流体聚集达到连续相时，则可能突破断层带毛管排替压力进入断层带。由于断层带中有一定的渗透率，连续油气柱高度所形成的浮力以及由于断层上下方超压不同所造成的势差，在一定条件下可以克服断层中的毛细管阻力向上缓慢运移。与断层幕式活动期流体运移相比，此时的流体运移以连续游离相为主，但以这种方式运移的流体量往往较少，对断层带油气成藏的贡献也不大。

3.2.3　与断层有关的天然气水合物的成藏模式

Milkov（2000）强调构造对水合物的控制作用，认为特殊的构造活动对水合物富集具有重要的控制作用，如活动断裂系统、泥火山或其他的构造，能够形成气体运移通道，有利于水合物发育，如墨西哥湾西北部、水合物脊等。Xu 和 Ruppel（1999）对布莱克海台地区研究时指出活动断裂构造对水合物有构造控制作用。水合物通常位于活动断裂附近和泥火山的火山口。世界各地水合物构造研究表明，被动陆缘的盆地边缘、海隆或海台脊部是断裂及褶皱构造时常发育的部位，深部通常发育多条断层，浅部地层褶皱，或褶皱与断层伴生，两者构成断裂-褶皱构造。正是这些断层为深部气源向浅部运移提供了通道，而浅部的褶皱构造可适时圈闭住运移到浅部的气体，在合适的温度-压力条件下形成断裂-褶皱型水合物矿藏，也称为断褶型水合物矿藏（图 3-2）。

由于浅部沉积层扭曲变形及断裂作用，BSR 显示出轻微上隆并被断层错断复杂化，部分气体可通过断层再向上迁移进入水体形成羽状流，在海底形成麻坑地貌，发育各种化能自养生物群落。

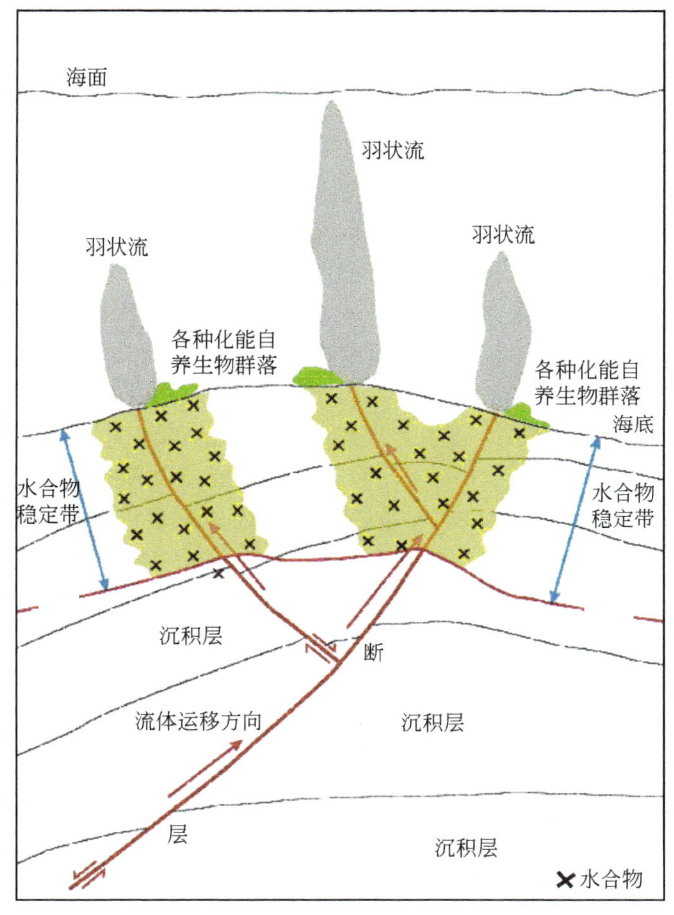

图 3-2 断裂–褶皱水合物成矿模式

3.3 多边形断层

3.3.1 概念及其特征

多边形断层是一种非构造成因的正断层（Cartwright，1994）。单个断层长度为500～1000m，间距数十米至数百米，断距一般小于100m，倾角一般在50°～70°。根据目前的3D地震剖面和深水钻井资料，它具有下述的特点：①断层限制在一个层段内发育；②从整体上看断层是非构造成因在限制层内随机形成的；

③断层系统覆盖面积广；④断层是张性的；⑤断层断距小，间距小，分布密度高；⑥断层倾角、倾向在很小的距离发生很大变化；⑦在局部地区发育沿断盘的反牵引和地堑；⑧在平面上呈多边形分布。

在其定名之前，许多学者在北海盆地和挪威岸外都发现了这种小断距的张性断层。只是当时使用2D地震资料，未能认识到其平面形态上的多边形特征。目前所发现的多边形断层仅局限于白垩纪和新生代盆地，但是没有理由说在白垩纪以前的盆地中不能形成多边形断层。可能有两种原因导致了这种情况的出现，一种是发育多边形断层的未固结沉积物，随着埋深增加经历垂向压实，多边形断层微小的断距（<50m）被压缩，断距不明显而超出地震分辨率；随着深度的增加，这种情况尤甚，所以断层不能够被识别出来。另一种可能性是，白垩纪以前的深水地层保留较少，且很少被人们注意。开展多边形断层研究，需要高精度3D资料（Cartwright and Lonergan，1996）。关于多边形断层的研究历史可以分为两个阶段：早期阶段，即2000年以前侧重断裂的成因机制研究，诸多学者相继提出了密度反转、超压流体、脱水收缩（Dewhurst et al.，1999）、重力负载等多种成因假说。虽然各种成因机制强调的重点不同，但都在一定程度上能够解释多边形断层的形成，其中脱水收缩理论是在新的研究资料的基础上提出的，得到了广泛的认同。后期阶段，即2000年以后重点研究多边形断层对流体（深水油气等）运移聚集的影响，以及多边形断层与砂岩储层渗透层、底辟构造、被动褶皱等的关系。目前，在全世界50多个深水沉积盆地中发现了多边形断层，如英国北海盆地、加拿大Sable次盆地、澳大利亚Eromanga盆地等。多边形断层一般发育于细粒黏土或页岩中，偶见于蒸发岩和细砂岩中。我国大陆边缘的许多盆地沉积了细粒的富含黏土矿物的沉积物，有利于多边形断层的形成。我们也首次在南海琼东南盆地发现了多边形断层（图3-3），并且琼东南盆地的多边形断层与世界其他典型地区的多边形断层具有可比性。

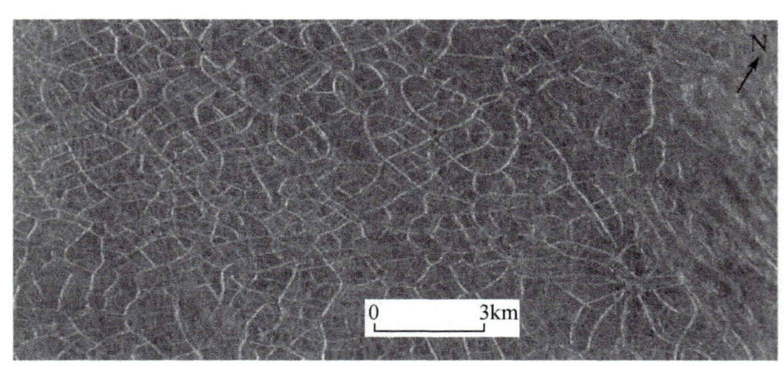

图3-3 琼东南盆地多边形断层时间相干切片

3.3.2 南海北部多边形断层

根据多边形断层的地震几何特征，我们在西沙群岛西部和中建南盆地的深水地层中发现了近 6000 km^{2}的多边形断层。在琼东南盆地东部和珠江口盆地南部深水凹陷中也发现了多边形断层，如图 3-4 所示。多边形断层的发现为流体运移提供了新的通道，从而为天然气水合物的形成提供了新的成藏模式。本节以琼东南盆地华光凹陷和珠江口盆地白云凹陷三维地震分布区为例进行阐述。

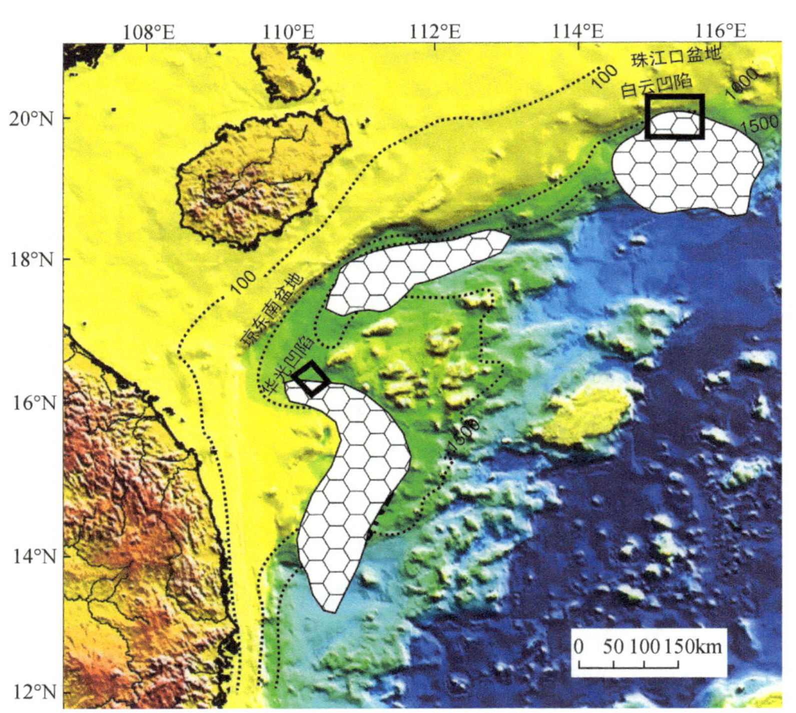

图 3-4 南海北部多边形断层分布

由于多边形断层断距小、延伸短、密度大，需要高精度 2D 和 3D 资料开展多边形断层的研究。我们利用层拉平技术和相干切片法，有效地揭示了南海北部多边形断层特征。在琼东南盆地南部，多边形断层主要发育于中新世梅山组上部和黄流组下部的泥岩中。对地震剖面的精细解释发现 T40（梅山组顶，黄流组底）被小尺度的断层错断明显（图 3-5）。对 T40 经过层拉平处理后，再对 T40

上下 300ms 的 3D 资料进行相干切片技术研究。结合岩性资料，T40 附近为大套泥岩，有利于多边形断层的发育。

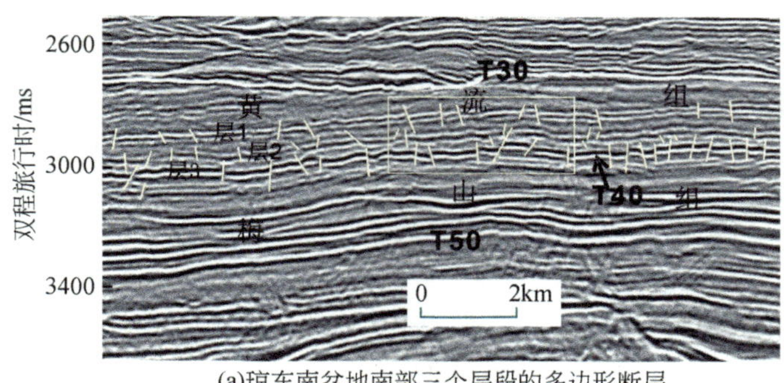

(a)琼东南盆地南部三个层段的多边形断层

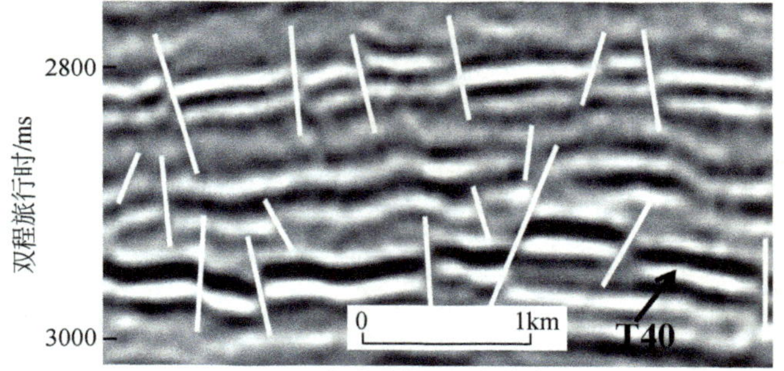

(b)多边形断层局部放大图

图 3-5　多边形断层层位分布和局部放大特征

从地震剖面和对不同时间的相干切片分析，发现多边形断层主要发育在 T40 之上 140 ms 和之下 140 ms 之间（T40 之上为负值，之下为正值），即梅山组最上部和黄流组最下部，多边形断层发育段厚约 252m。根据多边形断层发育的密度和断距大小又可以细分为三个层段的多边形断层（图 3-5）。层 1 位于 T40 之上 140（−140）~60（−60）ms，约 100（−100）ms 处最为发育，厚约 72m；层 2 位于 T40 之上 60（−60）~10（−10）ms，约 36（−36）ms 处最为发育，厚约 45m；层 1 和层 2 都位于黄流组下部的泥岩中；层 3 位于 T40 之上 10（−10）ms 至 T40 之下 140ms 处，约在 24ms 处的梅山组内最为发育，厚约 135m。层 1 和层 2 与层 3 相比分布范围小、断距小、向下延伸短。梅山组内的层 3 多边形断层的相干切片特征特别明显，断层密度大、断距大、延伸远、向下逐渐减少（图 3-6）。

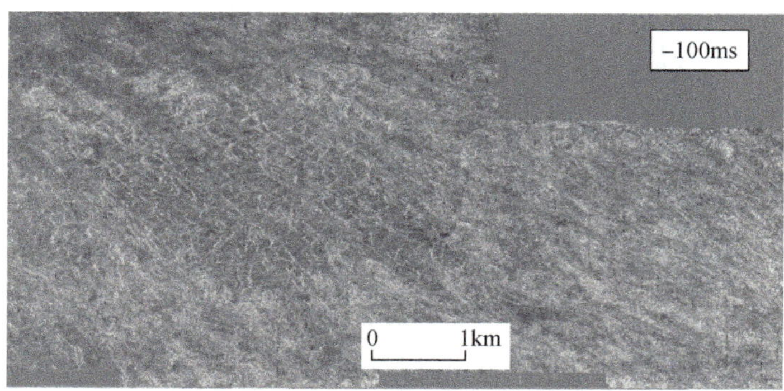

(a)层1(-100ms)多边形断层相干切片

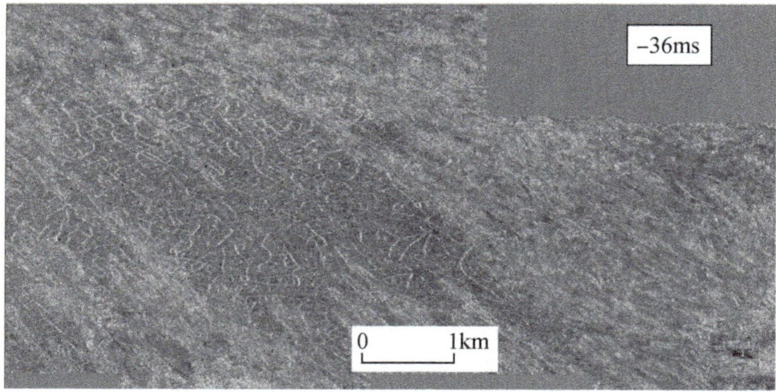

(b)层2(-36ms)多边形断层相干切片

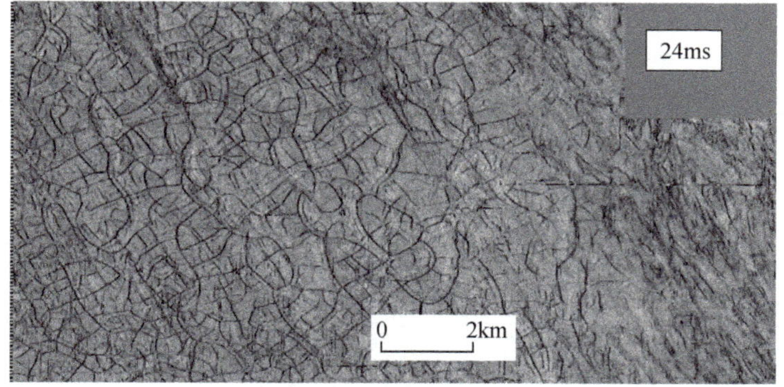

(c)层3(24ms)多边形断层相干切片

图3-6 琼东南盆地局部地区三个主要多边形断层层的相干切片

多边形断层的长度为150～1500m，85%集中在1000m范围内。层1和层2的间距为300～3000m；层1的间距较小，为150～1000m，大部分集中在150～

500m。断距为 10 ~40m，层 1 和层 2 一般为 20m；层 3 稍大些一般为 30m。倾角为 50° ~90°，三个多边形断层层相比，层 2 稍小，为 50° ~70°，层 3 多边形断层倾角较大，为 70° ~90°。这些断层在平面上呈多边形形态、间距小、密度大，与北海盆地等地区发现的多边形断层非常相似（图 3-7）。

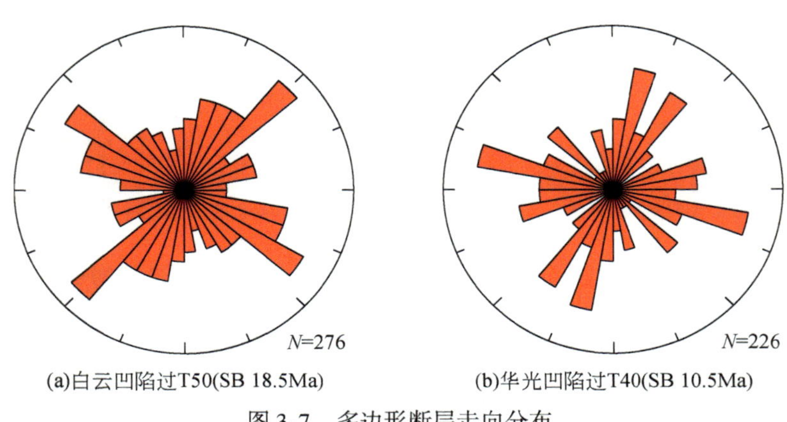

图 3-7　多边形断层走向分布

珠江口盆地的多边形断层也非常发育，面积超过 2500km²。多边形断层发育在 21 ~17.5Ma 的下中新统珠江组中部泥岩地层。相干切片显示，多边形断层长度为 100 ~1400m、断层间距为 200 ~900m、断距为 10 ~30m、断层密度为4 ~6 条/km。平面上断层方向不规则，呈多边形（图 3-8、图 3-9）。在研究区范围内多边形断层向北东方向逐渐减少，这可能与沉积相的发育有关。

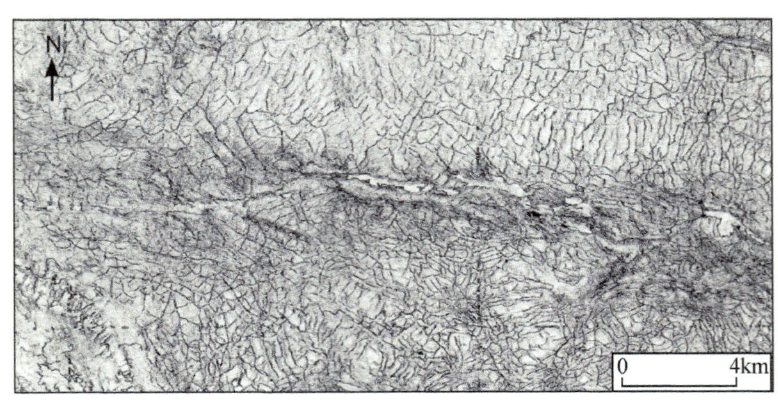

图 3-8　白云凹陷多边形断层相干切片

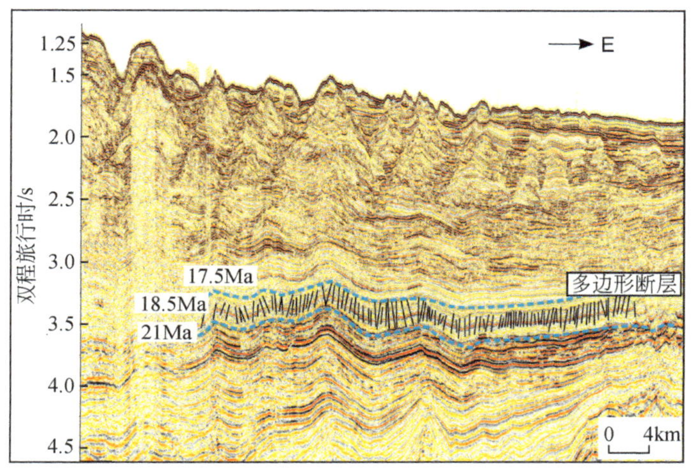

图 3-9 珠江口盆地多边形断层剖面

南海北部多边形断层大都发育在早期埋藏阶段（Cartwright and Lonergan, 1996; Lonergan et al., 1998），多边形断层的发育受沉积作用、早期成岩作用和海平面变化的控制。珠江口盆地珠Ⅰ拗陷、珠Ⅲ拗陷、琼东南盆地北部拗陷带。珠江口盆地白云凹陷和琼东南盆地华光凹陷多边形断层发育在相对海平面较高的时期，对应着海泛面的密集段沉积。华光凹陷 T40 对应着该地区梅山组早期的最大海泛面，T30 下部也对应着黄流组顶部的海泛面（魏魁生等，2001）。白云凹陷多边形断层发育在 SB 18.5Ma 上下层段，相对海平面一直处于高位。白云凹陷多边形断层发育区深水钻井取芯结果和测井数据表明多边形断层发育在孔隙度、密度和速度都比较稳定的深水泥岩沉积环境中。ODP 1148 井的 $\delta^{18}O$ 值表明下中新世有着较高的相对海平面（汪品先等，2003）。23.8Ma 以后，番禺-东沙隆起带以南的白云凹陷由浅海陆架骤然变成深水陆坡，陆架坡折带也由白云凹陷南缘迁移至北缘（庞雄等，2007），由于远离陆地，除少量深水远源水道沉积体系外，陆缘碎屑沉积物难以到达，这个时期主要以半深海泥质沉积物为主，沉积了厚层的灰色泥岩，钙质胶结物较多。深水快速沉积容易造成泥岩地层超压环境，并发生水压破裂。下中新世白云凹陷由于基底快速沉降而沉积了厚层的泥岩，形成了封闭的压力仓（Cartwright and Dewhurst，1998），随着上覆沉积地层加厚和孔隙流体增多，孔隙压力随之增加，当孔隙压力达到泥岩骨架的破裂强度时，泥岩地层内部首先发生破裂，接着延伸到压力仓的顶底（梅廉夫和徐思煌，1997），最后形成了高密度的多边形断层。随着孔隙流体排出，地层压力也会降低。

3.3.3 多边形断层对水合物成藏的影响

多边断层与一般构造断层的典型区别在于其具有层控性、多边性和主要发育于细粒沉积物中，特别是富泥沉积物中。首先发生多边形断层的地层周围产生封堵，形成压力封存箱。而地层中的黏土矿物含有大量硅酸盐矿物，比如伊利石、蒙脱石、绿泥石、高岭石，具有很强的亲水性，即遇水膨胀、释水收缩，其中以蒙脱石黏土的脱水收缩作用最强。随上覆地层厚度增大，孔隙流体压力逐渐升高。孔隙流体压力大于沉积物抗张强度时会发生水力破裂作用。水力破裂作用的形成导致流体释放，随着孔隙流体的释放和孔隙压力的降低，流体压裂面自动封闭，其后随上覆地层增厚，地层压力再次增大，并再次导致水压破裂。多边形断层形成过程中产生了大规模的多期幕式排水活动。这种排水作用不仅强烈，而且会产生大量的孔隙水，这些孔隙水注入上部地层。如果上部地层还未固结成岩，则这些未固结成岩地层在下部水压的作用下会发生弯曲变形，形成杂乱的地震发射。Capuano（1993）通过对得克萨斯湾海岸超压页岩的研究，提供了流体压裂及流体释放的直接证据。Berndt 等（2003）通过分析挪威大陆边缘多边形断层发育区的流体管道、麻坑和其他流体运移的地震证据，认为该地区自早中新世以来多边形断层一直在排出流体。琼东南盆地华光凹陷地区多边形断层也呈现出流体释放特征，如图 3-10 所示，地震剖面上显示了多边形断层顶部地震同相轴的褶皱变形，而在相应的相干切片上可以看到凹凸起伏的变化。

多边形断层作为地层中的薄弱带，是各种上侵地质体或者流体的优选运移通道。在南海北部的琼东南盆地研究区，通过精细的地震剖面识别和三维属性体研究，发现了一个比较大的火山侵入体。在地震剖面上表现为内部杂乱反射，顶部反射强烈，并且不规则；在属性体上表现为圆形的异常区域特征。多边形断层在火山侵入体处表现为放射状分布的形态，说明火山侵入体改变了多边形断层的分布形态。但是多边形断层，尤其是几个多边形断层的相交处，极有可能作为火山侵入体向上侵入的通道（图 3-11）。

珠江口盆地发育大量的浅层气，在浅层气发育的下部发育空白带。由于空白带的存在，其下部的多边形断层很难识别，但是从多边形断层的延伸趋势来看，其下部多边形断层也很发育。多边形断层在其他地区被证实是很好的流体运移通道，故浅层气的发育可能与多边形断层的发育有关（图 3-12）。但是目前研究程度比较低，这种假设尚需要进一步的证实。

珠江口盆地在多边形断层发育的层段，V 形强振幅非常发育，下部由于空

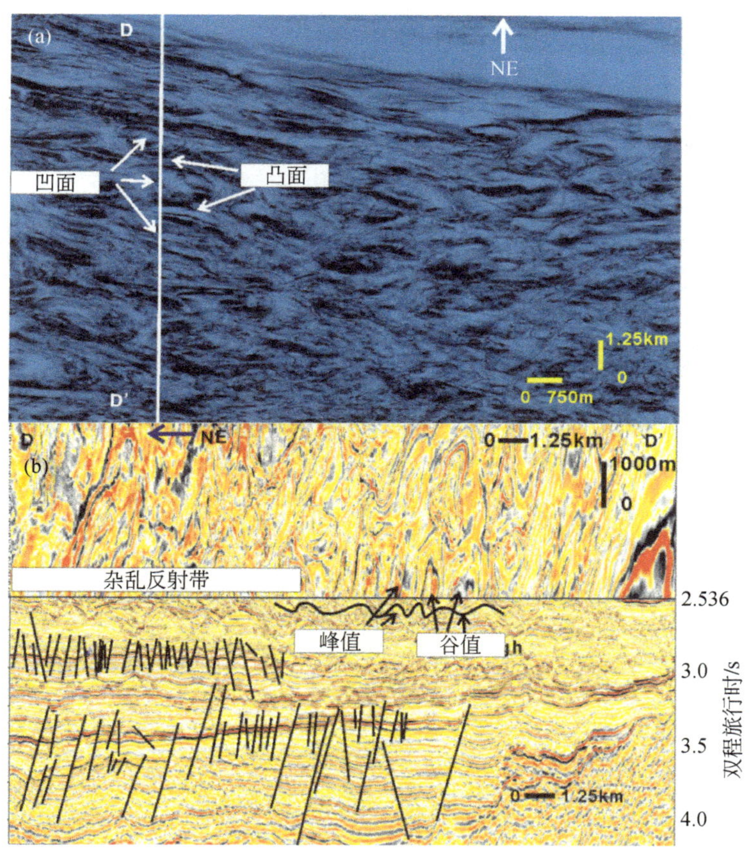

图3-10 多边形断层的排水作用对上部地层的影响

白反射或者杂乱反射，根部很难判断。推测其为砂岩侵入体或者火山岩侵入体。由于目前的研究程度比较低，具体是哪种侵入体尚需要进一步的研究证实。根据侵入体位置的不同，可以判断出侵入发生在不同时期，具有不同的期次特征（图3-13）。

在琼东南盆地多边形断层发育区，BSR位于多边形断层之上。在水深1100m地温梯度0.045℃/m处，计算得到的稳定带厚度为230.64m，稳定带底部的热流值为53.456mW/m^2，如图3-14所示。He等（2001）统计的平均热流值为59mW/m^2，与计算结果比较接近。

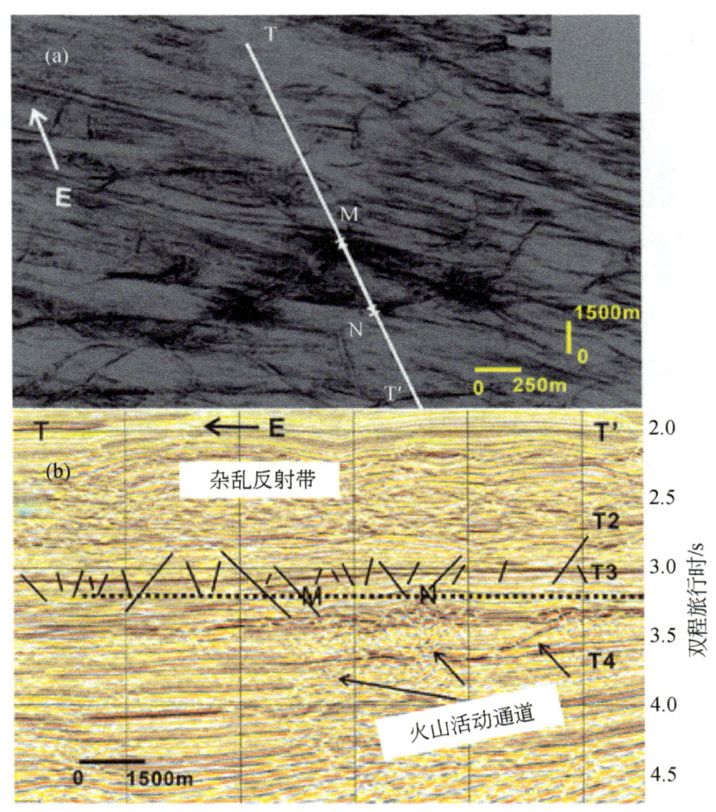

图 3-11 多边形断层为岩浆运移提供通道

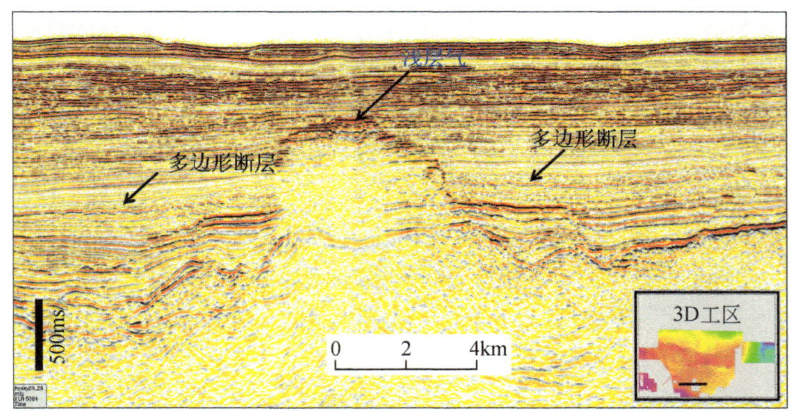

图 3-12 珠江口盆地多边形断层与强振幅反射

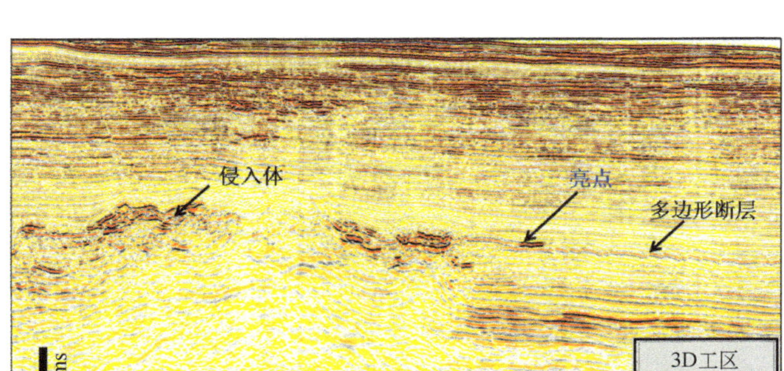

图 3-13　多边形断层与侵入体的关系

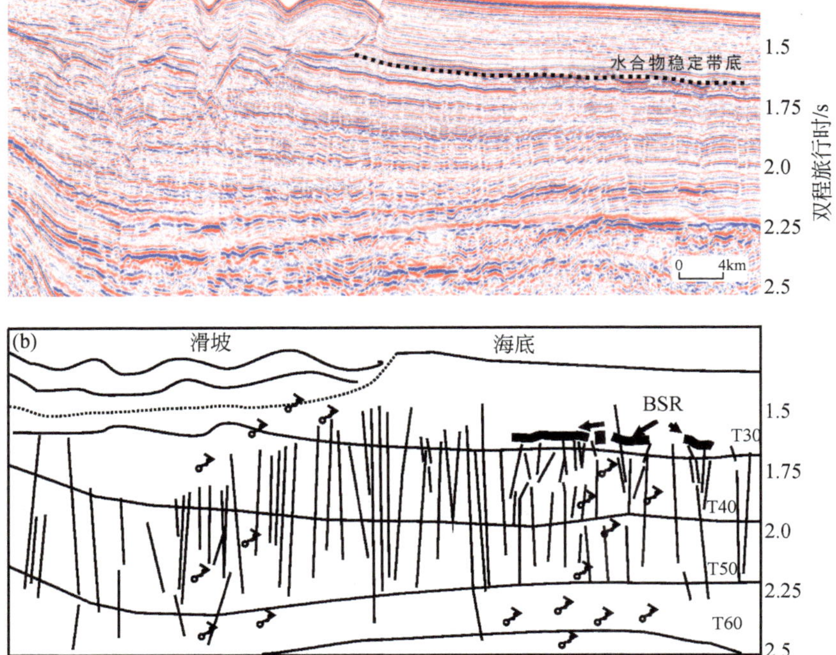

图 3-14　多边形断层为通道的水合物成藏

3.4 泥底辟构造

泥底辟构造是地层内部圈闭气体由于压力释放上冲的结果，是深部气源向上运移的良好通道，使气体能够在合适的温压环境下聚集成矿，为天然气水合物的形成创造良好的构造条件。在被动大陆边缘中，由于陆缘巨厚沉积层中存在大量塑性物质及高压流体，陆缘外侧火山活动及张裂作用，易于形成泥底辟构造。例如，在南卡罗来纳陆缘、布莱克海台、非洲西部岸外以及尼日利亚陆缘等天然气水合物富集带中均发现了与天然气水合物密切相关的泥底辟构造。泥底辟构造在形成过程中会引起构造侧翼和顶部沉积层的倾斜和破裂，促使流体的排放，因而对天然气水合物的形成十分有利。

地质学家对陆地上泥火山作用的研究已经有200多年的历史了，对泥火山的形成机制、构造背景、活动情况和产物进行了详尽的描述，认为泥火山在油气勘探方面十分重要。然而对海底泥火山全面系统的研究始于20多年前，主要得益于旁侧扫描声呐技术和精确的海底采样技术的广泛应用。海底泥火山的重要性体现在：①它是甲烷通量从岩石圈到水圈到大气圈的来源（温室效应和气候变化）；②可以提供海底深处高油气潜力的证据；③通过对泥火山沉积物（角砾）中岩石碎屑的研究可以获得泥火山分布地区沉积物的有用信息；④海底泥火山活动可影响钻探、套管安装和管线铺设；⑤与深水泥火山相关的天然气水合物是潜在的能源。

关于泥火山的名词术语很多，如泥火山、泥底辟、泥泉等，大量的泥浆、流体（水、盐水、油气）流出或喷发的地方，丘状外围泥流、泥火山喷口和热液喷泉是泥火山在地貌上的主要组成部分，泥底辟指的是从海底深部物质挤入浅部沉积层的构造。严格区分泥火山和泥底辟是非常困难的，泥火山就是直达地表（或海底）的泥底辟，凡是挤入海底沉积层的构造都是底辟构造（Brown，1990）。

海底泥底辟构造广泛分布于大陆架、陆坡以及内陆海的深水区（Milkov，2000），如墨西哥湾、黑海和里海具有厚逾万米的新生代沉积物，沉降速率、汇聚速率都很高，许多沉积层受到泥底辟构造和断层的影响而变形。不仅被动大陆边缘，如挪威海、尼日利亚近海和墨西哥湾都发现了与海底泥底辟构造有关的天然气水合物，而且在地中海、巴巴多斯、日本南海海槽等活动大陆边缘增生楔状体中广泛发育与泥底辟构造有关的天然气水合物（Lance et al.，1998；Milkov，2000）。与泥底辟构造有关的天然气水合物是一种重要的成藏类型（Milkov，2000）。

3.4.1　泥底辟类型及识别特征

根据底辟的位置存在两种模式。第一种模式是泥底辟顶部直接挤出海底，流体沿底辟体向上运移形成泥火山。位于地中海的 Gelendzhik、Maidstone 和 Moscow 泥火山（Ivanov et al.，1996），以及位于黑海 Sorokin 海槽的泥火山均形成于接近海底的泥底辟顶部（Woodside et al.，1997）；里海的泥火山与深部断层和持续的热液活动有关。被泥火山覆盖着的海底泥底辟，直径可达 7km，高出海底 200m，并且伴随泥流可以有多个火山口。在 Crimea-Caucasus 海近岸地带和在 Timor 岛上发现了相似的泥火山（Barber et al.，1986）。泥底辟上升到海底是由于密度的反转或沿断裂带的挤压造成的（Limonov et al.，1997）。构造应力是超压泥浆压力释放的机制，半深海沉积导致泥质的碎屑流互层，火山喷出活动变为静止。底辟使上覆地层易于破坏，泥可能侵入到上覆地层但是不一定到达海底。该泥底辟可能被埋藏下来，因此与围岩成互层。

另一种模式是泥底辟不直接挤出海底。在这种情况下，液化的泥浆沿断层和裂隙上涌，上升到水与沉积物界面之上形成泥火山堆积物。这种泥火山的形成可以与位于水和沉积物界面以下的一定深度由于密度反转而形成的底辟相联系，矿物差异与沉积物源有关可能是由于沉积柱密度差造成的。低密度矿物，如蒸发岩和泥岩容易上涌，包括比石英和长石密度低的石膏、碳酸盐岩和高岭石、蒙脱石等部分黏土矿物。但是密度反转形成底辟的速度比较慢，因为泥岩密度在胶结脱水后与石英和长石等围岩密度相近，因此大部分泥火山和火山喷口可能是其他因素驱动形成的。沉积作用是密度反转的重要原因，沉积物沉积下来，大量海水被圈闭在粒间孔隙中，因此黏土的初始孔隙可能达 80% 左右。该孔隙度是颗粒大小和沉积速率的函数，当孔隙水瞬间排出时，孔隙流体静水压力不变。但是快速埋藏或上覆低渗透率地层可能导致孔隙流体慢慢损耗，孔隙压力超过静水压力，沉积物出现超压或者未固结，即泥岩地层具有异常高孔隙度。地球物理资料显示大量未固结地层沉积后隆起，可能与富含流体的半深海地层迅速被埋藏在陆源物质下有关。很多种原因可能导致，其中最重要的原因可能是水合物分解、构造荷载、成岩和矿物脱水、烃类气体产生、水热增压作用，也可能是几种因素共同作用使泥火山产生。

如在墨西哥湾和黑海发现的泥火山，在某些情况下并没有发现泥火山下的底辟褶皱，泥火山通道却直接挤入沉积层，在这种机制下流体的流动仍起到决定性的作用。由于压力梯度，流体伴随着泥浆或流体运移。近期研究表明流体的渗流可以在海底泥火山形成之前形成。这种类型的泥火山具有高液体含量的泥浆角砾岩、平顶的火山堆积物以及高出周围海底只有数米的特性（Henry et al.，1996），或表现为沿海底裂隙泥浆流动的特点，如 Sorokin 海槽（Woodside et al.，1997）。

泥底辟类似盐底辟，在底辟形成过程中具有不同的阶段，包括活化、活动和不活动三个阶段。在底辟形成区的低品质地震剖面上能够识别超压流体/侵入面、火山筒和气烟囱等构造。但是，泥底辟与泥火山筒略微不同，有时候火山筒为页岩底辟，起源于泥质枕状构造。泥质枕状构造为长的、窄的强大侵入体或网状通道，充填了大量的超压泥浆或流体、气体或游离气，当穿透地层到达海底将形成泥火山，其形成于超压流体有关的水力破裂，因此与盐底辟不同。泥底辟识别方法包括以下几个方面。

1）相对宽阔陡边的杂乱地震反射。

2）无规则的拉长的圆形特征。较大的底辟达 10km，甚至比基底还大，但是向上侵入，顶部直径约几千米；最大高度可达 6～8km。

3）与盐底辟不同，底辟内部出现速度下拉。

4）底辟侧翼处流动页岩完全被排出。

5）底辟活化阶段从一侧向底辟方向变厚（生长断层），另一侧变薄的特点。

6）下沉形成-临近底辟形成较深的典型向形盆地。

7）底辟侧翼地层呈背斜向上弯曲、同构造期的地层呈上覆产状，当底辟较高和窄状时明显与火山筒供给通道不同。

8）底辟上由于页岩物质的脱水呈凹陷状或出现塌陷断层，该断层出现在底辟的崩塌阶段；底辟未脱水或者未胶结，则出现负重力异常。

3.4.2 与泥底辟构造有关的天然气水合物

自从在黑海发现了与泥底辟有关的天然气水合物以来，先后在里海、地中海、挪威海、巴巴多斯滨海地区、日本南海海槽、尼日利亚岸外以及墨西哥湾等海区相继发现了与海底泥底辟构造有关的天然气水合物（Milkov，2000）。此类天然气水合物有许多共同的特征，通常为白色或灰白色，盘状习性，在沉积物中排列不规则，方向各异。泥底辟构造不同区域、不同深度沉积物中的天然气水合物含量为 1%～30%。甲烷是主要的组成气体，来源有生物成因气、热解成因气以及两者的混合气体。挪威海 Haakon Mosby 泥火山研究表明天然气水合物的聚集受上升热流体的影响呈现同心带状结构（Ginsburg et al.，1999）。

泥底辟构造存在两种类型，其天然气水合物的形成也有两种类型。对于挤出海底的泥底辟构造，天然气水合物既可以在泥底辟的丘状外围成藏，也可以在外围的海底沉积物中产出（图 3-15），但是由于高温的影响，在泥浆流出的通道中是不可能存在的，每一处的天然气水合物的形成过程是不同的。泥底辟构造周围的流体从底层向上运移，这些流体通常比周围沉积物的温度要高许多（海底以下1m 深处流体的温度可达 15 ~ 20℃）。上升的流体携带着溶解的气体，属于自由相，当温暖的流体上升，压强不断减小，气体溶解度下降，同时由于温度的降低天然气水合物结晶析出（Zatsepina and Buffett，1997）。参加反应的水和气体来自深层，这一形成过程类似于传统的矿物低温热液形成（Sassen et al.，1999；Kvenvolden，1993）。

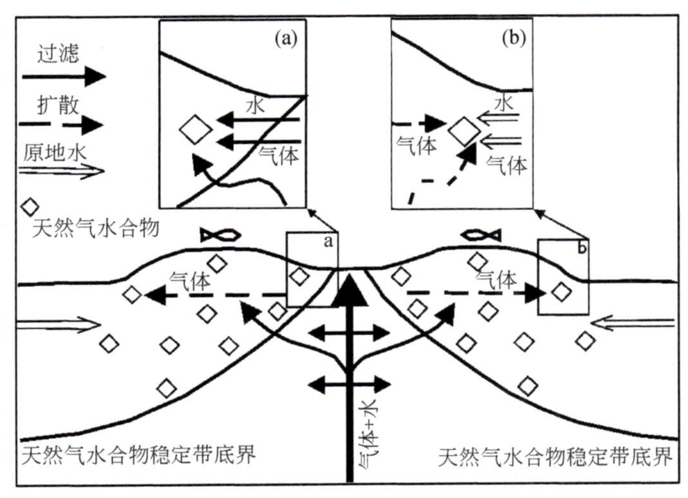

图 3-15　与泥火山有关的天然气水合物的成藏模式
（a）泥火山中央部位的矿物低温热液形成模式；（b）泥火山外围的矿物交代形成模式（Milkov，2000）

对于未挤出地表的泥底辟构造，天然气水合物主要形成在泥底辟构造外围的沉积物。天然气水合物形成需要的气体是从泥底辟构造中央通过扩散出去的溶解气体。另外，需要的水是泥底辟构造外围沉积物中已存的水源。天然气水合物形成地区的生物化学气体也有可能被俘获到天然气水合物中。因而，在此种情况下原地的水由于外源（泥底辟流体）气体，可以被天然气水合物代替，此种形成过程类似于传统的矿物交代形成过程（Milkov，2000）。

海底泥底辟与天然气水合物之间的关系早就引起了各国科学家的广泛关注。底辟构造是在地质应力的驱使下，深部或层间的塑性物质（泥、盐）垂向流动，致使沉积盖层上拱或刺穿，侧向地层遭受牵引，在地震剖面上呈现出轮廓明显的反射中断。被动陆缘内巨厚沉积层塑性物质和高压流体、陆缘外侧火山活动及张裂作用，引致该地区底辟构造发育，如美国东部大陆边缘南卡罗来纳盐底辟构造、布莱克洋脊泥底辟构造、非洲西海岸刚果扇盐底辟构造、尼日尔陆坡三角洲小规模底辟构造，以及里海的泥火山、泥岩底辟。这些构造能引致构造侧翼或顶部的沉积层倾斜，便于流体排放形成水合物（Brooks et al.，1986；Ginsburg and Soloviev，1994；Ivanov et al.，1996；Limonov et al.，1997；Lance et al.，1998）。目前在27个地区发现了海底泥底辟的证据，这些地区主要集中于大陆架、陆坡以及内陆海的深水区。黑海和里海具有厚逾万米的新生代沉积物，沉降速率和沉积速率都很高，许多沉积层受到泥底辟和断层的影响而变形。被动大陆边缘，如挪威海、尼日利亚近海和墨西哥湾都发现了海底泥底辟，该区普遍沉积速率高、断层发育。地中海、巴巴多斯、日本南海海槽等活动大陆边缘增生楔状体中广泛发育泥底辟，而且在大多数泥底辟发现了丰富的水合物（Ginsburg et al.，1984；Hernry et al.，1996；Lance et al.，1998；Milkov，2000；Ludmann and Wong，2003）。此类水合物有许多共同的特征，通常为白色或灰白色，盘状习性，在沉积物中排列不规则，方向各异。泥火山不同区域、不同深度沉积物中的水合物容量变化幅度从1%～2%至30%。甲烷是主要的组成气体，来源有生物成因气、热解成因气以及两者的混合气体。

3.4.3 东海泥底辟构造水合物

冲绳海槽地区主要发育新近纪以来的沉积物，以不整合面为界划分为上下两套沉积层序，受所处大地构造位置不同等诸多因素影响，其南部和中部、北部发育演化历史不同，沉积的层序也不同。反射层组Ⅰ组成海槽盖层，时代相当于第四纪（Letouzey and Kimura，1986；Park et al.，1998），反射层组Ⅱ，时代相当于上新世，推测海槽底部存在中新世的沉积（Liu，2001）。由于多次波的干扰没有识别基底的时间反射层位，在地震层序Ⅰ中我们又细划分了一个时间界面，形成两个层序Ⅰa和Ⅰb。层序Ⅰa，总体上为平行席状相，视低频，强反射，在陆坡上部为披盖式沉积；在陆坡的坡折水深变化剧烈处内部反射变弱，受断层和海底滑塌的影响，厚度变化较大，并有许多滑塌存在；在陆坡坡麓以及海槽内部为平行席状的弱反射，局部为透明状地震相。Ⅰa层是全新世形成的泥质粉砂沉积以及半深海相的浊流、泥质黏土沉积。层序Ⅰb，整体上为强反射，以平行反射结构为主，局部具杂乱相。地震相随水深和构造单元的不同而发生改变。陆坡上部为良好的三角洲前积层，具明显的斜交前积反射；前积体下部反射波受滑塌作用的影响而变得零乱，厚度自西向东变厚，在水深开始变大时又变薄；在陆坡坡折部分，受重力滑塌和断层的影响，反射波比较杂乱，呈弱反射，顶底界面不易识别；在海槽内部为中强反射，整个层序呈连续分布，受张性正断层的错动。

Ⅰb层为更新世沉积的浅海相陆源粉砂质泥、砂页岩和半深海相软泥。地震层序Ⅱ，未探明基底，视低频，中强反射，受断裂掀斜作用强烈，倾角明显大于上部地层，陆坡上为厚层平行披覆沉积；在陆坡坡折水深变化剧烈，内部反射变弱；在海槽内部出现角度不整合，底辟构造活跃，层序Ⅱ为上新世形成的浅海相—海陆过渡相的砂岩。东海外陆架和冲绳海槽西坡上部多道地震、多波束数据都显示在海槽南段西侧陆坡发育有海底泥底辟，它们呈直径为数百米到数千米、高度在数米到数百米的圆形隆起。

DMS01-5 测线为 NW-SE 向展布，横跨东海陆架、陆坡坡折带和海槽内部。在陆坡坡折线部位，发育有边缘沟坎形状构造，为海槽西侧陆坡海底峡谷的构造表现，内部杂乱反射暗示滑塌构造发育，同时海槽西侧陆坡发育有几条平行于海槽走向的断层，CDP2900、CDP3300、CDP3600、CDP4200 位置显示底辟构造，CDP2900 是一明显的泥底辟。在这些地震剖面上可见海底刺穿页岩的底辟构造。底辟构造在地震剖面上主要表现为存在破碎带，在破碎带中有些破裂面有明显位移，可解释出形态不一的断层系。这些断层分布密度大，其产状陡，断距小，以正断层为主，在垂向上断层可以是连续的，也可以是在不同层系中由不同的断层系组成的垂向断裂破碎带，甚至在不同层系中的断层倾向完全相反。在这些底辟构造内部，横向上同相轴的突然中断，形成杂乱反射区，呈柱状、蘑菇状和枕状等形态，通常为无反射或弱反射，顶面呈波状起伏，与围岩的界限分明，并具有清晰的上翘牵引特征，剖面上的亮点和杂乱反射说明气体在这类构造中起了很重要的作用，天然气和（或）流体渗透与这些隆起或泥底辟的形成有一定关系。这些底辟构造有的未出露海底表面，有的出露海底表面形成一系列的泥火山（图 3-16）。

泥底辟的顶部和两侧受牵引的地层中发现 BSR，并且 BSR 之上出现空白带，同时 BSR 与海底反射同相轴的极性相反。对 DMS01-5 剖面局部区域进行重新处理，在 CDP2711 ~ CDP3071 显示从底辟向上穿透海底出露海底形成泥火山，直径约 3000m，高度 370m，在距海底反射 500ms 的位置发现似海底反射，其上存在振幅空白，极性与海底相反，BSR 为强振幅峰谷组合，双峰成对出现，而不是孤立的波峰和波谷。在浅层 1900 ~ 2200ms 纵波速度较小，为 1400m/s，为较松软的半深海沉积层，到 2200 ~ 2300ms 段纵波速度突然增大到 2100m/s，推测可能是水合物层。其下 2400 ~ 3200ms 处出现低速度异常，为 1400m/s，推测可能是游离气层，反射的几何形态为中间下凹，两端上翘，这是由于游离气层的存在导致地震波速下降，造成反射旅行时增加而引起的气层底界的下凹，时间延迟现象，同时可以看到下面有一片无反射或弱反射的空白带，可能是由于气层屏蔽造

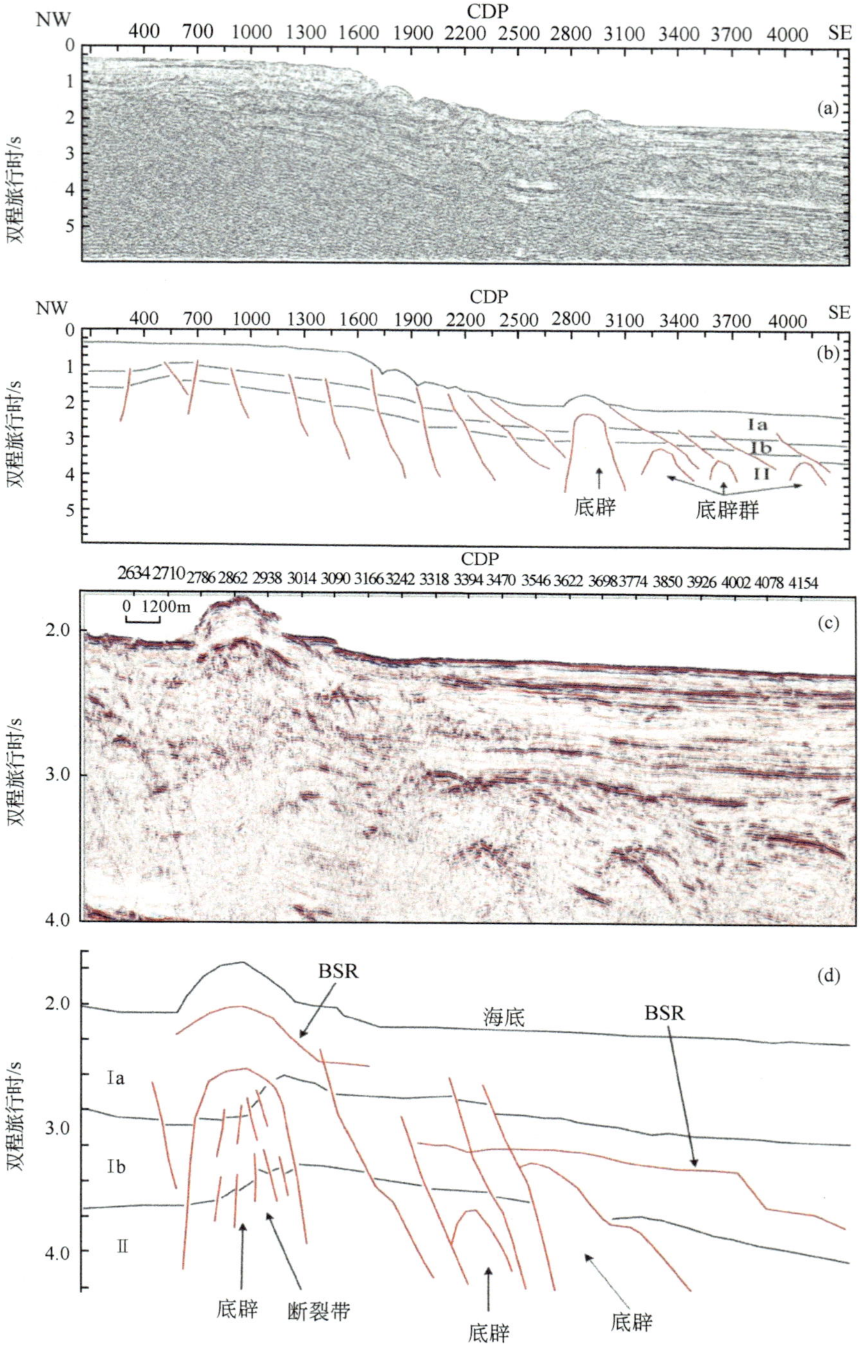

图 3-16　DMS01-5 测线构造解释图及泥底辟内部构造

成的。对 DMS01-5 测线部分叠前数据（CDP2711 ~ CDP3071）重新进行了有针对性的二次处理，在横向上加密速度谱的网格，垂向上缩短计算步长，以期得到底辟构造部位精确的速度信息。通过精细速度分析，通过叠前部分偏移（DMO）无论是水平的沉积反射层还是与其斜交的 BSR 都能良好成像，从而得到 BSR 分布地区准确的叠加速度场。

利用 DIX 公式将叠加速度场转换成有实际物理意义的层速度场。整体上看，可以发现在底辟构造顶部 BSR 之上存在高速异常，高速异常为 2300 ~ 3800m/s，并且在可能的似海底反射位置上下有一个层速度的突变，BSR 下方存在纵波速度低速带，低速异常为 1300 ~ 2000m/s。在底辟构造顶部的高速异常与天然气水合物的存在有关，与目前世界上已发现该类型的水合物特征类似。从图 3-17 可以看出，底辟构造顶部地层中的低速异常并没有完全位于 BSR 之下（CDP2831 和 CDP2903），相反在 BSR 之下也存在部分的高速异常（CDP2783 和 CDP2975），这与常规理解的 BSR 为水合物稳定带的底界有所不同，因为传统的观点认为在 BSR 之上应为水合物层，即全部应该为高速异常；BSR 之下应为游离气层，即全部为低速异常。根据东海实测热流和 BSR 计算热流在底辟区存在差异，认为 BSR 可能位于水合物生成带的底界，存在于水合物稳定带的内部，比水合物稳定带底界要浅，但是 BSR 也可能出现在水合物稳定带的下面，即自由气体的顶部。在底辟构造顶部 BSR 并不代表水合物稳定带底界，而是水合物生成带底界。在

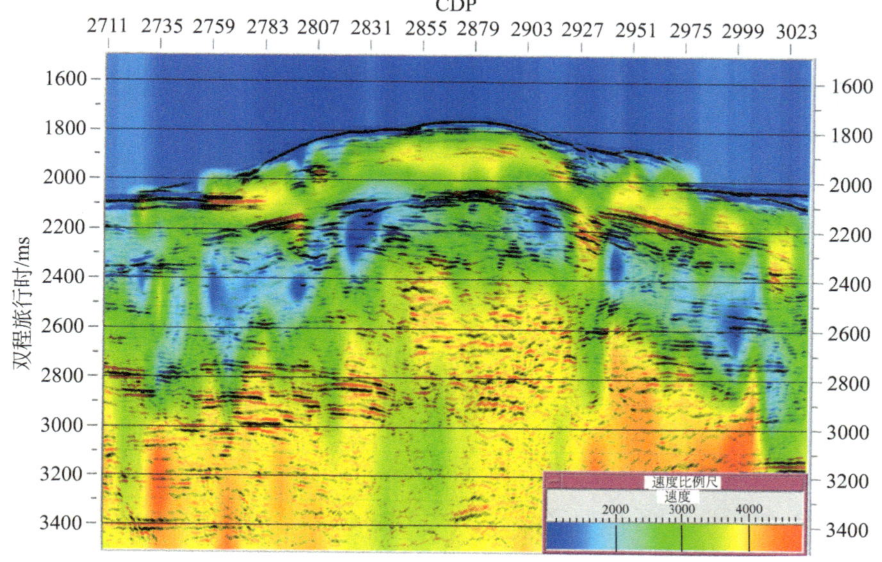

图 3-17　底辟构造层速度场

底辟构造顶部由于泥底辟正处于活动的发育阶段，大量的气体在深部高塑性流体向上运移以及在泥底辟形成之前就已经在其顶部聚集，此处水合物的形成受到热流值背景的影响，在泥底辟构造上部水合物的形成过程中，造成水分子的减少，其下岩层孔隙中气体过量而处于水合物与游离气共存的状态。在这种情况下，这个反射层是含水合物沉积层与水合物和游离气共存沉积层的分界面，BSR 的深度要比水合物稳定带底界浅。

3.4.4 琼东南盆地底辟构造水合物

琼东南盆地属于新生代被动大陆边缘型盆地，处于印度板块、欧亚板块和太平洋板块的接合部位，主要包括始新世—渐新世裂谷断陷期和新近纪—第四纪的裂后热沉降期两个构造演化阶段。渐新世早期的崖城组为浅海相泥岩地层，其上的陵水组为滨海相和浅海相砂岩地层，钻井资料分析显示两组地层的暗色泥岩有机质丰度（TOC）达 1.0% 以上（李绪宣等，2006；Zhu et al.，2009）且该时期断裂发育。在裂后热沉降阶段，南海开始沉降，中新世的三亚组、梅山组和黄流组地层以浅海相—半深海相的钙质泥岩及浅海相砂岩为主。中新世以来的地层厚度在深水区平均为 5000 ~ 9000m，新近纪到第四纪时期快速热沉降使崖城组深水区地层厚度达 4000 ~ 7000m（Zhu et al.，2009）。受断陷期快速热沉降影响，松南凹陷、宝岛凹陷、陵水凹陷和乐东凹陷的平均地温梯度达 40℃/km，而凹陷南部的深水区地温梯度可达 70℃/km。

裂后热沉降时期断裂不发育，且中新世上部和上新世浅海相及半深海相泥岩发育。浅水区大量钻井分析和成藏体系研究表明琼东南盆地的浅水区和深水区具有相同的烃源岩，如 Ya35-1-2 井上新世黄流组泥岩 TOC 最高达 1.6%，属于好气源岩，Ya35-1-1 井黄流组泥岩 TOC 达 0.7%，达到良好气源岩。松南凹陷中中新世的梅山组及三亚组有机质丰度均较高，临近的 ST36-1A 井的地化分析表明 TOC 达 0.7%，最高达 1.0%（王振峰和何家雄，2003）。因此，琼东南盆地具有良好的生气环境，气体以甲烷气体为主，可达 85% ~ 90%，其中 CO_2 浓度为 5% ~ 10%，N_2 为 0.5% ~ 1.2%。珠江口盆地和琼东南盆地气体的 $\delta^{13}C$ 值为 -45‰ ~ -32‰，表明为热成因气体。但是 Ya13-1 第四纪地层（厚度为 1402 ~ 1670.2m）的 $\delta^{13}C$ 值为 -87‰ ~ -76.6‰，甲烷含量达 89%。Ya21-1 井地层厚度 609.6m 处的 $\delta^{13}C$ 值为 -60.8‰，该井 1376.1m 处 $\delta^{13}C$ 值为 -54.7‰，甲烷含量达 99% 以上。浅部地层的有机碳分析表明，琼东南盆地浅水区莺歌海组地层气为生物气或生物气—低熟过渡带气。目前识别 BSR 主要分布在乐东、陵水、松南和宝岛四个凹陷且为弱 BSR，BSR 与底辟、气烟囱具有良好的对应关系（图 3-18）。

琼东南盆地是一个异常高压盆地，其异常高压是在上新世至第四纪时，由盆地快速沉降产生的压实和排液不平衡而形成的区域异常高压，水热增压和新生流体作用对异常高压也有辅助作用。红河–莺歌海断裂的沟通作用，也使琼东南盆

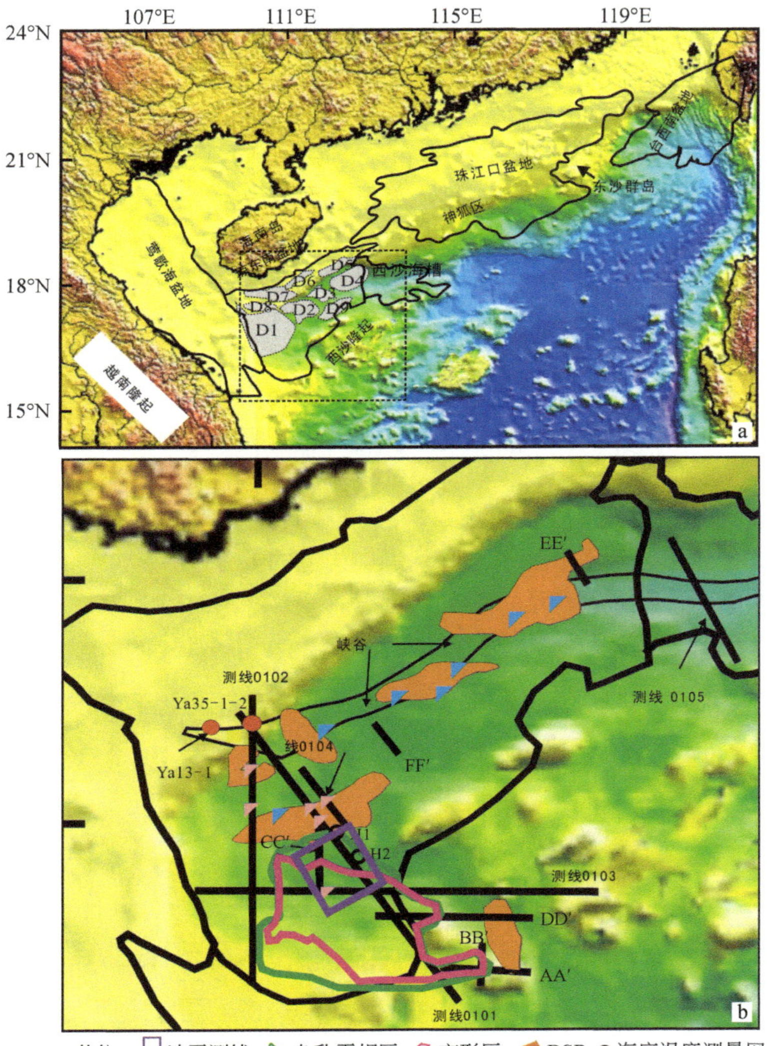

图 3-18　南海北部水合物勘探工区及琼东南盆地 BSR、气烟囱（三角形）及海底滑坡的分布范围（绿线）

地出现局部的异常高压。从地震剖面上识别了27处底辟构造，主要表现为如下特征。

1）一般规模不大，刺穿层位不一，有的刺穿上新世反射层顶面，离海平面非常近，但有的只不过刺穿渐新世或始新世反射层顶面，推测主要由于盆地内引起底辟的构造应力强度分布不均匀所致。

2）分布于各个构造单元，但以南部断阶带和西沙隆起区为主，总体上都位于二级和三级构造单元的分界边缘，可能与这些部位的断裂和新生代岩浆活动较为强烈有关。

3）发育于琼东南盆地北部的底辟位于中央拗陷带内，底辟较为集中，发育较年轻，多数刺穿中中新世—上新世反射层顶面，表现为层间底辟，底辟两侧地层牵引不明显，在深部可能有断至基底的断层存在。发育于南部断阶带的底辟，部分刺穿至晚中新世反射层顶部，但也有只刺穿渐新世或始新世反射面之间的地层，而且大多数底辟的发育都与构造的局部高部位（基底隆起）相联系，发育较老的底辟如果其上有断层断至浅地层或海底，则与水合物成藏关系密切。

从琼东南盆地初步识别的底辟来看，主要为层间底辟（或丘体）和垂直底辟，从底辟携带大量流体多为幕式排烃。当泥源压囊的异常高压和高温聚集的能量，超过了顶封层破裂极限时，烃类及其他流体伴随泥质塑性流和其他固体物质等一起冲破封闭体系，呈混相涌流的形式［图3-19（a）］上拱刺穿，在上覆正常压力地层中运移、聚集。油气运移到烟囱构造的上方及围岩中，储集层相对发育且具有圈闭条件的有利构造，如背斜构造、半背斜构造等部位，主要以下生上

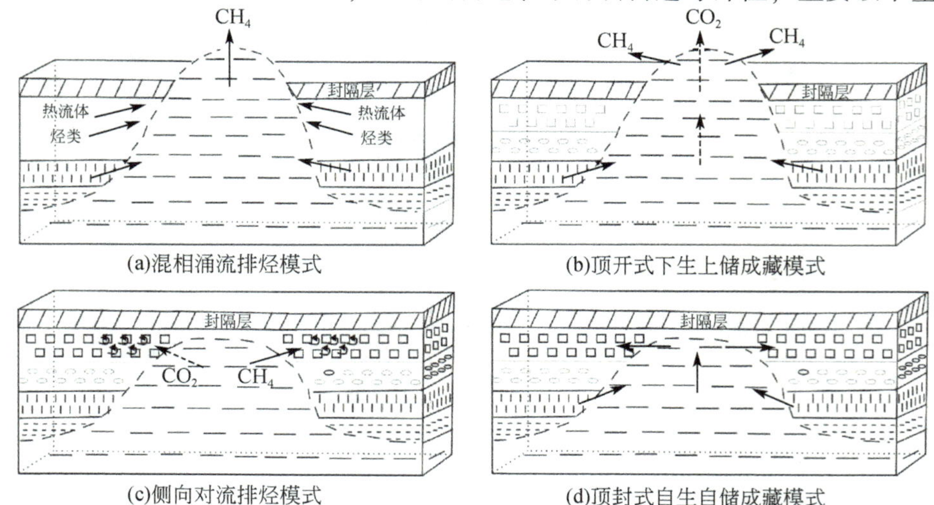

(a)混相涌流排烃模式

(b)顶开式下生上储成藏模式

(c)侧向对流排烃模式

(d)顶封式自生自储成藏模式

图3-19　底辟构造的排烃与成藏模式

储成藏模式为主［图 3-19（b）］。侧向疏导型烟囱构造由于能量未达到突破封闭层的程度，烃类流体只能在此封闭下进行聚集，且以侧向对流形式排烃［图 3-19（c）］。如果层间相对高渗透带及邻近地层的中上部围岩中，具备储集条件的断裂和压力相对比较低的薄弱部位聚集，形成顶封式自生自储模式［图 3-19（d）］。

聚集流体（气体）形成的不同丘状构造分布广泛，利用 3D 地震资料能够识别不同丘状构造的形态、大小及分布。利用琼东南盆地 2D 高分辨率地震资料和 3D 地震资料，分析了不同底辟的反射特征及其对水合物富集的影响（Wang et al.，2010）。

琼东南盆地发育的底辟构造（气烟囱）在多边形断层区，底辟的形成可改变多边形断层的分布。琼东南盆地细粒沉积物尽管形成了大范围的多边形断层，但在多边形形成封闭后，仍然是一个良好盖层。深部流体继续向上运移，若其能量不足以形成新一轮的多边形断层，再次聚集的流体将不能沿多边形断层运移，而从其他薄弱带中以底辟构造形式释放。图 3-20 为琼东南盆地华光凹陷多边形断层发育区的底辟与气烟囱构造，底辟的出现使多边形断层从多边形几何形态变为放射状形态，表明底辟（丘体）与多边形断层同时形成或者比多边形断层发育早。从反射特征看，丘体下部地层不连续、低振幅，与相邻地层相比略微向上隆起，顶部具有强反射，表明可能为一个底辟构造。底辟内部呈低频率、不连续的弱反射区，底辟内含有大量流体，其顶部出现低声波阻抗异常。底辟上部出现局部强振幅异常，表明地层圈闭了部分流体，强振幅异常上部再次呈现圆柱状弱反射、顶部强振幅异常，为底辟再次活动的反映。底辟的多期活动使琼东南盆地 BSR 呈不连续的阶梯层状分布，底辟顶部 BSR 埋深相对较浅，约 200m，底辟周围 BSR 相对较深，约 250m（图 3-21）。上部呈低振幅的弱反射，可能为流体向上运移形成的气烟囱。

测线 0101 剖面深水区海底双程旅行时 400ms 内平均速度为 1650m/s，而底辟顶部 BSR 位于海底以下双程旅行时 240ms，底辟周围的 BSR 位于海底以下双程旅行时 310ms，计算出 BSR 深度分别为 198m 和 255.75m。BSR 位于 255.75mbsf 处，是由于底辟第一次活动携带大量流体在底辟周围形成了水合物。底辟再次活动破坏了形成水合物的温压环境，而这次活动范围相对较小，使局部 BSR 上移到 198mbsf 处。BSR 形成后又发生了小规模的流体泄压，使底辟顶部的 BSR 呈不连续［图 3-21（a）和图 3-21（b）］。底辟、多边形断层发育、流体垂向运移活跃区 BSR 为强振幅，若流体垂向运移不明显区域，BSR 振幅相对比较弱。BSR 振幅与下覆地层的游离气有关，如布莱克海台过 994 井地震剖面上未见 BSR，但钻探获得天然气水合物，从估算的游离气饱和度剖面看，BSR 下没有游离气。当地层中含有游离气时，纵波速度急剧降低出现波阻抗差，BSR 下出现强

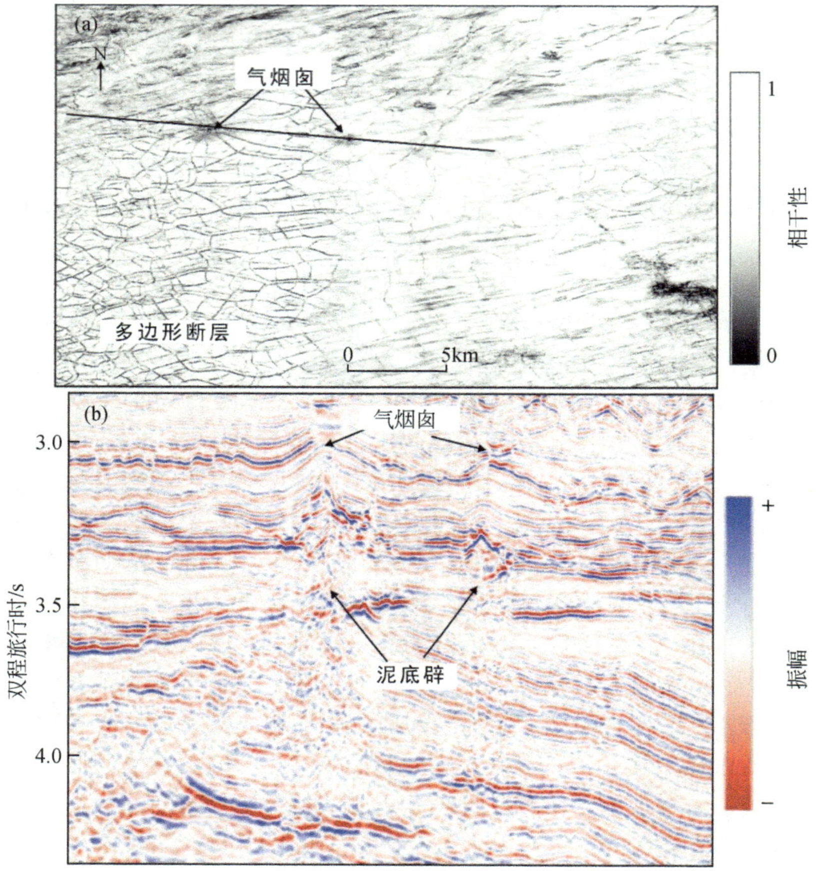

图 3-20 琼东南盆地气烟囱和泥底辟特征

（a）琼东南盆地 3D 工区沿 2980ms 相干时间切片；（b）3D 地震剖面中一条测线给出了底辟及其上部可能气烟囱反射

振幅反射，强振幅反射表明水合物层下封闭游离气。

泥底辟（泥火山）形成过程包括几个不同阶段，如活化、流动和静止等阶段，其形态及规模也不同。泥底辟喷发携带的物质包括气体、流体和固体物质，首先，泥底辟或者泥火山的触发及驱动机制明显不同，流体相物质可能来源于比母岩还深的地层；其次，不同相的特点及流动深度可能是气体、液体或固体物质的函数。泥底辟（泥火山）的不同活动过程及不同活动时间将形成不同的地震异常特征，因此不同时期及不同规模底辟活动对水合物成藏的意义也不同（图 3-22 和图 3-23）。

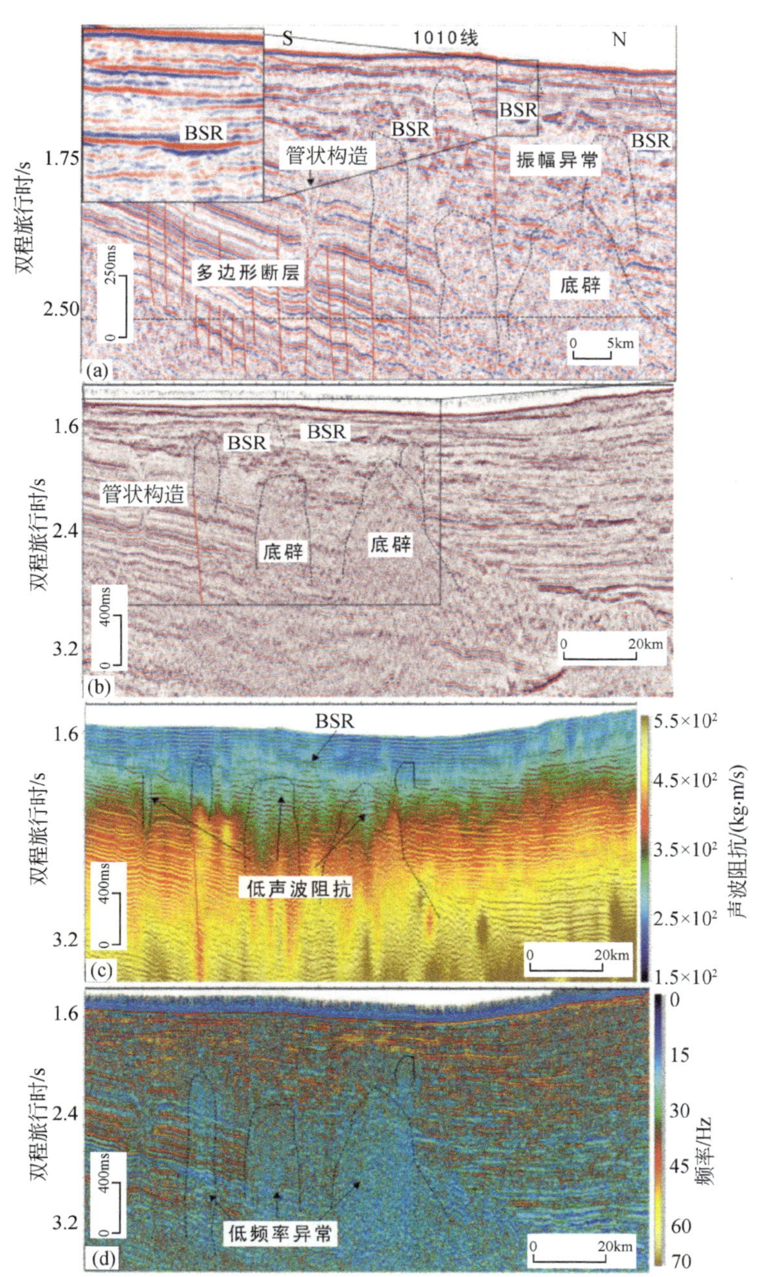

图 3-21 多边形断层、管状构造、底辟和 BSR 在不同地震属性剖面上的特征

（a）大比例尺 01101 地震剖面；（b）小比例尺 0101 地震剖面；（c）约束稀疏脉冲反演的声波阻抗；（d）瞬时频率剖面

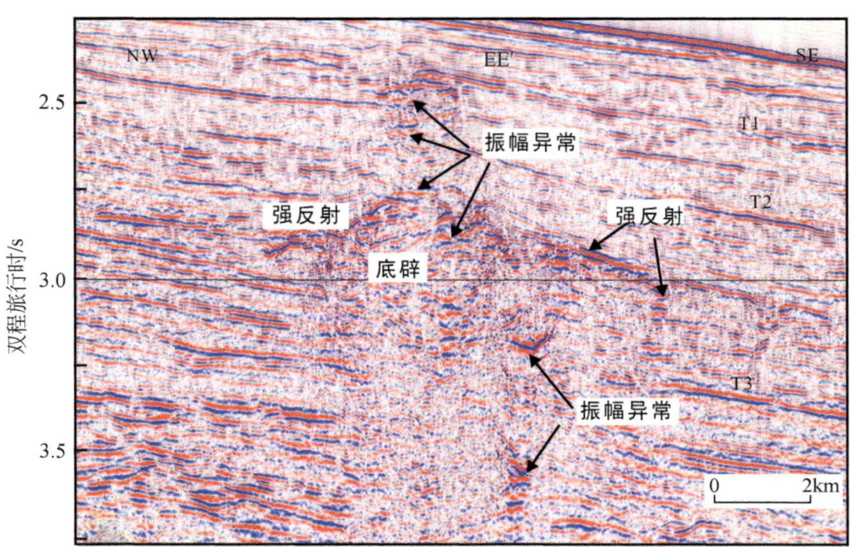

图 3-22　琼东南盆地泥底辟及底辟侧翼和上部的强振幅异常

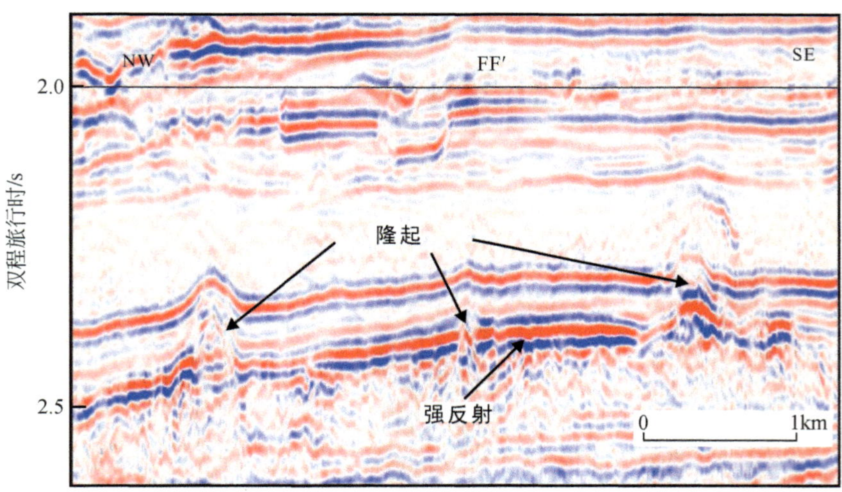

图 3-23　测线 FF′上丘状隆起位于连续反射层与杂乱反射层

3.5 气烟囱构造

气烟囱早在20世纪80年代一些文献中就出现过，90年代国内外学者对气烟囱进行了广泛的研究，尽管国内外学者对气烟囱进行了广泛的解释和研究，但对气烟囱的定义却缺乏准确的释义。目前大多数学者一致认为气烟囱是地下油气藏中的天然气渗漏到海底或地面的通道。Heggland（1997）认为气烟囱是与近海底埋藏火山口有关，气体可通过其直达海底，具有明显的含气异常，并与下伏深部储层密切相关的特殊构造。Barsoum 等（2000）认为气烟囱类似于气体羽状流，是位于含气构造之上的构造，常具有由于地震能量反射造成的较差的地震反射特征，在含油气盆地极为常见。Aminzadeh 等（2002）认为气烟囱与垂向流体向上运移有关，在地震剖面上具有明显的杂乱反射特征，其本质为一系列的岩石裂隙和裂缝，是流体渗漏和运移的主要通道。Schlumberger 公司总结前人的成果给出气烟囱的定义，认为气烟囱是海底以下的气体渗漏过程，这些气体主要来自于封堵性差的气藏，气体的存在导致上覆岩石具有低速、反射杂乱和明显的同相轴下拉特征。从静态的角度看，其形态似裂隙、裂缝；而从动态的角度分析，它又具幕式张合的特征，气烟囱既包括垂向泄压形成的底辟伴生构造，也包括侧向泄压形成的层间伴生构造。因此，气烟囱是流体作用而引发的一种特殊的伴生构造，是由于天然气（或流体）垂向运移在地震剖面上形成的异常反射，是由于气藏超压、构造低应力和泥页岩封隔层综合作用而形成的。气烟囱与断层、底辟等地质构造明显不同，其本质为一系列垂向展布的裂缝群，随着热流体的活动，具有明显的幕式张合特征。当流体活动性增强时，流体向上不断运移，溶解度的降低造成气体析出，来自于深部凝析气或浅层的生物气发生对流，裂缝内的对流作用促使气体向上运聚，直达有利的气体储层或水合物稳定带底部，因而可形成大量的浅层气气藏或为天然气水合物提供气源，而气烟囱核部由于充满低密度气体，在地震剖面上表现出明显的含气特征，如杂乱、空白带、亮点或层位下拉现象，也称气烟囱为“地震烟囱”。

烟囱构造在地震剖面上，常与断层有类似的杂乱反射，且都可作为油气运移的垂向通道，但就其形成及空间分布而言，与断层存在很大差异。

1）断层一般具有明显的方向性，反射轴错断，但可追踪；而热流体沸腾作用形成的烟囱通道——断裂或断裂群，则围绕烟囱体呈放射状分布，在底辟体上方及周边呈近垂直的张性裂缝。

2）张性断裂系统形成后，通常在没有大的构造运动影响下，一般保持其通道的相对稳定性。而烟囱通道由于受热液流体泄压幕式释放的影响，泄压时裂缝张开，作为通道。当泄压后，裂缝封闭，能量重新聚集，直到下一次突破封隔层的压力，地层再次重复压裂—张开—封闭。

3）断裂系统形成时期固定，在油气运移时已经形成的张剪性断裂，对油气垂向运移一般都有意义，而烟囱构造形成时期可长可短，短时期一次泄压可能就形成烟囱构造；长时期发育的烟囱构造，由多次幕式释放组成。

吸取前人的经验，我们认为气烟囱是由于超压作用或构造作用产生的一系列垂向分布的裂缝群，常与断层或超压地质现象伴生，剖面上具有明显的柱状外形，平面上可为椭圆状或锥形体，是流体（烃类、气体和水等）运移的主要通道，受流体活动性影响具有明显的幕式张合特征，在地震剖面上受裂缝内流体性质影响常表现为气体扰动造成的弱振幅、弱连续性特征，但局部也可能具有强振幅、强连续的特征。气烟囱常与一系列的地质现象相关，如麻坑、断层、滑坡等。流体渗漏常出现在未固结的细粒沉积物中，若发育至地表，常形成类似锥形或椭圆形的凹陷称为麻坑，麻坑大小不一，直径从几米到几百米不等，深度从几米到几十米。在大陆坡区，麻坑与天然气水合物共存现象比较常见，并伴随着滑塌和滑坡。地层不连续性或不整合比均匀地层的颗粒间距作为流体运移的通道有效。由于气烟囱作为流体运移的一个通道，随着热流体能量的大小既有空间上的变化，也有时间上的变化。有的可能达到海底，有的只能达到地下某个层位，在流体活动的特定时期内，通道开启，而在之前或之后通道封闭。

3.5.1 气烟囱类型

通过分析不同的气烟囱类型不但可以对油气田的盖层封堵性进行判断，还可以为钻前灾害预测提供重要的参考依据，然而目前已发表的相关文献中针对此方面的研究较少。Heggland（2004）对墨西哥湾、北海及尼日尔三角洲等深水油气区共46个商业油气田进行了研究，按照气烟囱的发育部位提出将气烟囱分为三大类：A类与构造顶部的断层相关，该类烟囱常不具有好的储层；B类与构造侧翼的断层相关，常发育于储层底部；C类与构造顶部的气体渗漏有关，常表征好的储层特征。Heggland的分类方法在Statoil和d-GB公司的油田区块中得到了广泛的证实，其中11个区块为B类烟囱，22个区块为C类烟囱，13个区块为A类烟囱（图3-24）。

Heggland在原有分类的基础上，进一步结合油气藏封堵性特点，对气烟囱形成的相应机理和渗漏特点进行了研究，对气烟囱进行了更细致的分类（图3-25）。

张为民等（2000）根据烟囱构造气源成因及运移方向将烟囱构造分为三类六型，三类包括有机成因类、混合成因类、无机成因类；六型包括泥底辟型、层间

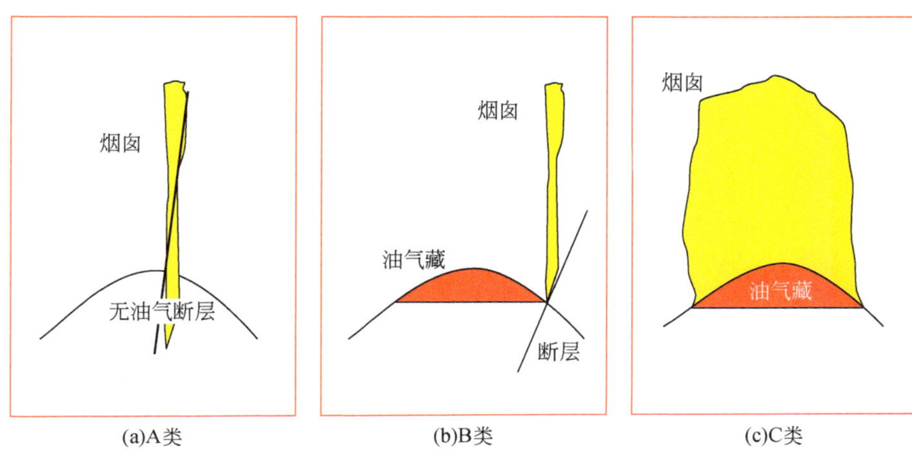

(a)A类 (b)B类 (c)C类

图 3-24 Heggland 气烟囱分类法

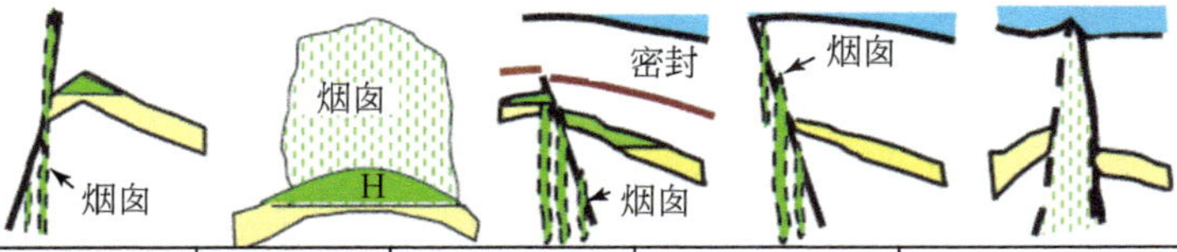

密封/圈闭烟囱的完整性	非常好	好	较好	弱	较弱
	无烟囱构造	气体云	与内部封闭有关的断层	与表面通风口有关的断层	泥火山
机理	侧向负载	扩散	断裂	断裂	沉积流
相关渗透	构造外渗透	富含矿物	富含矿物	富含矿物	富泥
分类	B类	C类	A1类	A2类	

图 3-25 改进的 Heggland 气烟囱分类法

侧向疏导型、热液底辟型、断裂渗涌型（断涌型）、火山岩底辟型和混相断涌型。每一种成因的烟囱构造都有其自身独特的几何学特征和分布特点（图 3-26）。

有机成因类烟囱是指形成烟囱构造的热流体主要来源于浅层烃源岩的泥岩压实脱水、有机烃类及碳酸盐热分解气体等，烟囱构造多分布于凹陷内距烃源岩较近的断裂和底辟周围。有机成因类烟囱构造按其成因及形态分为垂向热对流泥底辟刺穿型和层间侧向疏导型，比较常见的为垂向热对流泥底辟刺穿型。

地下幔源的二氧化碳、氢气及热液等流体随着火山喷发与岩浆侵入作用的发生，沿断裂及地壳薄弱带上涌，形成与火山底辟及穿层展布的岩浆侵入体、与火山碎屑岩伴生的烟囱构造，称为无机成因类烟囱构造。

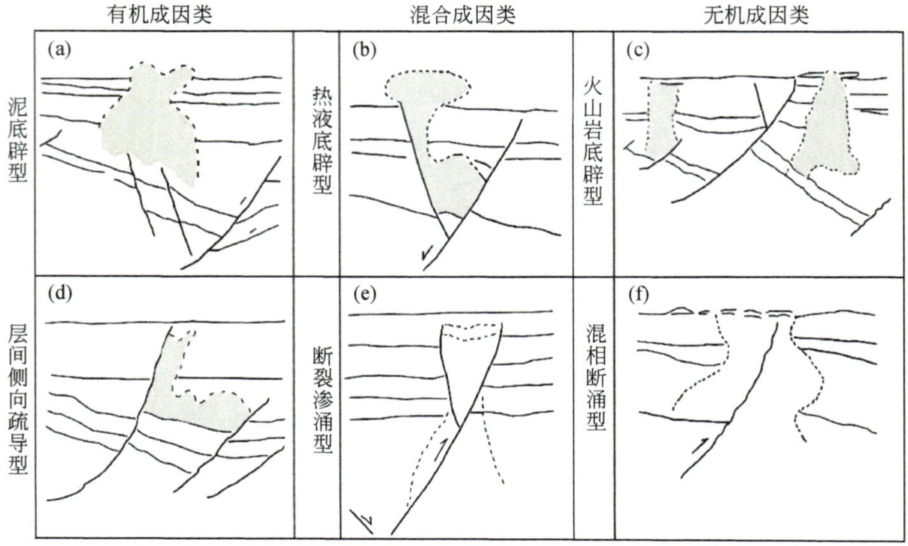

图 3-26　烟囱构造成因类型

混合成因是指形成烟囱构造的热流体既包括深部岩浆热液、幔源二氧化碳，又包括浅部的泥岩压实水、烃等流体。Hooper（1991）认为，在断裂活动过程中，热液可以沿断层快速向上涌流，这种涌流也可看作是一种底辟活动。热液在涌流过程中，遇到上部塑性物质——烃源岩等，则会同流体一道挤入断层或刺穿其上部地层，同样可形成烟囱构造，即热流体底辟型和热流体断涌型。烟囱构造多分布在凹陷内的较高构造部位，且受断层控制。高温高压高孔渗是形成热液底辟型烟囱构造的必要条件，剪张破裂或构造薄弱带是烟囱构造形成的主要突破区。

3.5.2　气烟囱形成机理

固结地层与未固结地层流体运移的方式不同，形成异常特征及其地质体也不同。固结地层流体运移主要包括裂隙流、达西流和扩散流三种运移方式。可溶气体，如甲烷、一氧化碳等也可以溶解在水中形成溶解气并向上渗漏。向上运移的烃类气体使软沉积物地层流化或者流动，随着泥岩或砂岩的向上运移垂直渗漏到浅部地层。裂隙流包括范围比较大，从裂隙到断层都可以作为流体运移的通道，可能是构造成因造成的裂隙流也可能是超压导致的裂隙流。气烟囱本质即垂向分布的系列裂缝，其并未发生任何错断或滑动，具有幕式张合的特征，其既可形成垂向泄压的底辟伴生构造，也可形成侧向泄压的层间伴生构造。气烟囱构造一经形成后，对后期幕式活动的热流体或油气运移仍为一种特殊的不可忽视的通道，因而对水合物的形成具有重要影响。气烟囱的形成需要满足三个条件。

（1）有效的压力封堵盖层

地壳中大规模流体运移既搬运物质又携带能量，不仅对流体流经的地壳岩石具有强烈的改造作用，而且还导致了地层流体的迁移、聚集与圈闭。热流体活动与地层中异常高压系统密切相关，沉积盆地的所有异常高压系统均被相对不渗透的封闭层边界所限。从弹性力学分析，压力封堵层内相当于各向同性点或各向同性区域，如果同性点由于不均衡而产生差异，即可形成气烟囱。

（2）有利的岩性组合特征

地壳深部高温高压塑性层，如泥质层、岩浆及热液塑性流层，以砂泥岩互层为主的沉积盖层的合理配置是气烟囱形成的物质基础。在超压地层内，流体几乎支撑了主要的上覆地层静压力，使砂岩、泥岩均欠压实，沉积物有效应力下降。一旦流体压力超过边界层的破裂点，则压力就会通过裂隙、裂缝释放，形成气烟囱。

（3）活动的流体幕式泄压

气烟囱初始构造以地层张裂为特征，一旦压力降低，张裂会重新闭合，断裂造成的错位对接或底辟顶部封盖层中发育的裂隙也会再度封闭。随着地温地压的持续积累作用，超压地层温度、压力会不断增加，直至再度突破封隔层的破裂临界点，裂隙、断裂等重新张开，气烟囱再次发育。这种增压破裂—泄压闭合—增压破裂的旋回性出现，就是地质研究中通常称作的幕式释放，是气烟囱继续发育的重要保证。

来自于深层热液或中浅层含油气系统的热流体被封存在地下某一深度相对高温高压的封闭流体动力系统内，经过了长时间的能量聚集，受构造运动或超压作用影响，流体活动性增强，产生初始裂隙，由于地壳深部的压力封存箱高温及异常高压，使热流体沿构造薄弱带由高势区向低势区运移，压力得以迅速释放，便可形成气烟囱。热流体泄压运移的方式除侧向扩散外（侧向疏导型），还有两种垂向运移方式（突破和扩散渗漏），且以垂向运移为主。

1）侧向疏导：当地压囊压力不能冲开封存箱封闭边界层时，热流体在封隔层之下某层间以孔隙渗透性渗涌流动为主，侧向运移向疏导层扩涌泄压，形成层间型烟囱构造。

2）垂向运移：第一种为爆破式气体上窜，当构造因素或压力封存箱内流体压力集聚到大于封隔层岩石的扩张强度时，深部超饱和地压囊上拱，热流体的沸腾作用致使底辟构造产生，使顶部岩层形成裂隙、断裂，热流体沿垂向向上突破，爆发式向上运移，形成烟囱构造。随着流体高速排出，压力封存箱逐渐减压，破裂关闭，爆发式运移停止。一般情况下，热流体轴部最容易形成烟囱构造，形成垂向运移通道。造成地震剖面上所见到的地震烟囱，其流体多是以垂向运移为主的分布格局。当气体携带着流体沿烟囱爆发式运移到上方相对低压的储集体时，即向储层充注和释放能量。如果遇到圈闭，油气可聚集成藏时，即向储层充注和释放能量。因此，烟囱构造的分布有的可到达海底，有的可能到达中浅层某个部位，这种运移方式速度快，时间相对短，泄压后裂隙迅速关闭，烟囱构造也随之失去作用，趋于关闭，直到下一次热流体沸腾作用开始。

3）扩散渗漏：第二种垂向运移为渗透性浮涌式扩散。当热流体的浮力大于封隔层的毛细管阻力，这时热流体可通过盖层的毛细管网络渗漏。由于气体可以沿以泥岩为主的砂泥岩互层中的孔隙向上渗漏，已经趋于关闭的烟囱构造可以成为气体向上渗涌的重要通道。同样，气体会向相对低压的储集层中充注，遇到圈闭也会成藏，否则就会直达海底。

气烟囱常常与海底沉积物中形成的特殊地质体（麻坑、底辟、丘状体等）相伴生。气烟囱不仅影响与自生碳酸盐或重晶石的沉淀等有关的生态系统，可以作为浅部或深部烃类聚集的指示，而且对海底沉积物的稳定性也具有重要影响。例如，在北海、挪威陆坡、西非等许多海域都发现了气烟囱。

海底麻坑是由于大量气体渗漏到海底而形成的，在南海北部神狐海域发现大量的海底麻坑和自生碳酸盐，表明神狐水合物钻探区流体活跃。

3.5.3 南海北部深水盆地气烟囱构造

南海北部神狐海域水合物调查构造远景区位于白云凹陷区，高分辨率地震资料分析表明研究区含有大量的气烟囱（Sun et al.，2012）。受含气影响，沉积层表现出明显的反射同相轴增粗、增强现象，推测其应是深部流体向上运移聚集的结果，为了进一步研究神狐调查区水合物成藏的构造模式，对调查区地震剖面上的反射模糊区进行了识别、分析研究，以刺穿中中新世反射界面为统计，在调查区内共推断识别了面积大小不均一的 11 块气烟囱，总面积达 171.4km^2，其中最大的一处面积达 66km^2，最小的一处也有 0.36km^2，主要分布于调查区中部，以靠近 LW3-1-1 井处分布最广，大部刺穿中新统地层，向上到达上新统顶界面反射层的有四个。

3.5.3.1 地震剖面特征

1）横向上反射同相轴的连续性变差或中断，内部反射较杂乱，甚至为空白反射，局部见同相轴下拉现象，其两侧、顶部常见亮点振幅异常，在调查区北部珠二拗陷番禺低隆起区的钻井已揭示亮点与气层存在良好的对应关系，因此，推断调查区的气烟囱应为流体作用的结果（图3-27）。

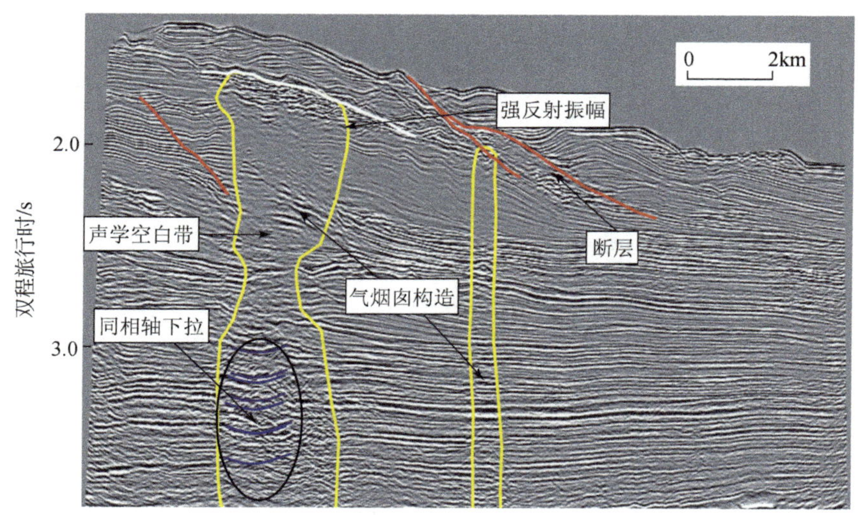

图3-27　神狐海域气烟囱地震反射特征

2）气烟囱平面走向以北东向为主，分布极不均匀，但规模较大、集中出现，剖面上多呈柱状，向下延伸至中中新世以下，向上多呈直立烟囱状，个别发散呈囊状、花状，上部或两侧常可见小规模正断层或裂缝，在剖面上呈树枝状或似花状等组合形态、产状陡、断距小，推测其应是流体向上分散溢出的通道。

3.5.3.2 层速度方法

利用层速度异常可以半定量判别烟囱构造。地层孔隙中含有少量气体，地层的纵波速度明显降低，所以，地层中含有气体时很容易从地震剖面上形成的亮点、平点或空白反射现象识别出来。同样，烟囱构造作为气体或流体运移的通道，很容易从地震反射剖面的下拉现象识别出来。

图3-28为琼东南盆地0101测线部分剖面的层速度，在海底双程旅行时

250ms 处，该反射近似平行于海底且与海底极性相反，该反射层上部出现明显的振幅降低。该反射层上出现高 P 波，速度约 1950m/s；下部出现低速度值，速度约 1550m/s，综合前面的分析，该反射为 BSR，速度异常是由于上部形成水合物，降低地层的渗透率，而圈闭了游离气引起的。在烟囱构造上部地层，BSR 上下层速度相差较大，BSR 上高异常比远离烟囱构造区明显。表明该烟囱构造具有类似断层的作用，为深部气体向上运移提供了通道。结合流体势剖面，由于横向压力和垂向重力的双重作用，使大量气体随着烟囱的释放作用，运移到浅部地层。

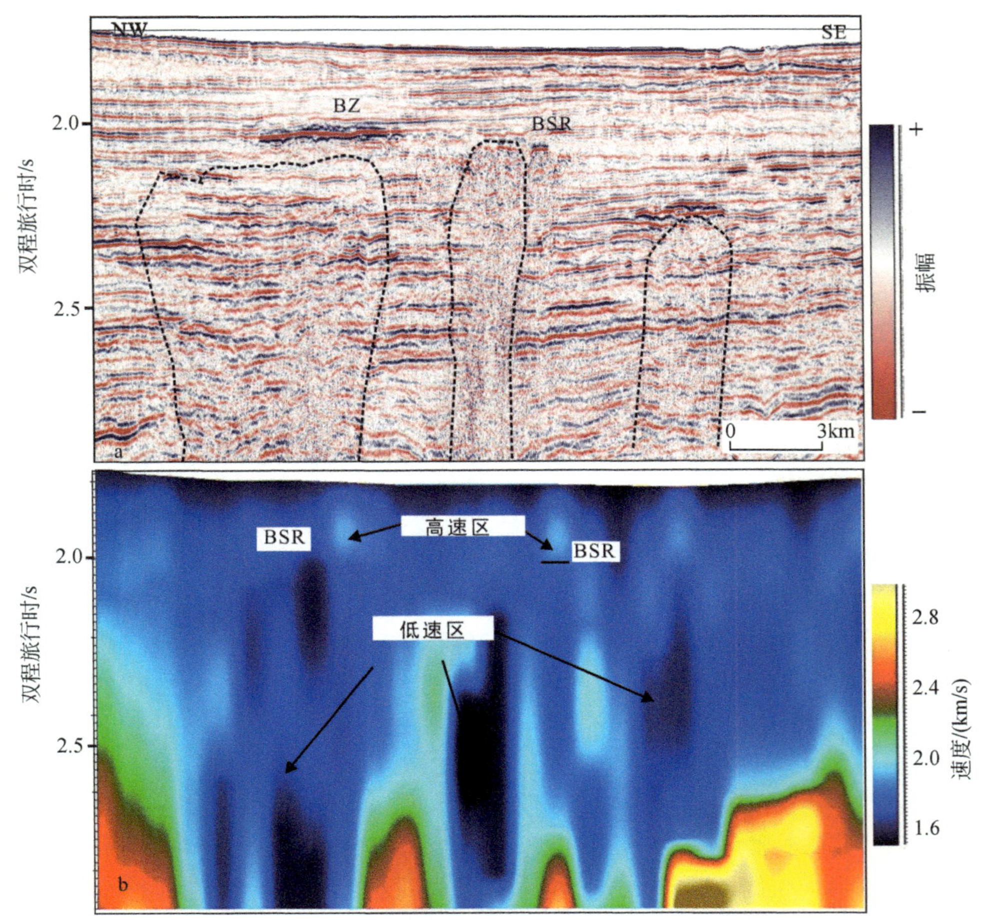

图 3-28　琼东南盆地 0101 测线部分剖面的层速度

利用研究区的时深关系及统计方法还可以对砂岩百分含量进行计算，利用拟合公式，可以计算泥岩和砂岩层速度，从而获得砂岩百分比含量：

$$P_s = \frac{v_n(t) - v_{n1}(t)}{v_{n2}(t) - v_{n1}(t)} \times 100\% \tag{3-1}$$

式中，P_s 为砂岩百分比含量；$v_n(t)$、$v_{n1}(t)$ 和 $v_{n2}(t)$ 分别为任意点层速度、泥岩速度、砂岩速度。其中 $P_s \leqslant 25$ 为泥岩相；$25<P_s<50$ 为偏泥岩相；$50<P_s<75$ 为偏砂岩相或含灰岩相；$P_s \geqslant 75$ 为砂岩或灰岩相。

图 3-29 为琼东南盆地 0101 测线泥岩百分比含量，从图中可以看出，烟囱构造区泥岩含量大于 80%，为泥岩相；同一地层的相邻区域，泥岩含量为 50% ~ 80%，局部比较低，为偏泥岩相；靠近海底地层，泥岩含量横向发生变化，局部比较低，为偏砂岩相或灰岩相。而且从测井资料的岩性分析来看，在烟囱构造根部地层，存在一个厚度约 800m 的泥岩地层，由于乐东凹陷沉降速率比较高，很容易形成超压。在超压、重力流以及深部小规模隆起的共同作用下，形成了气烟囱构造。

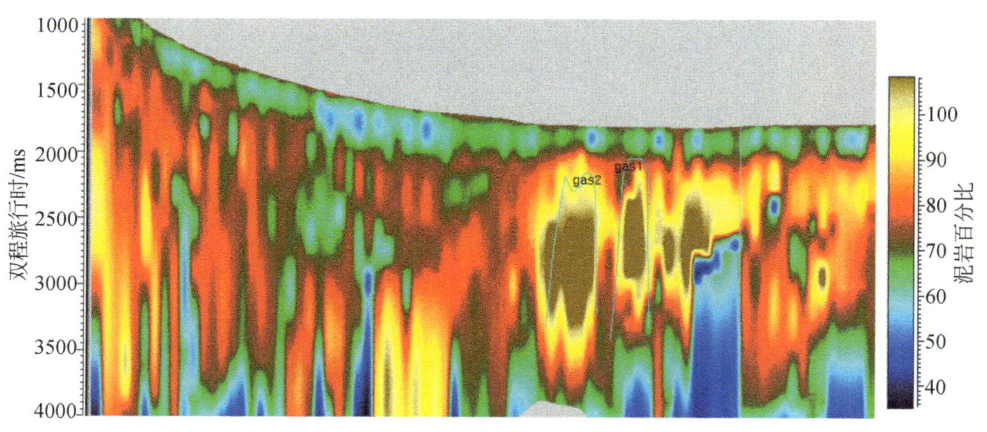

图 3-29 琼东南测线泥岩百分比含量

3.5.3.3 流体势分析

流体势分析可以判断热流体运移的方向，地下流体总是由势能高的部位流向势能低的部位。当地层水平沉积且不存在特殊地质体时，流体势常表现为垂向运动。我们对琼东南盆地 0101 测线进行了流体势分析。

0101 测线位于工区乐东凹陷内，呈北西-南东走向，在中中新世以前，断层十分发育。我们按照重新拾取速度谱数据来计算流体势大小（图 3-30），气势等值线复杂。该剖面气势分布在垂向上呈明显的界限，中中新世后，等值线几乎与地层平行，且分布稀疏，这期间气势分布主要受重力流控制，气体运移以垂向运移为主。而中中新世以前，等值线密集分布，横向上存在高低相间，有闭合高势区和闭合低势区出现。从流体势剖面看，高势区和低势区的分界线一般为断裂位置，中中新世以前断裂与流体势横向变化分界线比较吻合，表明流体沿着断裂方向由高势区向低势区运移。从烟囱构造附近流体势看，该位置流体势未出现明显变化，说明该烟囱构造不是闭合区域，其作用比较类似断层，为深部流体或气体向浅部地层运移提供通道。

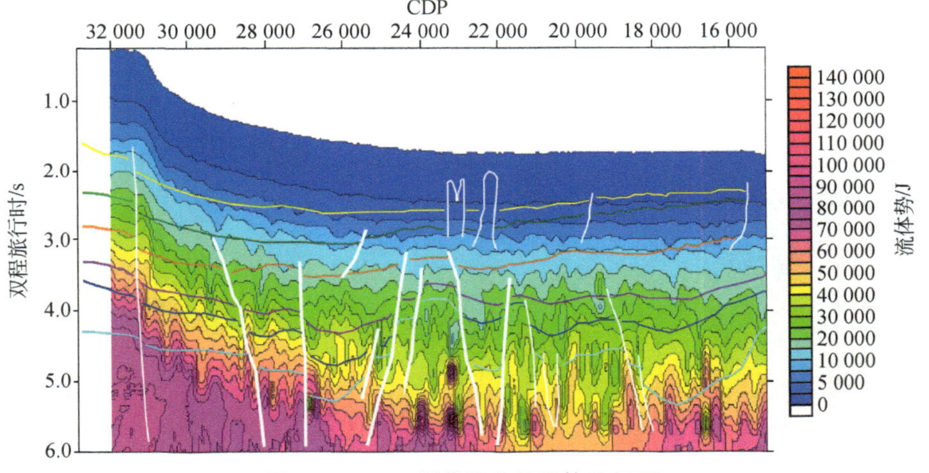

图 3-30　0101 测线流体势及构造解释

3. 5. 3. 4　气烟囱预测

（1）属性分析

属性分析即对这些对气体具有明显响应的属性进行初始归类，以用于进一步的属性优化（图 3-31）。气烟囱由于含气，具有低纵波速度、低密度、低波阻抗、低频及地震强度减弱等特征，气体在向上运移过程中还与周围沉积物发生一系列的物理化学作用，导致与周围岩石岩性和构造形态上的差异，因而在几何特征上也存在差异（图 3-32）。在选定计算属性时综合考虑了振幅（均方根振幅、瞬时振幅、绝对振幅总量、振幅极值、最大峰值振幅、最小峰值振幅、总能量、零交叉点振幅）、频率（瞬时频率、主频率、平均瞬时频率、中值频率、瞬时频

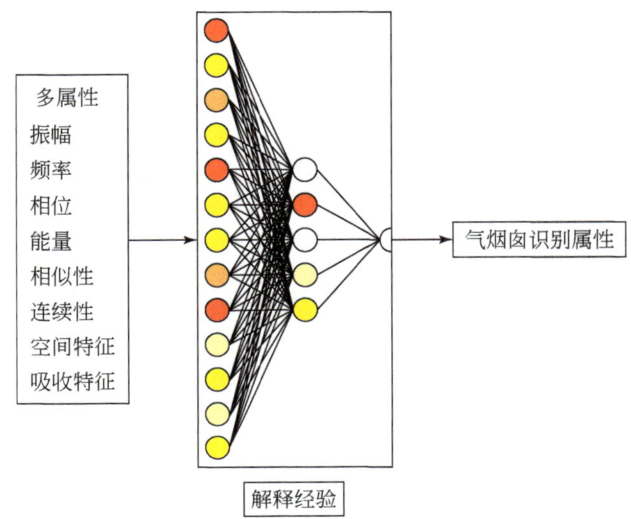

图 3-31　用于初步识别气烟囱的属性类别

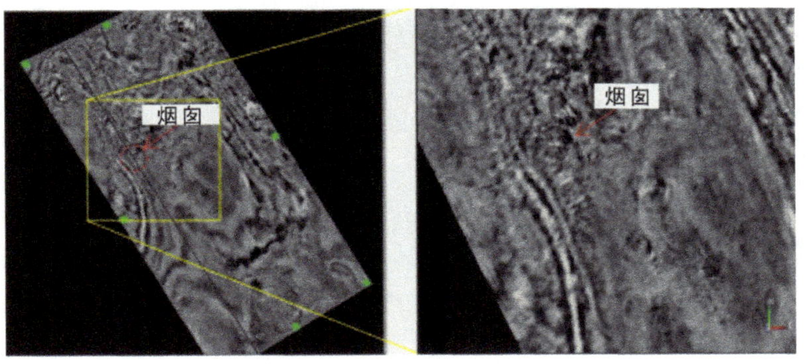

图 3-32　气烟囱的平面几何形态

率斜率、有效带宽）、相位、能量（平均能量、总能量）、相似性（相干、最大相似性、最小相似性）、连续性空间特征（高斯曲率、最大曲率、最小曲率、平均曲率、走向曲率、倾向曲率、正曲率、负曲率、倾角、方位角）及吸收特征（吸收因子）（图 3-33）。

（2）选择代表性的控制点

基于地震属性优选分别提取气烟囱和非气烟囱两类控制点，主要分为三步：①在研究区内做时间和层位切片，确定气烟囱的大致位置，在大尺度上判定气烟囱的分布；②基于属性分析对单个烟囱体进行细致的解释，通过不同的属性对比，

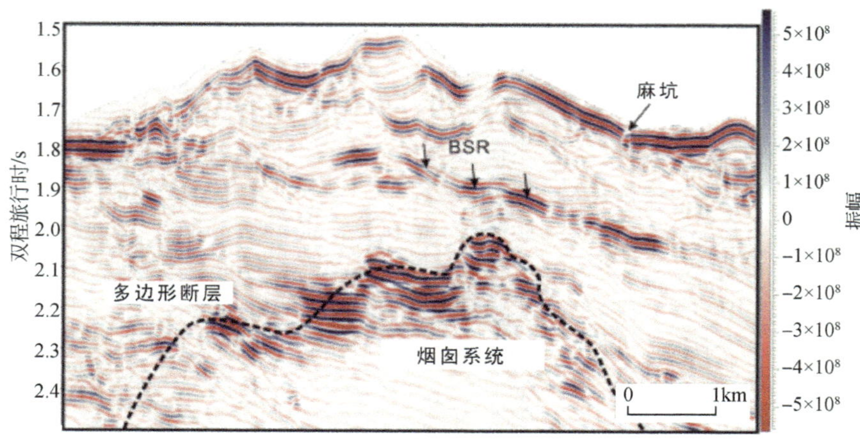

(a)地震剖面

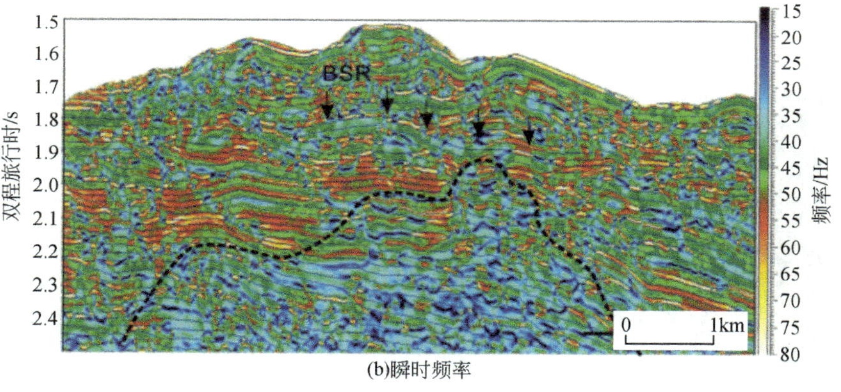

(b)瞬时频率

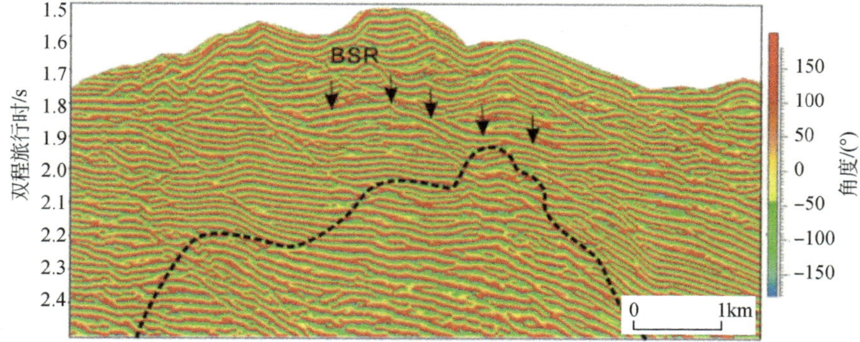

(c)瞬时相位

图 3-33　气烟囱部分属性图

在小尺度上突出气烟囱体；③拾取训练点，这是这一环节的关键步骤。我们应该选取最具代表性的控制点，将其分为气烟囱或非气烟囱体组。如果数据中有多个气烟囱，还应尽可能地将有效范围内的所有气烟囱都间隔拾取，保证两类拾取样品点大致相当（图 3-34）。

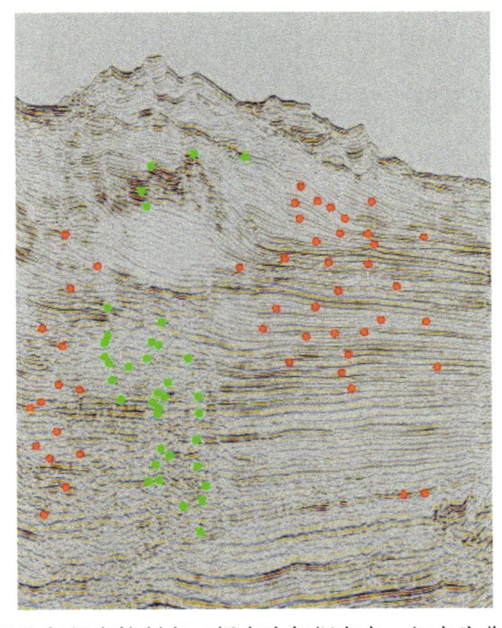

图 3-34　选取气烟囱控制点（绿点为气烟囱点，红点为非气烟囱点）

（3）计算地震属性并使用神经网络，并进行训练

神经网络在分析过程中通过训练组样点（红线）和测试组样点（蓝线）的正常均方根误差曲线（normalsed RMS）和错误分类（misclassification）百分比曲线来监控训练过程（图 3-35）。

$$N\_RMS = \frac{RMS}{\sqrt{\frac{1}{n}\sum_{i=1}^{n}(t_i - \text{mean})^2}} = \frac{\sqrt{\frac{1}{n}\sum_{i=1}^{n}(t_i - a_i)^2}}{\sqrt{\frac{1}{n}\sum_{i=1}^{n}\left(t_i - \frac{1}{n}\sum_{i=1}^{n}a_i\right)^2}} \tag{3-2}$$

式中，N_RMS 表示神经网络预测结果与实际的偏离程度，受权重控制，主要采用梯度下降法对误差评价，故测试曲线在训练过程中应逐渐走低并趋于平衡，其值低于 0.6 即可接受，用于训练的误差结果低于 0.4，表明效果较好。

misclassification 表示错误分类的样品数，错误分类比例更易于质量控制参数的设置，它简单显示了训练和测试中多大比例被分到了错误的类里，其值也应逐渐走低，最后趋于平衡，优选出来的属性在右侧以高亮红颜色符号标注。实际计算过程中，对错误分类需要斟酌处理，不建议盲目清除拾取组中错误分类的拾取组，除非该错误的确是与所寻找的烟囱体完全不叠合，是确切性错误，否则尽量不要完全去除。

（4）应用神经网络至整个数据体

使用神经网络训练优选的属性对研究区的气烟囱进行预测，训练样本自于深部的气藏，而并未对浅部气体进行约束，而分析结果表明，在研究区浅层分布着大量的浅层气（图 3-35）。

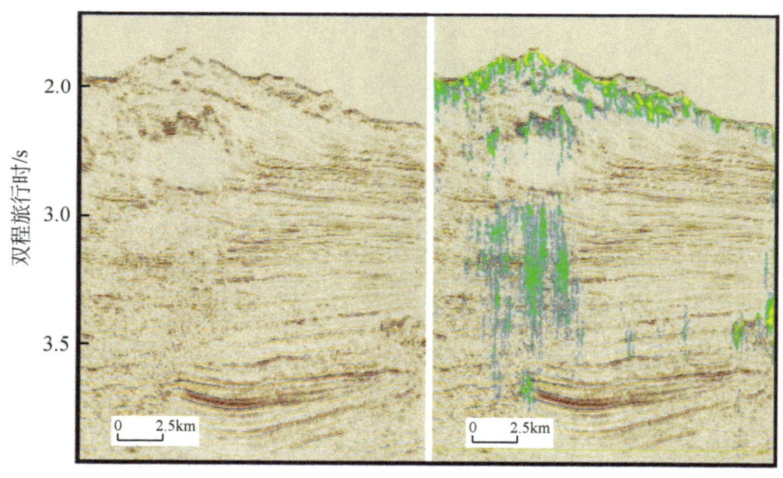

图 3-35 基于 BP 神经网络技术的气烟囱响应

3.5.4 气烟囱对水合物成藏的影响

2007 年 4～6 月，中国地质调查局在神狐海域的细粒沉积物中发现十分富集的天然气水合物，该区域构造环境相对比较稳定，沉积物以有孔虫黏土或有孔虫粉砂质黏土为主，渗透率相对较低，水合物饱和度呈明显不同特征的分散型水合物系统。从神狐海域钻探到水合物样品的位置看，气烟囱构造是深部流体向上运移的重要通道。气烟囱与 BSR 分布具有良好的相关性，几乎有强 BSR 出现的地方，其下均有气烟囱出现。

神狐海域钻探到的水合物样品位于珠江口盆地的白云凹陷内，该凹陷新近系层序很厚，其中上中新统到第四系沉积地层厚度为300～1900m，最大为4400m，有机碳含量为0.22%～0.49%，最大可达2%，这些地层厚度大、成熟度低，是潜在的生物成因气源层（图3-36）。

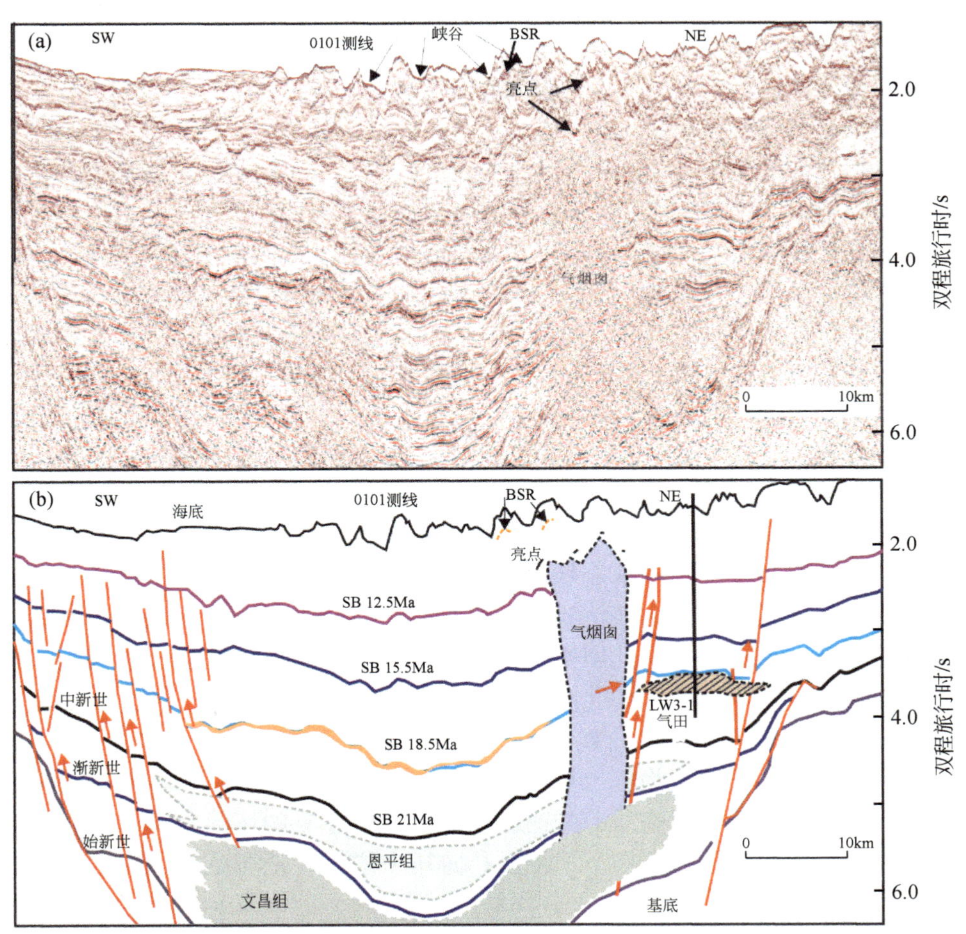

图3-36　白云凹陷0101测线地震剖面及水合物成矿模式解释

3.6　大型海底滑坡

海底滑坡属于重力流范畴，是非牛顿流体，主要表现为沉积介质（流体）与沉积物混为一体，并作为一个整体搬运，整体混浊度大，以悬移方式搬运为主，是弥散有大量沉积物的高密度流体，按照沉积物的支撑机理，其可分为滑动、滑塌和碎屑流。根据目前国内外诸多学者的研究，形成海底滑坡的必要条件可概括为以下四个方面：①坡度，足够的坡度可造成沉积物不稳定，容易触发，因此将其作为海底滑坡的客观条件。大量的实际调查资料显示，形成海底滑坡的坡度只要0.5°即可，只要搬运流体与水体之间的密度差足够大，块体搬运流体就能够形成。也就是说，密度差对坡度能起到补偿的作用。②物源，充足的物源为块体搬运流体提供物质基础，是形成海底滑坡的充要条件之一。一般在大江大河的河口附近会发育海底滑坡，有学者提出在不同沉积环境中，特别是三角洲环境中，由于快速的沉积作用会造成斜坡失稳。③海平面变化，一般大规模发育的海底滑坡与海平面变化有密切的关系。研究者最初都认为海底滑坡主要发育在低水位时期，在海侵和高水位时期基本不发育或很少发育。许多的深海滑脱体出现在相对高水位期沉积的凝缩段的内部或是上部，滑塌沉积物沿着其内在的机械薄弱带发生变形。这表明海底滑坡在低水位之外的其他时期也能发育。④一定的触发条件，海底滑坡的发生属于事件性沉积，产生于一定的触发条件之下，如在天然气水合物的分解区，洪水、地震、海啸、风暴潮及火山作用等突发性因素或间接诱发下，会导致块体搬运的形成。例如，2003年5月阿尔及利亚6.8级地震诱发的海底滑坡，导致大陆坡上60多处电缆被切断。1929年的Grand Banks地震也是造成滑塌的原因。通过对国外主要深水盆地海底不稳定性研究及水合物研究资料调研发现，天然气水合物的形成和分解与海底滑坡存在着极其密切的关系。一方面虽然深水区主要沉积细粒沉积物，但海底滑坡可能携带粗粒的沉积物到达海底，形成较大的孔隙空间，而滑移面本身即滑动层面，其滑动后造成孔隙空间增加，当这些大的孔隙空间处于合适的温压场状态，并具有足够稳定的气体通量时，天然气水合物便在其间充填赋存，可形成天然气水合物矿藏；另一方面天然气水合物稳定带为动态平衡区域，受温度和压力变化的影响较大，海底滑坡导致表层物质的剥离，造成稳定带底界的压力降低，使水合物分解，而水合物分解导致海底下伏地层孔隙压力增大、地层抗剪性减弱、加速陆坡的失稳。

为了研究天然气水合物分解在海底滑坡中的贡献，我们在南海北部陆坡天然气水合物发育区内，采用高分辨率的层序地层分析、海底地形地貌分析和地震属性分析，对大型海底滑坡的几何形态和变形特征进行了分析，进而厘定了海底滑坡的分布范围。提出海底滑坡可能的演化机制，探讨了其对水合物成藏的控制作用。

3.6.1 大型海底滑坡单元

海底滑坡在滑动之前表现出一定的稳定性，当沉积体强度逐渐降低或斜坡内部剪应力不断增加时，其稳定性受到破坏。首先在某一部分因抗剪强度小于剪应力而首先变形，产生微小的滑动，以后变形逐渐发展，直至斜坡面出现断续的拉张裂缝及拉张断块。随着裂缝的增大，其他因素起的耦合作用越来越明显，致使变形加剧，最后造成沉积物的整体破坏而形成海底滑坡。一个理想化的滑坡应力模型表现为上陆坡为拉张构造，下陆坡为挤压构造，图 3-37 为概念模式。

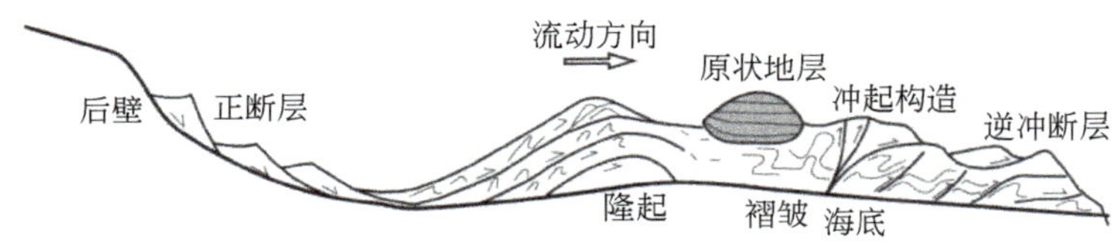

图 3-37 海底滑坡力学特征概念模式

利用地层倾角、方位角、相干体和振幅等三维地震属性，通过时间构造图、垂向地震剖面和地震属性，可以识别和分析海底滑坡的变形特征，为判断块体搬运体系的重力流类型提供依据。倾角绝对值通过解释指定层位的时间构造图计算，对增强横向连续地质体（如可能被其他方法忽略的断层等）的成像极为有用。海底滑坡的范围是通过对比上下层位边界确定的，为了展现海底滑坡内部的变形特征，将海底滑坡的底界面进行层拉平处理，在此基础上提取海底滑坡内部的振幅和倾角绝对值属性。

3.6.1.1 滑坡根部

滑坡根部位于上陆坡，为拉张作用控制区，主要有四种变形特征，后壁陡崖、拉张断层、顶部裂隙和旋转块体。由于陆坡区众多海底峡谷的不断迁移，沉积物的卸载导致支撑应力的减少，沉积物向海流失导致了拉张断层的产生，从而形成了不断向陆坡方向退积而产生的系列后壁陡崖，陡崖的高度和长度变化较大，后壁陡崖在本质上代表了一个拉张破裂面，是对滑坡触发机制的直接响应。后壁陡崖在平面图上普遍呈现为一个弧度凹槽，世界主要滑坡发育区，包括我国的神狐海域和琼东南盆地均存在这一特征，对该现象国际上尚未有人提出合理的解释。后壁沿着走向发育，垂直于最小应力方向，由于受重力作用，其方向平行于陆坡，后壁陡崖的方向揭示了块体滑移的初始方向。拉张作用主要形成两种构造类型，拉张断块和顶部裂隙。拉张断块平行于滑坡后壁陡崖，向陆断阶主要为一些较浅的断崖，部分后壁陡崖由于局部的退积侵蚀可能非常弯曲。在滑坡根部形成的阶梯式断层即归因于在变化地层水位下脆性破坏导致的板块的逐步移除；顶部裂隙发生于后壁附近的未变形和未分离地层，其形成是由于退积滑坡向陆坡方向传播产生的拉张应力作用的结果，平面上表现为微细的、张性下陷、线形排列，地震剖面上表现为小尺度断层或裂隙，其受触发作用的加强，可发展为拉张断块。拉张断块脱离主体后，即可能向下倾方向搬运，受深切作用影响，滑坡根部滑移面常具有较大的曲率，因而形成了孤立的旋转块体（图 3-38），旋转块体下滑过程中释放了水平应力，当其与侧壁发生碰撞时由于获取了更大的加速度，又加大了水平应力，因而形成了褶皱、逆掩断层和逆冲断层等挤压构造。

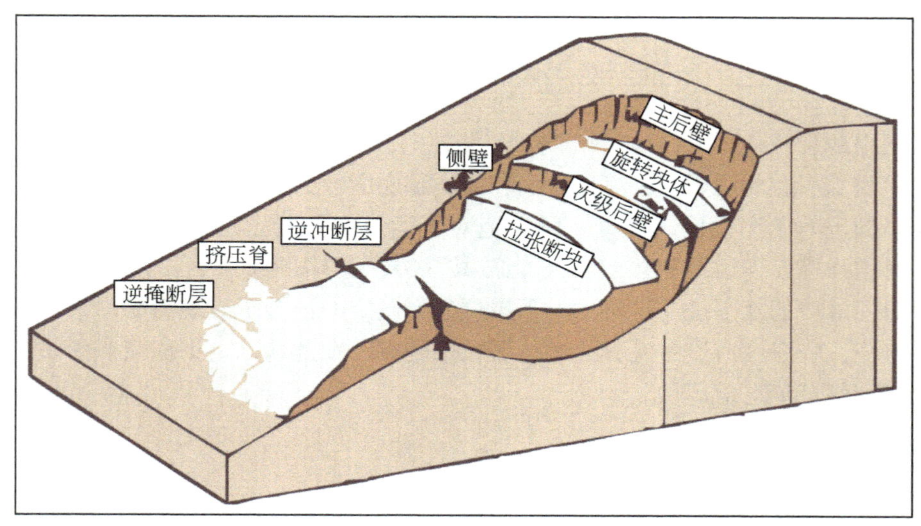

图 3-38　滑坡根部变形构造示意

最初，由滑坡后壁陡崖产生的拉张断层、分离块体和滑动碎屑与后壁滑坡具有共同的取向，随后受后壁不规则性或多个后壁共同滑落的影响，其移动方向变得更为复杂，常具有各种方向，但它们所形成的断块或拉张脊总的取向与后壁类似，证明远离陡崖的下陆坡方向，岩石崩离和重取向作用逐渐增强，随着颗粒和连续性的增加，其取向不再平行于陡崖，而是逐渐变化为平行于传送方向。

3.6.1.2 滑坡体

滑坡体是主要的搬运体，通过剪切面的向下运移，滑坡物质会发生强烈变形，主要发育扭张、扭压变形，主要有四种变形特征，侧壁陡崖、对冲构造、下切构造和挤压褶皱。

大型海底滑坡的侧缘常具有明显的走滑断层特征，后壁的塌陷造成沿沉积物搬运方向沉积物的流失，侧缘由脆性滑移面向上发育直至表层，随着沉积物的流失，侧崖出露，在侧缘沿着亚平行于块体分离方向的演化过程中，受水平剪切应力影响，发育扭张型变形，形成初始的阶梯状拉张裂隙，在塑性更高的物质中，主要表现为阶梯状拉张断层，暗示着相对较低程度的块体分离，部分侧崖呈 S 形，主要是由于裂隙中心部分旋转造成的，是走滑变形的证据。在平面上侧崖看上去像是个平行于陆坡方向的崖状或线性特征，是平缓未变形海底或年龄相当的 MTC 顶部地层与滑坡主体的主要界限。横跨侧崖的地震剖面展示出侧崖处具有明显的凹/凸崖，在没有高角度破裂的位置，侧缘的识别相对困难，此类侧崖主要是由于碎屑流沉积物漫溢至周围地层形成的，通过辨别地层间的超覆关系来识别。侧崖对海底滑坡的搬运方向提供了约束，通过其几何形态和倾斜方向可以用于确定滑体搬运方向及迁移路线。

对冲构造是由于滑移面下伏地层具有相对较高的机械强度，滑坡碎屑被迫向上覆地层转移形成的，受对冲构造上部应力释放强度和地层沉积物调节应变能力的影响，可能呈断块或褶皱构造，但都表现出明显的搬运受阻特征，与下伏地层呈不整合接触。在滑移面底部，水平应力释放之后碎屑继续向前推进，并形成台阶状的平层，是滑移面上不同平面较平坦的部分，二者共同构成了滑坡体内部孤立的、总体平行于滑块搬运方向、对冲面垂直于滑块搬运方向的台阶状凸起地貌，代表了沉积物侵蚀前冲—受阻—漫溢—再侵蚀前冲的过程，受阻地层与下伏地层呈整合接触，保持了原来的连续性。地震剖面上，对冲构造通过与断层或后壁陡崖类似的方式识别出来，图 3-39 描述了对冲构造的平面几何特征。

下切构造是由于滑移面下伏地层具有相对较低的机械强度、碎屑流等滑坡物质直接下切至深部地层形成的，具有明显的侵蚀特征，与下伏地层呈不整合接触，在滑移面底部，主要表现为明显的侵蚀沟槽和流线脊。侵蚀沟谷处强烈侵蚀滑移面，并在其上形成一系列沿下坡方向，平行于块体搬运方向的擦痕和小沟槽，在联络侧线上具有长条形的、线状或曲线状特征的 V 型构造（图 3-40）。侵蚀沟谷的存在代表了滑坡碎屑下切侵蚀下伏地层的过程，其走向揭露了滑坡体的搬运方向。

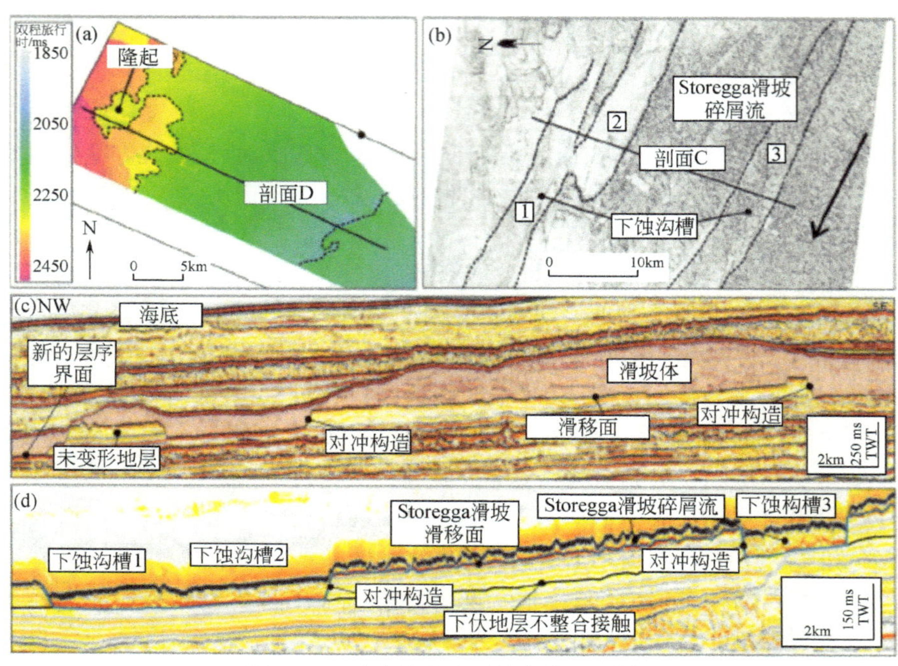

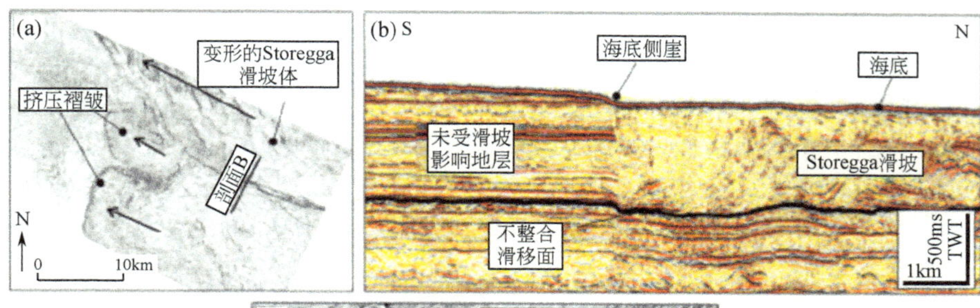

图 3-39　对冲构造和下蚀沟槽地震剖面

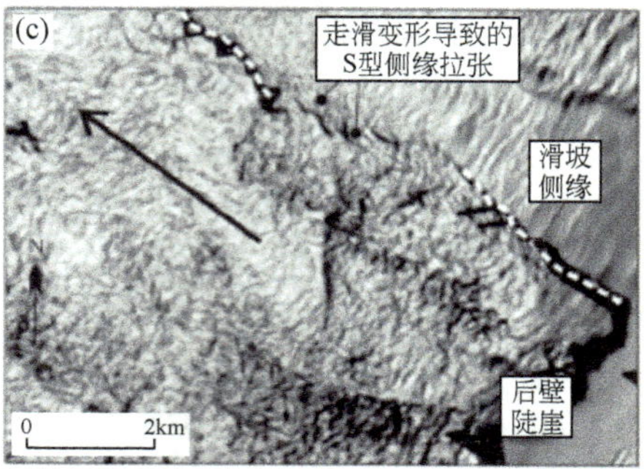

图 3-40　S 形走滑拉张和侧缘挤压褶皱构造地震剖面及陡倾角

挤压褶皱是由于具有塑性变形物质和高度连续性的滑坡碎屑向下搬运时受阻发生弯曲造成的，以紧密的或等斜的平卧褶皱为特征，上边界为上凸、不连续界面，下边界为连续的、未变形的滑移面，在平面上是长条形的，褶皱枢纽与长轴对应，呈 N-S 走向。挤压褶皱的轴部平行或亚平行于陆坡走向，可指示陆坡方向和滑坡运移方向。

3.6.1.3 滑坡前缘

滑坡前缘是滑坡碎屑的终止处，整体呈向下倾斜的凸地貌，主要发育挤压应力作用，发育压力脊、逆冲断层和褶皱构造。压力脊被认为是逆冲断层的平面表达，在数据分辨率之下。压力脊是对冲构造在海底的延续，常发育于较开阔的环境，在主滑坡区最大主应力的方向与压力脊的方向平行，由于缺少约束力作用，

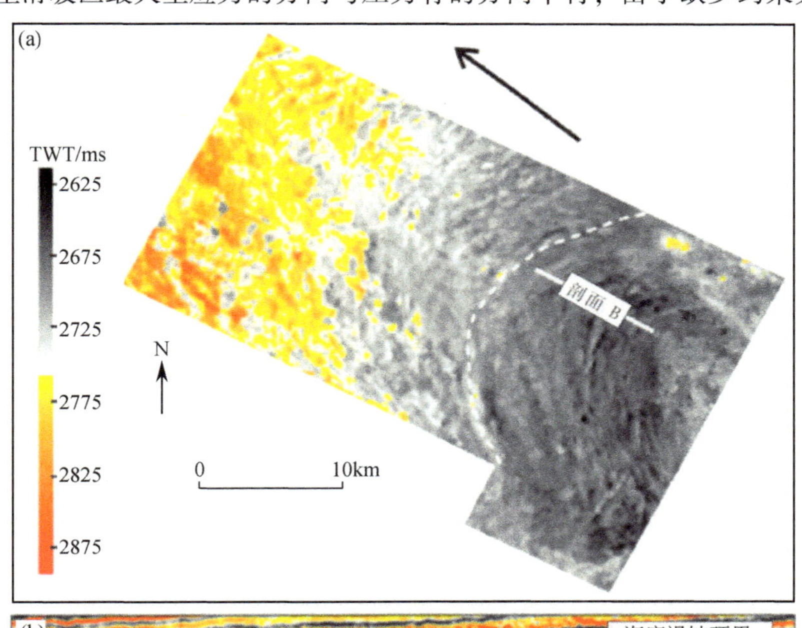

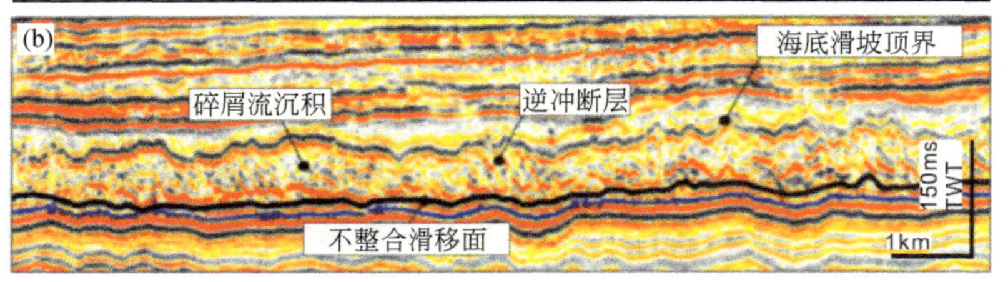

图 3-41 滑坡前缘压力脊和逆冲断层地震剖面及倾角

因而在平面上便形成了隆起的、平行或亚平行的、连续的线形或弧形、沿斜坡向下凸起、平行于流体方向的脊，随着应力的释放，形成舌状终止地貌，而在侧缘由于应力方向发生变化，压力脊方向更为复杂。压力脊的形成受下伏地层的内在摩擦力和未变形沉积物的阻碍力共同影响，连续脊的存在暗示着流动碎屑活动具有周期性（图 3-41）。

逆冲断层是滑坡碎屑突然的前缘对冲，上盘为一系列规则的有间隔逆冲边界块体，常成对出现，其相对倾斜高度可达 40°。地震剖面上可以通过多个连续反射、沿陡坡偏移、向陆倾斜特征加以识别，内部层序特征不明显。

3.6.2 白云海底滑坡

白云凹陷大型海底滑坡位于南海北部陆坡中段神狐海域，构造上属于珠江口盆地珠二坳陷。该区地处陆架到陆坡的过渡带，其北部、西部和南部分别与珠江口盆地、西沙海槽和双峰北盆地相接。白云凹陷经历了与南海北部陆缘相似的地史演化过程，新生代经历了裂陷期、热沉降期和新构造期三个构造演化阶段。在裂陷期，白云凹陷雏形形成，热沉降期白云主洼快速、大幅度沉降，古珠江三角洲向凹陷搬运沉积，物源充分，新构造期（上中新世—第四纪），构造沉降速度、沉积速率继承发育，且受菲律宾板块新构造期 NWW 向俯冲影响，在白云凹陷及其邻区发育大量的晚期断层，具有海底滑坡发育的构造条件；通过对白云凹陷地层压力演化研究发现，现今白云凹陷地层压力在浅水区为常压，深水区为弱压，但凹陷内出现的明显底辟构造表明，该区在晚期很可能经历过超压释放过程，有海底滑坡发育的压力条件；珠江水域为珠江口盆地提供了充足的物源，沉积速率高达 160cm/ka，具有重力负荷触发滑坡的地质条件；区内重力流、底流侵蚀发育，有利于滑坡碎屑的运移，并最终塑造了白云凹陷深水陆坡区独特的海底地貌，特别是陆坡区向海盆方向水深急剧变化，峡谷纵横，水道复杂，形成海底非常崎岖的地形地貌（Wang et al.，2014）。

3.6.2.1 滑坡根部

滑坡根部位于整个滑坡的上端，即滑坡开始形成的部位，为地质薄弱带，当遭受地震或天然气水合物分解等因素触发时，地质体便开始沿着断裂面或滑坡面向下滑移，岩体受拉张作用达到一定程度时发生崩塌或翻落，此部位一般发育张性构造，如滑坡陡壁、滑塌沟谷、滑坡台阶、拉张断裂等（图 3-42）。海底滑坡的上端以一个或多个陡倾斜面为标志，这些断面向深部逐渐变缓，并成为海底滑

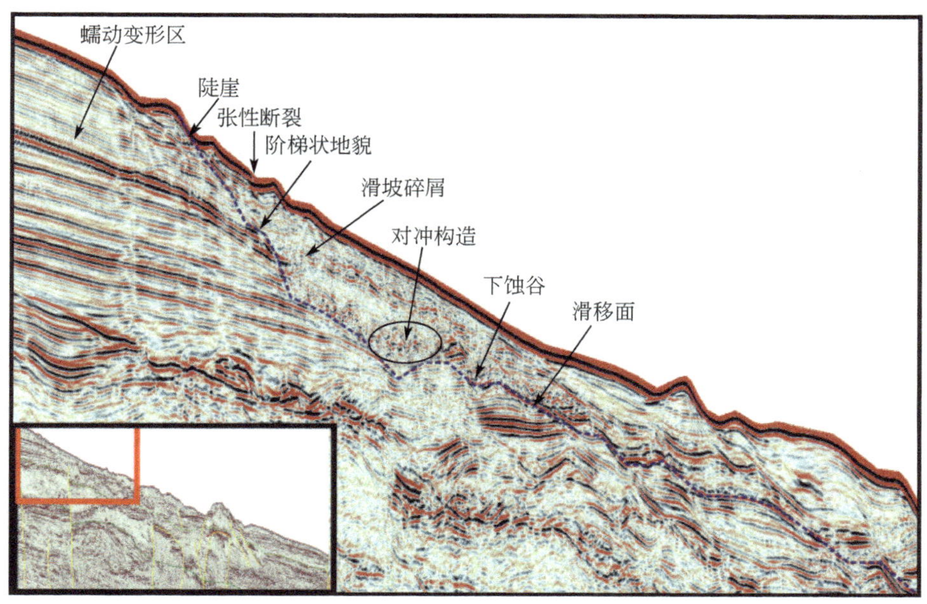

图 3-42　滑坡根部及其部分滑坡体地震剖面

坡的滑脱或滑移面。

滑坡陡壁指滑坡后留下的断层崖，在海底精密测深和地震剖面图像上得到很好反映。这些断层崖是上陆坡常见的地貌特征，滑坡陡壁根据其位置可分为滑坡后壁和侧壁（图 3-43）。滑坡后壁位于滑坡的后侧，大致平行于陆坡，高约数米到数十米，发育的拉张断层与底部剪切面相交切，该特征在地震剖面和地层切片上很容易识别。在平面图上，后壁的形态呈一个或多个连续弓形弧状凹陷，该特征可以将海底滑坡的后壁犁式正断层与常规断层区别开来。后壁一般比较陡峭，倾斜角度在 15°～35°。侧壁位于滑坡的两侧，长达数千米至数百千米不等，由于海底沉积物发生滑坡时会对基底及围岩产生较强的侵蚀作用，所以海底滑坡与围岩的边缘接触特征较为明显。侧壁的方向一般与海底滑坡的搬运和流动方向相平行，在平面图上，侧壁呈线状分布，其与周围未变形地层的关系较为明显。侧壁的识别能够对海底滑坡的大致范围进行限定。由于随着侧壁逐渐远离后壁，并在下倾方向慢慢消失，所以对侧壁的追踪有一定的困难。

滑塌沟谷指滑坡后壁和滑坡体之间的不对称沟谷，靠滑坡后壁较陡，靠滑坡体一侧较缓，且呈弧形分布，谷深几米至几百米不等。发育海沟、冲蚀谷、海丘等微地貌，主要是由于滑坡沉积物在重力作用下向下、向前冲击前面松软或半固结沉积物所形成的下凹形地貌（图 3-42）。

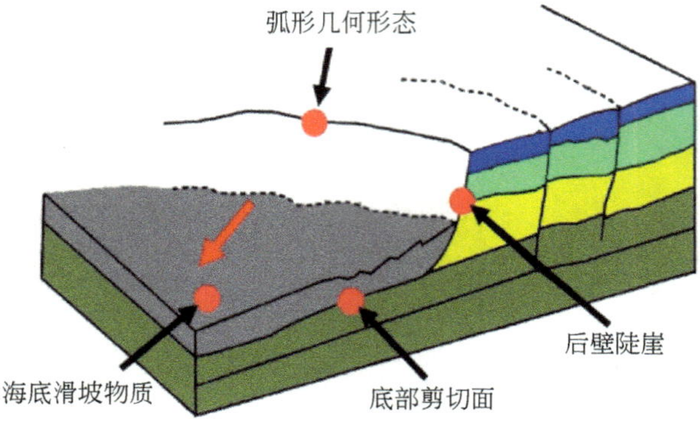

(a)后壁示意

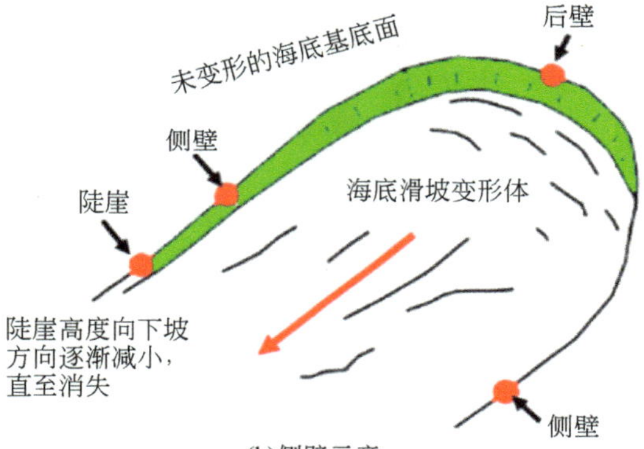

(b)侧壁示意

图 3-43　滑坡结构示意

滑坡台阶是受滑坡体张性拖曳产生的多级台阶构造，台阶顶面多与陆坡平行，内部构造一般未发生变形。发育冲刷海槽，海底断块等微地貌（图 3-42）。

张性断层是一种向下倾角变缓，以至倾角变平，总体上呈上陡下缓的犁式形态的断裂，常多发育于滑坡根部（图 3-43）。张性断裂的存在表明滑坡产生时具有拉张特征，牵引着上部碎屑物向下滑动。

蠕动变形区是滑坡的应力积累区，主要发育于滑坡根部，也可以在滑坡体内出现。当来自物源的沉积物向深海输送时，其不断在陆坡较陡区积累，使该区的应力增强，沉积物未处于平衡状态必然要发生适当的变形，这便出现了在滑坡根部的蠕动变形带（图 3-44）。

三维地震资料显示滑坡根部具有极为复杂的内部构造，坡度为 6° ~ 14. 5°。主要有以下四种地震相：①楔状弱振幅杂乱地震相，位于斜坡下部，外形成丘状，以杂乱反射结构为重要特征，反映不稳定杂乱堆积的产物；②块状平行或波

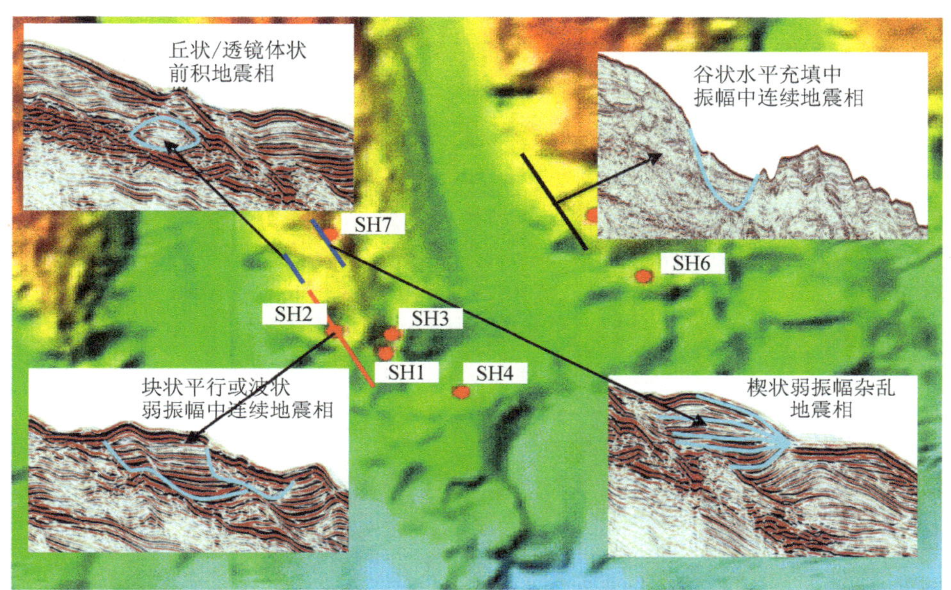

图3-44 三维地震资料显示滑坡地震相特征

状弱振幅中连续地震相，与滑坡体内部滑脱断层发育有关，受滑脱断层的切割沿斜坡呈明显的阶梯状下滑，外形呈块状或丘状，内部以平行、波状或丘状反射结构为特征，反映不稳定块体的快速滑动；③丘状/透镜体状前积地震相，大型前积反射结构特征，透镜状或丘状外形，多出现于早期的滑坡体，反映滑坡体形成后的后期沉积；④谷状水平充填中振幅中连续地震相，剖面上以顶平底凸的谷状外形为特征，内部为水平充填反射结构，反映滑坡体对海底沟谷的填充掩埋作用（图3-44）。

3.6.2.2 滑坡体

丘状滑坡体是滑坡的主体，一般遭受强烈的变形但也可保持内部层序不变，压实好，滑移速度快的滑坡体内部层序完整性较好。滑坡体上部地层主要由混杂沉积物组成，然而，在中下部地层多由深海沉积物或陆源碎屑物质组成。

滑移面是位于滑坡下部的一套沉积物液化和饱含流体活动的地层，是海底滑坡体向下运动的滑脱构造面，贯穿整条地震剖面，将滑坡体与下部未变形底层分开。滑移面一般连续并且地层是整合的，但也会受到断层、滑塌物质等的改造。滑移面上的上覆物质和运动特征对海底滑坡的识别是很有帮助的，如果没有受到明显的侵蚀作用，海底滑坡的滑移面可能是平坦的，但更多时候海底滑坡的搬运会对滑移面造成相当大的侵蚀（图3-45），局部侵蚀严重的区域会形成明显的阶梯状轮廓，有的地方会形成表现为整体滑移的滑脱构造（图3-46）。在滑移面下部，地层不受影响，而上部滑坡体则发生严重变形或保持原有层位，变形程度与其压实程度有关。垂直于测线方向的块体迁移非常小，具有相似振幅特征的地震体沿测线收敛，滑移面为不整合面，因此可以推断大多数缺失的地层都沿NE-SW向运移，而且是沿着滑移面运移。在联络测线上，滑移面以各式各样的侵蚀凹槽为特征（图3-45）。次裂隙是滑块撞击两侧地层产生的，块体滑落便形成侧崖，块体未滑落便产生一系列不易识别的微小裂隙或小断裂，称之为次裂隙。

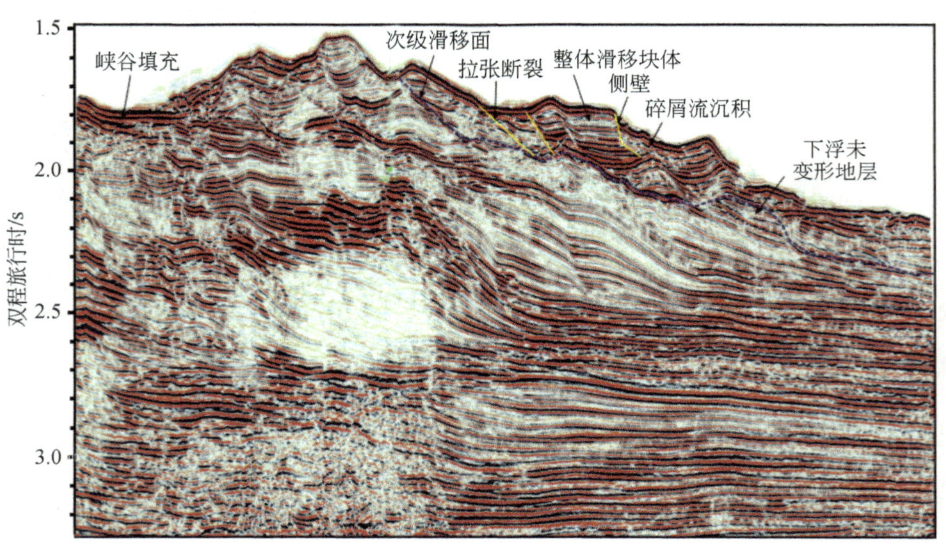

图3-45　多期叠置滑坡体地震剖面

白云滑坡体坡度较滑坡根部明显降低，小于6°。地震相继承了滑坡根部的楔状弱振幅杂乱地震相、谷状水平充填中振幅中连续地震相、丘状/透镜体状前积地震相特征，部分发育有席状亚平行/波状弱振幅连续地震相。席状地震相以波状—亚平行反射结构为特征，外形呈丘状—席状，反映了滑移面被侵蚀，其上的沉积物被携带至下陆坡方向甚至可被运移至深海平原。在滑坡中部发育有大量气晕或侵入体，该现象在Storegga地区也被发现，很可能为滑坡形成的一种诱因。白云滑坡是一个由多个滑坡在不同时期形成的滑坡体系，在地震剖面上依据清晰的滑动面和滑坡体内部的反射特征可以识别出不同滑坡，如图3-46所示。

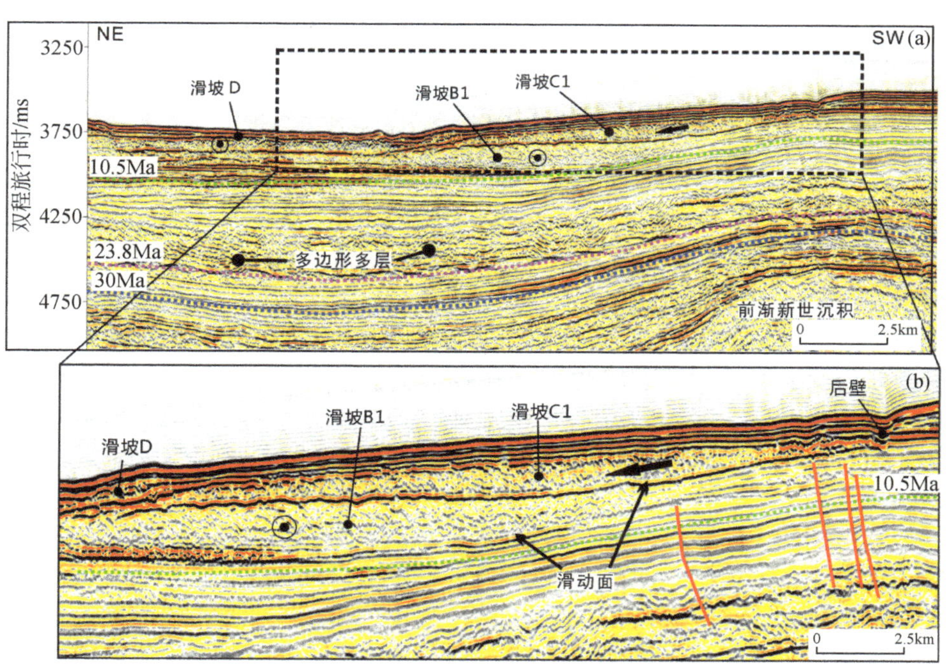

图3-46 白云滑坡内部不同滑坡的反射特征

3.6.2.3 滑坡前缘

沉积物流堆积体是滑坡体向深海盆地推进、挤压，转变至沉积物流后形成的，常呈串珠状向深海延伸，一般距离滑坡体较远，是海底滑坡转变为浊流的产物，单个堆积体往往呈丘状或舌状展布，震动所产生的前缘斜坡内部常发现逆冲断层、挤压变形等复杂的构造特征。海底滑坡的下端会出现多种挤压变形结构，其中，挤压脊在海底滑坡的表面图上容易识别，振幅图也能识别其特征。在切片上，挤压脊在海底滑坡的下端会以连续的弧形向下坡方向凸出。在地震剖面上，滑坡前缘深入到深海盆地，外部形态最为简单，多期叠置，常呈叠瓦状逆冲构造，上覆于地层隆起带，表现为受阻的沉积物流，是坡度最小的部分，坡度一般小于3°。地震相以席状亚平行/波状弱振幅连续地震相为主，以平行—亚平行反射结构为特征，外形呈席状—丘状，反映了滑坡体逐渐向深海平原消亡的过程。

3.6.3 白云海底滑坡与天然气水合物

与天然气水合物分解相关的海底滑坡主要受天然气水合物的岩石物性控制。天然气水合物作为一种固相沉积物，无论其作为岩石骨架的一部分还是作为孔隙充填物，其形成均加强了地层强度，与岩石骨架一起共同支撑上覆应力，但考虑到其稳定状态受温压场条件控制明显，这就导致天然气水合物的形成与分解过程必将引起沉积物内在特征发生变化，从而导致地层强度减弱。特别是当天然气水合物分解时，含水合物沉积物乃至水合物稳定带底部的天然气得以释放，导致内部孔隙压力的增加、有效应力减弱，形成局部超压降低了沉积物强度，这将使作用在水合物稳定带下含水合物沉积物层的剪切应力增强，而在下方，游离气在沉积物中聚集，降低了地层的剪切系数，充当地层润滑剂的作用，这必将导致整个陆坡体系的稳定性减弱，如在冰期，海平面下降可引起沉积物压力下降，导致下部水合物层分解，释放游离气，游离气圈闭于沉积物中，在这种情况下，天然气水合物沉积便可触发首次海底滑坡的产生，而一旦滑坡产生，水合物下方沉积物中的天然气藏就可能崩解，温压场就要发生较大的变动，此时便可能诱发更大程度、更多期次的海底滑坡。Rothwell 等（1998）推测水合物分解介入了他们发现的巨大浊积岩的形成过程中，大多数大型滑坡实际上是与水合物失稳有关。

南海北部陆坡水合物钻探资料显示，南海北部陆坡神狐海域具有储量丰富的天然气水合物资源，水合物饱和度最大可达 48%。对水合物形成的构造条件分析表明，水合物多形成于大型断裂滑坡、底辟、气烟囱等渗漏构造附近。在前期水合物研究成果的基础上，发现近期发生的滑坡陡崖主要分布于含水合物区的下倾方向附近，且滑坡底界与水合物指示标志 BSR 位置具有极好的对应关系，尽管整个三维工区均位于一个大型的海底滑坡之上，但该滑坡经过后期改造，其不同期次对水合物的形成和分解具有明显不同的控制作用，从而导致在钻探区同样发育 BSR 特征的位置并未全部钻取水合物样品。因而，我们推测白云大型海底滑坡在天然气水合物形成和分解方面具有双重特征，其对水合物的控制作用主要表现在四个方面。

3.6.3.1 海底滑坡有利于水合物的赋存

白云凹陷大型海底滑坡是由上新世和第四系浅海陆架边缘沉积物因重力失稳垮塌堆积而成，是突发事件形成的快速堆积体，目前的研究表明，其并不是一次形成的，而是多期滑坡共同叠置而成，这些沉积体在地质空间展布上的复杂性和性质上的多样性，造成地层内部一些高孔隙度的储集层孤立不相连。结合对滑坡变形特征的研究发现，自上新世以来，研究区经历了一次大规模的海底滑坡，这些海底滑坡形成了初始的区域滑坡面，目前的 BSR 主要位于滑移面附近。天然气水合物的形成除了要在合适的温压场环境下之外，还需要足够大的气体通量，这便要求地层中必须存在充足的气体供应。根据获取的温压场资料，研究区位于理论水合物稳定带范围内，地震剖面存在明显气烟囱现象，多处存在气烟囱群，且具有明显的气体渗漏特征，因而气体通量足够大的地区才是更有利于水合物形成的区域。海底滑坡致使滑坡碎屑均一化，形成具有较大的孔隙度和渗透率的地层，不但为浅层气的侧向运移提供了良好的疏导体系，还扩大了水合物形成的孔隙空间。尽管研究区的海底滑坡主要为粉砂质泥岩或泥质粉砂岩，孔隙颗粒较小，但根据测井速度资料显示，钻探目标区内全新统—更新统、上新统的孔隙度分别为 50% ~80%、30% ~70%，为天然气水合物的形成提供了良好的储存空间，而滑移面底部由于力学性质较薄弱则具有更大的孔隙空间。

3.6.3.2 海底滑坡导致水合物分解而水合物分解加速海底滑坡

尽管在 SH1 ~ SH7 井下方发现明显的气烟囱群，但并没有在所有的钻孔中取得水合物样品，考虑到该区地质情况的特殊性，认为局部区域不存在水合物可能与新近发生的海底滑坡有关。在 SH4 井下方发现一个强反射界面，其可以延伸至海底，且与该面平行、向下陆坡方向存在多个类似的界面，我们认为该界面为新近的海底滑坡产生的多个层间滑脱断层，比较重要的包括上上新统和更新统地层中的层间断层，滑脱断层走向大致呈 NE—SW 向滑脱断层，在平面图和剖面上均具有明显的显示，且沿滑坡后壁具有明显的气体渗漏现象，气烟囱的分布与后壁具有明显的对应关系，因而推测很可能是滑坡导致的局部气体渗漏。天然气水合物稳定带的底界与地温梯度、底水温度、压力（水深）、气体组分、孔隙水盐度和宿主岩石的物理化学性质有关，天然气水合物稳定带的演化主要受控于底水温度的变化，而在该区底水温度的变化不可能仅仅局限于一小块区域，而应影响到整个深水区，因而认为该区由水合物分解导致的海底滑坡的可能性较低，鉴于在研究区东南角发现的几乎完全为碎屑的滑坡物质分析，研究区域内的滑坡很可能是后退式的，滑坡首先在下陆坡形成，随后气体与水交换扰动上部沉积物，进而导致第二次滑坡，气水交换、扰动机制及产生的滑坡，使陆坡倒退。

当海底滑坡发生时，水合物能够存在的稳定条件被完全破坏，在顶界，由于温度的升高，气体溶解度降低，游离气逸出，水合物由顶部开始分解，在底界气体溶解度虽然略微升高，但二者的共同效应导致其更不稳定。之后分解开始形成多余的固态物质转变成液体（也可能是游离气）会降低沉积物的剪切强度，使沉积物被破坏。如果释放过程较快，天然气水合物分解产生的天然气超出了气体饱和度，进而会产生大量游离气，充当地层润滑剂，1 体积的水合物可释放出 160 体积的气体，从而进一步降低了沉积物强度。天然气水合物分解过程也会增强沉积物的孔隙压力。当沉积物的孔隙水已经饱和甲烷时，甲烷水合物的继续分解会使释放到孔隙中的水和气体体积超过原先天然气水合物占有的体积。当沉积物是在较好的封闭环境下，压力会增加，而当容许通过流体流动释放压力时体积就会增加。因此，当存在低渗透的沉积层时，天然气水合物分解会导致压力超过静水压力，形成超压，降低地层有效应力。孔隙压力的增加、沉积物体积的膨胀与气泡的发育都可能使沉积物强度变弱。天然气水合物赋存带上限附近的沉积物最易被天然气水合物分解的效应所影响。

3.6.3.3 滑移面具有封堵作用

陡崖处所受压力应是断面埋深、倾角、上覆地层岩石骨架密度、区域水平应力及其与断层走向交角的函数。当断面埋藏越深、断面越缓且最大主应力 σ_1 与断层走向的交角越大时，断面上所受到的总压力越大；反之，则越小。一般情况下，张性和张扭性的构造力则降低重力对断层面所产生的压力，断层滑动期间压力以及摩擦力减小，断层充填物较疏松，因而封堵性较差。但由于滑塌体塑性较强，拉张作用形成的裂隙迅速被细粒沉积物填充，构造力与重力叠加可使断层面所承受的压力增加，沿滑移面滑动时的压力及摩擦力加大，滑坡内部充填物的颗粒变细，结构致密，渗透率变小，断层的塑性围岩发生构造变形而使部分裂隙愈合，故易于形成封堵。类似于 BSR 处的亮点现象表明气体受到圈闭作用，故未达到海底，仅发生沿陡崖后壁的气体向上。

3.6.3.4 滑坡发育与水合物稳定存在的动态平衡

神狐海域天然气水合物的成藏与白云凹陷大型海底滑坡的多期次发育具有密切的关系，其对水合物的主控作用在不同期次具有不同特点，主要分三个阶段：①古海底滑坡结束。随着古滑坡沉积的形成，新构造活动前期，较稳定的地质环境导致水合物开始稳定发育，水合物达到稳定的初始状态，由于下部超压气体的发育，形成了明显的游离气顶界上限，即 BSR 界面；②新海底滑坡导致水合物分解。受新构造活动影响，白云凹陷沉陷频繁，下陆坡地震活动性开始增强，由于滑移面的封堵作用，地层的频繁震动在上陆坡影响较小，而下陆坡由于温压场的变化，水合物分解加剧，陆坡不稳定性增强，海底滑坡由盆地向陆架方向退积发育；③水合物分解加速海底滑坡。随着水合物分解量的增加，滑坡底部活动性增强，剪切应力减小，滑坡进一步加剧，直至水合物分解殆尽，滑坡终止；④水合物再发育。海底滑坡导致沉积物再沉积，在稳定的环境下水合物再次调整至新的平衡状态。

参考文献

李绪宣，钟志洪，董伟良，等. 2006. 琼东南盆地古近纪裂陷构造特征及其动力学机制. 石油勘探与开发，33（6）：713～721

梅廉夫，徐思煌. 1997. 沉积盆地沉积物天然水力压裂理论及意义. 地质科技情报，16（1）：39～45

庞雄，陈长民，邵磊，等. 2007. 白云运动：南海北部渐新统—中新统重大地质事件及其意义. 地质论评，53（2）：145～151

汪品先，赵泉鸿，翦知湣，等. 2003. 南海三千万年的深海记录. 科学通报，48（21）：2206～2215

王宏斌，张光学，杨木壮，等. 2003. 南海陆坡天然气水合物成藏的构造环境. 海洋地质与第四纪地质，23（1）：81～86

王振峰，何家雄. 2003. 琼东南盆地中新统油气运聚成藏条件及成藏组合分析. 天然气地球科学，14（2）：107～115

魏魁生，崔旱云，叶淑芬，等. 2001. 琼东南盆地高精度层序地层学研究. 地球科学：中国地质大学学报，26（1）：60～66

吴时国，姚伯初. 2009. 天然气水合物形成的地质构造分析与资源评价. 北京：科学出版社

张为民，李继亮，钟嘉猷，等. 2000. 气烟囱的形成机理及其与油气的关系探讨. 地质科学，35（4）：449～455

Aminzadeh F，Connolly D，Heggland R，et al. 2002. Geohazard detection and other applications of chimney cubes. The Leading Edge，681～685

Barber A J，Tjokrosapoetro S，Charlton T R. 1986. Mud volcanoes，shale diapirs，wrench faults and mélanges in accretionary complexes，eastern Indonesia. American Association of Petroleum Geologists Bulletin，70：1729～1741

Barsoum K，Della M，Noguera M M. 2000. Gas chimneys in the Nile delta slope and gas fields occurrence. EAGE Conference on Geology and Petroleum Geology，St Julians，Malta，p. Abstract 16961

Berndt C. 2005. Focused fluid flow in passive continental margins. Philosophical Transactions of the Royal Society a-Mathematical Physical and Engineering Sciences，363（1837）：2855～2871

Berndt C，Bünz S，Mienert J. 2003. Polygonal fault systems on the mid-Norwegian margin：A long-term source for fluid flow//Van Rensbergen P，Hillis R R，Maltman A J，et al. Subsurface Sediment Mobilization. The Geological Society of London，Special Publications，216：283～290

Brooks J M, Cox H B, Bryant W R, et al. 1986. Association of gas hydrates and oil seepage in the Gulf of Mexico. Organic Geochemistry, 10 (1-3): 221 ~ 234

Brown K M. 1990. The nature and hydrogeological significance of mud diapirs and diatremes for accretionary systems. Journal of Geophysical Research, 95: 8969 ~ 8982

Capuano R M. 1993. Evidence of fluid flow in microfractures in geopressured shales. American Association of Petroleum Geologists Bulletin, 77 (8): 1303 ~ 1314

Cartwright J A. 1994. Episodic basin-wide hydrofracturing of overpressured Early Cenozoic mudrock sequences in the North Sea Basin. Marine and Petroleum Geology, 11 (5): 587 ~ 607

Cartwright J. 2007. The impact of 3D seismic data on the understanding of compaction, fluid flow and diagenesis in sedimentary basins. Journal of the Geological Society, 164 (5): 881 ~ 893

Cartwright J A, Dewhurst D N. 1998. Layer-bound compaction faults in fine-grained sediments. Geological Society of America Bulletin, 110 (10): 1242 ~ 1257

Cartwright J A, Lonergan L. 1996. Volumetric contraction during the compaction of mudrocks: A mechanism for the development of regional scale polygonal fault systems. Basin Research, 8 (2): 183 ~ 193

Collett T S. 1993. Natural gas hydrates of the Prudhoe Bay and Kuparuk River area, North Slope. Alaska: American Association of Petroleum Geologists Bulletin, 77 (5): 793 ~ 812

Collett T S. 2002. Energy resource potential of natural gas hydrates. American Association of Petroleum Geologists Bulletin, 86 (11): 1971 ~ 1992

Dewhurst D N, Cartwright J A, Lonergan L. 1996. The development of polygonal fault systems by syneresis of colloidal sediments. Marine and Petroleum Geology, 16 (8): 793 ~ 810

Gay A, Lopez M, Berndt C, et al. 2007. Geological controls on focused fluid flow associated with seafloor seeps in the Lower Congo Basin. Marine Geology, 244 (1-4): 68 ~ 92

Ginsburg G D, Soloviev V A. 1994. Mud volcano gas hydrates in the Caspian Sea. Bulletin of the Geological Society of Denmark, 41: 95 ~ 100

Ginsburg G D, Ivanov V L, Soloviev V A. 1984. Natural gas hydrates of the world's oceans (in Russian) //Oil and Gas Content of the World's Oceans, pp. 141- 158, PGO Sevmorgeologia, St. Petersburg, Russia

Ginsburg G D, Milkov A V, Soloviev V A. 1999. Gas hydrate accumulation at the Hakon Mosby Mud Volcano. Geology Marine Letters, 19: 57 ~ 67

He L, Wang K, Xiong L, et al. 2001. Heat flow and thermal history of the South China Sea. Physics of the Earth and Planetary Interiors, 126 (3-4): 211 ~ 220

Heggland R. 1997. Detection of gas migration from a deep source by the use of exploration 3D seismic data. Marine Geology, 137: 41 ~ 47

Heggland R. 2004. Definition of geohazards in exploration 3D seismic data using attributes and neural network analysis. American Association of Petroleum Geologists Bulletin, 88: 857 ~ 868

Henry P, Xavier Le, Siegfried P, et al. 1996. Fluid flow in and around a mud volcano field seaward of the Barbados accretionary wedge: Results from Manon cruise. Journal of Geophysical Research, 101 (20): 297 ~ 323

Hooper E C D. 1991. Fluid Migration Along Growth Faults in Compacting Sediments. Journal of Petroleum Geology, 14: 161 ~ 180

Ivanov M K, Limonov A F, van Weering T C E. 1996. Comparative characteristics of the Black Sea and Mediterranean Ridge mud volcanoes. Marine Geology, 132: 253 ~ 271

Kvenvolden K A. 1993. Gas hydrates-geological perspective and global change. Reviews of Geophysics, 31: 173 ~ 187

Lance S, Henry P, Le Pichon X, et al. 1998. Submersible study of mud volcanoes seaward of the Barbados accretionary wedge: Sedimentology, structure and rheology. Marine Geology, 145 (3-4): 255 ~ 292

Letouzey J, Kimura M. 1986. The Okinawa Trough: Genesis of a back-arc basin developing along a continental margin. Tectonophysics, 125: 209 ~ 230

Limonov A F, van Weering T C E, Kenyon N H, et al. 1997. Seabed morphology and gas venting in the Black Sea mudvolcano area: Observations with the MAK-1 deep-tow sidescan sonar and bottom profiler. Marine Geology, 137: 121 ~ 136

Liu J H. 2001. Features of seismic reflection wave in South Okinawa Trough and geological interpretation. Donghai Marine Science, 19 (1): 19 ~ 26

Lonergan L, Cartwright J, Joliy R. 1998. The geometry of polygonal fault systems in Tertiary mudrocks of the North Sea. Journal of Structural Geology, 20 (5): 529 ~ 545

Ludmann T, Wong H K. 2003. Characteristics of gas hydrate occurrences associated with mud diapirism and gas escape structures in the northwestern Sea of Okhotsk. Marine Geology, 201: 269 ~ 286

Milkov A V. 2000. Worldwide distribution of submarine mud volcanoes and associated gas hydrates. Marine Geology, 167: 29 ~ 42

Park J O, Tokuyama H, Shinohara M, et al. 1998. Seismic record of tectonic evolution and backarc rifting in the southern Ryukyu island arc system. Tectonophysics, 294: 21 ~ 37

Rothwell R G, Thomson J, K, Ahler G. 1998. Low-sea-level emplacement of a very large Late Pleistocene "megaturbidite" in the western Medit erranean Sea. Nature, 392: 377 ~ 380

Sassen R, Joye S, Sweet S T, et al. 1999. Thermogenic gas hydrates and hydrocarbon gases in complex chemosynthetic communities, Gulf of Mexico continental slope. Organic Geochemistry, 30: 485 ~ 497

Schroot B M, Klaver G T, Schüttenhelm R T E. 2005. Surface and subsurface expressions of gas seepage to the seabed-examples from the Southern North Sea. Marine and Petroleum Geology, 22 (4): 499 ~ 515

Sun Q L, Wu S G, Cartwright J, et al. 2012. Shallow gas and its origin in the Pearl River Mouth Basin, northern South China Sea. Marine Geology, 315-318: 1 ~ 14

Sun Y, Wu S, Dong D, et al. 2012. Gas hydrate associated with gas chimneys in fine-grained

sediments of the northern South China Sea. Marine Geology, 311-314: 32 ~ 40

Trehu A, Ruppel C, Holland M, et al. 2006. Gas hydrates in marine sediments: Lessons from scientific drilling. Oceanography, 19 (4): 124 ~ 142

Wang X, Wu S, Yuan S, et al. 2010. Geophysical signatures associated with fluid flow and gas hydrate occurrence in a tectonically quiescent sequence, Qiongdongnan Basin, South China Sea. Geofluids, 10 (3): 351 ~ 368

Wang L, Wu S G, Li Q P, et al. 2014. Architecture and development of a multi-stage Baiyun submarine slide complex in the Pearl River Canyon, northern South China Sea. Geo-Marine Letters, 34: 327 ~ 343

Woodside J M, Ivanov M K, Limonov A F. 1997. Neotectonics and fluid flow through seafloor sediments in the Eastern Mediterranean and Black Seas. Parts I and II, UNESCO IOC Tech. Ser, 48, 224 pp., Intergovt. Oceanogr. Comm., UNESCO, Paris

Xu W, Ruppel C. 1999. Predicting the occurrence, distribution and evolution of methane gas hydrate in porous marine sediments. Journal of Geophysical Research, 104: 5081 ~ 5096

Zatsepina O Y, Buffett B A. 1997. Phase equilibrium of gas hydrate: Implications for the formation of hydrate in the deep sea floor. Geophysical Research Letters, 24: 1567 ~ 1570

Zhu W, Huang B, Mi L, et al. 2009. Geochemistry, origin, and deep-water exploration potential of natural gases in the Pearl River Mouth and Qiongdongnan basins, South China Sea. American Association of Petroleum Geologists Bulletin, 93: 741 ~ 761

第4章 天然气水合物系统

天然气水合物系统指天然气水合物组成、形成分解和富集成藏的地质要素和地质作用过程，一般受地质和温压条件的控制。随着高分辨率2D/3D地震成像资料和天然气水合物随钻测井、电缆测井及取芯资料的日益增多，人们在海洋天然气水合物的形成、富集和分布规律等方面取得了重要进展，提出了天然气水合物系统（natural gas hydrate system）的概念（Boswell，2007）。天然气水合物系统类似于现在指导常规油气勘探的油气成藏系统（Collett et al.，2009），油气成藏系统是指含油气系统内或油气系统之间的一个油气生成、运移、聚集的相对独立单元，它包括同一运聚系统内有效烃源岩及与其相关的油气藏，以及油气藏形成所需要的一切地质要素和作用。同一烃源岩可为一个或多个成藏系统供给油气，一个成藏系统可由一套或多套烃源岩提供油气。然而，天然气水合物系统也不同于油气系统，天然气水合物系统要素包括：①水合物形成的温度压力条件；②气源条件；③适合水合物生长的沉积储层；④流体运移；⑤成藏时间；⑥成藏模式。

4.1 天然气水合物形成的温压条件

天然气水合物仅在500～1000mbsf的范围内分布，根据天然气水合物相边界曲线（图4-1）和沉积物中的地温梯度曲线的交点可以计算水合物稳定带厚度。

从图4-1看出，地温梯度、海底温度、水深等因素共同决定了水合物的存在及其稳定带的厚度。地温梯度越小，海底温度越低，水深越大，水合物稳定带厚度越大，反之越小。但这几种因素对水合物稳定带厚度的影响程度却不同，水深影响较小，地温梯度影响较大，海底温度影响最大。因此地温梯度、海底温度、水深等参数的精确度直接决定了水合物稳定带厚度计算的精度。

Miles（1995）根据前人的研究结果提出了天然气水合物稳定存在的温度–压力四阶方程：

$$P = 2.8074023 + a \cdot t + b \cdot t^2 + c \cdot t^3 + d \cdot t^4 \quad (4\text{-}1)$$

式中，$a=1.559474\times10^{-1}$；$b=4.8275\times10^{-2}$；$c=-2.78083\times10^{-3}$；$d=1.5922\times10^{-4}$；压力 P 单位为 MPa；温度 t 单位为℃。这个方程与甲烷-海水的数据能很好地吻合。Sloan（1998a）编写了 CSMHYD 程序，考虑了多种因素影响下天然气水合物相平衡曲线和稳定带厚度的变化。

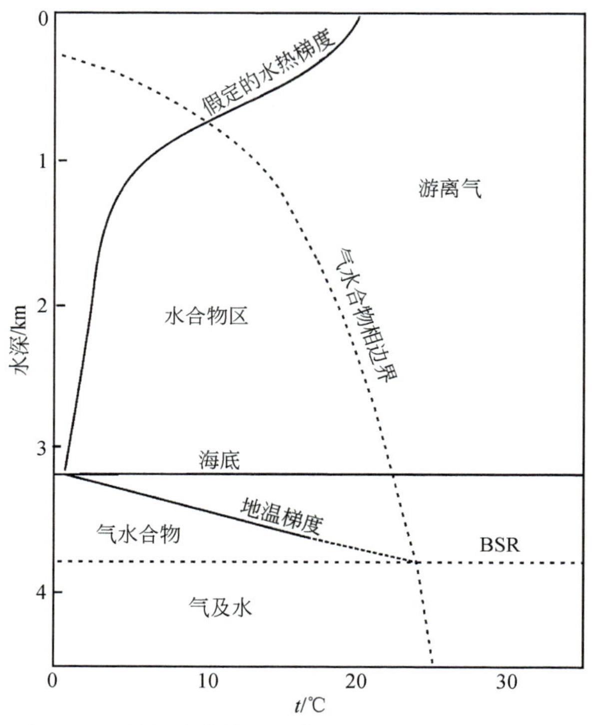

图 4-1　天然气水合物温压曲线（据 Max，1990 修改）

对南海温压条件的研究表明南海大部分地区的温压条件都适合于天然气水合物的形成和保存，对于甲烷水合物，水深大于 550m 的地区其温压条件都合适（Jin and Wang，2002）。我们利用 Miles 的方程和 ODP Leg184 航次的井位数据进行了计算，所得结果与实际测试数据较为一致（表 4-1）。此外对 1148 井的海底温度由 3.48℃ 改为 2.3℃ 后，稳定带的厚度增加了 34.41m。当地温梯度由 0.083℃/m 分别降低 0.056℃/m 和 0.033℃/m 后，稳定带的厚度值分别增加了 109.84m 和 354.02m。这说明海底温度的变化对稳定带厚度、稳定带底部温度、压强、平均热导率和热流的影响相对较小。地温梯度变化对稳定带厚度和热流影响较大。

表 4-1 ODP 184 站点温压计算结果和对比结果

井位	海底温度/℃	地温梯度/(℃/m)	海水深度/m	稳定带厚度/m	稳定带底压力/MPa	热流/(mW/m^2)
143	3.14	0.086	2772	201.16	30.21	101.03
1144	3.14	0.024	2037	694.79	27.76	31.70
1145	2.91	0.090	3175	205.41	34.38	105.90
1146	2.88	0.059	2092	268.63	23.98	71.04
1148	3.48	0.083	3294	219.32	35.73	98.18
1148	2.31	0.83	3294	233.73	35.88	98.70
1148	2.31	0.056	3294	329.16	36.86	68.76
1148	2.31	0.033	3294	573.34	39.36	42.88

对大部分水合物稳定带的研究发现孔隙压力梯度是静水状态下的(9.795kPa/m，0.433psi①/ft)（Collett，2002）。当孔隙压力梯度比静水梯度大时会产生大的孔隙压力，形成更厚的天然气水合物稳定带。孔隙压力梯度比静水梯度小就会形成较薄的天然气水合物稳定带。

不同气体组分的加入也会改变天然气水合物的相平衡曲线。当天然气水合物中含有重烃（乙烷、丙烷）时，天然气水合物的相平衡曲线相对于纯甲烷曲线会向右偏移，也就是说天然气水合物能够在较高的温度和较低的压力下存在，甲烷含量越少，曲线偏移越明显（王淑红等，2005）。

此外溶解的盐可以明显降低水的冰点。例如，阿拉斯加北坡冰覆盖冻土层不是位于0℃等温线上而是处在一个更低的温度上（Collett，1993）。这种冰点的降低导致未结冰孔隙水中盐的出现。溶解的盐，如 NaCl，进入到水合物系统后，也可以降低水合物形成的温度。在天然气水合物形成过程中孔隙水中盐与气的接触将以 0.06℃每千单位盐的比率降低结晶温度（Holder et al.，1987）。

当然 BSR 与天然气水合物稳定带的底界只是近似的对应关系。天然气水合物稳定带通常是根据地热资料计算确定的，但由于计算时所假定的参数不同而使稳定带底界产生误差；而 BSR 深度由于速度、时深转换的原因也存在误差。同时天然气水合物稳定带与天然气水合物存在区也是不同的，前者表明天然气水合物在该区的存在是可以稳定的，天然气水合物稳定带并不指示在该区一定有天然气水合物的存在，另外，自然界中的天然气水合物体系不一定处于稳定平衡状

① $1psi=6.89476\times10^3 Pa$。

态，因此两者的底界并非一定重合，两者的顶界也有差异（宋海斌等，2003）。

4.2 天然气水合物的气源条件

天然气水合物的气源条件是水合物成藏研究的关键问题之一。目前水合物钻探结果表明（表4-2）：天然气水合物的气源主要来自微生物成因和热解成因这两种类型（Collett，1993，2002；Kvenvolden et al.，1993；Collett et al.，2008）。钻井岩芯的碳同位素分析数据表明：布莱克海台、南海神狐海区等地区的甲烷主要来自微生物的分解（Paull et al.，1996）；而墨西哥湾、北阿拉斯加、马更些三角洲、堪斯比亚和里海形成水合物的气体存在热解成因气（Brooks et al.，1986；Ginsburg et al.，1992；Collett，1995，2002；Dallimore and Collett，2005）。

表4-2 天然气水合物和含水合物沉积物碳同位素及甲烷浓度

地区	样品种类	甲烷浓度/%	碳同位素/‰	数据资料来源
ODP 112 航次	沉积物	>99	-79～-55	Kvenvolden and Kastner，1990
ODP 112 航次	沉积物	>99	-79～-55	Kvenvolden and Kastner，1990
ODP 112 航次	水合物	>99	-65.0～-59.6	Kvenvolden and Kastner，1990
Eel 河盆地	水合物	>99	-69.1～-57.6	Brooks et al.，1991
黑海	水合物	>99	-63.3，-61.8	Ginsburget et al.，1990
DSDP 96 航次	沉积物	>99	-73.7～-70.1	Pflaumet et al.，1986
DSDP 96 航次	水合物	>99	-71.3	Pflaumet et al.，1986
Garden 海岸气	水合物	>99	-70.4	Brookset et al.，1986
Green 峡谷	水合物	>99	-69.2，-66.5	Brookset et al.，1986
Green 峡谷	水合物	62，74，78	-44.6，-56.5，-43.2	Brooks et al.，1986
密西西比峡谷	水合物	97	-48.2	Brookset et al.，1986
里海	水合物	59～96	-55.7～-44.8	Ginsburg et al.，1992
DSDP 84 航次	沉积物	>99	-71.4～-39.5	Kvenvolden and McDonald，1985
DSDP 84 航次	水合物	>99	-43.6～-36.1	Kvenvolden et al.，1984
DSDP 84 航次	气水合物	>99	-46.2～-40.7	Brooks et al.，1985
布莱克海岭				
DSDP 11 航次	沉积物	>99	-80～-70	Claypool et al.，1973
	沉积物	>99	-93.8～-65.4	Kvenvolden and Barnard，1983
DSDP 76 航次	气水合物	>99	-68.0	Galimov and Kvenvolden，1983

续表

地区	样品种类	甲烷浓度/%	碳同位素/‰	数据资料来源
ODP 164 航次	气水合物	>99	-69.7 ~ -65.9	Matsumoto et al., 2004
Mallik 地区	冻土沉积物	>99	-48.7 ~ -39.6	Uchidaet et al., 1999
日本南海海槽	气水合物	>99	-66.4 ~ -70.5	Waseda and Uchida, 2004
日本上越盆地	气水合物	>99	-40.0 ~ -30.0	Matsumoto et al., 2011
郁陵盆地	气水合物	>99	-67.9 ~ -62	Kim et al., 2011

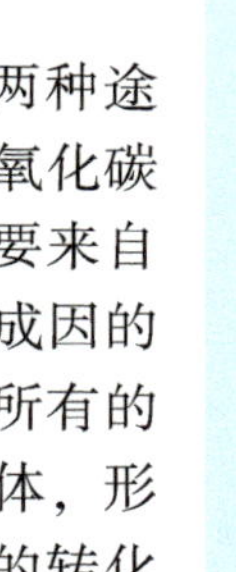

微生物成因气是由微生物分解有机质产生的，产生微生物气主要有两种途径：二氧化碳还原和发酵作用。尽管发酵是现代环境气体产生的途径，二氧化碳还原是形成古代气体聚集最主要的方式。需要还原产生甲烷的二氧化碳主要来自于氧化作用和原地有机质热分解。这样，需要大量的有机质来形成微生物成因的甲烷。Finley 和 Krason（1989）指出，对于布莱克海台的地质条件，如果所有的有机质转化为甲烷，平均1%有机碳含量的海洋沉积物可以产生足够的气体，形成孔隙度为50%，孔隙空间中水合物的饱和度达28%。但有机碳向甲烷的转化率达到100%是不可能的（Kvenvolden and Claypool，1988）。美国地质调查局1995年评估水合物资源时假设了一个较低的转化率50%（Collett，1995），水合物形成的最小有机碳含量为0.5%。由于大部分沉积层中有机碳含量相对较低，仅靠水合物稳定带内微生物成因气不适于形成十分富集的水合物矿藏。Paull 等（1994）指出海洋沉积层中的气体循环和深部气源向上运移对形成高富集的天然气水合物成藏非常重要。一旦水合物稳定带形成，微生物气体可以由稳定带底部和相同深度上持续产生的循环天然气体聚集得到，布莱克海台最为典型（Paull et al.，1996）。

热解成因是在有机质发生热解变化时产生。在早期的热成熟阶段，热解甲烷跟其他的烃类以及非烃类气体一块产生，常常与原油联系在一块。在热成熟阶段，甲烷通过干酪根、沥青和原油中的碳键断裂形成。随着温度升高，不同的烃类在各自最佳的温度窗内形成（图4-2）。甲烷最佳形成温度为150℃（Tissot and Welte，1987；Wiese and Kvenvolden，1993）。如上所述，世界上大部分采集的天然气水合物样品中的气体来自微生物成因气，但里海、墨西哥湾、北阿拉斯加、加拿大马更些三角洲、堪斯比亚和北海等海区重新认识到高富集天然气水合物矿藏形成时热解气源的重要性（Dallimore and Collett，2005）。

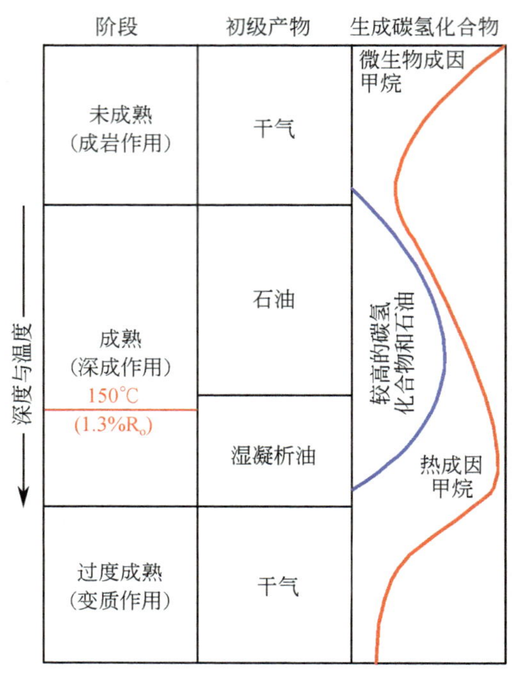

图 4-2　有机质从地表到深部变质带的演化过程（Tissot and Welte，1987）

4.2.1　郁陵盆地气源

韩国水合物钻探岩芯的碳同位素比值表明气源主要为生物成因甲烷，岩芯测试表明有机碳含量比较高（图 4-3）。岩芯回收中由于温度增加和压力降低，发生大量水合物分解，释放的大量气体和淡水使岩芯沉积结构发生变化，形成大量裂隙和其他扰动。

总有机碳含量是大量烃类气体聚集的一项重要指标。在 00GHP 和 01GHP 岩芯中总有机碳含量分别在 0.02% ~4.5%，平均值为 1.7%。00GHP-14 两个层的有机碳含量较低，主要是粗粒沉积物（砂和砾石）（井位如图 1-24 所示）。01GHP-04 和 01GHP-06 岩芯的沉积速度分别为 17cm/ka 和 20cm/ka（Park et al.，2006）。然而，研究区的热流较高，高沉积速度、高有机碳含量和高热流有利于生物成因甲烷的产生。因此，能够在水合物稳定带较浅的地层中形成天然气水合物。如果相同的有机碳含量和沉积速度发生在较深的地层，那么这里就有生成生物烃和天然气水合物的潜力。硫酸盐-甲烷界面（SMI）数据显示向上的甲烷流量

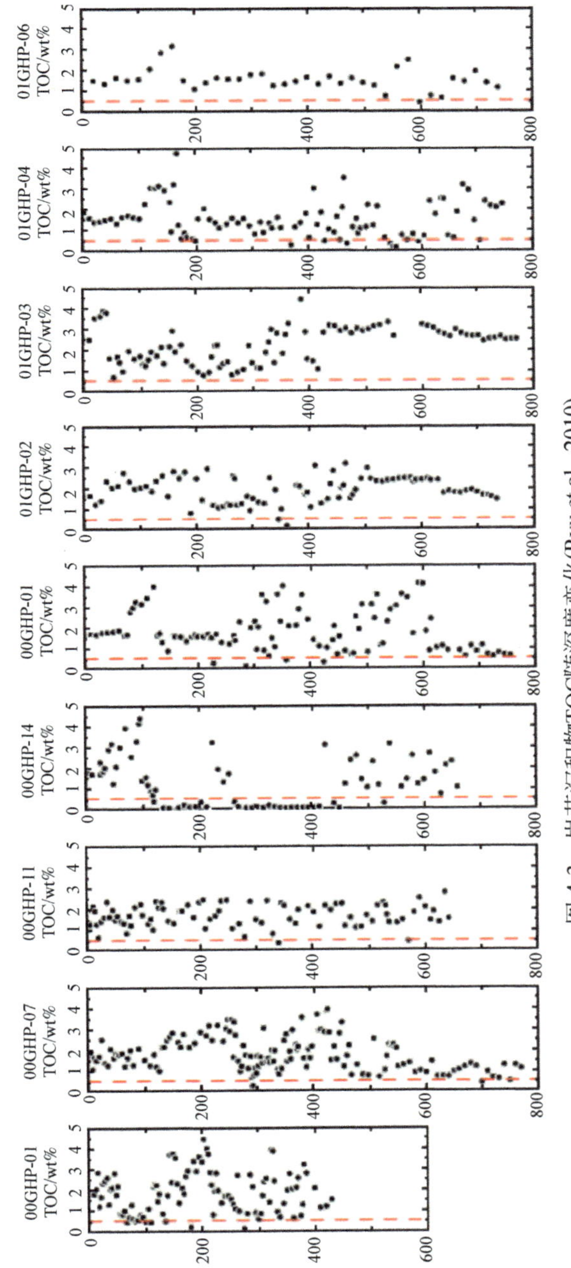

图 4-3 岩芯沉积物TOC随深度变化(Ryu et al., 2010)

在横向上不同深度的差异（图 4-4），据此推测，甲烷产生在较深的地层。这种情况只适用于厌氧甲烷的氧化作用，是硫酸盐减少的主要原因。总有机碳含量与氮含量的比值可以用来描述沉积有机物的类型，因为不同的有机物产生不同的有机沉积物，生成的有机沉积物中碳和氮的比例也各不相同。岩芯沉积物中总有机碳与氮的比值为 4～12，表明有机质主要来自海洋沉积物。

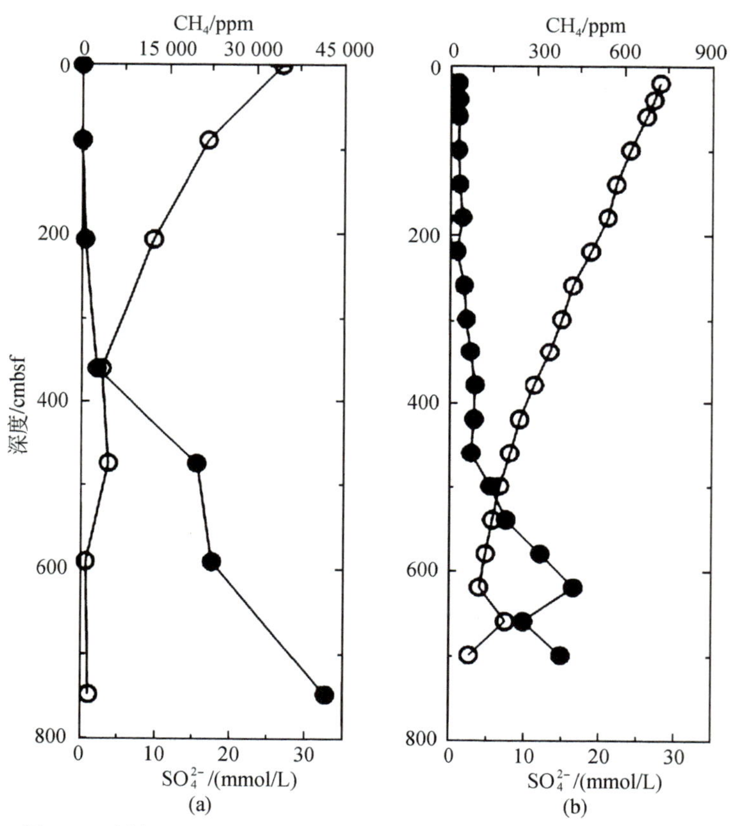

图 4-4　研究区 00GH 和 01GH 孔隙水硫酸盐含量和沉积物岩芯中剩余烃类气体含量（Ryu et al.，2010）

尽管在岩芯回收过程中较多的原位气体会丢失，岩芯顶空气测量提供了原位气体浓度变化和是否存在充足的气体形成水合物。00GHP 和 01GHP 岩芯湿沉积物中烃类气体浓度分别在 0.13～87.4ml/L（平均浓度为 44ml/L）和 0.04～35.4ml/L（平均浓度为 3.8ml/L）变化（表 4-3）。75% 岩芯剩余烃类气体浓度大于 Sloan（1998）提出的形成天然气水合物需要烃类气体浓度的最小值。除了从 01GHP-01 和 01GHP-06 岩芯深层采集的样本外，在 01GHP 其他岩芯剩余烃类气体浓度较低。岩芯顶空气气体浓度大于沉积结构受较强破坏的岩芯，说明沉积结构的破坏是由水合物回收过程中产生的高浓度天然气引起的。

剩余烃类气体浓度的变化表明了 SMI 深度和向上甲烷通量的局部差异（Borowski et al.，1996）。00GHP-07 岩芯在 00GH 南部研究区的 SMI 深度为海底 350～400cm。研究区 00GH 中部 00GHP-14 孔隙水中硫酸盐含量增加，主要因为 125cmbsf 以下岩芯中含有大量的粗粒沉积物。Park 等（2006）认为 SMI 深度可能略微深一些。形成天然气水合物的气源是生物成因还是热成因的另一个重要原因是岩芯沉积物剩余烃类气体中的甲烷含量（表 4-3）。甲烷的生物成因天然气一般在相对低温的条件下产生，因而埋深一般较浅，而热成因的天然气一般在高温条件下生成，因而埋深也较深。00GH 岩芯甲烷的碳的同位素组成分析表明^{13}C 的值为-78‰～-75‰，为微生物成因气。

表 4-3 岩芯沉积物顶空气分析的孔隙水中烃类气体含量及甲烷含量

岩芯	样品深度/cmbsf	湿沉积物中烃类气体/(ml/L)	甲烷含量	样品容器
00GHP-01	113～118	59.63	99.8	密封
	513～518	77.23	99.8	密封
00GHP-07	395～400	37.49	99.9	密封
	795～800	87.40	100.0	密封
00GHP-11	395～400	39.26	100.0	密封
	795～800	55.51	100.0	密封
00GHP-14	395～400	0.13	98.8	密封
	795～800	0.41	97.8	密封
01GHP-01	365～270	0.22	99.9	密封
	763～768	12.62	99.9	密封
01GHP-02	367～372	0.04	96.9	密封
	737～742	0.05	96.9	密封
01GHP-03	365～370	0.10	95.0	密封
	772～777	0.16	98.3	密封

续表

岩芯	样品深度 /cmbsf	湿沉积物中烃类气体 /(ml/L)	甲烷含量	样品容器
01GHP-04	362～367	0.07	95.7	密封
	755～760	1.44	95.7	密封
01GHP-05	356～361	0.42	100.0	玻璃瓶
	730～735	1.20	100.0	玻璃瓶
01GHP-06	353～358	0.41	100.0	玻璃瓶
	750～755	35.44	99.8	玻璃瓶
01GHP-07	324～329	0.43	100.0	玻璃瓶
	727～732	0.94	100.0	玻璃瓶

4.2.2 日本南海海槽气源

日本南海海槽水合物气源主要来源于细菌分解（生物成因气），靠近泥火山的一口井含有少量的热成因气。在日本南海海槽 MITI 井 300m 深度内沉积物甲烷 $\delta^{13}C$ 为-96‰～-63‰，随着深度增加，$\delta^{13}C$ 和 CO_2 值均为正值。$^{12}CO_2$ 优先消耗，细菌活动随深度逐渐降低和气体向上运移能够解释 $\delta^{13}C$ 变化剖面。在深部地层，气体来源于微生物成因气到热成因气，变化深度为 1500m 左右。小于 1500m 深度气体的 $\delta^{13}C$ 较轻（-59‰），在大于 1500m，气体 $\delta^{13}C$ 较重（-48‰～-35‰）为典型的热成因气体。在 Tokaioki 和 Atsumi Knoll 区，甲烷碳同位素为-81.4‰～-59‰（图 4-5、图 4-6）。轻 $\delta^{13}C$ 值表明甲烷来源为微生物成因，在深度 100m 内，$\delta^{13}C$ 值随深度增加变重，与 MITI 日本南海海槽相似。甲烷 $\delta^{13}C$ 深度剖面在上部 100m 沉积物中与假设 CO_2 在封闭系统下降解而产生微生物甲烷的理论模型预测一致。当沉积物产生甲烷，由于优先从 CO_2 富集中去除 ^{12}C 而形成甲烷，CO_2 储层被消耗。由于日本南海海槽在水合物稳定带内总有机碳含量低，平均为 0.5%（图 4-5），因此沉积物中原位产生的微生物甲烷气体比较少，从下部运移来的微生物成因甲烷气体有选择地聚集在高渗透率的砂岩层，对在离散砂层中形成高饱和度水合物非常重要（Waseda and Uchida，2004）。虽然 MITI 日本南海海槽 1500m 以上地层的气体主要为微生物来源，但是在深度 1155m 和 1455m 地层

$\delta^{13}C$ 明显比含水合物层重（图 4-5），表明流体运移在该井位可能比较局限且仅限于 1000m 深度。在 Kumanonada 区，在 129m 的一个样品和 310～327m 的三个样品中的甲烷有较重的 $\delta^{13}C$，取值为 −53.9‰～−45.6‰（图 4-6），表明气体为生物成因气与热成因气体的混合。在 Mallik 5L-38，甲烷的 $\delta^{13}C$ 值表明烃类随深度来源的变化（图 4-7）。收集的 46 个 50～1150m 深度顶空样品中，气体在上部 500m 沉积物中为较轻的 $\delta^{13}C$，为微生物成因，但是气体在深度 890～1108mbsf（包括含水合物地层），$\delta^{13}C$ 值范围为 −47.4‰～−36.5‰，表明是由于有机质的热分解而产生。在深度 550～850m 的 $\delta^{13}C$ 值为 −55.2‰～−50.9‰，表明气体为微生物成因与热成因气体的混合（图 4-7）。

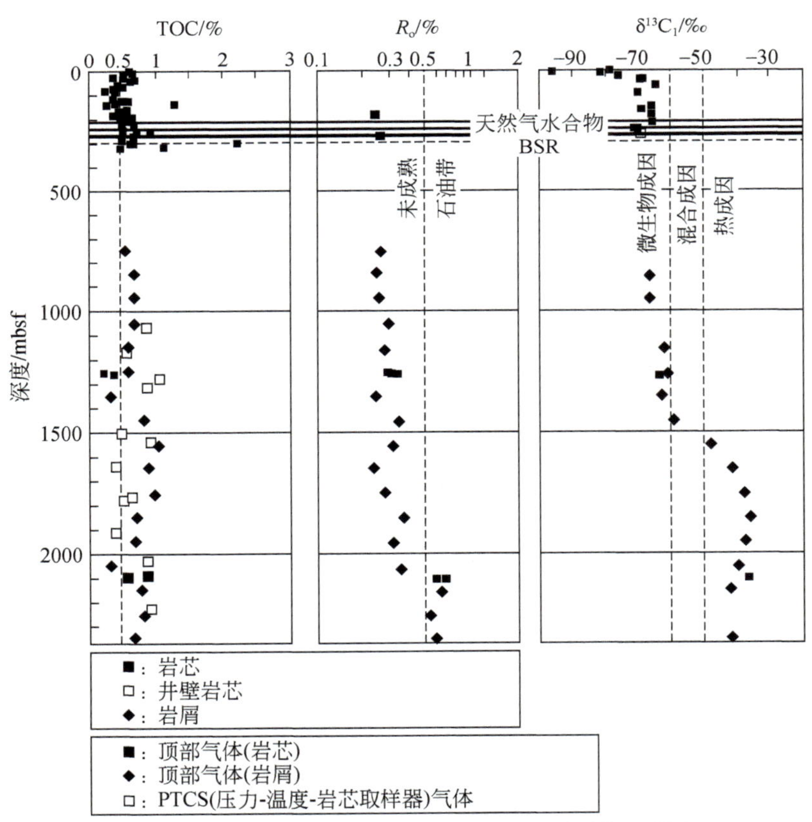

图 4-5 日本南海海槽 MITI 总有机碳（TOC）、镜质体反射率（R_o）和碳同位素组分（Waseda and Uchiida，2004）

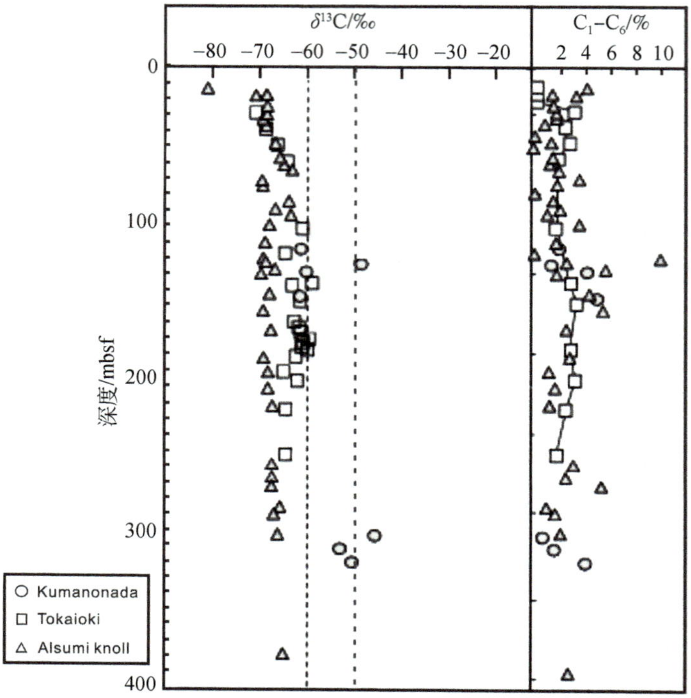

图 4-6　日本南海海槽甲烷碳同位素组分和烃类含量（Uchida et al.，2009）

在水合物层广泛分布的 Tokaioki 和 Atsumi knoll 地区，甲烷 $\delta^{13}C$ 和 δD 值范围分别为−65.9‰～−59.8‰和−195‰～−184‰（图 4-8），与布莱克海台具有相同的同位素组分。从图 4-8（a）看，日本南海海槽 Tokaioki 和 Atsumi knoll 地区的微生物甲烷是 CO_2 的降解方式产生的。

海洋水合物的甲烷供给通常归功于稳定带内有机质微生物转换或者含甲烷流体从深部气源的运移，但是，甲烷气源的相对重要性目前还不是十分清楚。甲烷供给对水合物形成的影响应该被考虑到，如孔隙空间的水合物。甲烷供给与孔隙水流关系密切，主要分为两类，一类是通过断层或裂隙的宏观流，另一类是孔隙系统沉积物颗粒间的微观运移。在颗粒表面附近沿裂隙和扩散的含甲烷的孔隙水流对甲烷在水合物稳定带的聚集具有重要作用（图 4-9）。

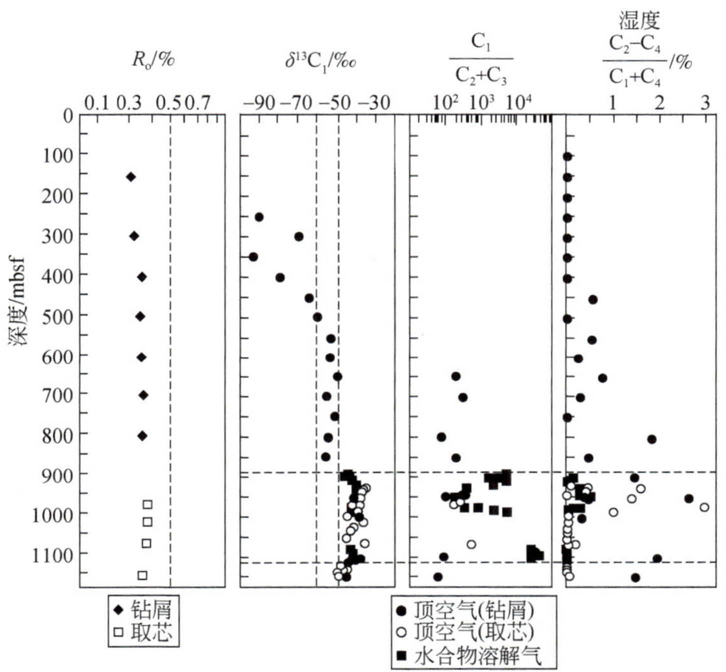

图 4-7 Mallik 5L-38 井镜质体反射率、甲烷碳同位素组分和碳氢比的深度剖面（Waseda and Uchiida，2004）

在日本南海海槽海区，整个有机碳含量约为 0.5%，原位产生的微生物成因气太低，以致难以形成水合物。因此，日本南海海槽高富集的水合物（孔隙空间 80%）需要不断的气体运移、聚集和循环。该过程与日本南海海槽的地质构造环境有关，富含甲烷的流体在日本南海海槽增生楔系统中非常活跃，沉积物主要为未固结砂岩和黏土地层，但是水合物仅在砂岩地层中生成，表明气体运移和聚集优先选择在高渗透率的砂岩层。MITI 在日本南海海槽的井位浅部沉积物和含水合物层热成因气未被观测到，表明流体运移相对局限仅限于浅部沉积物。深部热成因气含量表明热成因的甲烷气体，在高渗透率通道，如大规模断裂系统区可能形成天然气水合物（图 4-10）。因此，在日本南海海槽，沉积和地球化学对水合物的形成和保存具有重要作用。

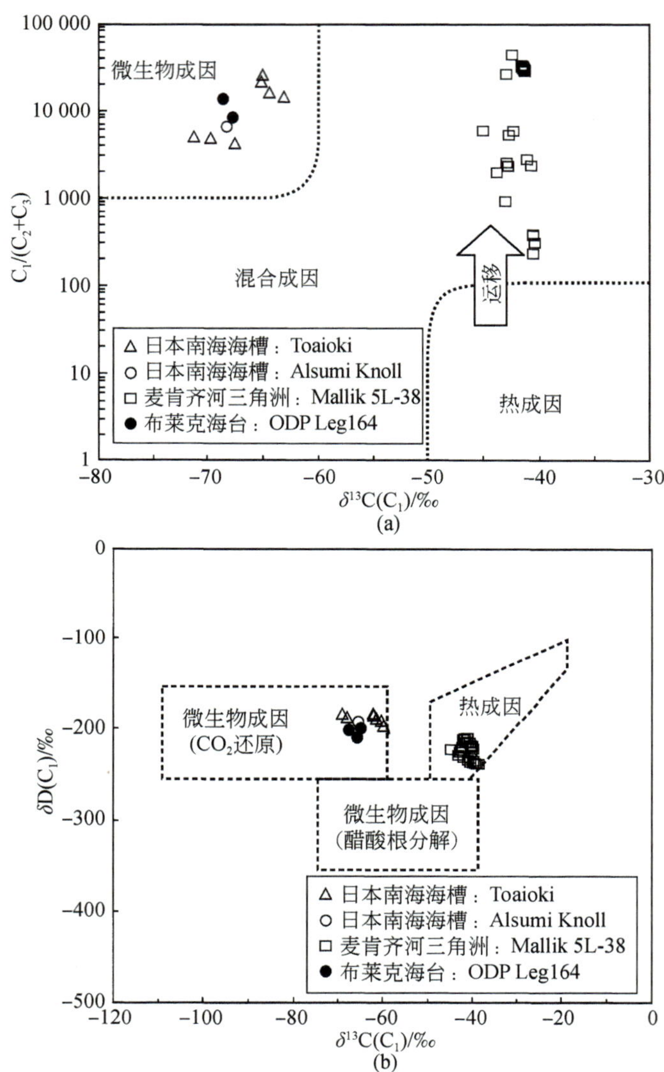

图 4-8　水合物分解的甲烷气体中碳氢比与 $\delta^{13}C$（Uchida et al.，2009）

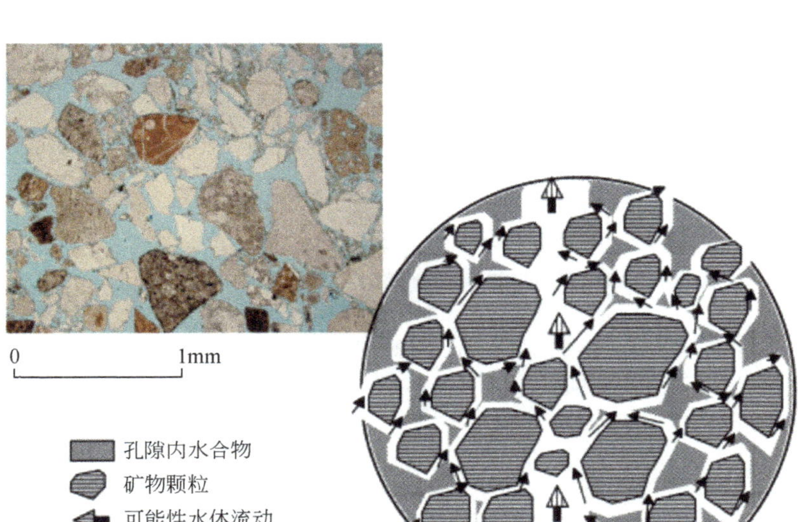

图 4-9 含水合物砂层的一个薄片的显微照片（Uchida et al.，2009）

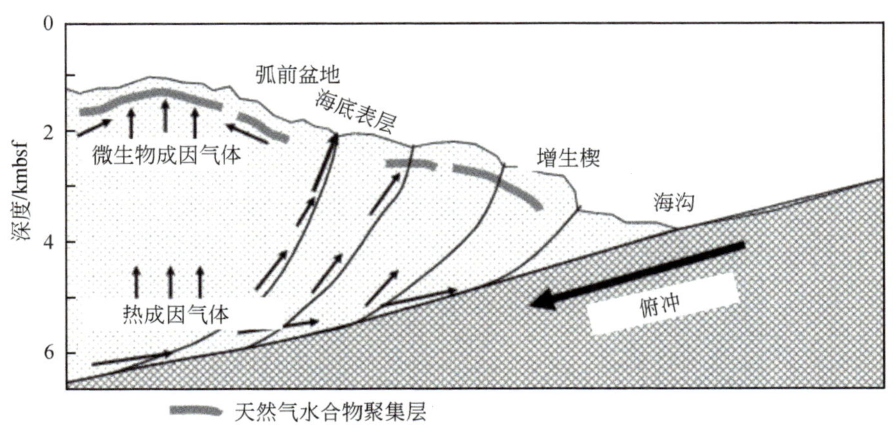

图 4-10 日本南海海槽水合物形成及气体运移示意（Uchida et al.，2009）

4.2.3 墨西哥湾气源

墨西哥湾中部水合物富含大量的热成因气和少量微生物成因气水合物，说明水合物的气源主要是与石油有关的气（热成因气）（图 4-11）。GC-185（bush hill）水深540m，处于水合物稳定带上限，沿反向断层的活跃气体运移形成了丘状渗漏特征。GC185断层与附近的Jolliet气田有关，渗漏气体与深部2～3km的烃类有关，该处水合物丘连接活跃的喷气口，释放大量气体到水体中。脉状充填的水合物（图4-12）被一个薄的变形的半深海泥岩盖着，含有细菌氧化的原油、水合物结核、游离气和自生碳酸盐岩及硫化氢。水合物丘被细菌群（贝氏硫菌）覆盖以及复杂的化能合成群落，如管状蠕虫（MacDonald et al.，1994）。

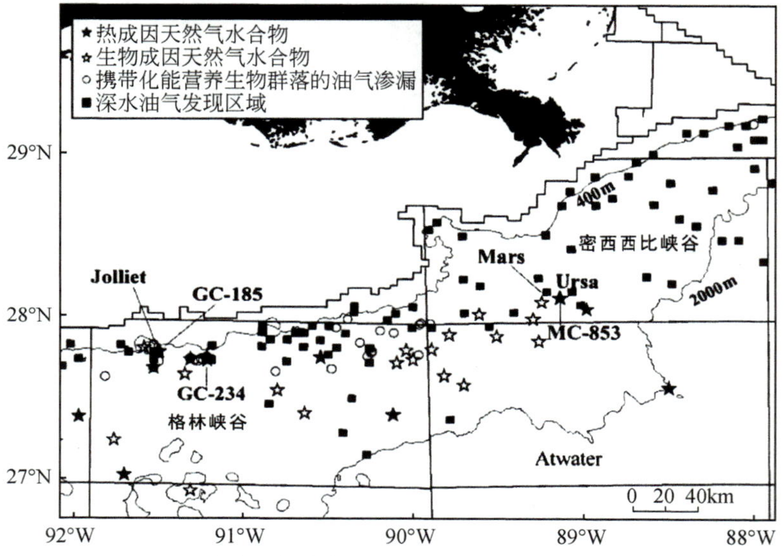

图4-11　墨西哥湾中部水合物与油气分布（Sassen et al.，2001）

图4-12　出露在GC-185丘侧翼的脉状充填水合物（Sassen et al.，2001）

GC-234 水深约 543m，与浅部盐体上的断层有关的渗漏区，脉状充填水合物面（约 1m）出露在上升盘断层的陡崖上，与气体出口有关。密西西比峡谷（MC-853）在水深 1060～1070m、一个大的海底丘上。重力取芯回收了脉状充填水合物和自生碳酸盐岩的变形沉积物，丘体上覆在浅部盐体上，位于一个大型盐排出盆地，包括 Ursa 和 Mars 油田（图 4-11）。从 GC-185 和 GC-234 处，在水深 540m 左右利用潜水器取得了排气口处的水合物样品。1998～2000 年，在 MC-853 深水（1060～1070m）取得水合物样品（图 4-12）。排出气的同位素特征与油气系统运移通道或者从附近储层下部渗漏的烃类直接运移来的一致。以热成因来源的甲烷为主（平均 93.1%），样品显示随着碳数增加丰度降低（图 4-13），其烃类分布未改变与原油有关的热成因气的特征。该区域上侏罗纪油气烃源岩埋深 6～10km，表明气体运移了较长距离后才到达水合物稳定带。研究区排出气中并没有水合物分解的明显的证据，因为没有发现水合物中的重烃气体，如乙烷和丙烷（图 4-13）。

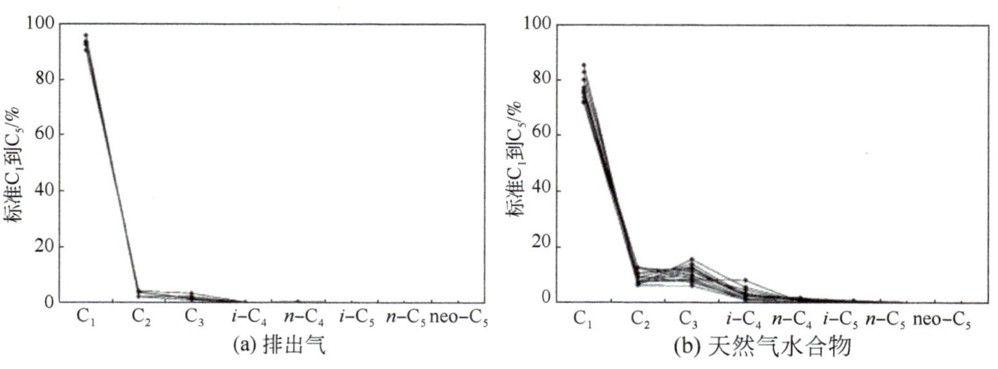

图 4-13 GC-185、G-234（$n=6$）排出气的 C1-C5 烃类分布和 GC-185、GC-234 及 MC-853（$n=14$）处水合物的烃类对比

4.2.4 水合物脊气源

ODP 204 航次在水合物脊进行了 9 口水合物钻井取芯（图 1-14），每个站位岩性类似，为含硅藻或有孔虫黏土，含丰富的浊积层和几层明显的火山灰层，具有深海—半深海相浊流沉积物特征（Trehu et al.，2004）。地震资料给出了“南水合物脊”的地层和构造环境（图 4-14）。与水合物脊的侵蚀环境相反，1251 站位和 1252 站位为一个快速沉积的斜坡盆地，1252 站位位于第二个背斜上，但此井没有 BSR（图 4-14）。

对 ODP 204 航次 4 个站位 58 个沉积物样品进行 5 个温度点的生气量模拟实验，各温度点产生的气体进行同位素测定（龚建明等，2008）。在低温阶段（25℃、35℃、45℃），甲烷的 $\delta^{13}C$ 明显偏大，一般大于−40‰，显示出热解成因气的特征；而高温阶段（55℃）甲烷的 $\delta^{13}C$ 为−75. 5‰，显示出明显的生物成因气的特征。模拟实验获得的气体产物主要为甲烷和二氧化碳，未检测到 C_2^+ 以上的重烃。模拟实验的生物甲烷中的 $\delta^{13}C$ 在−93. 3‰～−24. 7‰，生物二氧化碳中的 $\delta^{13}C$ 在−22. 9‰～−16. 9‰，远超过常规的生物气和有机二氧化碳的 $\delta^{13}C$ 范围值。其中，1244 站位中甲烷的 $\delta^{13}C$ 在−75. 5‰～−28. 7‰，而二氧化碳的 $\delta^{13}C$ 为−22. 7‰～−17. 2‰，整体变化大。另外 3 个站位（1245、1250、1251）甲烷和二氧化碳中的 $\delta^{13}C$ 的变化规律与 1244 站位相同（表 4-4）。

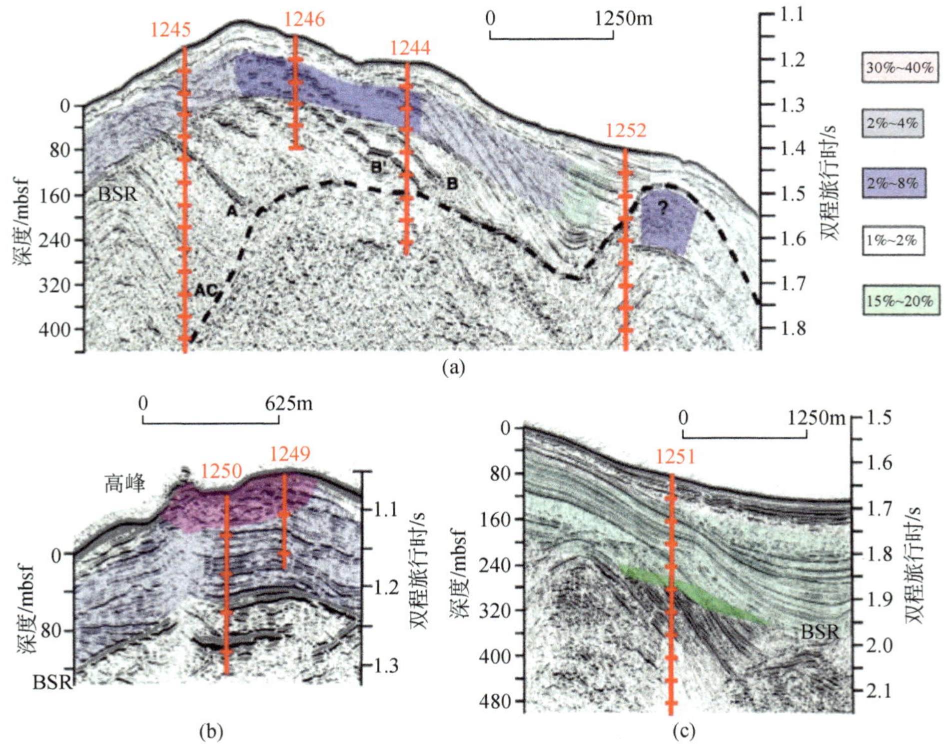

图 4-14　过井的 3D 地震剖面

黑色为强正振幅，灰色为正振幅，白色为强负振幅。透明覆盖区为不同水合物含量区，饱和度为平均值。AC 为增生复合体强变形沉积物顶部（Trehu et al.，2004）

表 4-4 1244 站位的 $\delta^{13}C_{CH_4}$ 和 $\delta^{13}C_{CO_2}$ 的数据

样品	海底埋深/m	模拟温度/℃	$\delta^{13}C$/‰	
			CO_2	CH_4
1244-01	1. 5 ~ 24	25	-17. 9	-28. 7
1244-02	1. 5 ~ 24	35	-18. 1	-29. 0
1244-03	1. 5 ~ 24	45	-21. 0	-43. 7
1244-04	1. 5 ~ 24	55	-22. 7	-75. 5
1244-05	50. 86 ~ 79. 50	25	-17. 8	-38. 0
1244-06	50. 86 ~ 79. 50	35	-18. 8	-33. 3
1244-07	50. 86 ~ 79. 50	45	-21. 3	-62. 8
1244-08	50. 86 ~ 79. 50	55	-20. 6	-63. 3
1244-09	153. 7 ~ 172. 8	25	-17. 2	-39. 4
1244-10	153. 7 ~ 172. 8	35	-18. 0	-33. 3
1244-11	153. 7 ~ 172. 8	45	-20. 6	-41. 7
1244-12	153. 7 ~ 172. 8	55	-20. 1	-38. 2

在不同温阶得出的每个站位模拟实验气体的同位素值，总体表现出低温阶段同位素偏重的特征。为了清楚地显示 4 个站位模拟气体在纵向上的同位素变化规律，将沉积物样品按照 0. 05 ~ 35. 98m、50. 86 ~ 85. 41m、153. 7 ~ 172. 8m、207. 2 ~ 264. 7m、402. 4 ~ 521. 3m 的深度划分为浅部、中部、次深、中深和深部 5 段，其划分主要考虑了模拟样品的实际深度和它所对应的同位素数据，没有考虑其地层的时代或地层的温度。按照上述深度段将 4 个站位不同温阶得出的气体同位素值绘制成图（图 4-15）。从图中可以看出，当模拟温度低于 45℃ 时，甲烷气体的 $\delta^{13}C$ 明显偏重，大于 -50‰，表现出明显的热解成气的特征；当模拟温度高于 45℃ 时，甲烷气体的 $\delta^{13}C$ 急剧降低，表现出生物成因气的主要特征，二氧化碳的 $\delta^{13}C$ 也总体上呈现出随模拟温度的升高而降低的趋势。生物气的 $\delta^{13}C$ 组成受原始母质的碳同位素及同位素分馏效应两个因素的制约。微生物分解有机质所产生的二氧化碳及脱羟基产生的二氧化碳都具有轻同位素（^{12}C）的特征，所产生的 $\delta^{13}C$ 也会偏轻。另外，有机质中 ^{12}C 的化学活性要比 ^{13}C 大，也就是利用 ^{12}C 所需要的活化能比利用 ^{13}C 所需要的小，因此微生物首先利用 ^{12}C，使形成的生化

甲烷具有轻碳同位素的特征。生物模拟实验产生的 $\delta^{13}C$ 则要复杂得多，其中最大的影响因素可能是模拟实验的产气量比样品的实际产气量要高。这是因为模拟实验为诱导微生物大量繁殖，要加入丰富的基质，而这些基质本身就会产生大量的生物气。相比之下，沉积物样品所产生的生物气数量远低于基质的数量。

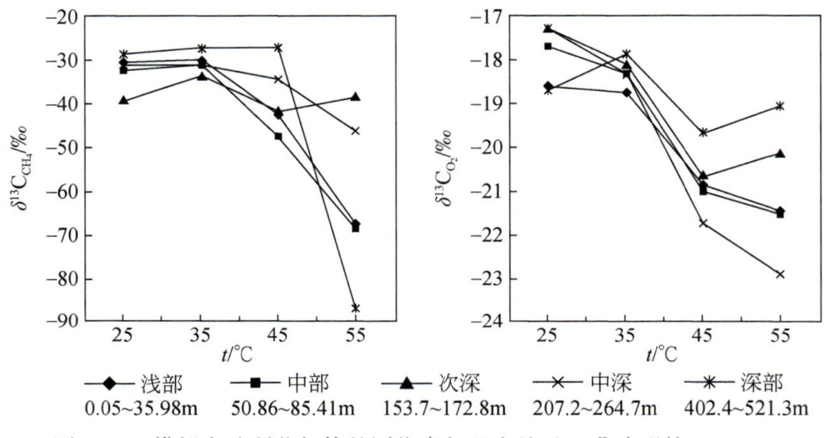

图 4-15　模拟实验所获气体的同位素与温度关系（龚建明等，2008）

4.3　天然气水合物的储层

天然气水合物钻探获得的样品研究表明天然气水合物产层的物理性质存在很大的差异（Sloan，2008b）。水合物主要以以下四种形态存在于沉积物中：①粗粒沉积物的孔隙空间；②呈球状分散在细粒沉积物；③充填在裂隙中；④块状的固态水合物。大部分的野外勘探表明高富集的水合物主要受裂隙或粗粒的沉积物控制，水合物填充在裂隙中或者分散在富砂岩储层的孔隙中（Collett，1993；Dallimore and Collett，2005；Collett et al.，2008；Hutchinson et al.，2008；Park et al.，2008；Yang et al.，2008；Fujii et al.，2009；Tsuji et al.，2009）。从天然气水合物资源量金字塔形分布模型看四种不同类型的水合物资源量相对大小和可供开发的潜力存在差异（图 4-16）（Boswell and Collett，2006）。最有开发前景的产层位于金字塔顶部以砂岩为主的储层，技术上最有挑战性的产层位于底部泥质沉积物。

海洋环境中砂岩储层水合物仅次于极地砂岩储层，具有良好的资源前景。已发现的海洋砂岩储层的水合物饱和度为中等到高浓度的水合物矿藏。美国能源矿

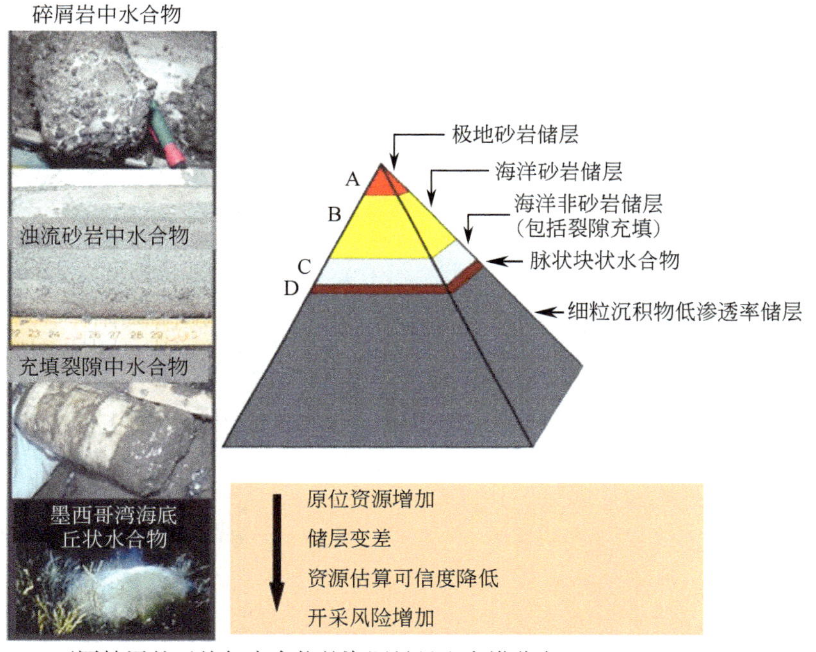

图 4-16 不同储层的天然气水合物的资源量呈金字塔分布（Boswell and Collett，2006）

产研究所认为墨西哥湾地区砂岩储层中的天然气水合物矿藏含有大约 190 万亿 m^3 的天然气（Frye，2008）。而且，研究表明天然气水合物稳定带内浅层沉积物中储层质量好的砂岩中水合物资源量大于以前评价的资源量。

填充在裂隙系统中的水合物也是具有较大开发前景的一类水合物矿藏。与未固结和低渗透率泥岩相比，砂岩系统中颗粒支撑的储层骨架具有较高的渗透率和较大的孔隙度，砂岩储层是未来进行气体开采的远景区，主要是由于砂层更能有效地传递压力和温度到水合物层，且释放的气体能够方便地聚集在井内。泥岩或泥岩裂隙中富集的甲烷水合物的开采会遇到更多的问题，将来需要在现代生产基础之上的技术来开采以裂隙为主的天然气水合物矿藏。

4.3.1 砂岩储层

海洋浅层沉积物一般是未固结沉积物，由两部分组成，一部分是沉积物骨架，另一部分是孔隙。沉积物骨架包括碎屑颗粒和胶结物质，空隙包括沉积物的孔隙、裂隙和溶孔、溶洞。天然气水合物系统研究表明足够孔隙空间是形成水合物的一个重要条件。最近，日本南海海槽、墨西哥湾 Alaminos 峡谷 818、KC151、ODP 311 和 ODP 204 等天然气水合物钻探表明，砂岩储层天然气水合物饱和度相对较高，达到中等以上饱和度。早在 1999 年，Clennell 等（1999）就指出天然气水合物最容易在粗粒沉积物（>63μm）中形成，并且水合物饱和度变化与砂岩含量变化有关。砂岩容易形成水合物，主要体现在以下几种因素。

4.3.1.1 毛细管压力

Torres 等（2008）指出水合物易在粗粒沉积物中生成，因为这些沉积物中较低的毛细管压力有利于气体运移和水合物结晶。毛细管压力是指两相界面的压力差，仅存在于两相分界面上，并形成压力差。沉积物是由众多孔隙组成的多孔介质，每一个孔隙都可以看成一根毛细管，沉积物就可以看成一个多维的毛细管网络。海洋天然气水合物环境中，特别是在水合物稳定带的基底处，存在两种流体相：一个是海水液态相，一个是甲烷气体相。单相流体和双相流体系统的主要差异在于是否存在流体间的相互作用。由于表面张力的影响，界面两边的压力会有很大不同。对于以砂岩为主的孔隙介质和细粒泥质沉积为主的裂隙介质，气体侵入的优选模式是不同。砂岩沉积物的刚性固体构架中以毛细管侵入为主，如果毛细管压力（指的是气压 P_g 和水压 P_w 的差异）超过毛细管吸入压力，就会在气水分界面侵入一个吼道（Richards，1931；Leverett，1941；Mayer and Stowe，1965）。毛细管吸入压力和表面张力 γ 成正比，和喉道开裂程度成反比。把 d 作为吼道的间隙，气体压力侵入吼道的表达式：

$$P_g - P_w \geqslant \frac{2}{\sqrt{1 + \left(1 + \frac{d}{2r_g}\right)^2} - 1} \frac{\gamma}{r_g} \tag{4-2}$$

明显地，如果颗粒比较大，会有利于毛细管作用的侵入过程，而且即使多孔介质是刚性的也会出现气体侵入。在这种情况下，气体侵入沉积物的压力可由式（4-2）给出。另外，如果颗粒比较小（对应着高的毛细管吸入压力），直到颗粒被推开才会出现气体侵入现象（图 4-17）。

侵入前，上浮气体柱的气水分界面在充满水的沉积物之下。如果毛细管压力（气压和水压差异）超过毛细管吸入压力就会出现侵入现象，其中毛细管压力和孔隙直径成反比。

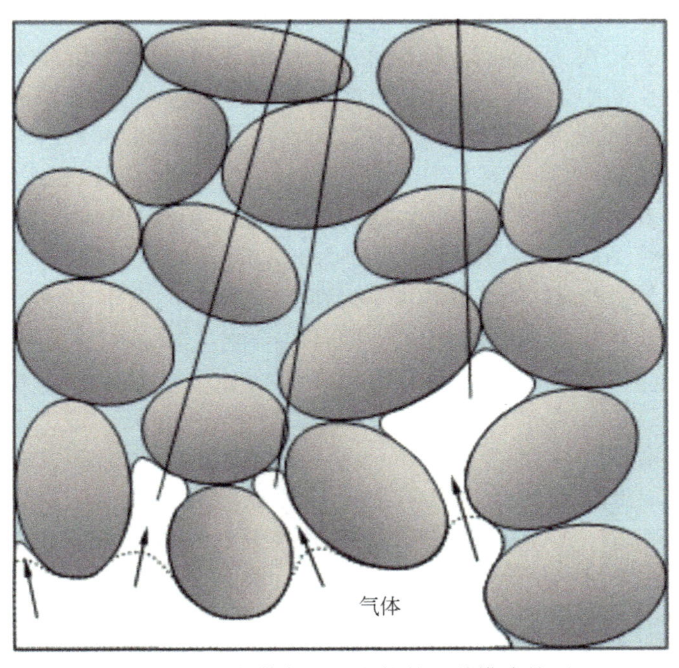

图 4-17　甲烷气体侵入沉积物的两种模式的原理

4.3.1.2　渗透率

渗透率是含水合物储层的一个重要参数，气体、能量和流体（溶解气）通量控制着天然气水合物和气体在水合物储层的分布，但是水合物的形成后对沉积层渗透率的研究并不多，而且孔隙介质和裂隙介质内水合物的形成对渗透率影响不同。大多数沉积物系统中，在非均匀的渗透率网格中存在流体运移。从微观看，物质的渗透率受孔隙的连通性、孔隙大小、裂隙宽度和孔隙直径的控制，研究海底沉积中水动力系统需要建立孔隙尺度的特征与渗透率的变化关系（图4-18）。孔隙介质中，渗透率与孔隙直径的平方成正比，而裂隙介质内渗透率与裂隙大小的平方成正比。孔隙介质中由溶解气形成的水合物在一定程度上类似于矿物的沉降过程，实验室与沉降分析研究主要集中在化学成岩系统和物质形成转换。目前，基于物质转换方法的渗透率降低模型已经被用于各种各样的砂岩硅质胶结问题和水热条件的硅质沉降。

Nimblett 和 Ruppel（2003）基于动态模型研究了海洋系统中水合物形成时渗透率的变化，认为在相同初始条件下，孔隙介质中水合物生成和渗透率阻塞均比裂隙介质速度快，裂隙是流体优先选择的通道，且含水合物储层流体在裂隙中比周围孔隙中运移的时间更长些。在裂隙系统内水合物聚集比孔隙介质的均一性更差，两种系统内水合物饱和度随深度的增加而增加，早期静态模型研究表明在高对流通量时，在水合物稳定带底部，水合物饱和度增加，而不稳态模型表明水合物稳定带的高含量与对流速率无关，且水合物聚集速率比静态模型快1000倍。渗透率、流体通量和裂缝大小持续降低，直到水合物稳定带底部被封闭。封闭并不表明孔隙空间完全被水合物阻塞，而是渗透率的明显降低而阻碍流体的运移。尽管水合物生成可以作为水合物稳定带底部的封闭层，但是游离气对于渗透率降低具有同样重要的作用。在一定初始流体通量［10^{-7}kg/(m^2·s)］和地温梯度34℃/km下，渗透率堵塞与孔隙直径和裂缝宽度变化相系，图4-19表明裂缝宽度从0.1～1μm变化时，阻塞时间从1.34Ma变成58Ma，对于孔隙介质存在相同孔隙直径变化时，阻塞时间为0.42～55Ma。而且当孔隙直径或裂缝大于1μm时，裂缝阻塞比孔隙介质快。利用固体骨架与流体体积比R_{SV}可以进行解释，对于较大的孔隙直径或裂缝，R_{SV}比较小，降低了流体-固体骨架接触和渗透率降低速度。任何时间，裂隙流中较高的流体通量导致较大的溶解甲烷气大于孔隙介质，因此，裂缝为10μm时，裂缝孔隙阻塞时间（249Ma）比孔隙介质（438Ma）短。图4-19中B点后，水合物稳定带对流通量很少以扩散为主。扩散为主的流体运移，形成水合物比较慢，以至于生产水合物似乎终止了。似乎小孔隙阻塞快，但是该模型未考虑较小的孔隙直径，导致毛细管压力增加，高毛细管压力阻碍溶解甲烷生成水合物。在多相系统中，毛细管压力在阻碍气泡形成时具有重要作用，影响游离气相生成的水合物量。

模拟结果对野外观测、水动力演化、BSR处渗透率、阻塞时间对海洋水合物勘探具有重要意义，任何沉积系统都可以认为是裂隙和孔隙介质的组合。对于低对流通量的沉积物，水合物带的底部都比顶部容易被阻塞，而自然界系统与模型相似，自然界系统以水合物带下的气体供给率为主，而不是通过水合物带的原位生物成因气。至今，生物成因气研究表明，来自生物成因的甲烷气体通量并不足以提供水合物系统中的原位甲烷生产。相反，生产水合物的大部分气体都是通过地层或构造路径运移到水合物稳定带的循环气体，该系统可能为一个快速沉积，水合物稳定带底部受相边界控制。较大的垂向气体通量也可以是构造活动区，该区域断层直达上部的游离气区，为气体向上运移提供通道。尤其是气体通量受流体路径控制，在水合物带底部可能形成渗透率封闭，最后阻碍孔隙和裂隙介质内

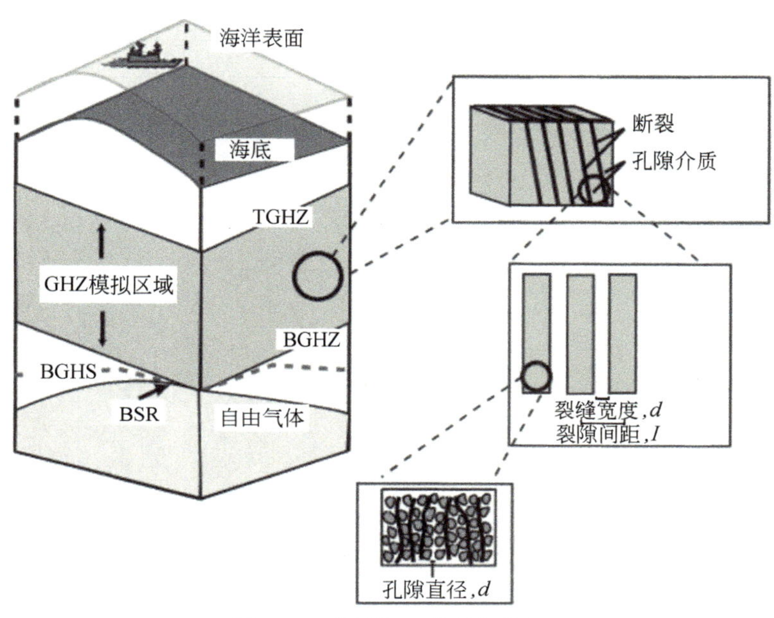

图4-18 海洋沉积物结构简图

水合物稳定带顶部（TGHZ）位于沉积物一定深度，水合物稳定带底部（BGHZ）与BSR相一致（足够游离气）；放大图形给出了孔隙介质内的裂隙

气体的继续运移。海底粗粒沉积物实验证明，海底水合物形成阻碍气体向上运移，气体聚集形成的压力最后举起该渗透率降低层。而细粒系统中，气体建隆而形成的渗透率降低导致水力压裂，可能使原来的裂隙再次张开或形成新的裂隙（Brewer et al.，1997）。在水合物带底部渗透率完全被阻塞是不可能的，在一定的颗粒和孔隙大小下，气体可以形成部分自我圈闭。在以对流为主的水合物系统，渗透率阻塞的时间可能为几个百万年，是在井孔中实际观测的很多量级倍，而且气水系统形成水合物所需的时间长很多（Brewer et al.，1997）。两种物理机制可以解释该差异。第一，在自由水面，水合物的成核和生成机制与孔隙介质不同，该条件下水合物形成不需要甲烷溶解，而是由裂隙或气泡方式形成游离气。该系统中，水合物几乎瞬间形成于气泡表面（气水界面），然后水合物从气泡表面向中心成核。第二，在海底实验，实验室设备和开放井孔中，可能与断层相交，流体通量是孔隙介质的量级倍，气体供给量的增加加快了水合物的形成。

Liu和Flemings（2006）给出游离气运移通过局部水合物带时水合物的形成

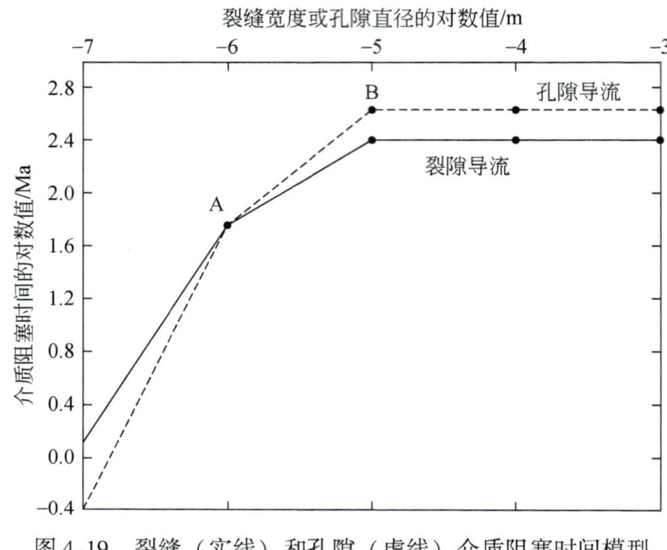

图 4-19　裂缝（实线）和孔隙（虚线）介质阻塞时间模型

与盐度的关系，该模型认为甲烷气体从下部供给形成水合物，消耗水增加盐度直到盐度太高而不能形成水合物。例如，人们发现在 Mallik 水合物层，在三相稳定边界原位盐度增加。Liu 和 Flemings（2007）扩展了该概念模型，发展了多组分多相流体和热流模型用以研究海洋环境中水合物的瞬态形成。与以前水合物形成的地质模型不同，此模型研究了水合物的形成对水压、热稳定性和化学机制的动态影响。首先基于质量和能量守恒，推导出控制水合物形成的方程。利用一维模型研究了天然气水合物的形成。考虑了高气体通量和低气体通量、有水和无水通量时，在两种不同岩性的变化，把模型扩展到二维并研究了气烟囱的演变。

Liu 和 Flemings（2007）利用一维模型模拟了在 Cascadia 岸外南水合物脊沉积物中水合物的形成过程。在粗粒沉积物（砂岩）中，局部水合物稳定带底部形成的水合物，不会对向上运移的气体形成有效的毛细管屏障。因此，大量的游离气体被很快地运送至局部水合物稳定带，而导致明显的盐度变化。在这种情况下，高盐度的孔隙水为运输游离气体穿过 RHSZ 提供了机械结构框架。在细粒沉积物中，水合物的形成会引起渗透率的快速降低，毛管封闭，阻碍游离气体运移。在这种环境中水合物的形成集中在 RHSZ 的底部，直到气柱聚集到一定临界压力。二维模型表明在高气体通量下，盐分横向扩散非常慢，以致气烟囱迅速到达海底。

在南水合物脊气体通量非常大［0.96 kg/(m^2·a)］，没有底部的水或者盐通量，水合物形成释放的热忽略不计。由于气通量高，甲烷主要以游离气体的形式被运输。当游离气体向上运移，它取代了原来部分溶解的孔隙水［图4-20（a）和图4-20（d），$t1$］。在$t1$时间，游离气体出现在局部水合物稳定带之下（阴影区），其中S_g= 2.5%［图4-20（d）］。在这种气体饱和程度下，气体相对渗透率足以使得气体可以以供应的速率进行运移。在游离气体区域，孔隙水的甲烷浓度维持在其溶解度［图4-20（a），$t1$］。在局部水合物稳定带，甲烷浓度要低于其溶解度［实线在虚线的左侧，图4-25（a），$t1$］，没有水合物形成［图4-20（d），$t1$］，孔隙水和海水盐度一样［图4-20（e），$t1$］。游离气体运移到水合物稳定带后，在稳定带出现了三相区域，为水合物和气体共存的现象［图4-20（d），$t2$］。一个不断扩展的响应峰将下部的三相区和上部的二相区分离开。在$t2$中，反应前锋出现在RHSZ底部上大约50m的位置［图4-20（d），$t2$］。盐度从RHSZ底部的3wt%增大至峰值处的6wt%。在三相介质区，盐度保持在三相平衡所需的数值，但在三相区之上，盐度骤降［图4-20（e），$t2$］。

盐度剖面由水合物形成时创建。当水合物形成时，溶解盐从水合物结构中析出；在RHSZ底部以上，析出程度逐渐增高，较高富集程度的水合物必须在盐度达到三相平衡所需之前形成［图4-20（e），$t2$］。结果是水合物富集程度增强，而且从RHSZ的基底向上到响应峰值处盐度也增大。响应峰值之上，水合物富集程度、盐度以及溶解的甲烷含量骤减，只受下伏的响应峰扩散的影响。响应峰自RHSZ底部以上至海底不断增长，但增长速率随时间而减缓。游离气体在上升过程中遇到越来越冷的沉积物：达到三相平衡，从而运输气相的甲烷，它必须形成更多的水合物以达到足够的盐度。接近海底的水合物富集程度最大，而海底是满足水合物稳定带压力–温度条件的最远位置（图4-20，$t3$）。当响应峰到达海底时，一个准稳态出现，在这一点，盐度维持在整个水合物稳定带三相平衡所需的范围内［图4-20（e），$t3$］：盐度从RHSZ基底的3wt%上升至略低于海底处的12wt%。另外，整个水合物稳定带中甲烷浓度与其溶解度相等［图4-20（a），$t3$］，三种相态共存，而且水合物的比重随位置上升而增加［图4-20（d），$t3$］。溶解的［图4-20（a），$t3$］和游离态的［图4-20（d），$t3$］甲烷在海底被排出。接近海底处，水合物浓度在响应峰到达海底之后仍继续增加［图4-21（b）］。盐度达到海水盐度的位置出现在海底，结果是海底最后一个点和海底之间的盐度和甲烷浓度梯度很大：盐沿着这个梯度被扩散至海底。盐损失改变了热力学条件，进一步生成更多的水合物，并且在略低于海底位置出现了 S_h 的尖峰［图 4-21（b）］。最后，所有的空隙空间都将被甲烷水合物充填，并将阻止附近的海底流。这种情况出现的速度取决于上层网格块的大小。

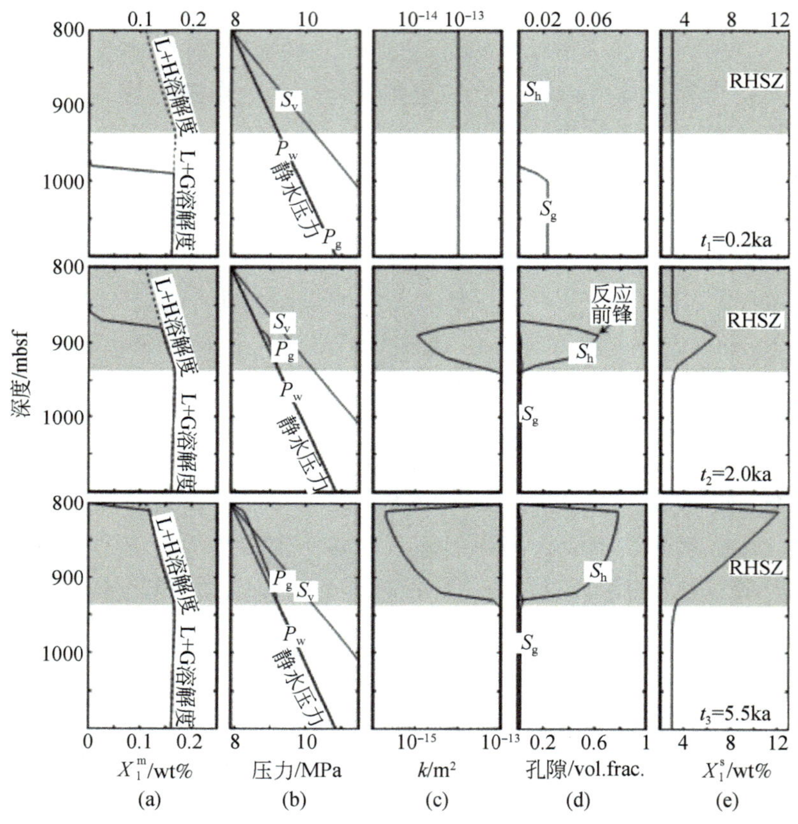

图 4-20　高气体通量和无水通量时砂岩中水合物形成一维模型
（据 Liu and Flemings，2007）

与粉砂中略微不同，在砂岩中，游离气体一旦进入到水合物稳定区域就会生成水合物［图 4-22（d），$t1$］。而在低渗透率的粉砂岩中［图 4-22（c），$t1$］形成的水合物使本来狭窄的孔喉更小，导致毛细管吸入的压力增大。因此，RHSZ 的底部类似盖层或者毛细管封闭，阻止甲烷气体向上运移并使气体聚集在 RHSZ 之下［图 4-22（d），$t1$］。水合物在 RHSZ 的底部继续形成的原因有两个：①气体封闭在 RHSZ 之下，富含甲烷的孔隙水向上排出到 RHSZ 中；②溶解的甲烷气体从 RHSZ 通过扩散向上运输。在 RHSZ 的

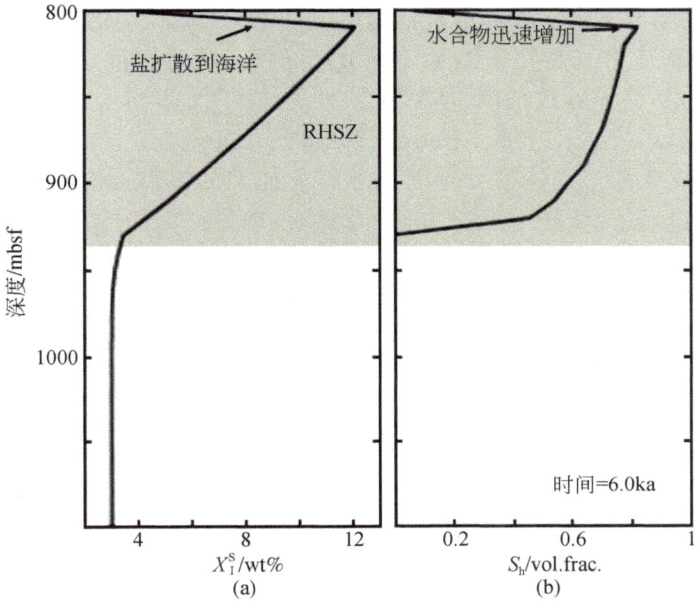

图 4-21 砂岩中盐度及水合物饱和度在三相区到达海底和达到稳态时示意

大部分区域，溶解甲烷的浓度要小于其溶解度，既没有水合物生成［图 4-22（a），$t1$］，也没有盐度增大［图 4-22（e），$t1$］。随着越来越多的气体聚集，在 RHSZ 之下形成一个气柱［图 4-22（b）、图 4-22（d），$t2$、$t3$］；当气柱顶端浮力的压力超过 RHSZ 底部的毛细管吸入压力时，气体就会进入 RHSZ 并形成更多的水合物。因此，孔喉进一步缩小，毛细管吸入压力增大，RHSZ 的底部再一次封闭［图 4-22（b），$t2$］。由于更多的气体进入到 RHSZ，气体压力必须增大更多，因此在水合物下面就会形成一个更大的气柱。该突变和由此引起的毛细管吸入压力的增大导致了气柱高度的增大。同时，通过替换更多的水分，充气的孔隙体积的比重增加，而且气水界面向下移动（图 4-22，$t2$）。

气压和水压力的不同是气水毛细管压力，该压力与气体饱和度（S_g）成正比。通过气柱，气体压力遵循它的静态压力梯度（约 0.7MPa/km），而水是超压的（静水条件之上约 0.2MPa）［图 4-22（b），$t2$］。这是因为气体向上通过气柱时会替换水分，气柱位置的 S_w 值接近它的残值而使得对水的渗透率很小。在 RHSZ 之下，毛细管压力（$P_{cgw}=P_g-P_w$）在气水界面处增大［图 4-22（b），$t2$］。毛细管压力的增大促使气体逐渐进入更小的空隙中，并且使得气柱中的气体饱和度增大［图4-22（d），$t2$］。

气柱高度随着RHSZ底部水合物的形成而逐渐增加，直到气柱顶部的气压（P_g）到达负荷应力（S_v）［图4-22（d），$t3$］。此时，垂向的气体有效压力（S_v-P_g）降低为零，可以解释为裂缝扩大并允许气体向上运移，如在Blake Ridge（Flemings et al.，2003；Hornbach et al.，2003）和Hydrate Ridge（Trehu et al.，2004）地区，气体沿裂隙向上运移。他们的模型没有研究气体通过裂隙的更复杂过程，而且一旦气体压力达到RHSZ底部的负荷压力就停止模拟。

如果把达到负荷压力所必需的气柱高度称为临界高度。在这个例子中，临界气柱高度大约为120m［图4-22（d），$t3$］，为水超压和气水毛细管压力之和，其中气水毛细管压力提升气体压力到负荷压力。超压水（大约为0.2MPa）的出现降低了临界气柱的高度［图4-22（b），$t3$］，相对于静水压力出现时的情况。

第三个模型为粉砂岩中低气体和低水通量的模型。考虑水和气体都进入模型底部的情况（图4-23），甲烷、水和盐通量分别为0.005kg/(m^2·a)、2.50kg/(m^2·a)和0.075kg/(m^2·a)。甲烷供给速率比溶解的速率要快，如果只考虑对流，溶解甲烷浓度必须等于0.002kg/kg，才能使水容纳所有供给的甲烷。然而，这个浓度大于水中的溶解度（约为0.0016）［图4-23（a），$t1$］，因此，就会有过量的甲烷以游离气体的形式出现在模型范围的底部［图4-23（d），$t1$］。

在$t1$时间，溶解的甲烷通过含水的扩散和对流被运输至RHSZ［图4-23（a），$t1$］。在RHSZ的中部形成水合物，因为中部的甲烷浓度超出了它的溶解度［图4-23（a）、图4-23（d），$t1$］。在RHSZ的底部没有水合物形成是因为甲烷溶解度比甲烷浓度要高。有趣的是，最深位置的水合物出现在三相平衡深度（RHSZ底部）之上。另外，游离气体位于RHSZ下部50m［图4-23（d），$t1$］；在游离气体出现的位置，甲烷浓度维持在它的溶解度水平［图4-23（a），$t1$］。游离气体区域之所以位于RHSZ之下，是因为游离气只有在残余气饱和度被超出的时候才能向上运移。

游离气体区域的顶部和RHSZ底部区域被分开［图4-23（d），$t1$］，这一区域甲烷浓度低于它的溶解度。这一区域是个过渡区，当游离气体不断上移时收缩并使得RHSZ之下的孔隙水饱和。最终，在RHSZ基底水合物和游离气体中共存［图4-23（d），$t2$］。在$t2$时间，游离气体运移至RHSZ并迅速在RHSZ底部形成水合物。除了海底附近位置外，各处的甲烷浓度均保持在它的溶解度水平［图4-23（a），$t2$］，在海底附近位置浓度为零。借助饱和水［图4-23（a），$t2$］和游离气体［图4-23（d），$t2$］，甲烷被运输至RHSZ。最终

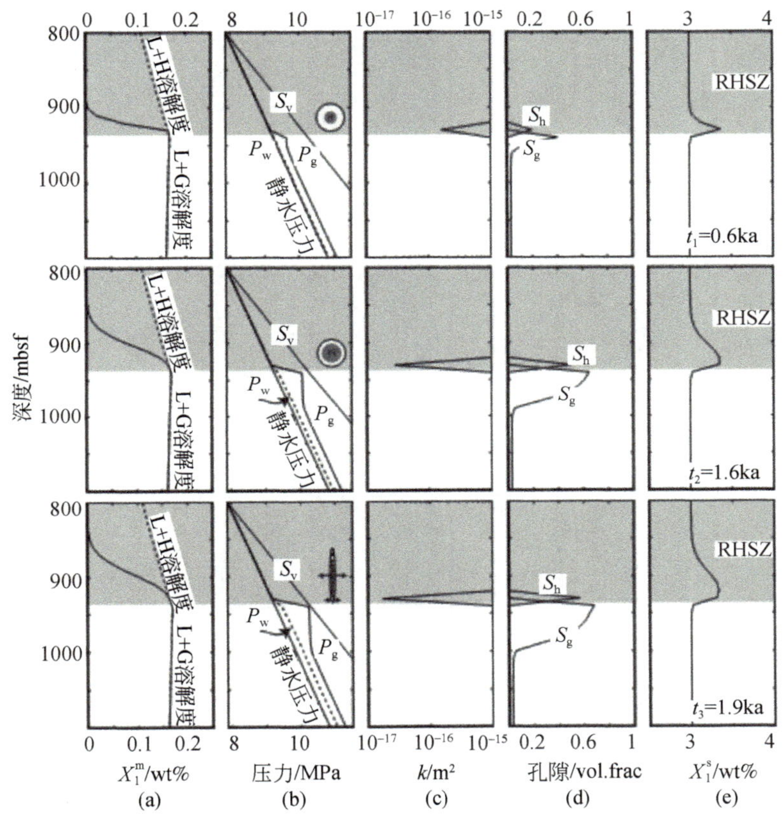

图 4-22 粉砂岩中高气体通量和无水通量时模拟

（a）溶解甲烷浓度；（b）水和气体压力；（c）渗透率；
（d）水合物和游离气饱和度；（e）不同时间的盐度

结果是在 RHSZ 中 S_h 平缓地增加，在 RHSZ 基底处 S_h 急剧增加［图 4-23（d），$t2$］。溶解甲烷通过含水的扩散和对流持续向上运移至 RHSZ。然而，RHSZ 下部的甲烷溶解度较低，水运输的甲烷数量是有限的。因此，在 RHSZ 中 S_h 的增长是缓慢、均匀的，此处的甲烷溶解度梯度很小［图 4-23（a），$t2$］。另外，气相运输的甲烷一旦进入 RHSZ 就冻结成为水合物，使得 RHSZ 底部的水合物浓度较大。

与高气体和无水通量情况相同，随着越来越多的游离气体聚集在 RHSZ 之下，RHSZ 基底的水合物形成经历了一系列的气体运移突增情况。RHSZ 基底的水合物的形成阻止了气体的向上运移，因为孔喉被收缩，而且毛细管吸入的压力

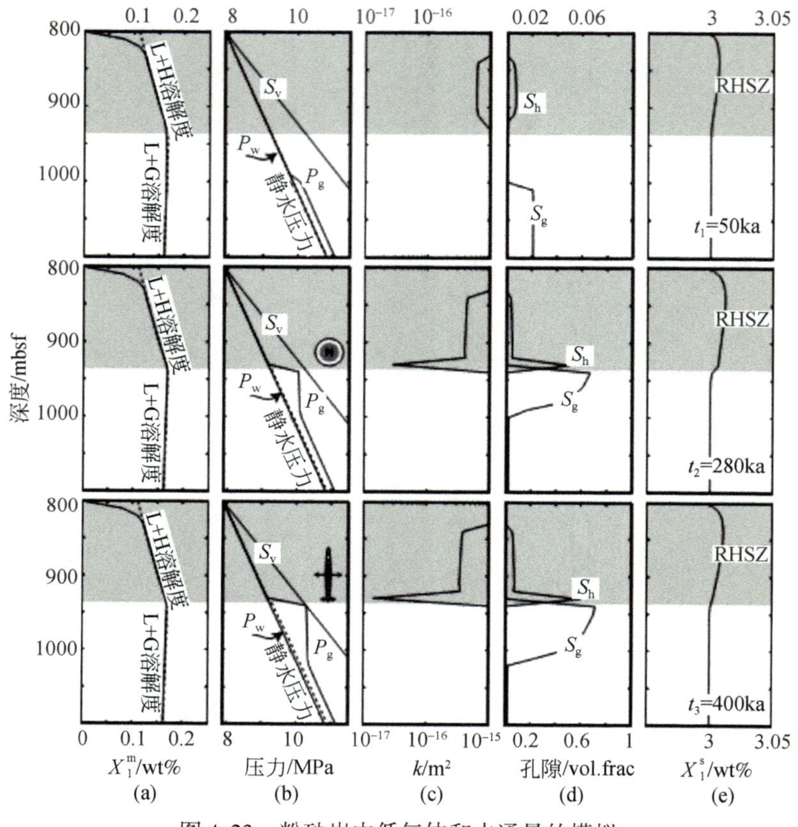

图 4-23 粉砂岩中低气体和水通量的模拟

增大［图 4-23（b），$t2$］。从深处运移的气体被圈闭在 RHSZ 之下。这一毛细管封闭不会阻碍水流，溶解气继续被运输至 RHSZ，从而形成更多的水合物［图 4-23（d），$t2$］。RHSZ 中盐度未到达游离气体出现值，高毛细管吸入压力值阻止了大量气体进入 RHSZ，水合物形成不需要的盐都被向上流动的水流冲出水合物形成区域。同样，随着更多的水合物在孔隙中沉淀和阻碍毛细管，气体继续聚集，直到气柱高度超过表面浮力［图 4-23（b），$t3$］。游离气体将通过裂缝张开方式向上运移至 RHSZ 内的上覆沉积物中。

（1）日本南海海槽

日本南海海槽的水合物储层是砂岩储层的典型例子。MITI 测井位于弧前盆地，水深 945m（图 1-19）。利用随钻测井、电缆测井和压力取芯表明在浊流砂体中存在天然气水合物。通过测井资料分析，在四个浊流沉积砂体识别出天然气水合物。天然气水合物填充在沉积物的孔隙中，在某些地层饱和度可达 80%（Akihisa et al.，2002；Matsumoto et al.，2004；Uchida et al.，2004；Tsuji et al.，2009）。水合物在浊流砂岩层厚度不到 1m，总厚度为 12～14m。高饱和度的天然气水合物层的底界与预测的 BSR 深度相吻合。日本南海海槽 MITI 测井揭示了浊积砂岩孔隙中水合物的存在，却没有观察到天然气水合物的赋存和储量与 BSR 性质之间的关系。测井和取芯数据查明天然气水合物厚度海底以下 268m，储层为晚更新世浊流砂岩层和粉砂岩与泥岩的薄互层。

日本南海海槽天然气水合物主要分布在砂岩、粉砂岩的孔隙中和未固结的砂岩内，在测井资料上响应不同。在两口井位利用测井对 LWD 响应进行校正，由于钻井后井孔质量不断被破坏，测井工具被迅速放置到井孔，井孔约 26.97cm。图 4-24 给出了长度为 9m 的电缆测井和 LWD 电阻率测量垂向分辨率的差异。在 LWD 测井上，存在几个薄的高电阻率区，为砂岩中含水合物层，而测井曲线未分开。图 4-25 为测井资料对比，给出了最厚的水合物层，该层厚度约为 1m，在两种测井资料上都有显示，但是电阻率的峰值明显不同，在电缆测井上为 40～50Ω·m，而在 LWD 上为 100Ω·m。该不同可能由于测量工具的分辨率或测量速度的差异造成的。LWD 电阻率曲线被用于识别砂岩内水合物的厚度。声波测井不像其他测井工具易受井孔条件的影响，不像 LWD 测井易受钻井噪声的影响。图 4-26 为电缆测井测量的 P 波速度和 LWD 测量结果的对比。在 815～920m 的含水合物层，两种曲线吻合很好，但是 LWD 显示水合物层的上下层地层未固结和井孔不稳定，接近水中值。可以解释为在低频区，接近钻井噪声，尽管这种低频在 P 波速度中非常重要，但是在 LWD 中被切除，表明 LWD 的速度应该被 VSP 的层速度进行校正。在测量的密度和中子曲线上，数据质量由传感器与地层接触程度控制，因此测井工具被接触井壁，这可能是 LWD 的一个优点。因此，砂岩内水合物的电阻率明显偏高，甚至高达 10Ω·m，测井响应出现峰值反映了砂岩和泥岩地层的转换。在砂岩和泥岩转换处，伽马射线明显不同，但是 API 值一般较高。声波速度具有明显高值，密度计算的孔隙度为 40%，与泥沉积物计算的孔隙度差别不大；可组合的核磁共振测井仪测量的孔隙度小于密度测量的孔隙度，在高水合物饱和度区孔隙度几乎为 0。粉砂岩沉积物中测井显示：电阻率没出现峰值，在几十米处为 2～5Ω·m；伽马射线没有典型特征，声波速度明显偏高，密度变化不明显，可组合的核磁共振测井仪测量的密度为密度孔隙度的一半。

我们利用电阻率识别水合物层，利用取芯进行含水合物层的直接观测，表

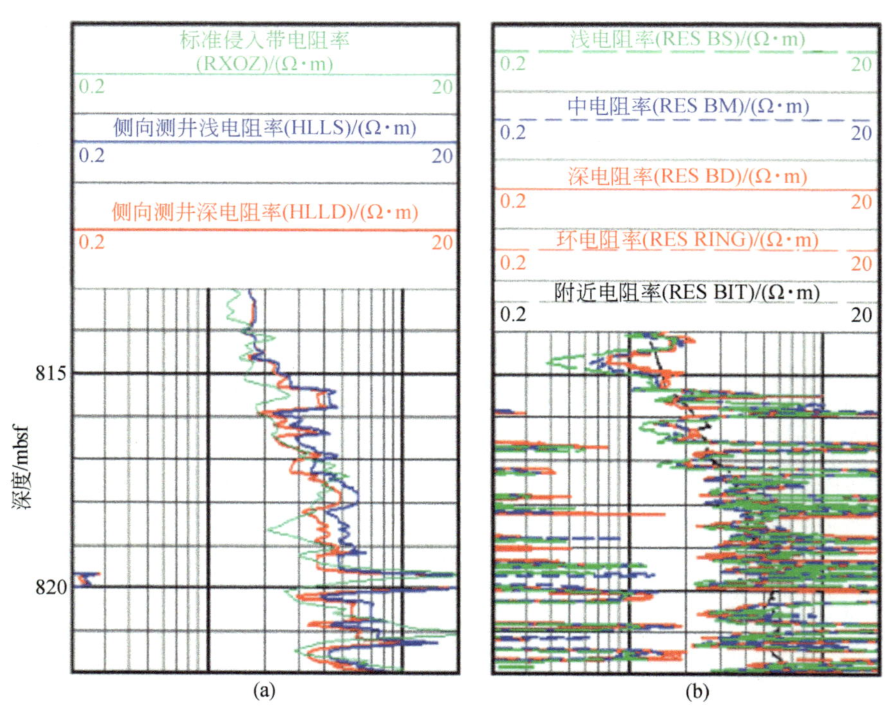

图 4-24　多个薄层内含水合物电缆测井电阻率（a）和 LWD 测井（b）的电阻率对比（Tsuji et al.，2009）

4-5和表 4-6 分别为利用测井资料和取芯确定的含水合物层。从 LWD 分析，存在几个电阻率增加层，指示地层中水合物的存在，在位置 1 处，水合物位于 310 ~ 345mbsf 处（图 4-27），而在位置 2 处位于 120 ~ 148mbsf 和 310 ~ 33mbsf 两个层位［图 4-28（a）］。在位置 1 处，高电阻超过 30m（电阻率达 2 ~ 4Ω · m，背景值为 1Ω · m 左右），在位置 2 处，电阻率峰值达 40Ω · m，位于浅层，然后逐渐降低（120 ~ 140mbsf），该层密度明显降低（图 4-28），如果假设水合物充填在孔隙中，很难利用孔隙水被水合物替代来进行解释，该层孔隙度很高达 60%，超出背景值 10%，可能存在块状水合物。在 143mbsf 处，电阻率达 20Ω · m，在该深度密度明显增加，该峰值是由于碳酸盐胶结沉积物所致而不是水合物原因。

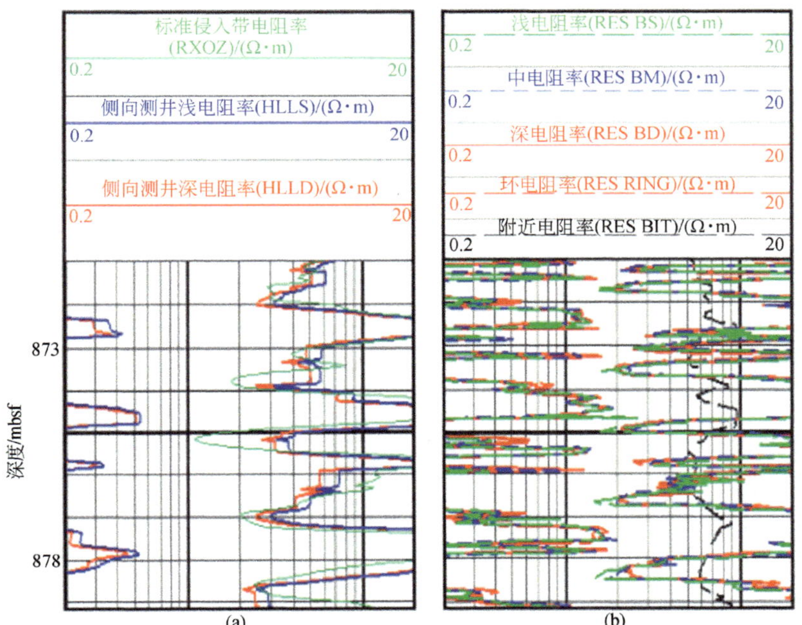

图 4-25 几个含 1m 水合物厚度层电缆测井（a）和 LWD（b）的电阻率对比（Tsuji et al., 2009）

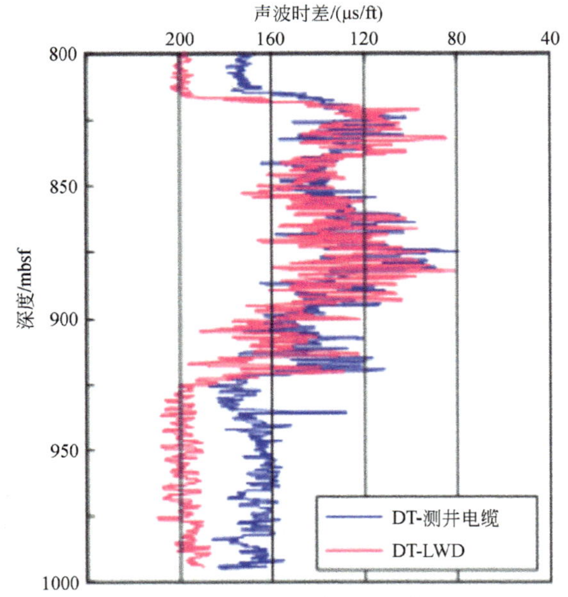

图 4-26 电缆测井和 LWD 测量的声波时差测井（Tsuji et al., 2009）

表 4-5　利用测井识别天然气水合物

测井类型	甲烷水合物特点	测井响应
电阻率	∞	高
弹性波速度	高于水中速度两倍	增加
中子孔隙度	水的 1.3 倍	略微增加
密度	0.91g/cm^3	略微增加
核磁共振孔隙度	0	降低

表 4-6　利用岩芯识别天然气水合物

方法	特征
肉眼观测	白色晶体、气泡和浓雾状
温度（笔式温度计）	温度降低（水合物分解的吸热反映）
气体组分（海底发射器，甲烷发射器）	气泡探测，发射器响应，岩芯空白
孔隙水化学（氯离子等）	溶解度降低（地层水的稀释）

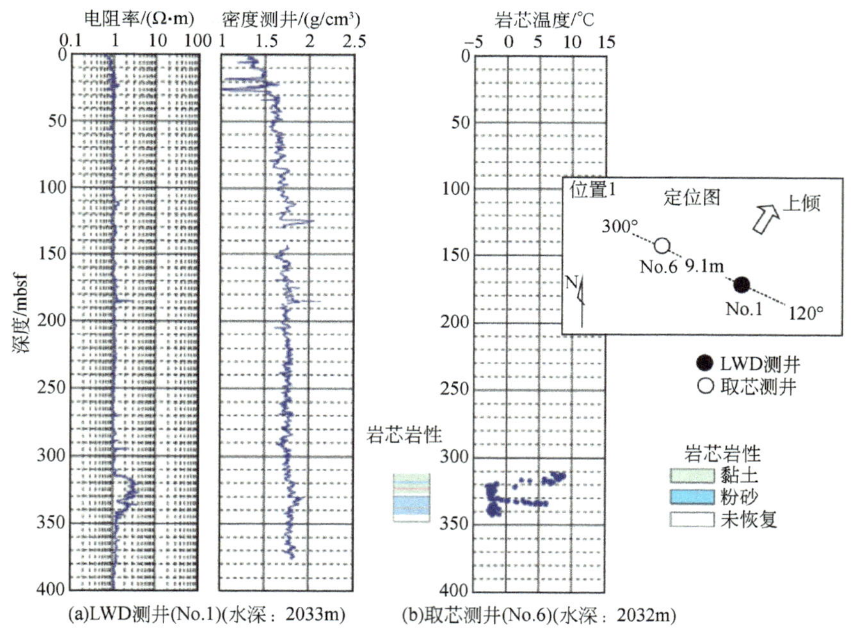

图 4-27　位置 1 随钻测井（LWD）和岩芯数据

Res_Ring 为电阻率，RhoB 为密度测井（Fujii et al.，2009）

在位置 2 处，图 4-27 和图 4-28 为钻井岩芯资料，取芯显示在位置 2 处泥岩中的块状和层状水合物，取到样品厚度为 2～10cm，沉积物为泥质或粉砂，部分为非常细粒的砂岩（10cm），时间为1.73～3.85Ma（晚上新世）。在两个位置，沉积物主要为泥质或粉砂，该沉积物过去通常被认为不是水合物形成的有利储层。但是岩芯稳定性降低，表明为层状水合物。气源分析表明为生物和热成因气体的混合气体（Uchida et al.，2009），电阻率成像测井显示在位置2处水合物层存在高角度断层或裂隙，其层状水合物的甲烷气体可能是从深度地层沿裂隙或断层运移来的。

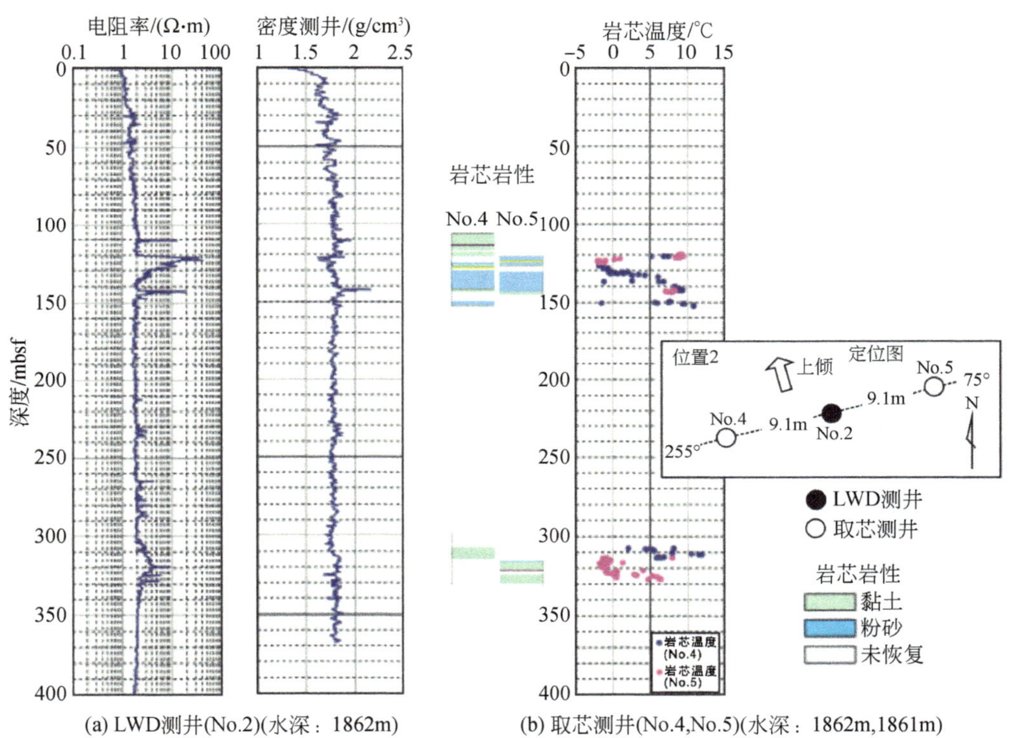

图4-28 位置2的随钻测井（LWD）和岩芯数据

Res_ Ring为电阻率，RhoB为密度测井（Fujii et al.，2009）

在位置4和位置13处，LWD显示高电阻率异常区表明该地层存在天然气水合物。位置4处高电阻率厚度达50m，电阻率值高达60Ω·m，背景电阻率为1.5Ω·m，且出现电阻率峰值，厚度为150m，上覆在更深处高电阻率上［图4-29（a）］。位置13处高电阻率厚度为104m，电阻率达200Ω·m，背景电阻率为1.5Ω·m［图4-30（a）］。图4-29（b）和图4-30（b）为位置4处和位置13处的岩芯，常规电缆岩芯系统的回收速率在浅层比较高（50m内几乎100%回收），随深度增加而降低。该变化可能是由于砂岩的含量随深度的增加，未固结砂岩容易阻塞取芯筒并降低的回收率。由于砂岩沉积物的回收率差，水合物样品除块状或层状外未被回收（在位置 4 处回收率为 53%，位置 13 处回收率为 34%）。图 4-29（d）和 4-30（d）为利用笔式温度计在甲板上测量的岩芯温度，位置 4 处和位置 13 处的海底温度大约为 4℃，测量时平均大气温度为 15℃。因此，由于水合物分解观测的温度小于 4℃ 为正常温度，尤其在砂岩地层中，水合物分解温度降低更明显，MITI 在日本南海海槽水合物钻探也有同样现象，表明高渗透率砂岩是水合物形成的理想沉积物。

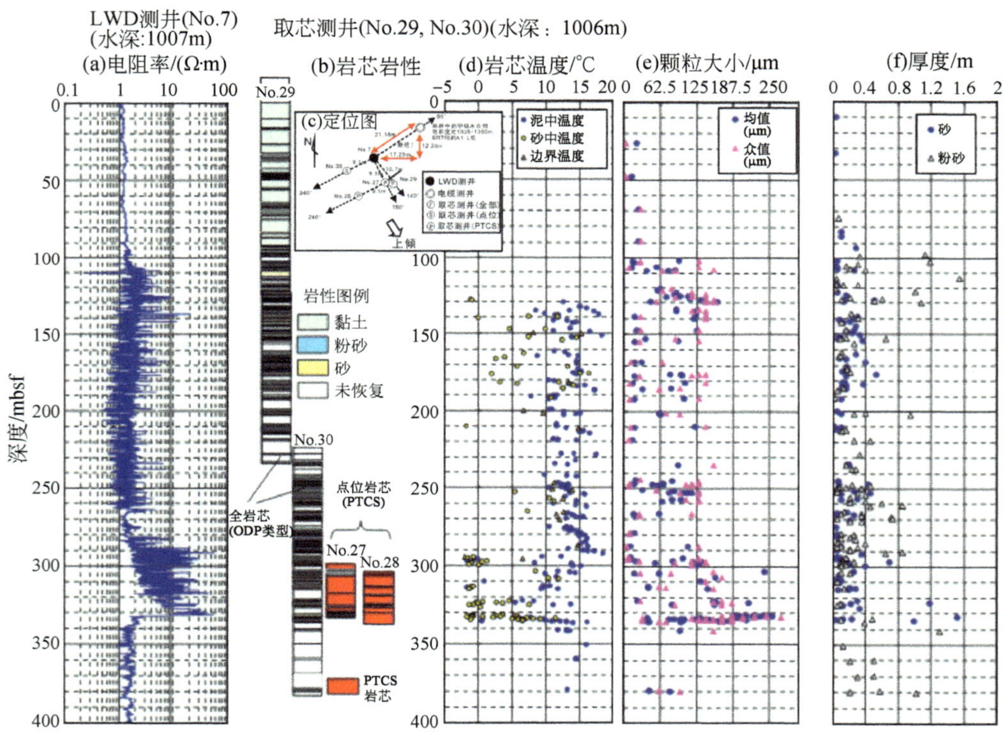

图 4-29 位置 4 处 LWD 和岩芯深度剖面（Fujii et al.，2009）

在位置 4 处，上部大约 100m 沉积物几乎为连续的泥岩，以下深度砂岩和粉砂岩含量逐渐增加［图 4-29（b）］，高电阻率区的沉积物是由变化的砂岩和泥岩层组成，图 4-29（f）给出了位置 4 处砂岩和粉砂岩的厚度变化情况，水合物带砂岩厚度为 20～30cm，但在底部达 1m 厚（即 323mbsf、332mbsf 和 335mbsf 处）。位置 13 在海底下存在一个 2.5m 厚的砂岩层和一个大约 40m 厚的泥岩层。砂岩和粉砂岩含量在 50mbsf 以下逐渐增加，砂岩厚度和含量都比位置 4 处较大，因此使回收率更低。图 4-30（f）为位置 13 处砂岩和粉砂岩的变化厚度，在深度93～197mbsf 的高

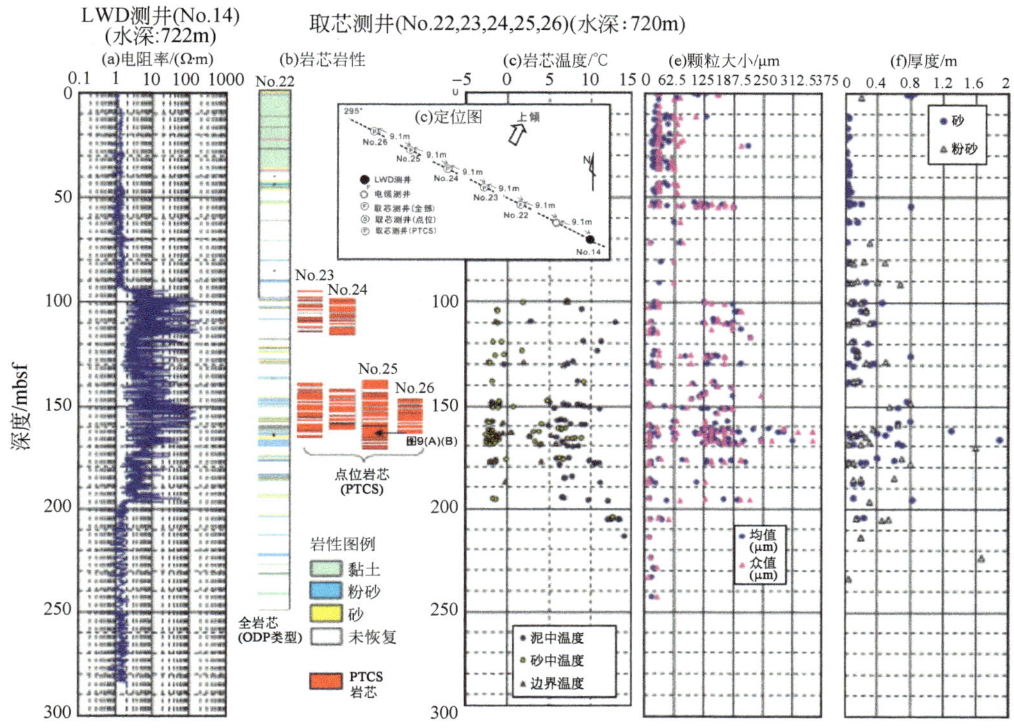

图 4-30　位置 13 处 LWD 和岩芯深度剖面（Fujii et al.，2009）

电阻率存在厚砂岩层，厚度从 1～80cm 不等。对两个位置处沉积物粒度分析表明，位置 4 处的砂质沉积物主要为非常细粒的砂，在深度 282～332mbsf 处为以细粒砂为主的含水合物层。位置 13 处为细粒、中等颗粒的砂，颗粒也比位置 4 处大些。

利用岩芯和测井资料对含水合物沉积层进行了地震相分析，识别了 Bouma 层序五种地震相（从 A 到 E，图 4-31）。选择层位的颗粒大小和电阻率测井进行综合分析，用来确定岩性柱结构。利用电阻率测井而不是利用伽马射线测井来确定岩性，主要是因为在浅层伽马射线响应比较差，在位置 4 处和位置 13 处，颗粒大小与电阻率在含水合物层具有良好的对应关系。粉砂和细粒砂的边界在位置 4 处为大约 5Ω · m，位置 13 为 15Ω · m。电阻率是孔隙中水合物饱和度函数，受甲烷容易运移而控制。砂岩比泥岩有利于甲烷运移（侵入），因为砂岩具有较大的孔喉，同样砂岩电阻率也较高。利用电阻率和伽马曲线绘制了岩性柱状图，包括没有取芯的层段（图 4-31），沉积相分析表明在位置 4 和位置 13 处，含水合物层的沉积环境为深水水道系统的分流水道至远源朵叶体。

在位置 13 处砂层内水合物厚度为 104m，如此厚的水合物层在速度上也表现

相	沉积环境	岩石构造与沉积构造（岩芯观察结果）
A	分流水道 （到近源朵叶体） （高密度浊积岩）	·富砂层与细砂和泥层交替 ·递变层理 ·砂层中为平行/交错层理 1m 取自位置4:333~335mbsf
B	朵叶体（到分流水道）	·正常一富砂层与细砂和泥层交替 ·递变层理 ·砂层中为平行/交错层理 1m 取自位置4:324~326mbsf
C	远源朵叶体 （鲍马层序从Td到Te）	·泥层中的薄砂层（极细）基底 ·砂层中为平行/交错层理 ·生物扰动 1m 取自位置4:280~282mbsf
D	天然堤	·砂层（包括粉砂薄层）与泥层交替 ·平行层理 ·流水波痕 ·滑塌构造 ·生物扰动 1m 取自位置4:251~253mbsf
E	盆地底部	·大规模泥层 ·无沉积构造 1m 取自位置4:275~277mbsf

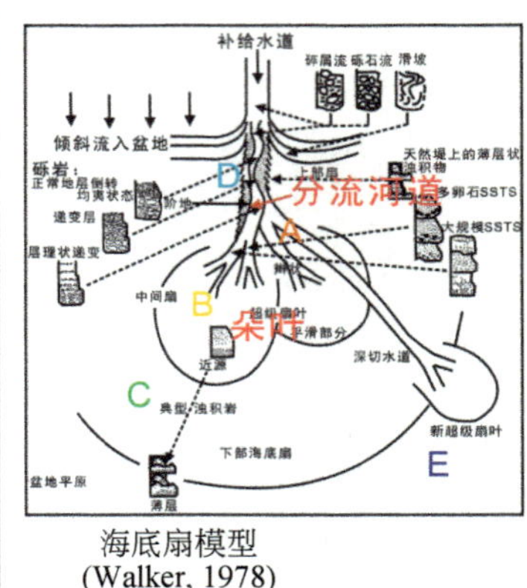

海底扇模型
(Walker, 1978)

图 4-31　岩芯识别出地震相（Fujii et al.，2009）

为高纵波速度（图 4-32）。BSR 与水合物稳定带底部（GHSZ）吻合，但是在某些井，高饱和度水合物层与水合物稳定带顶部并不吻合，如 E 井，高饱和度水合物层位于 GHSZ 底部的上部地层，在 GHSZ 附近无明显 BSR 出现。含水合物砂岩层的声波速度也出现高速异常，表明含有高浓度的水合物。

（2）墨西哥湾

墨西哥湾西北被动边缘的地质结构主要受盐底辟和巨厚的新生代沉积控制，该区发育了大量的海底滑坡、在浅层盐底辟上的地堑构造和大规模的生长断层（Bouma，1982）。识别出的大部分 BSR 位于水深 1200 ~ 2000m 处褶皱背斜的中心上。Krason 等（1985）详细研究墨西哥湾西部的 BSR 覆盖面积达到 $5000km^2$，该地区识别 BSR 水深在 1200 ~ 2700m，BSR 底部在 400 ~ 600mbsf。墨西哥湾水合物的第一个直接证据是在 1970 年 DSDP Leg10 航次从深水西格斯比平原和坎佩切湾采集到富含天然气的岩芯（Shipboard Scientific Party，1973）并在 DSDP Leg96 航次得到确认，在深度 20 ~ 40mbsf 的 Orca 盆地采集到了大量天然气水合物样品

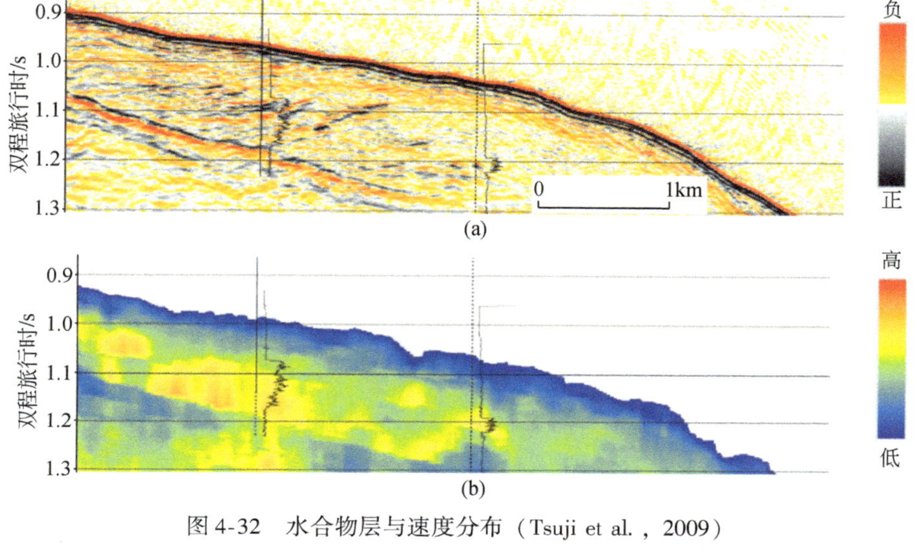

图 4-32 水合物层与速度分布（Tsuji et al.，2009）

（a）为偏移剖面；（b）为层速度剖面

（618 井及 618A 井），位于路易斯安那南部 300km，水深 2000m（Shipboard Scientific Party，1986）。在路易斯安那大陆坡近海底（0 ~ 5mbsf）沉积物中也采集到了大量天然气水合物样品（Brooks et al.，1986）。这些海底天然气水合物以结核、分散层和大块固体形态出现，与明显的渗漏发生的裂隙系统有关，水深深度在 530 ~ 2400m 范围内。

墨西哥湾天然气水合物 JIP 计划选取 Alaminos Canyon 的 818 区块、Green 峡谷的 955 区块和 Walker Ridge 的 313 区块进行钻探（图 1-7）。根据高品质的 3D 地震资料和浅层测井资料，Alaminos Canyon 的 818 区块是墨西哥湾地区水合物在砂岩层富集的地区。尽管墨西哥湾是发现较大水合物的区域，但是大多数水合物为利用活塞取芯（不到 5m）或直接观测资料，因此大多数墨西哥湾水合物描述为海底出现的块状水合物。

Alaminos Canyon 位于墨西哥湾深水探区，位于一个较厚、流动的盐盖上，为一个油气渗漏区（Cordes et al.，2007）。最年轻的浅层油气储层是古近系深水浊流区的渐新世 Frio 砂岩，尽管 Frio 砂岩在墨西哥湾地区大部分位于 BGHS 之下，Perdido 褶皱带的隆起使该地层位于较浅处（图 4-33）。在 AC818 区块形成一个构造圈闭，钻井取芯样品的分析表明 Frio 砂岩为细粒的火山碎屑砂（40 ~ 60μm），被认为是典型的 Frio 砂的地层，一个明显特点是富含火山玻璃屑和长石岩片，同典型石英砂相比导致了自然放射性的增加，使地层从伽马射线测井看似乎比实际含有较多的泥质含量。地层孔隙度从28%～34%变化，比密度测井小10%左右（图4-34），基于孔隙度、颗粒大小和其他资料利用数学公式计算渗透率为550～1500mD①（表4-7）。

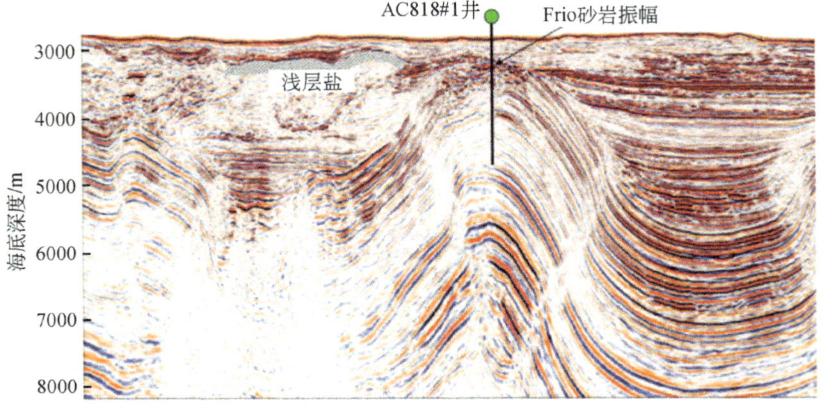

图4-33 过 Alaminos Canyon 区东西向剖面（Boswell，2009）

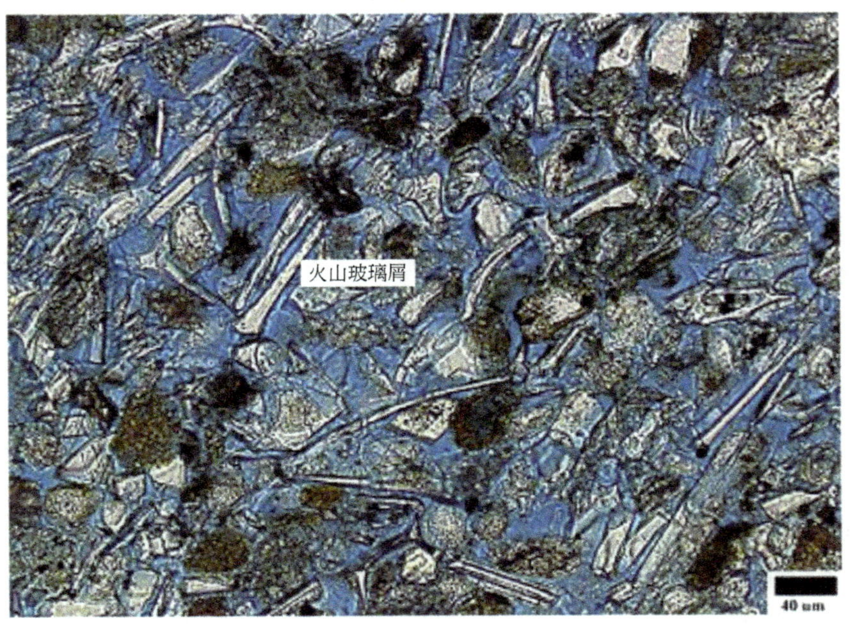

图4-34 Alaminos Canyon 818 #1 井 Frio 砂岩含水合物层回收岩芯的显微照片的薄片（Boswell，2009）

① $1D=0.986\ 923\times10^{-12}m^2$；$1mD=10^{-3}D=0.986\ 923\times10^{-15}m^2$。

表 4-7 AC818 #1 Frio 砂岩层的岩芯分析数据（钻探深度从海平面以上 92ft 计算）

钻井深度 /ft	海底以下深度 /ft	渗透率 /mD	孔隙度 /%	临界水饱和度 /%	描述
10 489	1 393	—	—	—	暗灰色泥岩
10 532	1 436	1 050	30. 1	35	细粒至非常细粒砂岩
10 535	1 439	830	29. 1	36	非常细粒砂岩
10 538	1 442	1 000	31. 1	36	非常细粒砂岩
10 541	1 445	950	30. 2	35	非常细粒砂岩
10 544	1 448	900	29. 7	36	非常细粒砂岩
10 547	1 451	1 100	30. 7	36	非常细粒砂岩
10 550	1 454	475	27. 5	38	非常细粒砂岩
10 556	1 460	—	—	—	粉砂
10 559	1 463	625	28. 1	37	非常细粒砂岩
10 562	1 466	880	30. 5	36	非常细粒砂岩
10 565	1 469	1 500	32. 3	36	细粒至非常细粒砂岩
10 568	1 472	765	30. 6	38	非常细粒砂岩
10 571	1 475	750	30. 1	37	非常细粒砂岩
10 574	1 478	690	30. 3	37	非常细粒砂岩
10 580	1 484	1 150	33. 4	38	非常细粒砂岩
10 583	1 487	1 300	32. 9	38	非常细粒砂岩
10 586	1 490	990	33. 7	39	非常细粒砂岩
10 592	1 496	930	31. 4	37	细粒至非常细粒砂岩
10 596	1 500	910	30. 7	37	细粒至非常细粒砂岩
10 609	1 513	550	31. 3	39	非常细粒砂岩
10 614	1 518	595	31. 6	40	非常细粒砂岩

假设地层骨架的密度为常数 2. 65g/cm^3，计算出高电阻率层平均孔隙度为 47%。为了计算低密度在骨架密度的百分比，假设火山玻璃含量为50%，地层骨架密度为 2. 35 ~2. 45g/cm^3，利用该密度进行计算，则 Frio 砂岩上部 15m 处，孔隙度为 42%，该值比岩芯测试略高 10% ~12% （表 4-7）。利用修改的 Biot-Gassman 方程的岩石物理模型，与测井测量的 P 波速度和 S 波速度不能吻合，与

计算得到的水合物饱和度也不吻合。然而，利用测井获得的较高孔隙度与观测值吻合比较好，能够较好地反映原位地层孔隙度。

砂岩储层是水合物的有利储层，水合物饱和度一般比较高。图 4-35 为通过对比声波测井与饱和水速度计算得到含水合物饱和度，计算水合物饱和度在 3210～3226m 层段大于 70%，最高值达 80%。测量 P 波速度和 S 波速度与地层孔隙交汇，选择 BGTL 参数 $m=1.8$ 为该层的模型速度参数，与电阻率计算方法一样，声波速度增加假设是由于地层含水合物的缘故，利用 P 波速度计算饱和度与电阻率计算结果吻合好且分辨率更高些。在含水合物层，对 P 波速度和 S 波速度之间关系进行分析并与 Mallik 5L-38 井进行对比（图 4-36），S 波速度小于 1km/s 时，含泥岩层的 P 波速度略微比 Mallik 5L-38 井砂岩地层含水合物的速度高，AC818 #1 的 S 波速度略微小于 Mallik 5L-38 井。P 波速度和 S 波速度关系的相似性可能反映两个位置相似的粗粒（砂岩）岩性，该响应与泥岩地层明显不同。

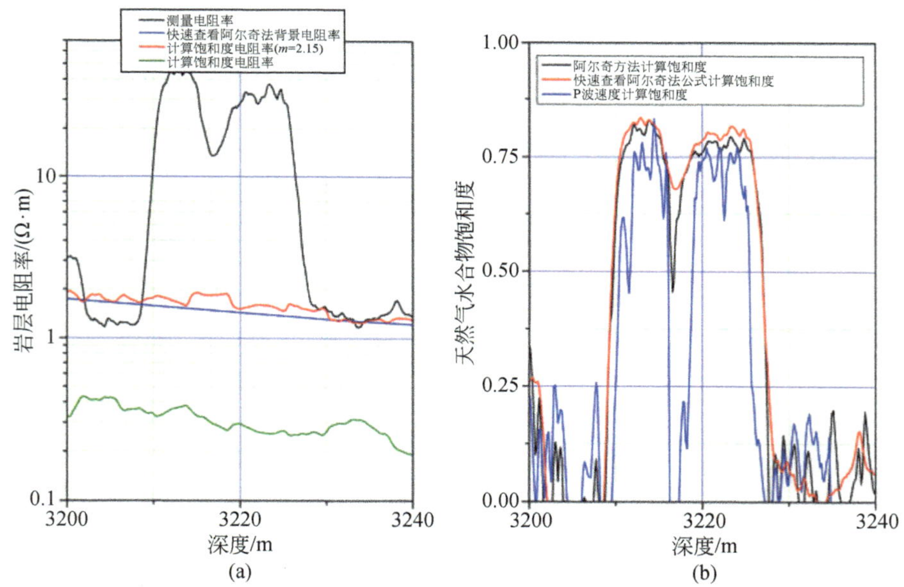

图 4-35 利用电阻率和 P 波速度计算的 AC818 #1 水合物饱和度对比

（a）为测量电阻率、快速查看阿尔奇法背景电阻率（蓝线）、计算饱和度电阻率（红线）；（b）快速查看阿尔奇公式（红线）、阿尔奇方法（黑线）和 P 波速度（蓝线）计算饱和度（Boswell，2009）

利用 3D 地震资料能够估算 AC818 区块远离#1 井水合物在横向和垂向上的聚集特征，基于测井资料分析显示的水合物聚集的顶部和底部在地震上都有显示。强振幅、正同相轴（绿色）对应水合物聚集顶部，负振幅轴（白色）对应底部

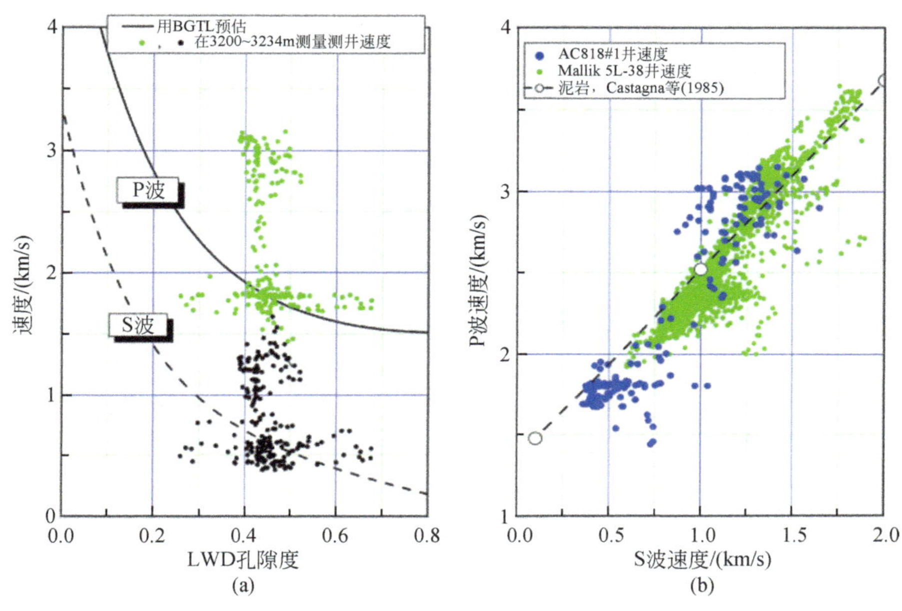

图 4-36 AC818 #1 测量速度

（a）测量的 P 波和 S 波速度与 LWD 孔隙交汇及利用修改 Biot-Gassmann 理论（BGTL）计算速度；（b）P 波速度与 S 波速度之间的关系（Boswell，2009）

(图 4-37)。低振幅、负极性轴能够追踪 2km 长和 0.5km 宽，与 Perdido 褶皱密切相联系，该负振幅反射与上部 Frio 砂岩含水合物层底部相一致。下面轴延伸到上面轴之后，很可能是 Frio 砂岩的顶部，上新世—更新世低速砂岩位于 Frio 含水和少量气体的低速砂岩形成的交汇处，该同相轴振幅随着褶皱脊部减弱，可能是由于 Frio 砂岩气体缺失。

基于 3D 地震资料分析表明在整个井位区域存在大量的游离气，井上获得的岩性样品表明 Frio 砂岩是高孔隙度、高渗透率的火山玻璃砂岩。测井获得的孔隙度为 42% 左右，不含水合物区域的渗透率为 1D，表明 Frio 砂岩为高品质储层。气体可能沿着大量近似垂直断层或渗透性的 Frio 砂岩层向上运移，气体聚集圈闭与 Perdido 褶皱带的挤压构造有关，盖层是细粒上新世泥岩，位于不整合面上，在褶皱脊部部分侵蚀了 Frio 砂岩，而在东北翼部全部被侵蚀。

(3) 卡斯凯迪亚北部

卡斯凯迪亚增生楔是由更新世前的半浅海沉积层上覆更新世的快速沉积组成的，沉积厚度大约 2.5km。大部分的沉积输入是从俯冲海洋板块上刮下来的，出

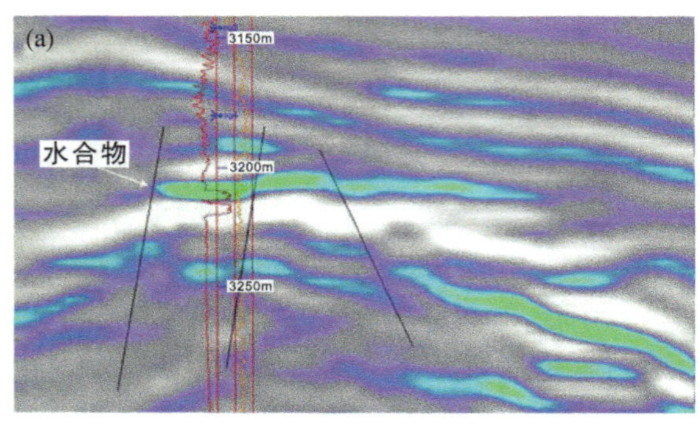

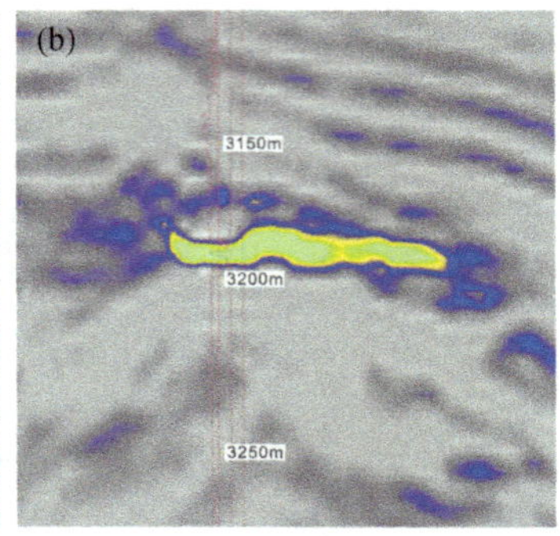

图 4-37　过井位的叠前时间偏移剖面和 P 波测井叠置图和 AC818 #1 井地震资料反演结果

（a）含水合物层的顶部和底部与地震轴一致，测井上水合物层的薄层在地震没有显示出来；（b）给出了远离该井的水合物，中间红线为井位，红色曲线为 P 波声波测井，西部水合物层被断层截断，中部断层处水合物层变厚。垂向为 200m（Boswell，2009）

现折曲，向上逆冲形成延长的背斜脊，周围是小的沉积盆地。卡斯凯迪亚水合物储层特征主要通过 IODP 311 的 U1325、U1326、U1327 和 U1329 进行研究，区域位置和井信息参考 1.4.2.2 节（图 1-14～图 1-17）。

盆地西部的 U1326 站位位于增生处的第一个脊部，脊部的细粒碎屑沉积物含有大量粗粒沉积层，为典型浊积岩沉积。这些层序频繁出现，表明活跃的构造作用和抬升作用多次出现（Johnson，2004；Riedel et al.，2006）。脊部地震特征从西南向东北发生变化，西南部为半连续反射，在东北部侧翼的下部消失，说明内部变形加剧导致地震相干性降低。在陡崖翼部的地震成像是不准确的，没有更多的地球物理解释资料。

在 U1325 井处，砂岩层最高水合物饱和度达 60%［图 4-38（e），方框］，该井位详细岩性样品显示大约 90% 的水合物饱和度变化是与围岩沉积物的砂岩含量有关的。从大约 180mbsf 至 GHSZ 底部每一个样品分析（包括粉砂样品）都比背景流体盐度低，表明 GHSZ 底部上分散型水合物增加，从测井资料的热异常分布和异常高电阻率值都很明显［图 4-38（f）］，但是从氯离子计算的非零水合物饱和度都位于薄砂层（<5cm）内，测井垂向分辨率达不到。在薄砂层处，测井上仍然存在电阻率的峰值，但是测量的电阻率比实际值偏低，从测井上唯一能够识别的为在深度 210mbsf 和 240mbsf 处 9cm 和 23cm 砂层（图 4-39），但是 23cm 砂层电阻率异常不明显，9cm 砂层能够从其他井位电阻率峰值识别出。图 4-39 为 U1325A 井和 U1325C 井电阻率测井，岩芯与 LWD 之间有 3.5m 位移，图 4-38（f）中其他位置砂岩很难从测井的分辨率上识别。

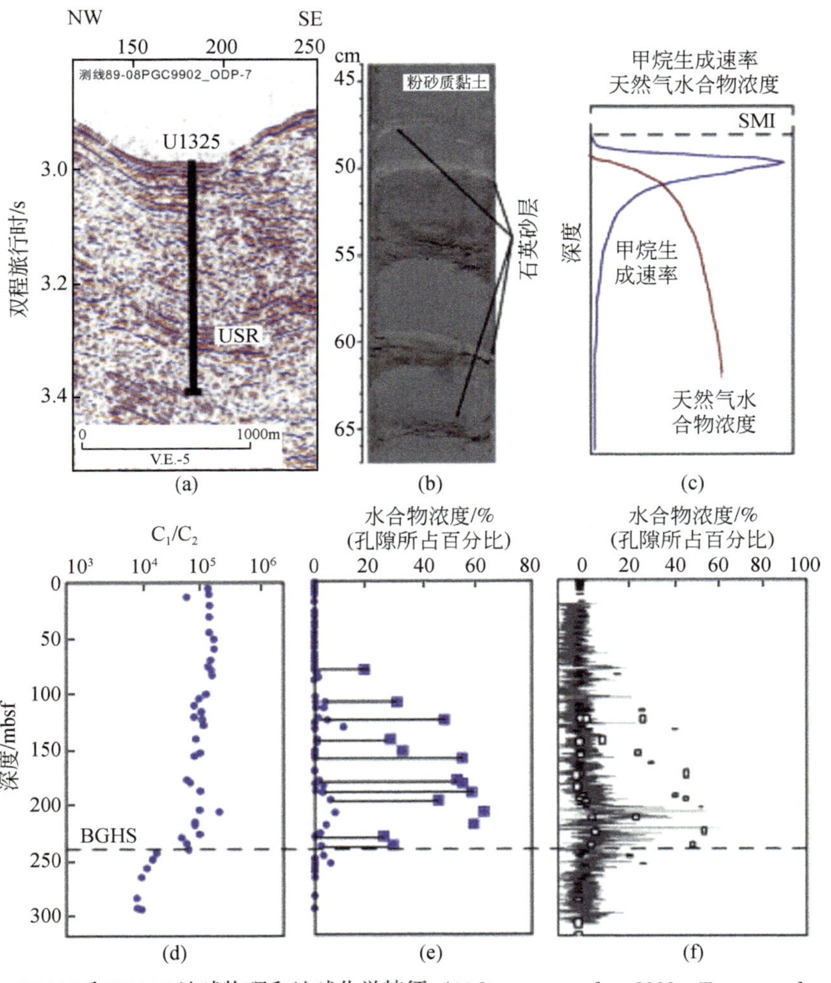

图4-38 U1325和U1324地球物理和地球化学特征（Malinverno et al.，2008；Torres et al.，2008）

（a）过U1325井单道地震剖面；（b）岩芯U1324B-8H-4段样品粉砂泥岩和砂岩层照片；（c）假设的Blake Ridge沉积物中甲烷气源函数（蓝线）和垂向流体对流计算的水合物饱和度模型；（d）U1325B和1325C站位甲烷/乙烷（C_1/C_2）；（e）利用氯离子计算的U1325B井和U1325C井的水合物饱和度；（f）利用U1325A井LWD电阻率计算水合物饱和度

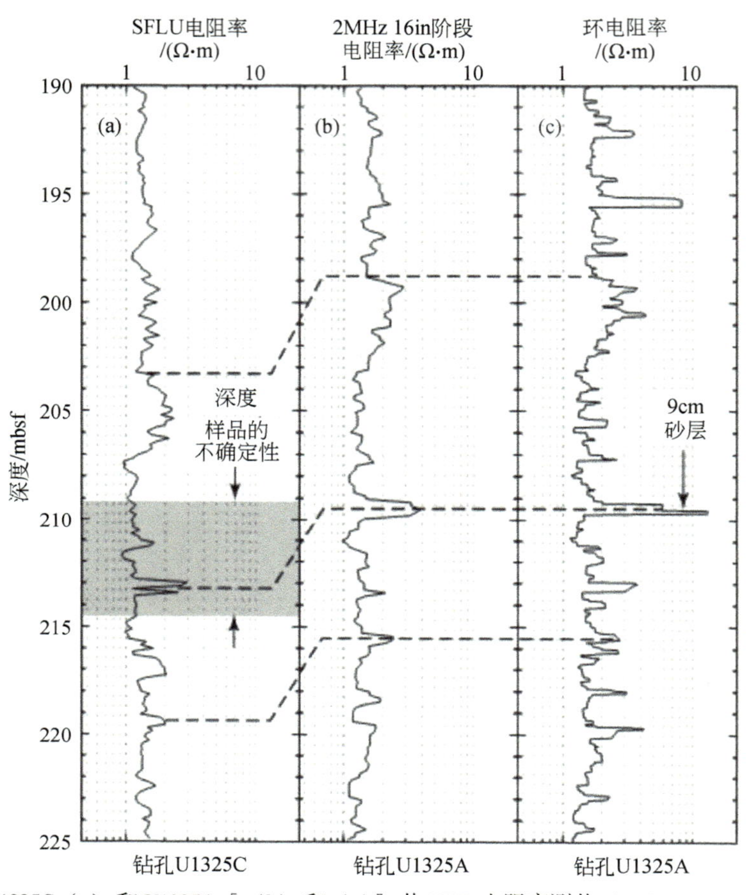

图 4-39 U1325C（a）和 U1325A［（b）和（c）］井 LWD 电阻率测井（Malinverno et al.，2008）
虚线为电阻率测井的对比特征，在（a）和（b）中具有相同的垂向分辨率（约 60cm），（c）的分辨率高一些（8～10cm）；（a）中 U1325C 阴影区 9cm 砂层是从 U1325A 位置的砂层电阻率峰值解释出来的

图 4-40 为氯离子数据和每一个井位的背景值，除 U1327 井位外背景值接近海水值，明显随深度降低。ODP 889/890 具有相同的趋势，氯离子背景值与该图类似。利用氯离子和电阻率曲线计算了水合物饱和度，阿尔奇方程中参数选择与 U1325 井相同。图 4-40 给出了不同井位水合物出现的区域。在 U1326、U1325 和 U1327 站位，水合物出现在 GHSZ 底部，但是顶部恰好在海底。在 U1329 站位，离变形前缘最远，没有明显含水合物的证据，图中仅给出了 GHSZ 底部。

估算水合物饱和度变化范围非常大，从 0～80%，水合物饱和度小规模变化很可能与 Cascadia 增生楔的岩性非均匀性和水合物优先在粗粒沉积物聚集有关（Ginsburg and Soloviev，1997；Clennell et al.，1999；Torres et al.，2008）。利用氯离子异常和电阻率测井计算的水合物饱和度在相同位置不能完全吻合，在砂层非常薄，利用测井计算的饱和度可能不吻合。如果不考虑薄砂层（<5cm），利用氯离子异常和电阻率计算水合物饱和度就吻合非常好（图 4-40）。估算出水合物饱和度不同的另一个原因是水平层的不均匀性，如在 U1327 站位水合物位于 120mbsf 以下，厚度 20m，但是在其他井位相同位置却没有水合物。岩芯氯离子是从不同井位获得的，水合物富集层可能不是水平连续的，在相同深度可能估算出不同饱和度。

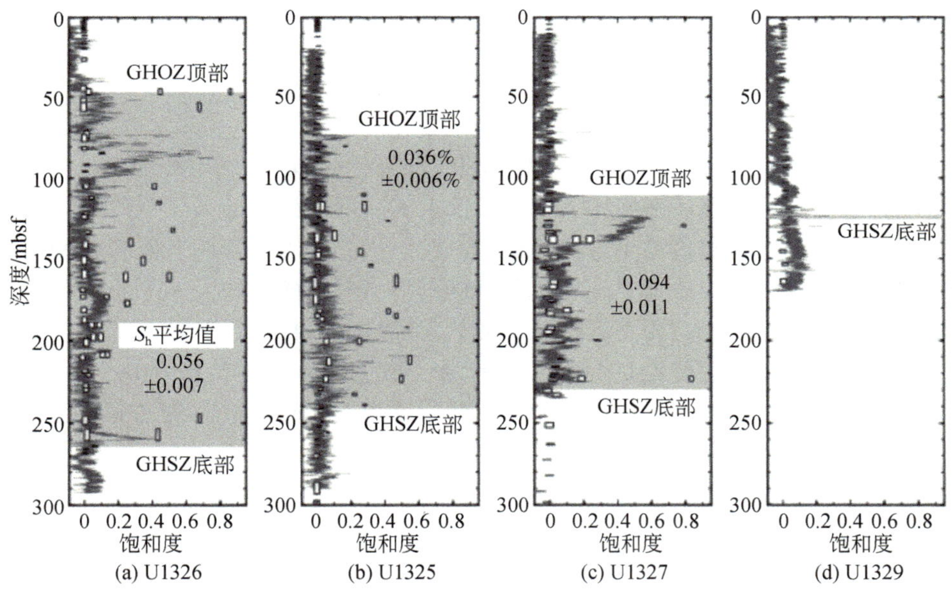

图 4-40 孔隙水氯离子（矩形）和电阻率测井（灰线）计算的水合物饱和度（Malinverno et al.，2008）

每个矩形宽度表示在水合物饱和度估算中的不确定性

平均饱和度是利用测井资料计算出来的，氯离子异常比较稀疏以及取样时存在偏差不适合计算平均饱和度。在红外线岩芯成像由于水合物分解出现低异常值处的孔隙水样品化学优先使用。平均水合物饱和度最高值（9.4%）位于 U1327 井，其他两个井低值（3.6% ~ 5.6%），120 ~ 140mbsf 水合物层仅出现于该井位。如果排除该层位，平均饱和度为 3.7%，则与其他井位水合物饱和度相一致。前面已经讨论过，测井不能准确估算薄砂层的水合物饱和度，这样将使计算的平均饱和度偏低，以U1325井为例定量计算其影响。在水合物带，红外岩芯成像显示有34个薄（<5cm）异常低温层被解释为砂层，在水合物层取芯为55%，如果在取芯和未取芯地层薄砂层是相同的，在U1325井砂层为3m，薄砂层平均饱和度为40%，使168m厚的水合物层平均饱和度仅增加1%。如果薄砂层完全未被取芯，水合物低估值可能比较大。因此，薄砂层对估算的平均饱和度影响不大。

为对比地质构造在Cascadia北部增生楔的西部边缘钻探了U1325井和U1326井。U1325井位于沉积盆地内，含水合物层的平均饱和度为4%，水合物稳定处（海底以下180~250m）饱和度变大，平均为8%。在薄砂岩层中饱和度达到了60%。相邻的样品分析表明天然气水合物更容易在中等和粗粒沉积物内生成，90%左右水合物饱和度的变化是由于沉积物中砂质含量的变化引起的，其他因素，如矿物组分和埋藏深度对天然气水合物的影响比颗粒大小的影响要小。

U1326井位于隆起的脊部，在U1325井位的西部8km处。该脊部是高角度的砂岩层，可能经过风化侵蚀作用。这个站位上的大部分样品的天然气水合物含量比预测的天然气水合物含量小，表明甲烷供应不足。基于四口测井资料，用简单的成岩模型计算了原位菌生甲烷和向上流体对流甲烷浓度剖面。如果甲烷是原位产生的，没有流体对流，较高沉积速率会引起较浅的水合物生成带顶部；如果存在流体对流，高对流速率也会引起较浅的水合物生成带顶部。在IODP 311航次中，从增生楔脱水预测的沉积速率和流体释放速率在变形前缘向陆方向降低，能够解释向陆方向加深的水合物生成带的顶部。

4.3.2 细粒沉积物

4.3.2.1 细粒沉积物成藏机理

毛细管作用控制气体侵入多孔介质时，力学效应可能会导致沉积物骨架的变形和出现裂隙从而触发气体侵入，否则就不会出现侵入现象。在沉积物中优先形成裂隙需要相邻孔隙间的压力不同。尽管在单流体系统中不是有利的模式（除非流体以非常快的流速和压力喷射，如水力破裂），但在双流体系统中很常见，在该系统中两种流体有不同的压力。在充满水的孔隙被气体侵入之前，孔隙压力和水压相当，一旦气体侵入孔隙，使气压作用在周围的颗粒上。由于两种流体不能混合，压力差就不会消失，这一压力差异可能会导致沉积物有选择的破裂。这些过程在颗粒尺度和宏观尺度上都很明显地与流体和变形有关。如果颗粒比较小（高毛细管吸入压力），直到颗粒被推开才会出现气体侵入现象（图 4-41）。

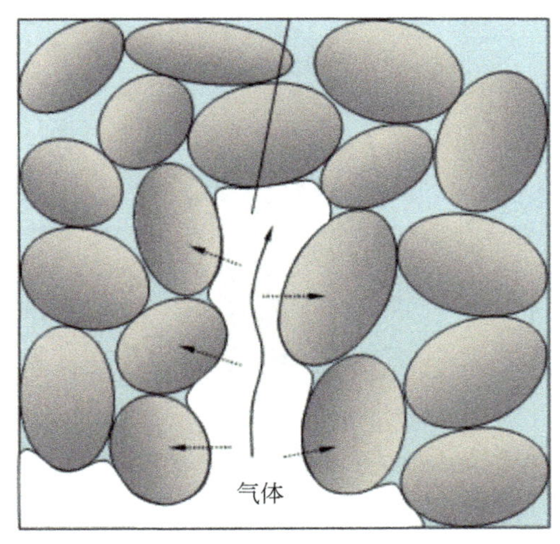

图 4-41 裂隙张开气体侵入模式

如果压力差能够克服颗粒接触的挤压和摩擦力，裂隙形成；在多相环境中，由于表面张力的影响，多孔介质内的气水压力差不会很快消失，颗粒接触面的水分会增大黏合力

无黏性介质在未排水的平面应变理想情况下，当气压超出压应力（σ_H，假定是水平的）的最小值时，裂隙就会发产生。

$$P_g - \sigma_H \geqslant 0 \tag{4-3}$$

这个裂隙张开情况必须持续到黏合力 $\overline{\sigma}_c$ 出现，充填单一流体的多孔介质中，黏合力（抗拉强度）来自于颗粒胶结和固结作用。当孔隙空间内充填有两种不同湿润度的流体时，毛细管应力导致颗粒间的黏附力（图 4-42）（Orr et al.，1975；Lian et al.，1993；Cho and Santamarina，2001）。

气体相运移在穿过可变形的介质可能发生两种端元机制，一种是穿过刚性介质的毛细管侵入和裂隙张开。利用离散元模型（DEM）可以模拟这两种机制，因此可以预测相对容易的运移方式及其两种方式综合作用下的气体运移。两相流体流动和颗粒结构的 DEM 模型可以模拟不混溶气相侵入之上的裂隙的形成和扩张。在很多（被动）沉积环境中，水平应力要小于垂向应力。在这种情形下，裂开沉积物的垂向裂隙会沿着最小压应力方向发育。图 4-43 说明了沉积物中形成的裂隙并不一定受限于各向异性的地应力。甚至当水平应力和垂向应力相等时，如果气体侵入充满海水的沉积物中，介质倾向于形成放射状的，形状复杂的

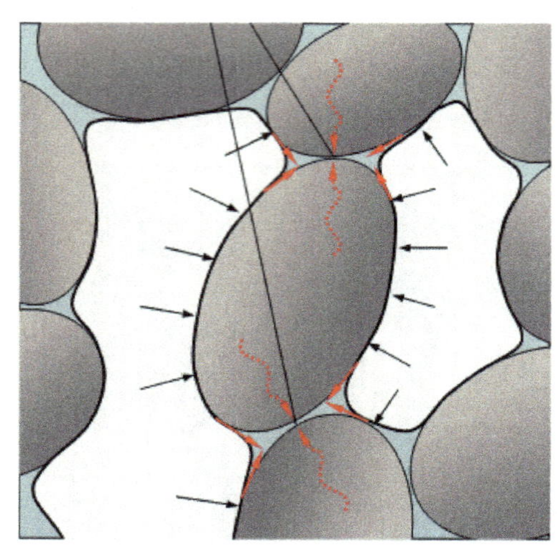

图 4-42 沉积物两种流体相中出现的弯月形阻塞

孔隙介质中的多相流，最小的湿相（气体，白色）运移到孔隙中间，大多数湿相（海水，蓝色）包裹颗粒（灰色）形成孔隙空间裂隙的丝状

裂隙。但是，颗粒大小是确定甲烷气体运输方式（沉积物中形成裂隙或者毛细管侵入）最重要的因素，裂隙容易在细粒沉积物中形成，而粗粒沉积物中以毛细管侵入为主。

选择 300 个颗粒的沉积物样品，最大颗粒为最小颗粒的两倍，由重力沉降形成的模型。由于样品大小要比实验单元体小很多，我们只模拟窄的颗粒大小变化范围的情况，横向边界是固定的。在不变的孔隙压力下沉积物垂向压实，直到达到 3MPa 的垂向有效压力。3MPa 的垂向压力相当于海底以下约 300m 深度。在垂向压实的过程中，横向有效应力增大至约 1.6MPa，因此，初始 $K_0 \approx 0.53$。由于在颗粒尺度模型中重力影响可以忽略，模拟结果和水深无关，而是和毛细管压力的相对大小（气压和水压差）及有效应力（总应力和空隙应力差异）有关。表面张力 $\gamma = 50 \times 10^{-3}$ N/m。假设内聚力与颗粒半径成反比，颗粒大小 r_{min} 是可变的。在模拟阶段，从底部中间的孔隙注入气体，逐渐增大气体压力。在每次加压之间，为流体流动和颗粒移动到稳定带预留足够的时间，以达到机械平衡。图 4-44 是粗粒沉积物（颗粒大小 $r_{min} = 50\mu m$）中气水分界面的演化过程的两张快照。能够清楚地看到在气体侵入过程中，没有固态颗粒的运动，沉积物就像一个刚性构架。当气体压力（减去水压）超过吼道的毛细管吸入压力时，就会发生孔隙到孔隙的气体侵入。在这种情况下，毛细管吸入压力要比破裂压力小很多［图 4-44（a）］，流体运动用侵入渗流描述（Wilkinson and Willemsen，1983；Lenormand et

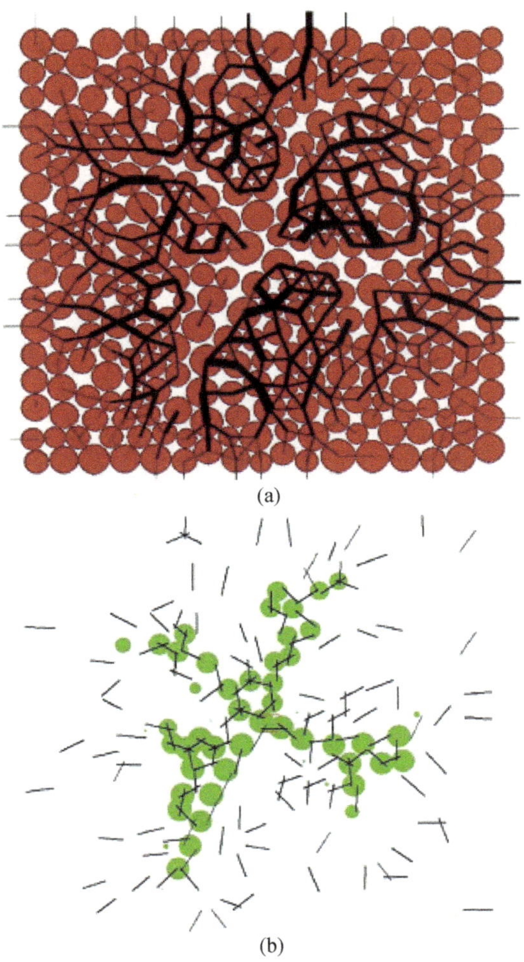

(a)

(b)

图 4-43 水平应力和垂直应力相等时在气体侵入沉积物中裂隙张开

al.，1988），如果气压足够高，几乎所有的孔隙都被甲烷气体充填。在这种情况下，毛细管吸入压力会稍高一些达到 $P_c \approx 6$kPa。

当模型采用的颗粒小很多时，模拟的结果会完全不同。颗粒大小为 r_{min} = 0.1μm 时，对应的甲烷气体运移演化过程如图 4-45 所示。毛细管吸入压力的初始值为 3MPa。但是，在这一压力之下，力学效应占据优势，固体构架也不再是一个刚性介质。在 $P_c \approx 2.5$MPa 时，侵入气体开始在沉积物中形成裂隙，因为在裂隙尖端会出现应力集中现象，裂隙垂向生长（Potyondy and Cundall，2004）。形成裂隙所需的毛细管压力值相当于局部水合物带底部之下 300m 厚的气体柱，已经在地质环境中观测到类似于这一数量级厚度的气体柱（Holbrook et al.，1996；Hornbach et al.，2004），而且被认为是由于气体穿过断层运移存在临界压力的原因。颗粒尺度模型解释了为什么聚集的气流以裂隙扩张的形式出现，甚至在不存在断层和裂隙的条件下也一样。但是由于边界效应，有可能模型高估计了形成裂隙所需的侵入毛细管压力。

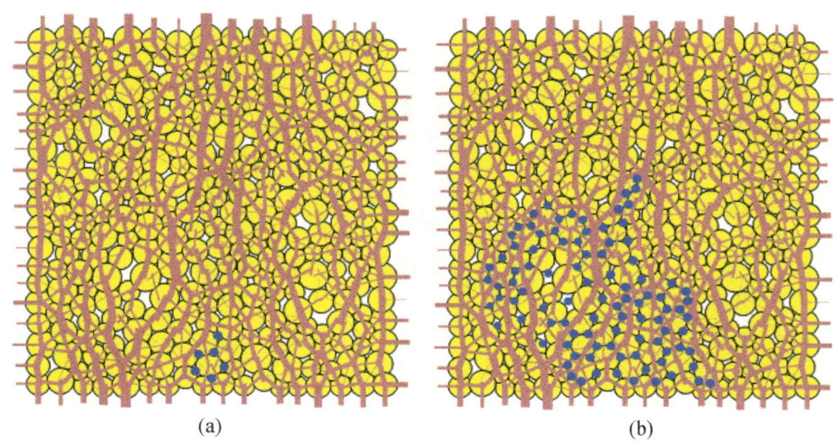

图 4-44　气水界面在颗粒直径为 50μm 的快照
以毛细管侵入为主，孔隙被气体充填（蓝点），褐红色线为颗粒-颗粒接触压缩力；
毛细管侵入压力 5kPa（a）及 6kPa（b）

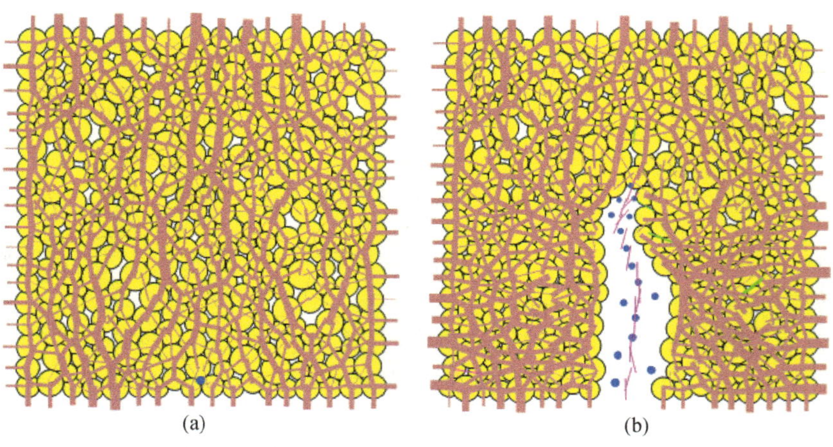

图 4-45　气水界面在颗粒直径为 0.1μm 的快照
以裂隙张开为主，孔隙被气体充填（蓝点），褐红色线为颗粒-颗粒接触压缩力；
紫色线为内聚黏合力破坏（Potyondy and Cundall，2004）

4.3.2.2 研究实例——布莱克海台

美国东南部大陆边缘具有典型的陆架、陆坡和陆隆等被动大陆边缘特征，布莱克海台位于美国卡罗来纳州南部查尔顿以东400km 的大西洋大陆性洋脊，是一个由等深流沉积物堆积形成的大陆隆。布莱克海台新生代沉积层十分发育，中新世—上新世的最大沉积厚度达1200m 以上，在该区不仅具有较高的沉积速率，而且背斜构造、断层及海底滑塌作用比较强烈。地震剖面上有强振幅的 BSR，覆盖面积约 $2600km^2$，尽管 BSR 是否为稳定带底部的天然气水合物与下部游离气层之间的波阻抗差引起的还存在一些争议。布莱克海台的天然气水合物最初被 DSDP Leg76 证实，在井位 533 处 238mbsf 采集到了天然气水合物样品（Shipboard Scientific Party，1980）。ODP Leg164（Shipboard Scientific Party，1996）用来调查布莱克海台之下沉积层序中的天然气水合物（图 4-46）。ODP Leg164 航次在 994 井位、995 井位和 997 井位的相对较小距离、同一地层穿透天然气水合物稳定带的大断面。994 井位和 997 井位获得水合物岩芯，995 井位没有取到天然气水合物样品（Shipboard Scientific Party，1996）。而991 井、992 井，993 井和996 井钻探深度较浅（50 ~ 67m），位于卡若琳那隆起处，底辟破坏了天然气水合物层，但有利于观测气体运移和物质特性。991 井、992 井和 993 井位于滑塌的陡崖，更新世的滑塌包围这一个底辟构造。996 井位于底辟顶部的一个断层处，下部 BSR 清楚（Paull et al.，1995）。根据孔隙水中氯离子浓度和测井资料，确定了三个井中的天然气水合物出现在 190 ~ 450mbsf 的深度范围内（图 1-6）。在布莱克海台，由测井推断得到的天然气水合物填充的地层下边界深度粗略得知和预测的甲烷水合物稳定带的底一致，深度接近观察到的地层水中氯离子异常带的最低深度（图 1-6）。利用氯离子浓度可以计算水合物饱和度，岩芯中计算的水合物的饱和度（孔隙中天然气水合物占据的百分比）为非正态分布，994 井和 995 井饱和度最大值分别为 7% 和 8.4%，997 井的最大值为 13.6%（Shipboard Scientific Party，1996）。尽管布莱克海台大部分存在天然气水合物，但是天然气水合物饱和度低，储层为泥岩地层，泥岩沉积物中广泛分布的分散型水合物的天然气开发需要的生产技术引起了广泛关注。

布莱克海台地区水合物均匀分布在沉积物中，是孔隙和裂隙并存区，大部分区域是低通量、分散型水合物聚集区。但是 994C 井岩芯沉积物地球化学分析表明，在深度 185 ~ 260mbsf 相对高饱和度水合物与观测到的沉积物组分和微孔隙有关，在上部地层存在明显的岩性变化，其中碳酸盐从 25% 变化到 8%，与硅质微化石和孔隙度增加一致。细粒泥质沉积物富含的硅质微化石增加了空隙间的大

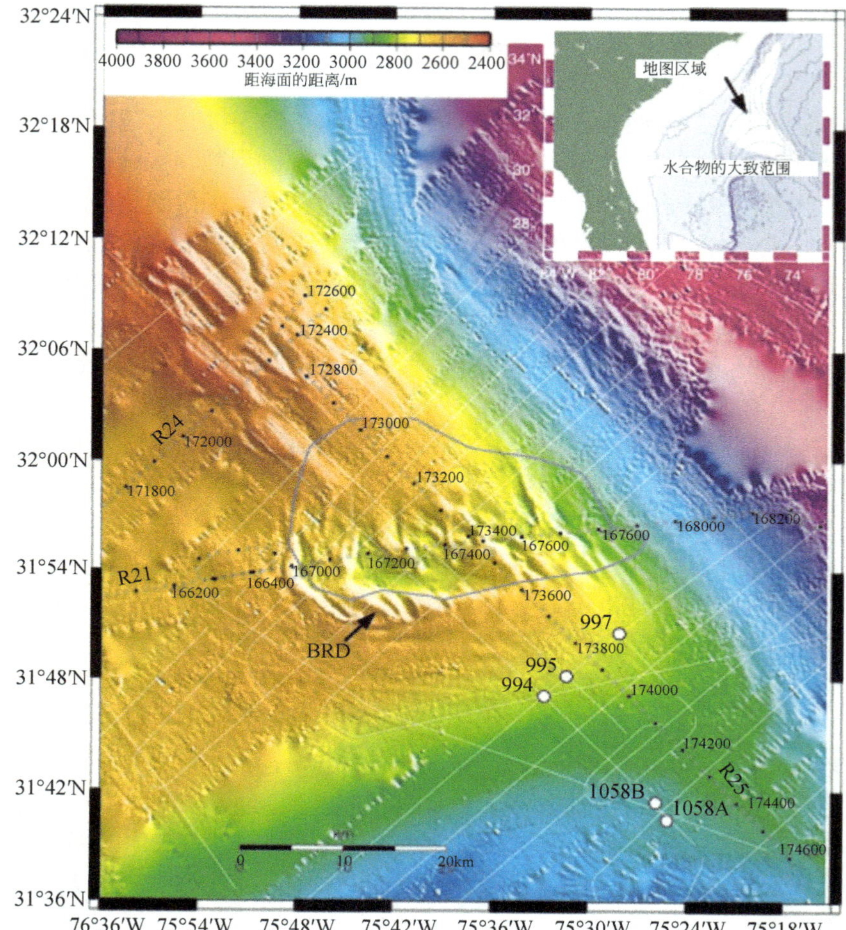

图 4-46 R/V Maurice Ewing 在布莱克海台地区海底地形图、地震测线（Holbrook et al.，2002）
小图为布莱克海台位置和 BSR 分布（白色）；灰线为 BRD 范围和弱 BSR 区，
该处甲烷可能发生渗漏

小和圆度，较大的空间和圆度能够为水合物的生成提供更多空间（图 4-47），并且降低颗粒间的毛细管力，向上对流的流体饱和甲烷在穿过硅藻富集的地层时生成水合物，因此细粒沉积物中高饱和度的水合物是由于沉积物岩性和微孔隙变化造成的。

布莱克海台钻探表明在 BSR 区和无 BSR 地区均钻探到天然气水合物样品，但是最新地震资料显示，在西大西洋含水合物的沉积物中存在甲烷释放的明显证

(a)

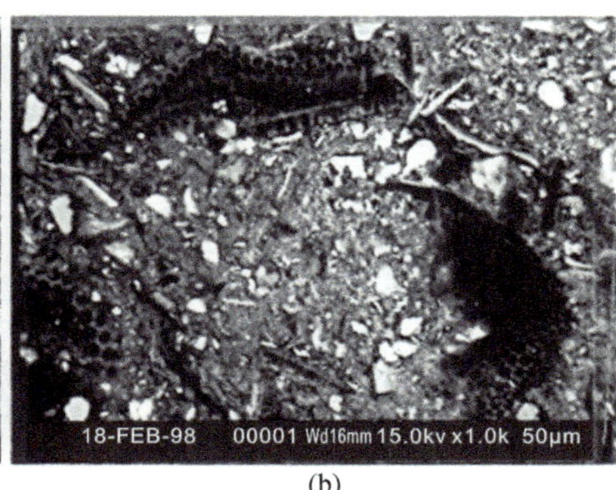

(b)

图 4-47 观测原位孔隙度侵染在塑料结构内的样品

(a) 994C 井上部水合物区沉积物（样品 164-994C-24X-1，39-41cm）中硅藻（直径约 40mm）；
(b) 994C 井上部水合物层几个硅藻（164-994C-23X-4，40-42cm）。硅藻被破坏，
观测到较大孔隙（50mm 长，5mm 宽）

据，但是含水合物层并没有遭受热或机械破坏，是甲烷气体释放的一种新机制。海台发育于早中新世，包括上新世、更新世和全新世沉积物。布莱克海台是自渐新世以来不断积累的扇形沉积体。在地形上为一个位于陆坡前缘深水区的台地，穿过台地主体部位的地震剖面显示为一个比较典型的断层褶皱构造（图 4-48）。在构造脊部水合物稳定带底部发育一系列张性正断层，构造两翼断层比较发育，其中断层为天然气从深部向浅部地层运移提供了通道，天然气可以沿断层抵达水合物稳定带，而褶皱构造可以适时地圈闭住运移到浅部地层中的气体。在布莱克海台区一些位于水合物稳定带下部的断层以及一些规模更大的断裂，可以控制局部流体和天然气的运移，使其与许多低温矿物一起通过断层通道选择性进入水合物稳定带。

ODP 164 航次钻遇了两个底辟构造，Cape Fear 底辟构造（991 井、992 井和 993 井）和布莱克海台底辟构造（996 井），底辟物质是中生代扩张期沉积物。但是最新资料显示在布莱克海台下富含丰富的游离气，在拗陷区下无游离气，地震剖面表明在 250mbsf 地层下存在一强 BSR 和亮点，速度为 1400～1600m/s，可能含有 3% 游离气。在拗陷区，BSR 比较弱或者缺失，速度随深度正常增加，表明气体非常少。3D 地震资料和测深资料表明布莱克海台拗陷并不是一个构造滑塌，可能是一个在时间和空间上侵蚀与沉积物明细不同的大规模沉积物波区。沉积物波在沉积堆积物区非常常见，在布莱克海台很多地区都存在，而且许多测线支持沉积物波的解释。在拗陷区的地层结构包括 S 形和爬坡脊的特征，用来解释不连续断层是由沉积造成，不连续区地层不能复原保存，下覆地层经常侵蚀消

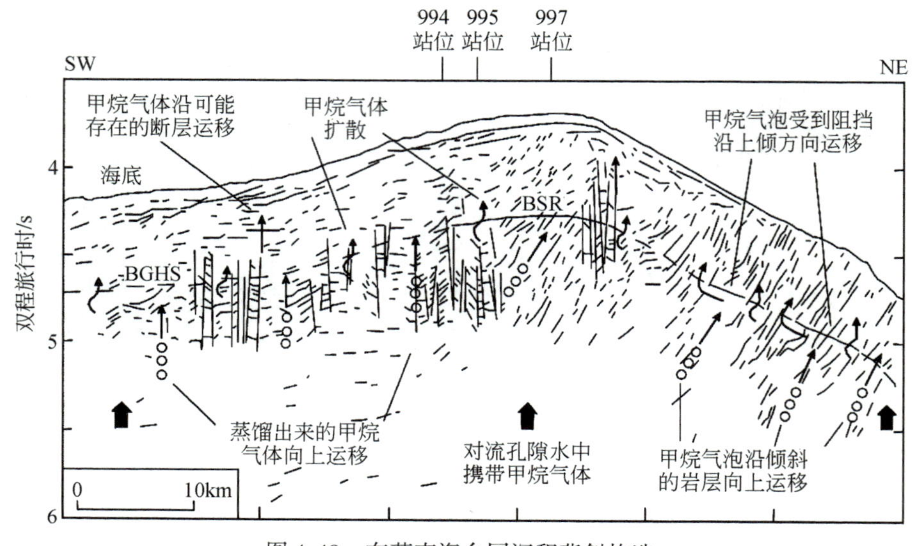

图 4-48　布莱克海台同沉积背斜构造

截，上伏地层搭接或是向不连续层上的变薄（Holbrook，2001）。不连续的倾角为2°～7°，比大量的角度断层（50°）略浅，海底陡崖为侵蚀崖，大多数不能持续到海底。这些观测表明不连续不是断层，而是沉积物波的边界，原来描述为杂乱扰动的地层是未发生变形的沉积物波，但是由于单道地震资料分辨率低，成像不清楚。

如果没有灾害性的构造崩塌出现，布莱克海台拗陷游离气的缺失需要一个不同的解释，因为地震资料表明在拗陷区外的脊部，游离气普遍存在，不可能是因为拗陷内沉积物的有机质比其外部沉积物含有的有机质少，或者沉积物波抑制了产甲烷作用，也没有证据表明释放的气体圈闭在浅层生成水合物，一般水合物饱和度增加地震波速度增加，而地震剖面上速度并没有明显增加。因此，拗陷区游离气缺失最可能的是大量气体进入水体中。可能是由于2.5Ma后沉积作用导致水合物相边界快速向上运移，使水合物发生分解并产生大量气体（可能是超压），沿着BSR和海底之间的高渗透率通道释放出来。其他区域观测表明游离气能够沿着断层向上运移几百米进入水合物稳定带，直到遇到低渗透率盖层和无断层的地层（Gorman et al.，2002）。在拗陷区，渗透性的通道局部连接了游离气区和海底，新沉积的低渗透地层和无断层沉积物被略微倾斜的沉积物波侵蚀和破坏掉，上覆层沉积物控制流体运移。

在高沉积作用和侵蚀区域，3D地震资料显示水合物相边界变化很大，为动态的水合物系统。局部 BSR 变浅尤其是在沉积物波边界处，暗示正在进行对流，表明布莱克海台地区水合物系统比原先研究认为的要动态得多，如果沉积和侵蚀足够快，温度和压力导致水合物稳定带动态变化，进而 BSR 变化并触发了流体活动。

布莱克海台东北侧翼的沉积物波区，从 3D 地震资料上能够清楚地识别出被埋藏的沉积物波（Hornbach et al.，2008），与 Holbrook 等（2002）利用 2D 高分辨地震资料观测到沉积物一样，脊部东侧被埋藏的沉积物波呈 S 形，被上覆地层侵蚀消截，尽管以前被解释为断层，3D 地震资料能够清楚地测量倾角小于 7°，边界与连续地层底部重合，表明了沉积成因。

前期研究认为布莱克海台地区地层均匀沉积（Paull et al.，1996），且构造不活跃，沿 3D 地震主测线拾取 BSR 层来确定分布范围，3D 工区范围是 376km^2，识别 BSR 为 286km^2，占 3D 勘探区 76% 左右。最近，2D 高分辨率地震资料研究表明布莱克海台地区存在异常高水合物饱和度区（Lee and Dillon，2001；Hornbach et al.，2003）。在 3D 地震资料上绘出了布莱克海台地区透镜状和薄层（脉状），该区域均为含水合物区。透镜状是一个强反射，横切地层，从 BSR 向上延伸至水合物稳定带，速度分析也表明透镜状可能含有水合物（Hornbach et al.，2003）。透镜状地层是由于海底侵蚀，在温压平衡下使 BSR 下游离气生成水合物。该透镜状从北向南延伸，穿过东部侧翼，面积大约 30km^2（Hornbach et al.，2008），厚度为 75m 左右。薄层（脉状）分布明显大于透镜状分布范围，在水合物稳定带具有异常高振幅，但是其原因目前不是十分清楚。尽管薄层含有水合物存在的证据（Anton et al.，1999；Nealon，2005），但是不能排除由不整合或者碳酸钙含量增加造成。薄层向西北方向倾角为 1°（向沉积物波区），沿西部边界与 BSR 相交。薄层与 BSR 相交位置，含气的连续强振幅向下延伸，薄层和含气区具有相同的地层边界，表明气体可能沿着高渗透率地层横向运移至水合物稳定带（Hornbach et al.，2008）。在薄层区，水合物含量不确定，相似振幅异常的波形反演表明水合物饱和度达 30% ~ 42%（Gorman et al.，2002），但是初始薄层波形反演认为水合物饱和度为 10%（Nealon，2005）。3D 地震资料显示薄层约 70km^2，厚度为 20m 左右（图 4-49）。尽管对于薄层和透镜状区域是否含有较高水合物，沉积物成岩作用胶结沉积物是否使纵波速度增加，一直还存在争议，但是 ODP 164 航次证实布莱克海台地区高地震波速度异常与水合物含量有关，而与碳酸钙含量增加无关。然而，ODP 104 航次，在距离 994 井南部 100km^2，在 BSR 上钻探到坚硬的铁白云石。因此，将来航次应该对强振幅、高速度地震特征，如透镜状和脉状区是否为高水合物饱和度区进行钻探。

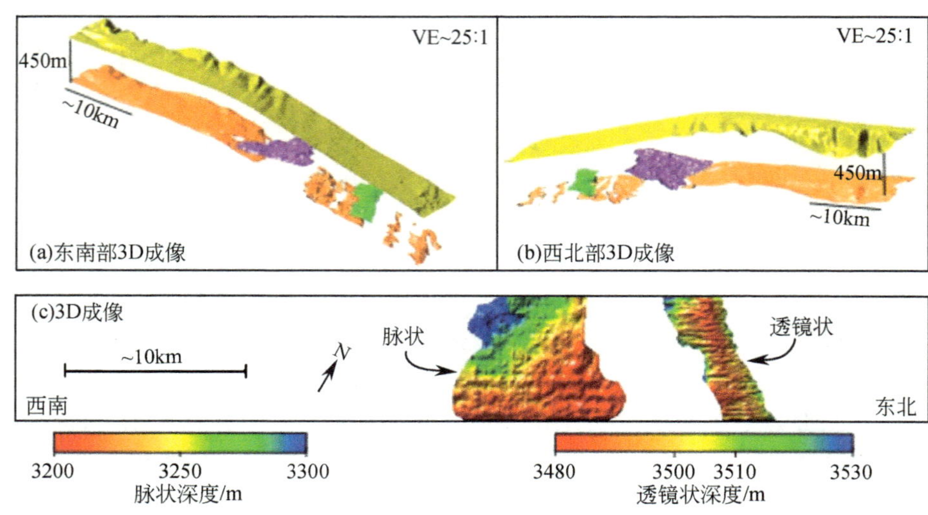

图 4-49 脉状（薄层）和透镜状的 3D 成像

（a）和（b）为透镜状（绿色）和脉状（紫色）相对于海底（黄色）和 BSR（橙色）的 3D 位置；埋藏于沉积物为 1°倾角处，与 BSR 相交；（c）为详细地形结构。透镜状具有明显的地形高，脉状分布大于透镜状并向西北倾斜的特点（Hornbach et al.，2008）

4.3.2.3 侵蚀和沉积作用对 BSR 深度影响

布莱克海台侵蚀发生区，下面无游离气，在侵蚀沉积物波与水合物相边界相交处 BSR 不连续或者较弱，在沉积物波与脊部东部侧翼具有相同的现象。一般情况下，沉积物波到达水合物稳定带下时，BSR 较弱或者缺失。沉积物波与水合物相边界相交处，为什么 BSR 不连续或者不存在，目前还有很多挑战。以前认为该地区游离气缺失是因为气体释放和近期流体流动，但时至今日，没有流体沿着沉积物边界面释放的证据，这种假设很难验证。

在沉积区超过了热传导交换区，沉积物将出现异常冷，BSR 可能比稳态的温度条件略微深些［图 4-50（a）］（Martin et al.，2004）。相反地，在侵蚀区，海底表面温度将会略高些，导致异常浅 BSR［图 4-50（b）］，该假设条件是水合物相界（或 BSR）主要取决于温度、压强和盐度（Dicken and Quinby Hunt，1994，1997）。例如，在布莱克海台地区 1% 盐度变化和 100m 海水深度变化仅能导致 BSR 分别移动 1.5m 和 5m，然而，地温梯度产生 1℃ 变化，BSR 变化 15m（Sloan，1998）。利用 1D 瞬态热模型以及 Martin 等（2004）和 Benfield（1949）的方法，在沉积和侵蚀出现区来计算温度的函数。假定初始深度从海平面下

2800m，海底稳定为 3.5℃，初始地温梯度为 34.3°C/km，沉积物热导率、孔隙度和密度均从 ODP 164 航次获得，考虑沉积物或侵蚀速率范围从 0～500m/Ma，时间尺度为 0～3Ma。

沉积速率较大，在海底下一定深度处稳定性越低。例如，如果没有沉积发生，海底以下 500m 温度为 21°C，然而，在过去 1Ma 沉积 500m 温度为 17℃，分析表明沉积速率和侵蚀对布莱克海台地区 BSR 具有明显的影响，低沉积速率约 75m/Ma，在 1Ma 能够发生明显温度变化，导致 BSR 移动 20m（图 4-50）。但是侵蚀和沉积使 BSR 变浅或加深，需要稳态平衡的 BSR 深度，把观测 BSR 与 BSR 背景线对比，测量的平均地温梯度表明均匀背景热流，平均为（34.4±2.3）℃/km，相当于 30m 左右的 BSR 误差（Ruppel，1997）。因此，如果沉积和侵蚀未明

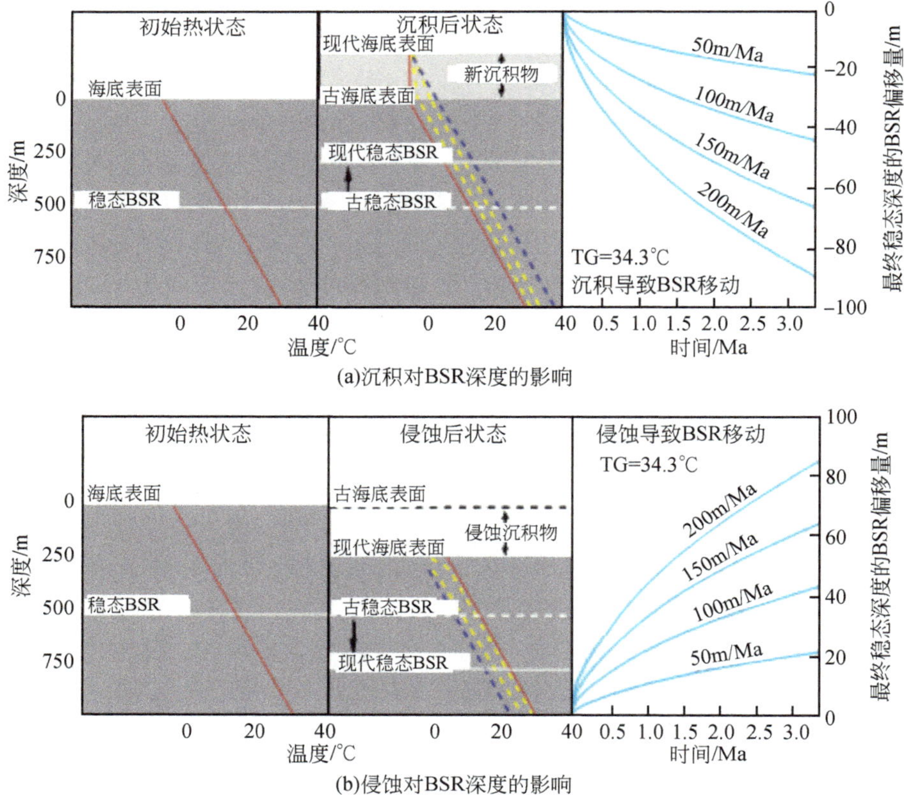

图 4-50 布莱克海台在海底温度 0℃ 的 2D 简略图（Hornbach et al.，2008）

地温梯度为 34.3℃/km。红线为沉积前温度，黄线是沉积作用发生后温度随时间变化，蓝线为温度平衡剖面

显影响海底温度，观测 BSR 应该与背景 BSR 一致，其偏差表明水合物稳定带变化，如果沉积和侵蚀足够高以致影响海底温度，BSR 以下该区域将不处于均衡，观测 BSR 相对于背景 BSR 将变深或者变浅些。

尽管布莱克海台地区被认为是一个简单水合物系统赋存的最好例子，但是最近 3D 资料研究表明中等沉积速率和侵蚀使水合物系统成为动态和不均匀分布。正在进行的对流使水合物相界，尤其沿着侧翼侵蚀区，BSR 沿着埋藏的沉积物边界面和含气沉积变浅，表明其作为流体通道。

4.4 流体运移

高浓度水合物含有大量热成因和生物成因气体，大多数情况下，水合物稳定带内产生的生物成因气体并不能满足水合物聚集需要的气体含量。由于水合物埋藏浅，地层温度不足以产生热成因气体。大陆边缘深水区富含丰富的油气资源，构造运动导致油气储层受到破坏，大量的气体向上渗漏到水合物稳定带，从深部运移的气体是水合物成藏系统中的一个关键条件，为水合物的形成提供充足气源。

甲烷及形成水合物的其他气体组成主要通过三种方式运移：①扩散；②溶解于水中与水一起运移；③气体相在浮力作用下运移。扩散方式运移气体速率非常慢，在大多数情况下扩散运移的气体不能形成高浓度水合物（Xu and Ruppel，1999）。溶解气或者气体相水合物通过对流方式运移气体是水合物形成的一种重要的水合物气源。对流运移的气体与水合物生成之间的关系主要包括两种模式，一种是水（包括甲烷的溶解液体相和其他气体）被运移到水合物稳定带，上升的流体遇到降低的甲烷溶解度，甲烷气体析出生成水合物。大量野外和实验室观测表明只有当孔隙水中溶解的甲烷气体超过溶解度时才能形成水合物。在海洋系统中，在甲烷渗漏不活跃地区，在海底不能生成水合物。另一种模型是甲烷气体以气泡相（或气体相）方式向上运移到水合物稳定带，水合物在气泡和孔隙水界面处结晶生长。两种模式均需要水/气体相（气泡）沿可渗透路径的运移，气体相运移模式比溶于水的运移模式需要相对强的流体运移通道。沉积物中孔隙水流和气泡相气体运移通过聚集流体沿着断裂系统或者可渗透的孔隙介质进行运移。因此如果缺乏有效的运移通道，就不能形成大量水合物。

聚集流体（fouced flow）运移是深水沉积盆地中常见的一种流体运移方式，应用 3D 地震资料、多波束资料可以识别出小规模流体运移。流体可以沿着不同通道侧向和垂向运移，如断裂、底辟、麻坑、多边形断层、烟囱、管状通道、不整合面、侵蚀面、砂岩侵入体等（Berndt，2005；Cartwright，2007；Gay et al.，2007）。地层孔隙空间中含有少量气体将使沉积层声波阻抗迅速降低，出现亮点、

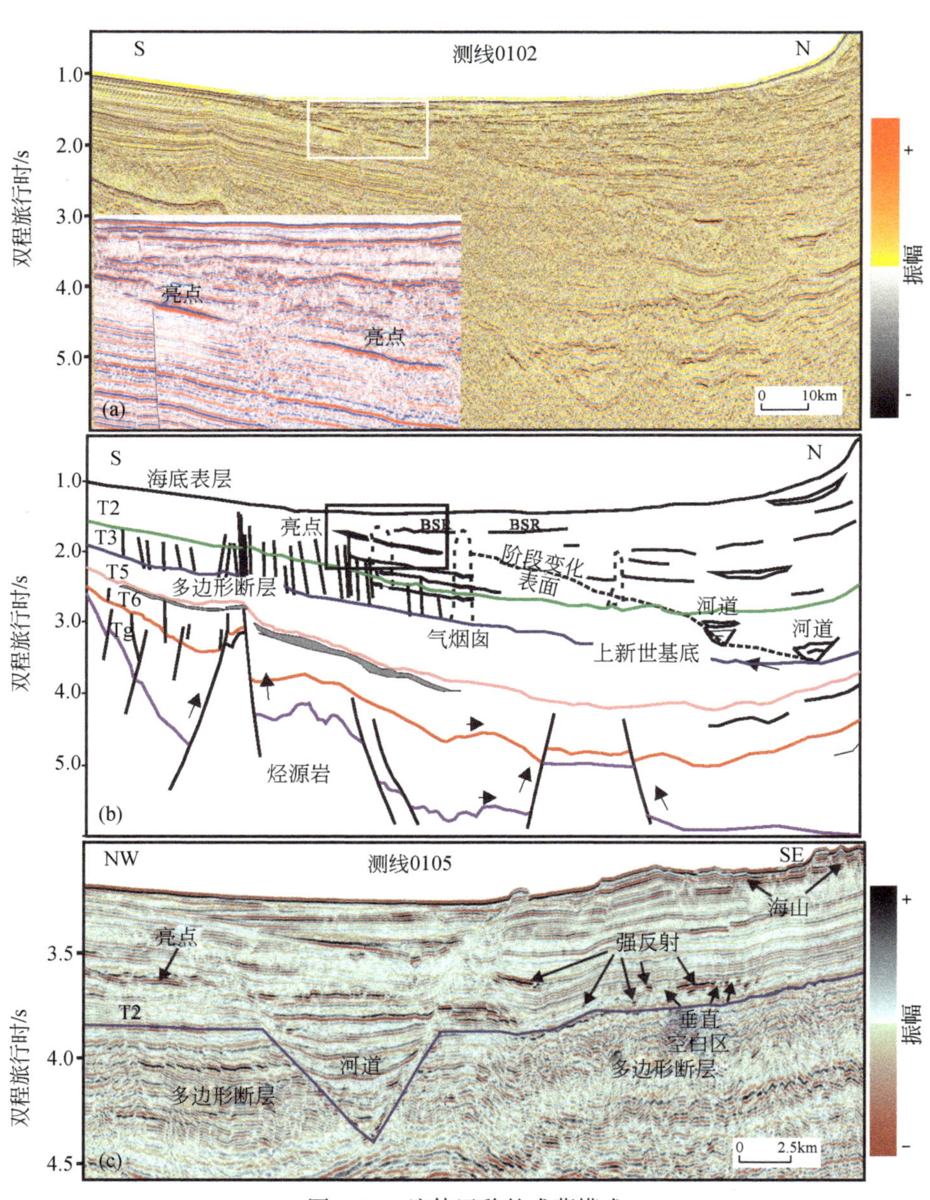

图 4-51 流体运移的成藏模式

(a) 0102 地震剖面给出了古河道、断层、气烟囱反射特征，亮点反射两侧地震相不同；(b) 解释的地震剖面，箭头方向指示了流体运移；(c) 0105 剖面给出了西沙海槽附近浊流河道，河道下切至多边形断层发育地层，多边形断层上部存在亮点反射暗点、平点等振幅异常反射，地震反射轴呈下拉、上拱、不连续性、杂乱反射和局部凹陷的异常特征（Schroot et al，2005）。

深水盆地的水合物富集区域一般为未固结的沉积物，构造活跃区域断裂比较发育，但是深水盆地的水合物发育区，由于构造运动相对不活跃，断距大、延伸至海底的断裂并不发育。随着3D地震和高分辨率地震采集，利用3D地震成像技术，在深海盆地发现了大量裂隙，这种裂隙尽管断距小、穿透地层有限，但是却分布广泛，如海底滑塌使沉积物发生变形，局部地层就可以产生活动断层或裂隙；沉积物快速堆积造成局部超压、底辟、气烟囱和火山活动，可使相邻地层发生变形或上拱，产生裂隙；同时矿物相变等原因形成的多边形断层等为流体从下部向水合物稳定运移提供通道。图4-51为琼东南盆地某地震剖面上给出的BSR与气烟囱、断层、多边形断层、河道、相变面、砂体等流体运移的成藏模式图。裂隙不但对水合物富集提供有利空间，而且可以使流体沿裂隙运移到相对高渗透率地层。

4.5 天然气水合物成藏时间

在常规油气系统中，烃类聚集的形成和保存需要的关键地质事件的时间（烃类的产生、运移和聚集等）通常是一个很重要的控制因素。跟常规油气系统类似，在天然气水合物油气系统中，这种性质的评估建立在了解圈闭的形成时间和天然气的形成时间、微生物成因或者热解成因气源定位的基础之上。因为天然气水合物成藏通常与水合物中气体来源密切相关且天然气水合物可以形成自己的圈闭，时间不是控制大部分天然气水合物聚集成藏的重要控制因素（Collett et al.，2009）。

4.6 天然气水合物成藏模式

在天然气水合物系统中，水合物稳定带中的大部分气体是从下部对流运移过来的。目前主要存在两种水合物成藏模式（Collett et al.，2009）。第一种天然气水合物模式，气体运移主要以溶解气方式从下部运移进入天然气水合物稳定带，当甲烷含量大于水中甲烷的溶解度时，甲烷从向上运移的水中析出，在合适的沉积层孔隙中形成水合物。在无裂隙呈均匀分布的细粒沉积物中，向上对流甲烷气体形成的天然气水合物分为三个过程（图4-52）。在水和甲烷通量均非常低的系统中，水合物稳定带底部只能形成局部低饱和度的水合物矿藏［图4-52（a）］。在相对较高的气水通量下［与图4-52（a）相比］，很快在水合物稳定带上部形成较厚的水合物层，上覆在游离气上［图4-52（b）］。在持续的水气运移和沉积下，水合物系统发生变化。水合物稳定带以相同的厚度向海底方向移动，向上移动的天然气水合物稳定带底部的水合物分解，分解的天然气向上运移进入新的水合物稳定带，重新形成水合物［图 4-52（c）］。例如，在布莱克海台地区，气体循环沿着向上移动的水合物稳定边界在稳定带底部上方的沉积地层中产生了一个

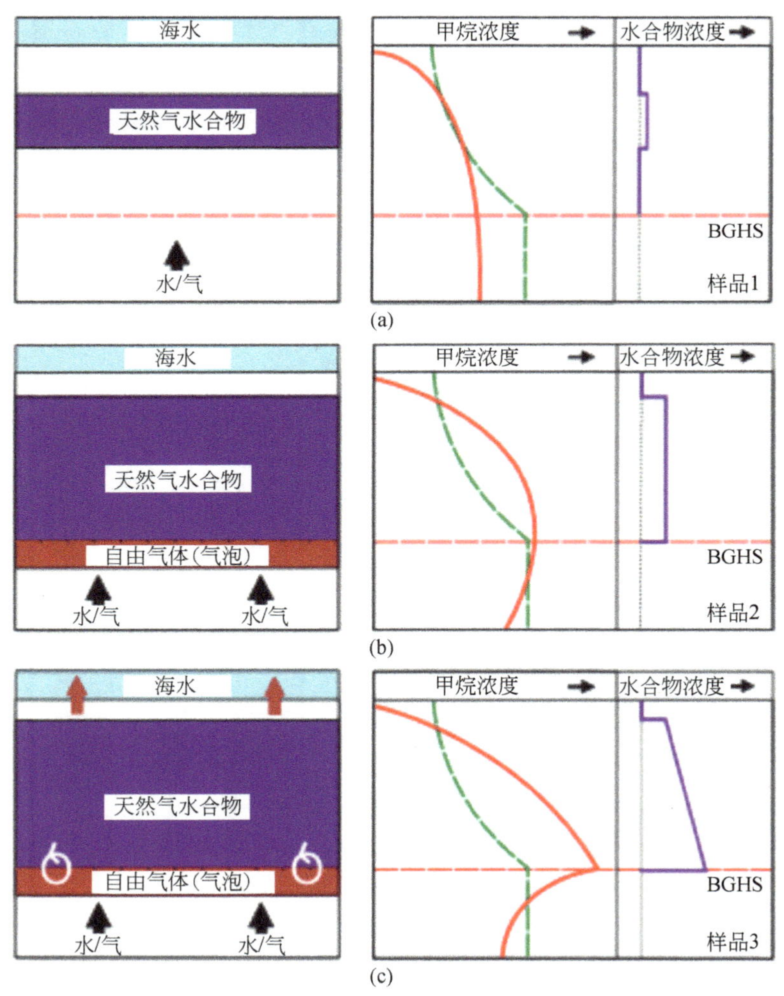

图 4-52 水合物成藏过程

（a）和（b）为均匀沉积物中水合物成藏模式图，溶解甲烷气体从下部运移至水合物稳定带，与甲烷溶解度曲线（绿线）相交，当甲烷浓度（红线）大于甲烷溶解度，甲烷从向上运移的水中析出形成水合物；（c）显示随着沉积和上移，稳定带内水合物的分解导致甲烷气体循环，在水合物稳定带上部形成高浓度水合物（Collett et al.，2009）

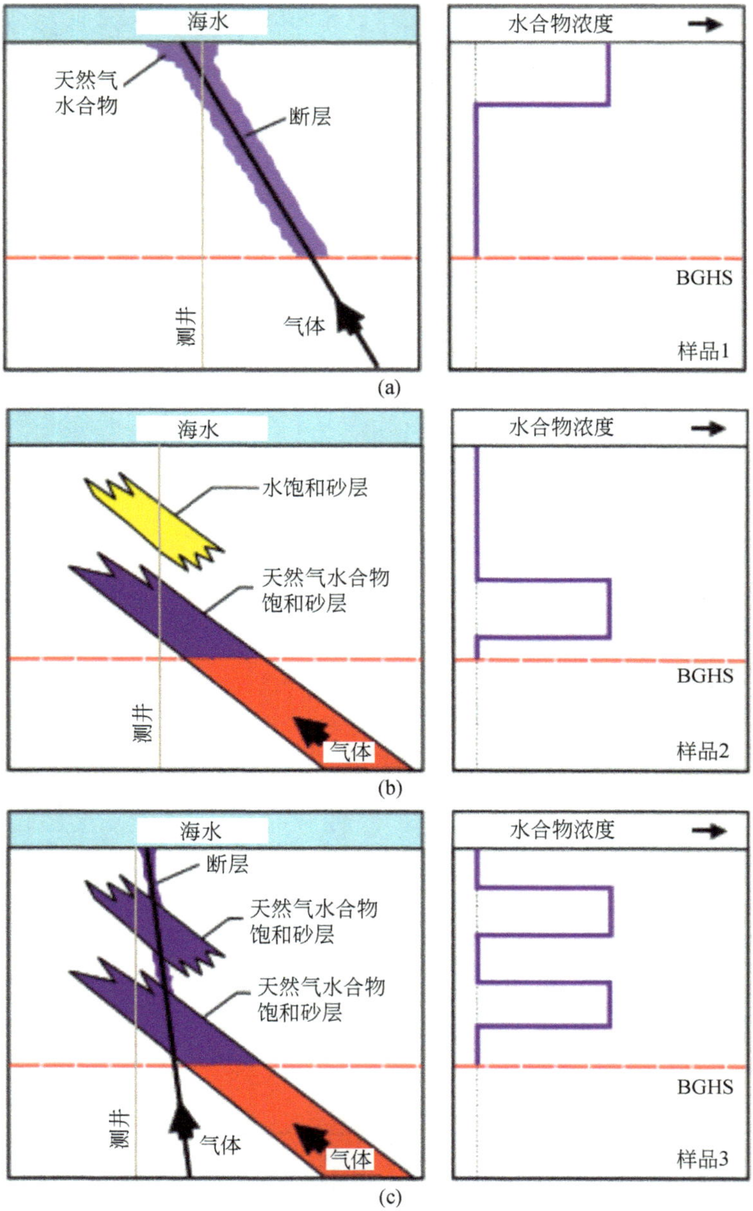

图 4-53　独立气泡相（或游离气）沿高渗透率运移通道运移形成的水合物模式

（a）断层作为运移通道和水合物生成空间的成藏模式；（b）砂岩地层作为运移通道和水合物生成空间的成藏模式；（c）裂隙和砂岩共同出现的水合物成藏模式。BGHS 为水合物稳定带底界（Collett et al.，2009）

相对高浓度的水合物矿藏（Paull et al.，1994）。但是强渗透性的路径，如断层，明显地改变了图 4-52 中水合物成藏状态。

在水合物形成的第二种模式中，在 4.4 节，我们曾讨论气体运移方式。该模式中甲烷气体从下部向上运移，但是在这种模式中气体为一种独立的气泡相。天然气水合物系统中我们假设沉积层以低渗透性的泥岩层为主［图 4-53（a）～（c）］。该模式同样包括三个过程，但是都需要次生的渗透性通道进行游离气相（气泡等）的运移，如断层系统［图 4-53（a）］或者高渗透砂岩的地层［图 4-53（b）］。在大多数情况下运移路径是裂隙系统或者砂岩层，可以作为孔隙渗透性储层，能够生成高浓度水合物。图 4-53（c）给出了砂岩和裂隙储层同时出现的水合物成藏模式。在这种情况下，裂隙系统作为气体运移的通道。图 4-53（a）～（c）模式中成藏强调的是只有游离气相（或气泡相）气体的运移，表明沿着增强的运移通道进入上覆水合物稳定带中的富含甲烷的水，当甲烷析出时也可以形成高浓度的水合物。

在墨西哥湾的 Keathley 峡谷、印度沿海的 Krishna-Godavari 盆地、韩国东部沿海的 Ulleung 盆地和北美 Cascadia 大陆边缘的几个地区，在含裂隙的泥岩系统中发现了天然气水合物。在日本南海海槽和墨西哥湾的 Alaminos 峡谷地区，在高渗透率砂岩储层中形成了高浓度的水合物。

参考文献

龚建明，张敏，陈建文，等. 2008. 天然气水合物发现区和潜在区气源成因. 现代地质，22（3）：415～419

宋海斌，张岭，江为为，等. 2003. 海洋天然气水合物的地球物理研究（Ⅲ）：似海底反射. 地球物理学进展，18（2）：182～187

王淑红，宋海斌，颜文. 2005. 外界条件变化对天然气水合物相平衡曲线及稳定带厚度的影响. 地球物理学进展，20（3）：761～768

Akihisa T，Takamine Y，Yoshizumi K，et al. 2002. Microbial transformations of two lupane-type triterpenes and anti-tumor-promoting effects of the transformation products. Journal of Natural Productus，65（3）：278～282

Anton C，Dillon W，Lee M. 1999. Anomalous，near horizontal，seismic reflection at the Blake Ridge：Evidence for a gas trap crosses the base of gas hydrate stability，Eos Trans. AGU，80（17），Spring Meet Suppl，S342

Ben C M，Hovland M，Booth J S，et al. 1999. Formation of natural gas hydrates in marine sediments：Conceptual model of gas hydrate growth conditioned by host sediment properties. Journal of Geophysical Research：Solid Earth，104（B10）：22985～23003

Benfield A E. 1949. The effect of denudation on underground temperatures. Journal of Applied Physics，

20: 66~70

Berndt C. 2005. Focused fluid flow in passive continental margins. Philosophical Transactions of the Royal Society a-Mathematical Physical and Engineering Sciences, 363 (1837): 2855~2871

Borowski W S, Paull C K. 1996. Marine pore-water sulfate profiles indicate in situ methane flux from underlying gas hydrate. Geology, 24: 655~658

Boswell R, Collett T. 2006. The gas hydrate resource pyramid. Fire in the Ice, Methane Hydrate R&D Program Newsletter

Boswell R. 2007. Resource potential of methane hydrate coming into focus. Journal of Petroleum Science and Engineering, 56 (1-3): 9~13

Boswell R. 2009. Is gas hydrate energy within reach? Science, 325 (5943): 957~958

Bouma A H. 1982. Intraslope basins in northwest Gulf of Mexico, a key to ancient submarine canyons and fans//Watkins J S, Drake C L. Studies In Continental Margin Geology. AAPG Memoir, 34: 567~581

Brewer P G, Orr F M, Friederich G, et al. 1997. Deep-ocean field test of methane hydrate formation from a remotely operated vehicle. Geology, 25 (5): 407~410

Brooks J M, Cox H B, Bryant W R, et al. 1986. Association of gas hydrates and oil seepage in the Gulf of Mexico. Organic Geochemistry, 10 (1-3): 221~234

Brooks J M, Field M E, Kennicutt II M C. 1991. Observations of gas hydrates in marine sediments, offshore northern California. Marine Geology, 96 (1-2): 103~109

Brooks J M, Jeffrey A W A, Mcdonald T J, et al. 1985. Geochemistry of Hydrate Gas and Water from Site-570, Deep-Sea Drilling Project Leg84. Initial Reports of the Deep Sea Drilling Project, 84 (MAY): 699~703

Cartwright J. 2007. The impact of 3D seismic data on the understanding of compaction, fluid flow and diagenesis in sedimentary basins. Journal of the Geological Society, 164 (5): 881~893

Cho G C, Santamarina J C. 2001. Unsaturated Particulate Materials—Particle Level Studies. Journal of Geotechnical and Geoenvironmental Engineering, 127 (1): 84~96

Claypool G E, Presley B J, Kaplan I R. 1973. Gas analyses in sediment samples from Legs10, 11, 13, 14, 15, 18 and 19//Creager J S, Scholl D W, et al. Initial Reports of the Deep Sea Drilling Project. Washington DC: USGPO, 19 (913): 879~884

Clennell M B, Hovland M, Booth J S, et al. 1999. Formation of natural gas hydrates in marine sediments: Conceptual model of gas hydrate growth conditioned by host sediment properties. Journal of Geophysical Research: Solid Earth, 104 (B10): 22985~23003

Collett T S, Johnson A H, Knapp C C, et al. 2009. Natural gas hydrates: A Review//Collett T, Johnson A, Knapp C, et al. Natural gas hydrates-Energy resource potential and associated geologic hazards. AAPG Memoir, 89: 146~219

Collett T S, Riedel M, Cochran J R, et al. 2008. Site Selection for DOE/JIP Gas Hydrate Drilling in the Northern Gulf of Mexico. Proceedings of the 6th International Conference on Gas Hydrates

(ICGH 2008), Vancouver, British Columbia, CANADA: 6 ~ 10

Collett T S. 1993. Natural gas hydrates of the Prudhoe Bay and Kuparuk River area, North Slope, Alaska. AAPG Bulletin, 77 (5): 793 ~ 812

Collett T S. 1995. Gas hydrate resources of the United States//Gautier D L, Dolton G L, Takahashi K I, et al. National assessment of United States oil and gas resources on CD-ROM. U. S. Geological Survey Digital Data Series 30, 1 CD-ROM

Collett T S. 2002. Energy resource potential of natural gas hydrates. AAPG Bulletin, 86 (11): 1971 ~ 1992

Cordes E E, Carney S L, Hourdez S, et al. 2007. Cold seeps of the deep Gulf of Mexico: Community structure and biogeographic comparisons to Atlantic equatorial belt seep communities. Deep Sea Research Part I: Oceanographic Research Papers, 54 (4): 637 ~ 653

Dallimore S R, Collett T S. 2005. Scientific results from the Mallik 2002 Gas Hydrate Production Research Well Program, Mackenzie Delta, Northwest Territories, Canada. Geological Survey of Canada Bulletin, 585

Dickens G R, Quinby Hunt M S. 1994. Methane hydrate stability in seawater. Geophysical Research Letters, 21 (19): 2115 ~ 2118

Dickens G R, QuinbyHunt M S. 1997. Methane hydrate stability in pore water: A simple theoretical approach for geophysical applications. Journal of Geophysical Research-Solid Earth, 102 (B1): 773 ~ 783

Finley P D, Krason J. 1989. Evaluation of geological relations to gas hydrate formation and stability—Summary report: U. S. Department of Energy Publication, 15 (111): 21181 ~ 1950

Flemings P B, Liu X L, Winters W J. 2003. Critical pressure and multiphase flow in Blake Ridge gas hydrates. Geology, 31 (12): 1057 ~ 1060

Frye M. 2008. Preliminary evaluation of in-place gas hydrate resources: Gulf of Mexico outer continental shelf. Minerals Management Service Report, 136: 004

Fujii T, Nakamizu M, Tsuji Y, et al. 2009. Methane-hydrate occurrence and saturation confirmed from core samples, eastern Nankai Trough, Japan//Collett T, Johnson A, Knapp C, et al. Natural gas hydrates-Energy resource potential and associated geologic hazards. AAPG Memoir, 89: 385 ~ 400

Galimov E M, Kvenvolden K A. 1983. Concentrations and carbon isotopic compositions of CH_4 and CO_2 in gas from sediments of the Blake Outer Ridge, Deep Sea Drilling Project, Leg76//Sheridan R E, Gradstein F M, et al. Init. Repts. DSDP, Washington (U. S. Govt. Printing Office), 76: 403 ~ 417

Gay A, Lopea M, Berndt C, et al. 2007. Geological controls on focused fluid flow associated with seafloor seeps in the Lower Congo Basin. Marine Geology, 244 (1-4): 68 ~ 92

Ginsburg G D, Guseynov R A, Dadashev A A, et al. 1992. Gas hydrates of the southern Caspian. International Geology Review, 34 (8): 765 ~ 782

Ginsburg G D, Soloviev V A. 1997. Methane migration within the submarine gas-hydrate stability zone under deep-water conditions. Marine Geology, 137 (1-2): 49 ~ 57

Ginsburg G D. 1990. Formation of Submarine Gas Hydrates in the Course of Gas-Saturated Ground-Water Filtration. Doklady Akademii Nauk Sssr, 313 (2): 410 ~ 412

Gorman A R, Holbrook W S, Hornbach M J, et al. 2002. Migration of methane gas through the hydrate stability zone in a low-flux hydrate province. Geology, 30 (4): 327 ~ 330

Holbrook W S, Hoskins H, Wood W T, et al. 1996. Methane hydrate and free gas on the blake ridge from vertical seismic profiling. Science, 273 (5283): 1840 ~ 1843

Holbrook W S, Lizarralde D, Pecher I A, et al. 2002. Escape of methane gas through sediment waves in a large methane hydrate province. Geology, 30 (5): 467 ~ 470

Holbrook W S. 2001. Seismic studies of the Blake Ridge: Implications for hydrate distribution, methane expulsion, and free gas dynamics//Paull C K, Dillon W P, et al. Natural gas hydrates: Occurrence, distribution, and detection. American Geophysical Union Geophysical Monograph, 124: 235 ~ 256

Holder G D, Malone R D, Lawson W F. 1987. Effects of gas composition and geothermal properties on the thickness and depth of natural-gas-hydrate zone. Journal of Petroleum Technology, 39 (9): 1147 ~ 1152

Hornbach M J, Holbrook W S, Gorman A R, et al. 2003. Direct seismic detection of methane hydrate on the Blake Ridge. Geophysics, 68 (1): 92 ~ 100

Hornbach M J, Saffer D M, Holbrook W S, et al. 2008. Three-dimensional seismic imaging of the Blake Ridge methane hydrate province: Evidence for large, concentrated zones of gas hydrate and morphologically driven advection. Journal of Geophysical Research: Solid Earth, 113 (B7)

Hornbach M J, Saffer D M, Holbrook W S. 2004. Critically pressured free-gas reservoirs below gas-hydrate provinces. Nature, 427 (6970): 142 ~ 144

Hutchinson D R, Hart P E, Collett T S, et al. 2008. Geologic framework of the 2005 Keathley Canyon gas hydrate research well, northern Gulf of Mexico. Marine and Petroleum Geology, 25 (9): 906 ~ 918

Jin C S, Wang J Y. 2002. A preliminary study of the gas hydrate stability zone in the South China Sea. Acta Geologica Sinica, 76 (4): 423 ~ 428

Johnson J E. 2004. Deformation, fluid venting, and slope failure at an active margin gas hydrate province, Hydrate Ridge Cascadia accretionary wedge. Corvallis: Oregon State University Doctoral Dissertation

Kim J H, Park M H, Chun J H, et al. 2011. Molecular and isotopic signatures in sediments and gas hydrate of the central/southwestern Ulleung Basin: High alkalinity escape fuelled by biogenically sourced methane. Geo-Marine Letters, 31: 37 ~ 49

Krason J, Finley P, Rudloff B. 1985. Basin Analysis, Formation, and Stability of Gas Hydrates in the Western Gulf of Mexico. DOE-NETL, DE-AC21e84MC21181: 168

Kvenvolden K A, Barnard L A. 1983. Hydrates of natural gas in continental margins, in Studies in Continental lvlargin Geology, Mere//Watkins J S, Drake C L. American Association of Petroleum Geologists, Tulsa, Okla, 631 ~ 640

Kvenvolden K A, Claypool G E. 1988. Gas hydrates in oceanic sediment. US Geological Survey, Denver, Open-File Report: 88 ~ 216

Kvenvolden K A, Ginsburg G D, Soloview V A. 1993. Worldwide distribution of subaquatic gas hydrates. Geo-Marine Letters, 13 (1): 32 ~ 40

Kvenvolden K A, Kastner M. 1990. Gas hydrates of the Peruvian outer continental margin//Suess E, von H R, et al. Proceedings of the Ocean Drilling Program, Scientific Results, College Station, TX (Ocean Drilling Program), 112: 517 ~ 526

Kvenvolden K A, McDonald T J. 1985. Gas Hydrates of the Midddle America Trech Deep-sea Drilling Project Leg84. Initial Reports of the Deep Sea Drilling Project 84 (MAY): 667 ~ 682

Lee M W, Dillon W P. 2001. Amplitude blanking related to the pore-filling of gas hydrate in sediments. Marine Geophysical Researches, 22 (2): 101 ~ 109

Lenormand R, Touboul E, Zarcone C. 1988. Numerical models and experiments on immiscible displacements in porous media. Journal of Fluid Mechanics, 189: 165 ~ 187

Leverett M C. 1941. Capillary behavior in porous solids. Society of Petroleum Engineers, Transactions AIME, 142: 152 ~ 169

Lian G, Thornton C, Adams M J. 1993. A theoretical study of the liquid bridge forces between two rigid spherical bodies. Journal of Colloid and Interface Science, 161: 138 ~ 147

Liu X L, Flemings P B. 2006. Passing gas through the hydrate stability zone at southern Hydrate Ridge, offshore Oregon. Earth and Planetary Science Letters, 241 (1-2): 211 ~ 226

Liu X L, Flemings P B. 2007. Dynamic multiphase flow model of hydrate formation in marine sediments. Journal of Geophysical Research: Solid Earth, 112 (B3)

MacDonald I R, Jr Guinasso N L, Sassen R, et al. 1994. Gas hydrate that breaches the sea floor on the continental slope of the Gulf of Mexico. Geology, 22: 699 ~ 702

Malinverno A, Kastner M, Torres M E, et al. 2008. Gas hydrate occurrence from pore water chlorinity and downhole logs in a transect across the northern Cascadia margin (Integrated Ocean Drilling Program Expedition 311). Journal of Geophysical Research: Solid Earth, 113 (B8)

Martin V, Henry P, Nouze H, et al. 2004. Erosion and sedimentation as processes controlling the BSR-derived heat flow on the eastern Nankai margin. Earth and Planetary Science Letters, 222: 131 ~ 144

Matsumoto R, Ryu B J, Lee S R, et al. 2011. Occurrence and exploration of gas hydrate in the marginal seas and continental margin of the Asia and Oceania region. Marine and Petroleum Geology, 28: 1751 ~ 1767

Matsumoto R, Tomaru H, Lu H L. 2004. Detection and evaluation of gas hydrates in the eastern Nankai Trough by geochemical and geophysical methods. Resource Geology, 54: 53 ~ 67

Max M D. 1990. Gas hydrates and acoustically laminated sediments: Potential environmental cause of anomalously low acoustic bottom loss in deep ocean sediments. U S Naval Research Laboratory Report, 9235, 66

Mayer R P, Stowe R A. 1965. Mercury porosimetry-breakthrough pressure for penetration between packed spheres. Journal of Colloid Science, 20: 893 ~ 911

Miles P R. 1995. Potential distribution of methane hydrate beneath the European continental margin. Geophysical Research Letters, 22 (23): 3179 ~ 3182

Nealon J. 2005. Dynamics of methane migration in marine hydrate systems: Examples from the Guaymas Transform, Blake Ridge, and Storegga landslide. Wyoming: University of Wyoming, Laramie Doctoral Dissertation

Nimblett J, Ruppel C. 2003. Permeability evolution during the formation of gas hydrate in marine sediments. Joural of geophysical Research: Solid Earth, 108 (B9)

Orr C C, Abernathy J R, Hudspeth E B. 1975. Nothanguina phyllobia, a nematode parasite of silverleaf nightshade Nothanguina phyllobia, a nematode parasite of silverleaf nightshade. Plant Disease Reporter, 59 (5): 416 ~ 418

Park Y, Choi Y N, Yeon S H, et al. 2008. Thermal expansivity of tetrahydrofuran clathrate hydrate with diatomic guest molecules. Journal of Physical Chemistry B, 112 (23): 6897 ~ 6899

Park Y, Kim D, Lee J, Hu H D, et al. 2006. Sequestering carbon dioxide into complex structures of naturally occurring gas hydrates. Proceedings of the National Academy of Sciences of the United States of America, 103-34: 12690 ~ 12694

Paull C K, Buelow W J, Ussler W I I I, et al. 1996. Increased continental-margin slumping frequency during sea-level lowstands above gas hydrate-bearing sediments. Geology, 24 (2): 143 ~ 146

Paull C K, Ussle W, Borowski W S. 1994. Sources of Biogenic Methane to Form Marine Gas Hydrates In Situ Production or Upward Migration? Annals of the New York Academy of Sciences, 715 (1): 392 ~ 409

Paull C K, Ussler W, Borowskil W S, et al. 1995. Methane-rich plume on the Carolina continental rise-associations with gas hydrates. Geology, 23 (1): 89 ~ 92

Pflaum R C, Brooks J M, Cox H B, et al. 1986. Molecular and isotopic analysis of core gases and gas hydrates, Deep Sea Drilling Project Leg 96//Bouma A H, Coleman J M, Meyer A W, et al. Initial Reports of the Deep Sea Drilling Project. Washington (U. S. Govt. Printing Office), 96: 781 ~ 784

Potyondy D O, Cundall P A. 2004. A Bonded-Particle Model for rock. International Journal of Rock Mechanics and Mining Sciences, 41 (8):1329 ~ 1364

Potyondy D O, Cundall P A. 2004. A bonded-particle model for rock. Int. J. Rock Mech. Min. Sci. , 41 (8):1329 ~ 1364

Richards L A. 1931. Capillary conduction of liquids through porous mediums. Physics, 1: 318 ~ 333

Riedel M, Novosel I, Spence G D. 2006. Geophysical and geochemical signatures associated with gas hydrate-related venting in the northern Cascadia margin. Geological Society of America Bulletin, 118 (1-2): 23 ~ 38

Ruppel C. 1997. Anomalously cold temperatures observed at the base of the gas hydrate stability zone on the US Atlantic passive margin. Geology, 25 (8): 699 ~ 702

Ryu B J, Riedel M, Kim J H, et al. 2010. Gas hydrates in the western deep-water Ulleung Basin, East Sea of Korea. Marine and Petroleum Geology, 26 (8): 1483 ~ 1498

Sassen R, Sweet S T, Milkov A V, et al. 2001. Thermogenic vent gas and gas hydrate in the Gulf of Mexico slope: Is gas hydrate decomposition significant? Geology, 29 (2): 107 ~ 110

Schroot B M, Klaver G T, Schüttenhelm R T E. 2005. Surface and subsurface expressions of gas seepage to the seabed-examples from the Southern North Sea. Marine and Petroleum Geology, 22 (4): 499 ~ 515

Shipboard Scientific Party. 1973. Sites 85 ~ 97//Worzel J L, et al. Proceedings of the Deep Sea Drilling Project, initial reports, 10: 3 ~ 336

Shipboard Scientific Party. 1980. Site 533 and 534 (leg 76) //Sheridan R E, et al. Proceedings of the Deep Sea Drilling Project, initial reports, 76: 35 ~ 80

Shipboard Scientific Party. 1996. Sites 994, 995, and 997 (leg 164) //Paull C K, et al. Gas hydrate samplingon the Blake Ridge and Carolina Rise Sites 991 ~ 997: Proceedings of the Ocean Drilling Program, initialreports, 164: 99 ~ 623

Sloan E D. 1998. Clathrate hydrates of natural gases, Second Edition. New York: Marcel Dekker Inc. Publishers. 705

Sloan E D. 1998. Gas hydrates: Review of physical/chemical properties. Energy & Fuels, 12 (2): 191 ~ 196

Tissot B P, Welte D H. 1987. Petroleum Formation and Occurrence. A new Approach to Oil and Gas Exploration. Berlin-Heidelberg-New York: Springer-Verlag

Torres M E, Trehu A M, Cespedes N, et al. 2008. Methane hydrate formation in turbidite sediments of northern Cascadia, IODP Expedition 311. Earth and Planetary Science Letters, 271 (1-4): 170 ~ 180

Trehu A M, Long P E, Torres M E, et al. 2004. Three-dimensional distribution of gas hydrate beneath southern Hydrate Ridge: Constraints from ODP Leg204. Earth and Planetary Science Letters, 222 (3-4): 845 ~ 862

Tsuji Y, Fujii T, Hayashi M, et al. 2009. Methane-hydrate Occurrence and Distribution in the Eastern Nankai Trough, Japan: Findings of the Tokai-oki to Kumano-nada Methane-hydrate Drilling Program//Collett T, Johnson A, Knapp C, et al. Natural gas hydrates-Energy resource potential and associated geologic hazards. AAPG Memoir, 89: 228 ~ 249

Uchida T, Ebinuma T, Ishizaki T. 1999. Dissociation condition measurements of methane hydrate in confined small pores of porous glass. Journal of Physical Chemistry B, 103: 3659 ~ 3662

Uchida T, Wang Y, Rivers M L, et al. 2004. Yield strength and strain hardening of MgO up to 8GPa measured in the deformation DIA with monochromatic X-ray diffraction. Earth and Planetary Science Letters, 226: 117 ~ 126

Uchida T, Waseda A, Namikawa T, et al. 2009. Methane accumulation and high concentration of gas hydrate in marine and terrestrial sandy sediment//Collett T, Johnson A, Knapp C, et al. Natural Gas Hydrates-Energy Resource Potential and Associated Hazards. AAPG Memoir, 89

Walker R G. 1978. Deep-water sandstones facies and ancient submarine fans: Models for exploration for stratigraphic traps. A. A. P. G. Bull. , 62: 932 ~ 966

Waseda A, Uchida T. 2004. The geochemical context of gas hydrate in the Eastern Nankai Trough. Resource Geology, 54 (1): 69 ~ 78

Wiese K, Kvenvolden K A. 1993. Introduction to microbial and thermal methane//Howell D G. The Future of Energy Gases. Geological Survey Professional Paper U. S. , 1570: 13 ~ 20

Wilkinson D, Willemsen J F. 1983. Invasion percolation: A new form of percolation theory. Journal of Physics A: Mathematical and General, 16: 3365 ~ 3376

Wilkinson S, Willemsen J F. 1983. Invasion Percolation: A new form of percolation theory. Journal of Physics A: Mathemetical and General, 16 (14): 3365 ~ 3376

Xu W Y, Ruppel C. 1999. Predicting the occurrence, distribution, and evolution of methane gas hydrate in porous marine sediments. Journal of Geophysical Research-Solid Earth, 104 (B3): 5081 ~ 5095

Yang S X, Zhang H Q, Wu N Y, et al. 2008. High concentration hydrate in disseminated forms obtained in Shenhu area, north slope of South China Sea//Proceedings of the 6th International Conference on Gas Hydrates, Vancouver, British Columbia, Canada

第5章 砂岩型储层水合物

5.1 砂岩型水合物概念

砂岩型水合物指在砂体中形成和富集的水合物。这种类型的水合物储层具有高孔隙度、高渗透率的特征，而且由于砂岩的连通性和孔隙度的稳定性，砂岩水合物相对容易开采，备受关注。国际上也把砂岩型水合物定为开发的首选靶区（Boswelland Collett，2006）。国外在Mallik三角洲、Alaska陆坡进行了砂岩型水合物的试开采，取得了开采技术的巨大突破，日本已经在日本南海海槽的中上新统砂岩中实现了水合物的试采。

深水沉积砂体指沉积在深水环境中的砂岩体，可形成于多种深水沉积体系中（Weimer and Slatt，2007）。如果浅水陆架或大型水下三角洲经过块体搬运沉积在深水环境，也称异地沉积砂体，这种沉积称之为块体搬运沉积体系（吴时国和秦蕴珊，2009）。更多的深水沉积砂体则来自深水水道沉积体系和深水底流沉积体系。通常前者形成的沉积物比后者的粒度粗。前者是一种浊流沉积体系，后者是一种深水牵引流沉积体系。重力流沉积体系还可按其发育于各种不同的沉积环境而形成独具一格的沉积体系，可划分为扇状沉积体系（海底扇或湖底扇）、沟道或槽谷沉积体系、层状或带状沉积体系等。深水牵引流沉积体系的研究主要集中于等深流沉积和内潮汐、内波沉积。

我们这里定义的“深水”是指半深海-深海环境，水深深度 >200m。从大陆架向海的一侧开始沿大陆斜坡直到洋盆，在洋盆中主导的沉积机制是重力作用导致的沉积作用[崩塌（avalanche），滑动（slide），滑塌（slump），碎屑流（debris flow）和浊流（turbidity current）]和底流沉积（bottom current）。从沉积类型看有两种类型：①平行陆坡底流搬运沉积作用；②垂直陆坡的重力流搬运沉积作用。深水砂体主要形成于各种深水沉积体系（Weimer and Slatt，2007）。富砂的深水沉积体系主要有深水水道沉积体系和底流沉积体系。深水沉积体系受多种因素的控制，这些因素相互作用并对所有的沉积盆地产生影响。如果考虑水合物成藏，尽管我们关注的是最终的沉积产物，但是为了正确理解深水储层特征，如砂岩含量、砂岩变化趋势、连续性、连通性及储层质量，我们必须弄清楚其沉积物形成的过程。关于深水沉积的主要控制因素前人已经做过精彩的论述（Nelson and Nilsen，1984；Bouma et al.，1985；Richards and Bowman，1998；Weimer and Slatt，2007）。下面，我们针对水合物，再进一步阐述。

5.2 深水砂体的沉积体系

5.2.1 深水水道沉积体系

深水环境不仅受制于多种作用机制，如重力、多种底流（或等深流）、大洋涡流、水下峡谷中往复的潮汐底流、各种内波、上升流和下降流等，同时，深水又具有活跃的构造活动，体现为各种底辟活动、高热流值，且深水陆坡恰处于坚硬的大陆克拉通和大洋地壳之间，是对各种构造活动响应最为敏感的地区。因此通常由陆坡（又可划分为上中下三段）、陆隆和深海平原等地貌单元组成的深水环境，具有极为复杂的地貌特征，如滑坡坎壁、峡谷底床、谷壁、水道和堤坝、台地、多种形状的扇体、多类型的等深流沉积等。近些年来，新识别的地貌单元亦不时出现，如水道——朵叶体过渡带（channel-lobe transition zone，CLTZ）就具有沉积学方面独特的意义（Mutti and Normark，1991；Wynn and Stow，2002）。

在深水陆坡区，基于其相对陡峭的地貌，在重力作用及其他诱因（如地震、天然气水合物分解、超压释放、底辟活动、突发海流）的配合下，海床浅表层沉积物极易发生滑动、滑塌等重力活动，并进一步演化为碎屑流、颗粒流乃至浊流。这些均为因重力而发生的陆坡倾向上的深水作用机制，在多数情况下，这种作用是塑造深水水道的主要因素。

滑坡在全球许多地方均有报道。其中以欧洲大陆边缘的研究最为深入。Wilson 等（2004）研究了设得兰群岛西北部的 Afen 滑坡体，探讨了其形成的诱因、形成阶段等；Storegga 滑坡体影响了约 95 000km^2 的面积、沉积物体积为 2400～3200km^3，是目前世界上所识别的水下暴露的最大滑坡体之一（Haflidason et al.，2004）。此外，地中海和西北欧亦有针对滑坡体的多处报道，如其他海域安哥拉、加利福尼亚北部海域的 Humboldt 滑坡体（Burger et al.，2003；Gee et al.，2005）。滑坡体自触发、活动直至向重力流转化的全过程与天然气水合物、油气渗漏、构造活动有着密不可分的关系，对于海岸地带的可持续发展亦有重要意义，这也是西方国家投入巨大力量研究的缘由。

20 世纪 40 年代，在北美被动大陆边缘首次识别出深水水道体系，自此深水水道体系成为石油工业界关注的焦点。深水水道体系中的水道–堤坝，不但可作为良好的油气储集体，而且是输送陆源碎屑物质到深海盆地的重要通道，对沉积物起到约束和分类作用。深水水道主要发育在大陆边缘斜坡上，研究深水水道的形成，不仅在于寻找深水油气储集体，有利于建立深水油气成藏地质理论，而且可以根据深水水道的沉积演化特征推测深海盆地的沉积物来源，进而恢复深水沉积盆地的古地理环境，揭示大陆边缘的动力学演化机制。

世界深水峡谷水道主要发育在被动大陆边缘的海底扇上，如密西西比扇、亚马孙扇、印度扇、孟加拉扇、扎伊尔扇、罗纳扇等。深水水道作为输送陆源碎屑沉积物到深海盆地的重要通道，对沉积物起到约束和分类作用。通过研究深水水道的沉积与演化过程可进一步对深海盆地沉积物源进行分析。通常，在水道轴部沉积粗粒沉积物，堤坝部位沉积细砂、粉砂和泥等细粒沉积物，水道沉积体系可作为很好的油气储集体。研究表明，深水水道具有复杂的内部结构、多次侵蚀、沉积物充填过程，它们的复杂性受控于多种因素，如来自陆架的沉积物供应变化、气候和全球海平面变化，也可能与陆坡的不稳定有关，如一些构造活动，包括断裂活动、盐底辟或泥底辟在盆地中的排出等。正是由于深水水道沉积体系具有复杂性和良好的经济价值，使得深水水道沉积体系的研究具有科学和经济双重研究意义。

深水水道体系可发育于陆坡、坡脚和盆底等环境。在陆坡上，水道体系发育于局限环境下，如陆坡盆地或海底峡谷，有时峡谷源头发育于浅海陆架环境。在构造活动区（如加利福尼亚南部的大陆边缘或安哥拉沿岸），峡谷沿着海岸延伸并沉积由沿岸漂流作用所产生的沿岸移动砂。在盆底，水道往往比较浅且常出现分流特征，曲流水道可发育于陆坡和盆底。

深水水道充填沉积物性质变化很大，主要依赖于相对海平面变化（全球海平面变化、构造运动、气候和沉积物供给等），沉积物类型可为砾岩、砂岩、粉砂岩和泥岩以及混合充填。一般来说，深水水道具有两种成因机制：重力流和底流，且以重力流作用（主要是浊流和碎屑流）为主。水道充填沉积可由多种重力流沉积物组成，如浊流、碎屑流和海底滑坡块体以及半远洋悬浮物。在一个沉积层序内，通常水道充填为粒度向上减小的正粒序沉积，这与深水水道类型自下而上从多支流型水道到小型水道具有堤坝的水道沉积体系相一致（图 5-1）。

在多数情况下，深水水道内的强振幅特征被认为是与加积充填或水道轴侧向迁移有关的粗粒偏砂岩。例如，ODP 在亚马孙扇的钻井揭示了强反射为厚层砂体，而介于水道轴部强振幅反射体和水道壁之间的低振幅沉积体被认为是细粒的内堤坝沉积。

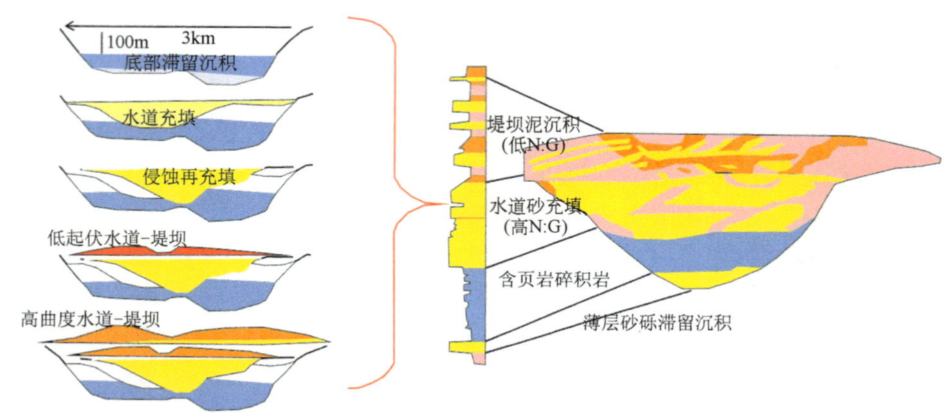

图 5-1 深水水道充填过程示意图［据 Mayall 等（2006）修改］

Mayall 等（2006）认为不同水道以及同一水道的不同部分都是独特的，其具体特征各不相同，不可用相同的岩性充填模式来描述，但可以给出典型深水水道的综合岩性充填模式。在南海北部琼东南盆地的中央水道，长达 570km，根据邻区琼东南盆地北部一个钻井（Ya35-1-2）的井震对比剖面进行类比分析，得出研究区深水水道的岩性充填模式（图 5-2）。自下而上主要分为三段，依次为滑塌

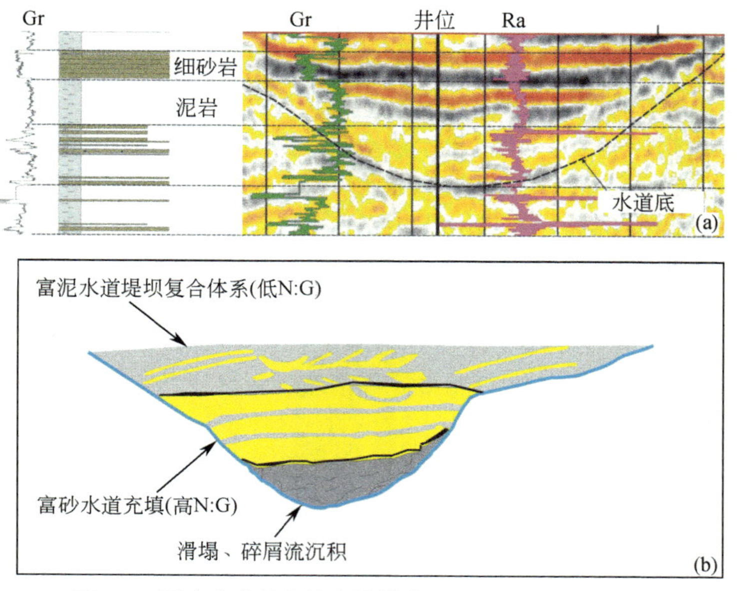

图 5-2 深水水道的岩性充填模式（Yuan et al.，2009）

及碎屑流沉积、富砂水道充填（高砂泥比）和富泥水道-堤坝复合体系（低砂泥比）。这与世界典型地区已钻深水水道岩性充填模式一致，都具有自下而上由粗到细的正旋回特征。

大多数深水水道充填都具有一定的级序性。从简单到复杂依次称作水道（channel）、复合水道（channel complex）、复合水道系（channel complex set）和水道沉积体系（channel complex system）四个级次（图5-3）。尽管水道内部充填很复杂，但仍能够把其再细分成具体的、可识别的类型。从而利用水道充填的级序特征对水道充填进一步研究。目前，在多数地震资料中却很难识别出所有这些级序。

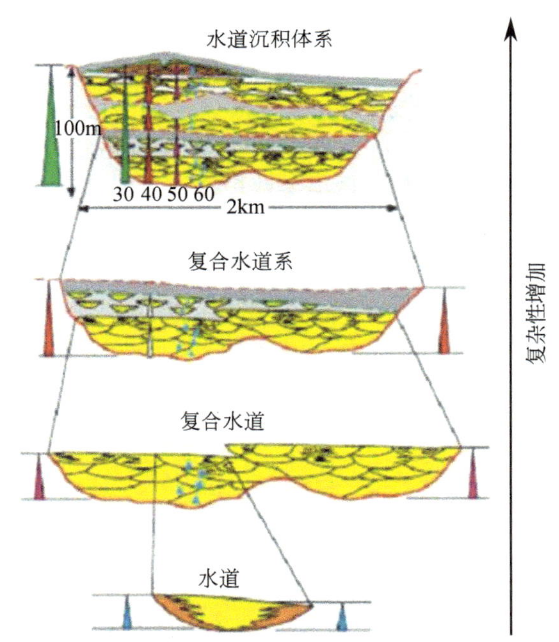

图5-3 水道充填级序示意（Mayall and Stewart，2000）

深水水道的形成与相对海平面变化有关，且主要形成于低水位期。这是因为在低水位期有大量粗粒沉积物冲蚀陆坡并被搬运到盆底，以及水道侧壁侵蚀作用产生的滑塌块体充填水道。另外，在相对海平面上升时，沉积物逐渐向陆地方向迁移，盆地沉积物供应减少，进行水道反向充填。

深水水道的几何形态依赖于沉积环境，从孤立沉积通道到局限环境下主要由垂向加积作用形成的叠合水道复合体（multistory channel amalgamation），或是相对开阔环境下主要由侧向迁移作用形成的侧积水道复合体（multilateral channel amalgamation）（图5-4）。水道形态随沉积扇和陆坡的发育而变化：随坡度变缓，水道从宽而相对平直到窄而高，弯曲度变化不一，与河流的形态类似，但是加积特征更明显些。一般来说，水道的弯曲度与坡度成反比。也就是说，细粒、低能水道充填往往比粗粒、高能水道充填曲度大。

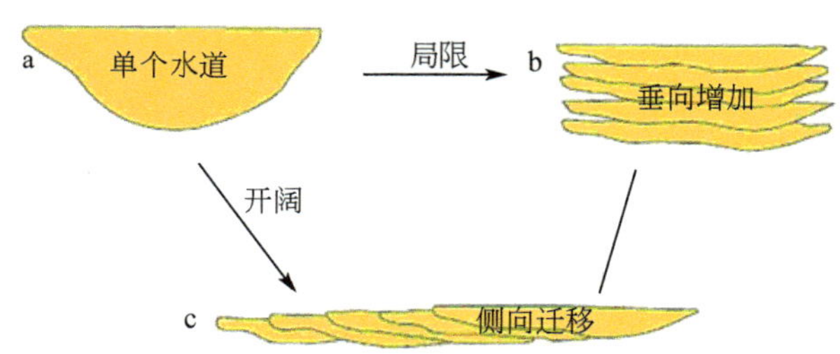

图5-4　水道形态演化示意（Pickering et al.，2000）

上陆坡、中陆坡和下陆坡乃至盆地平原均可发育朵叶体。只要地形发生相对平缓的变化，在水道、峡谷出口或撕裂分支的决口处均可发生流体行为的跃迁，从而沉积相应粒径的碎屑物质。朵叶体在沉积的同时，又相应造成了地貌的渐进性变化，与水道迁移一起形成了朵叶体的侧向和纵向的迁移，如此垂向叠加和侧向叠覆，即可形成规模巨大的陆坡扇或盆底（地）扇。

5.2.2　深水底流沉积体系

底流，也称等深流，这一术语是Heezen等（1966）在对北大西洋陆隆沉积物研究之后首先提出的。Heezen等认为，等深流是由于地球旋转的结果而形成的温盐环流（thermo-haline circumlation），这种底流平行海底等深线做稳定低速流动（5～20cm/s），主要出现在大陆坡和陆隆区。亦有人称之为等高流、水平流、平流等。随着深水地质学研究的不断深入，深水底流沉积研究迅速发展成为一个新的研究领域。目前深水牵引流沉积的研究主要集中于等深流沉积和内潮汐、内波沉积。等深流沉积研究从20世纪60年代中期起步，至今已有长足的进展，对等深盐丘的发现是该领域最为重要、最具特色的成果。内潮汐、内波沉积研究始于20世纪90年代初期，进展很快，现已对其形成机理、结构、构造、层序、岩相特征及鉴别标志进行了系统研究。深水牵引流沉积的储集性能优于浊积岩，故具有非常重要的含油气潜能。

1936年，德国物理海洋学家George Wust首次提出，由温盐循环控制的底流可能足以影响深海盆地的沉积通量。一般来说，底流（bottom currents）是指作用在深水的、且为大洋和其边缘海中的温盐或风驱循环部分的海流，它们并不严格遵循等深线，但等深流依然作为底流的同义词被广泛使用（Stow et al.，2002）。慢速的温盐循环主要起源于极地水体的冷却和下沉，如南极底层水（antarctic bottom water，AABW）、北极底层水（arictic bottom water，ABW）等。而地中海外溢水团（the mediteranean outflow water，MOW）构成了大洋中层水团的重要来源（Mougenot and Vanney，1982；Mulder et al.，2003）。不同于纯粹温盐循环的其他底流还有大的风驱海流体系，在一些情况下，它们的影响水深甚至可达4000m，如受科氏效应影响的西边界海流（如湾流、黑潮）和绕南极海流（circumpolar antarctic current）（Stow et al.，2002）。这种风力驱动形成的涡旋影响深海海床甚巨，乃至称之为深海风暴（benthic storms）。底水速度通常不大于1～2cm/s。但是，它们可因科氏效应、盆地或水道地形的变化而予以极大加强。例如，西边界潜流的速度可达到10～20cm/s。在流体特别受限或陆坡特别陡峭的地方，流速可超过100cm/s。在经过深海盆的狭窄出口或海道时，甚至记录到了超过200cm/s的速度。可见，底水是温盐循环的半永久部分，在许多情况下其强度上足以侵蚀、输送和沉积物质，特别是黏土、粉砂和细砂粒级，甚至更为少见的粗砂和砾石。

因此，底流（或等深流）可在大洋深水环境形成独具特色的等深流沉积。而漂积体（sediment drift）是一个概括性术语，是指不具备明确界定的或独特外观的但其沉积过程受某种海流控制的沉积聚集，并不局限于底流沉积。

内波和内潮汐是海洋学研究的一项重要成果。内波是一种水下波，它存在于两个不同密度的水层的界面上，或存在于具有密度梯度的水层之内（LaFond，1966）。在所有的大洋中均有内波存在，而它的振幅、周期、传播速度及存在的深度有很大的变化。内潮汐是内波的一种重要类型，它的周期等于半日潮或日潮。内潮汐在海洋中普遍存在，而在深水区（一般水深200～250m）内潮汐表现得尤为明显。已发现的内波、内潮汐沉积一般多为中-细砂岩至粉砂岩、泥岩，也有碳酸盐岩（颗粒灰岩），并与深水原地沉积伴生或夹于深水原地沉积之中（图5-5）。由于内潮汐和内波作用引起的海底流动为双向往复流动，不但流速变化大，而且水流反复倒向，同时这种双向往复流动造成近海底水流浑浊度较高，所以这种环境不利于底栖生物的生存。因而一般情况下内潮汐和内波沉积中缺乏生物扰动构造。

在深水环境，两种或多种不同方向的深水作用机制常相互影响，形成了具有复杂成因的底形和构造。深水环境的多种作用机制和它们彼此间可能存在转化关系、并形成相应的沉积体系类型。

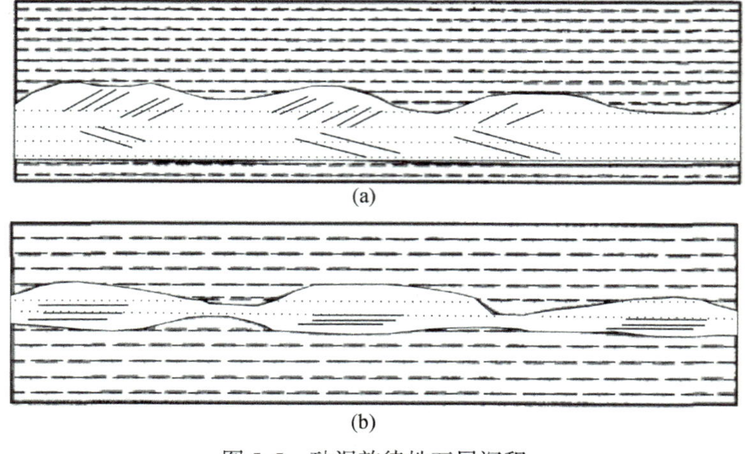
(a)
(b)

图 5-5　砂泥韵律性互层沉积

5.3　砂岩型天然气水合物形成模式

在海洋环境中，砂岩中的天然气水合物是最有希望被开采的储层。在砂岩储层中，孔隙度大、渗透性高、天然气水合物容易富集。所以对于砂岩储层水合物开采没有什么技术难点，主要的问题就是如何更经济地进行开采。

5.3.1　墨西哥湾（被动陆缘）砂岩型水合物成藏模式

在墨西哥湾北部 Alaminos Canyon 21（AC21）、Walker Ridge 313（WR313）和 Green Canyon 955（GC955）区块砂岩储层发现了天然气水合物。砂岩中相互连通的颗粒间孔隙内充填水合物。与球状和分散型水合物不同，孔隙充填水合物较小，范围约 10mm。GC955 区块钻探目的是确定砂岩储层的天然气水合物，该区域地球物理资料显示充足气源、浅部沉积物大量断层提供气体运移通道，具有大型和持续的更新世水道-堤坝复合体有关的砂岩储层，横跨相邻工业井的地震资料显示水合物稳定带上部存在较厚的富砂地层（McConnell，2000；Heggland，2004）。该区块位于晚更新世水道复合体上，进行了三口钻井，即 I 井、H 井和 Q 井。水合物稳定带底部圈闭内含有大量振幅异常，该异常靠近但位于水道轴的西部。GC955-I 井的主要目的是水合物稳定带底部上 320ft 的振幅峰值，该振幅出现 4Ω · m 电阻率异常，临近 001 井 15ft 水合物层（图 5-6）。995-I 井用来评价在水合物稳定带（GHSZ）内钻遇纯砂层的可能性，该位置地震资料显示无强振幅异常，避免了钻遇气流的风险。钻前地震反演预测的水合物饱和度在井位周围为28%～69%，大部分大于45%。在955-I井进行的电缆测井资料较好，从井径校正数据看，除砂层外大部分井径变化不大。该井明显具有三个主要地层，从海底至1240ft，伽马射线值为75API，是一个以泥岩为主的地层；1240～1620ft，伽马射线变化较大，最低达20API，表明为泥砂互层，含有不同厚度的薄砂层，从1～2ft至10ft厚。从1620ft以下深度，主要为细粒沉积物。电阻率在该井变化不大，大部分电阻率低值处为含水地层（无水合物和气体），仅在局部薄层出现电阻率增加，达3～5Ω·m，表明为薄砂层。

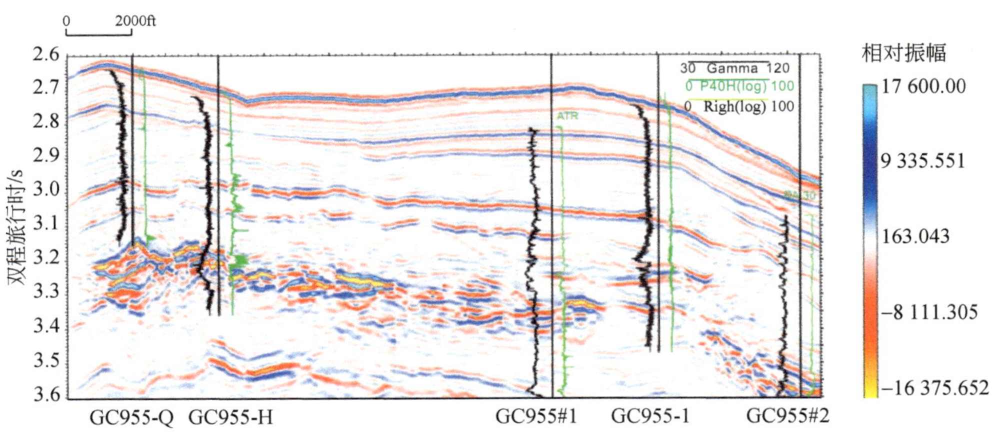

图5-6 过JIP及工业井的任意地震剖面及电阻率（黑线）和伽马射线（绿线）（McConnell et al.，2009）

GC955-H井目标是砂岩相的振幅异常峰值及强波谷，位于构造圈闭的翼部和大型正断层东部的下降盘（图5-7）。该井位评价表明很可能在水合物稳定带钻遇砂岩及在水合物层下钻遇游离气的中等风险。地震反演分析表明砂岩中水合物饱和度为50%左右。955-H井钻探显示从海底到深度1275ft，上部为泥岩层，电阻率在深度650ft逐渐增加到1.5Ω·m。从该深度至975ft，电阻率变化较大，为4～7Ω·m，方位电阻率成像表明出现高角度裂隙。从975ft（裂隙充填水合物底部）到1275ft砂岩层的顶部，电阻率在1.5～3Ω·m变化。1275～1600ft，伽马射线比较低，为一个325ft厚的砂层，电阻率在该层变化较大，在上部80ft，电阻率稳定降低至0.8Ω·m。接着增加到20Ω·m或更高，而并没有岩性变化。随后的86ft（1358～1444ft），电阻率为20～200Ω·m，该层存在大量薄互层。在1444ft，电阻率迅速降低至0.5Ω·m，表明孔隙充填物的急剧变化，同样没有岩性变化。

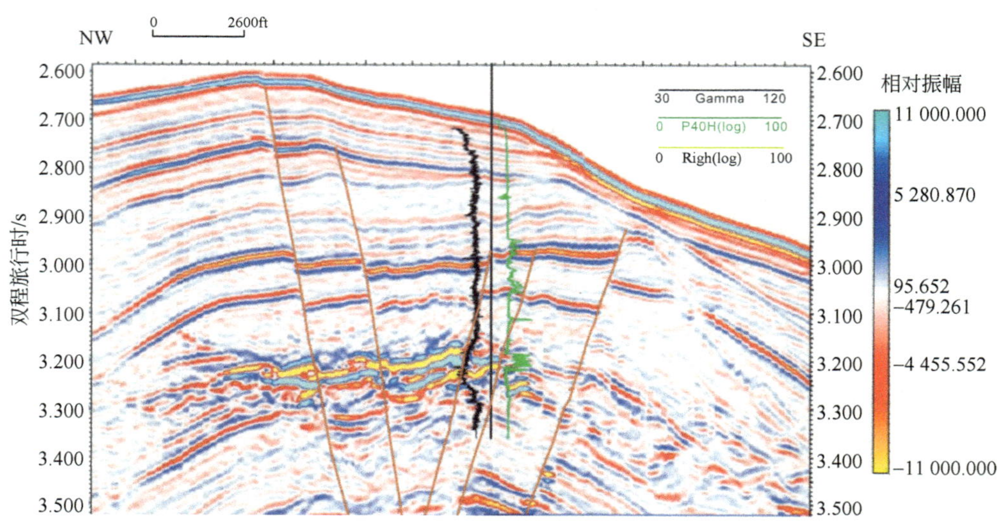

图 5-7 过 GC955-H 强振幅异常任意测线的地震剖面、断层和电阻率、伽马射线测井（McConnell et al.，2009）

GC955-Q 井位于构造脊部，位于强地震波峰的地层和构造最高点，该位置水合物稳定带底部不好确定，但是该位置被认为是最可能含厚层或多个含水合物的区域，和 H 井位一样，存在强波谷反射，是最可能出现气流的井位（图 5-6）。在主要目标层位下，剖面存在大量波峰和波谷的强振幅。从海底至深度 1320ft，伽马射线值发生变化，但是一般较低，表明为一个富泥地层，含有少量薄层粉砂和砂层。电阻率逐渐从 1Ω · m 增加至水合物稳定底部的 2Ω · m，经过该井和一个断层区，尽管靠近 955-H 井裂隙充填水合物层，但是该井没有任何泥岩地层存在水合物的证据。从深度 1320 ~ 1440ft（伽马射线最深处），伽马射线值稳定降低，表明砂层顶部向上变薄。该层 1360 ~ 1410ft 深度含有一个薄砂层，含有大量黏土含量，电阻率为 1.5Ω · m，如果含有水合物，饱和度为中等含量。从 1420ft 到电阻率测量的最深处 1454ft，电阻率变化较大，为 3 ~ 10Ω · m，几个峰值达 20Ω · m，表明薄层状砂岩，与 H 井相似。从声波测井看，在整个砂层，电阻率明显增加，表明含有水合物。

Diana 盆地位于墨西哥湾西北部，得克萨斯 Galveston 南部 160mi①，平均水深

① 1mi = 1. 609 344km。

1478m，盆地边界是相对较浅的岩体，含有大量上新世—更新世砂岩层，大量岩体侵入到上新世及更新世的砂岩和泥岩地层。新近系沉积环境由块体搬运复合体（MTD）和深水浊流沉积物组成，盆地中有五个油气田，主要为 Diana（EB945）、南 Diana（AC65）、Marshall（EB949）、Madison（AC24）和 Hoover（AC25）。勘探区 BSR 不明显或不存在，主要通过油气系统来进行水合物研究。前期油气系统的地质解释表明深水相复杂的砂岩分布，包括有限的供给水道系统、有限的水道复合体和朵叶体。

图 5-8 为钻井曲线及地震剖面，可显示水合物稳定带内主要有五个小层。层 1 约 76.2m，剖面上呈平行、连续反射，为半深海的泥质沉积。层 2 约 152.4m 厚，地震上为低频、未成层的均匀相，以泥质为主，顶部含有薄的砂质沉积物，主要为不含砂的 MTD 层。层 3 为 36.58m 厚的砂质沉积物，顶部具有强波峰，底部具有强波谷。层 4 相对较薄约 76.2m，为泥质和粉砂质与砂质的互层，呈连续、平行的反射特征。层 5 是以泥质为主的不含砂的 MTD，具有杂乱反射和成层性差的反射特征。随钻测井表明，井 B 在层 3 位置，总的砂层厚度达 38.1m，不含泥质沉积物。伽马测井曲线有一个明显降低，电阻率在该层段为 2.0Ω · m，随后降低到背景电阻率。纵波速度在该层段未见明显增加，这正好与实验室观测到的细粒沉积物区低水合物含量纵波速度变化不大相吻合。

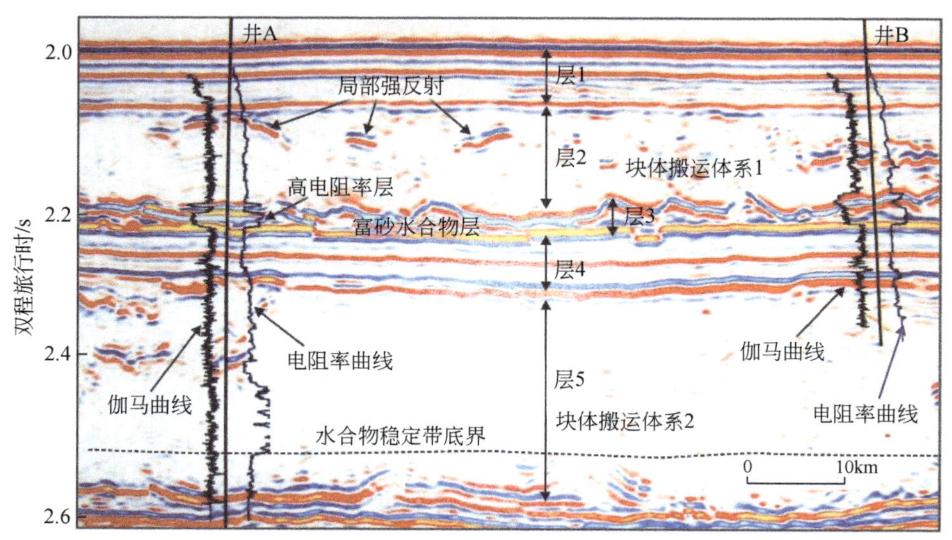

图 5-8 墨西哥湾 MTD 发育区的水合物层（Frye et al.，2009）

在 Diana 盆地的两个主要目标井位（EB992 和 AC21），至少有三个因素表明气体被运移至水合物稳定带。第一，两个都位于深部油气聚集区，AC21 位于南 Diana 油田（AC65），产气层位 5850ft；EB992 井位于 Rocketfeller 油田上，该油田储层是晚更新世地层（1.7Ma），是常规烃类发现的最年轻地层。第二，两个井位都位于或靠近大范围隆起区，AC21 包括浅部岩体挤入形成的 AC65 和 AC66 陡倾斜构造隆起区块，也包括一系列构造圈闭高点。从晚更新世地层提取的地震振幅异常与构造特征一致，被认为是含气地层，背斜脊发育在 EB992 南部。第三，两个目标井位都至少与一个切穿局部地层的断层相连，该断层连接了深部构造高点和晚更新世地层，为气体从深部运移浅部地层提供垂向通道。Rocketfeller 油田储层的气源为生物成因，从新近纪到白垩纪运移热成因的通道不充分（Symington and Higgins，2000）。因此，EB992 井可能是生物气，来自于 Rocketfeller 断层的聚集流和原位有机碳由于微生物作用生成的甲烷。利用阿尔奇方程估算出水合物饱和度为低—中等含量，占孔隙空间的20% ~40%。利用电阻测井响应解释的水合物层，为高孔隙砂岩储层低—中等饱和度水合物，而且，储层矿物、薄层影响和地层水盐度也可能影响电阻率。砂岩储层未见任何含气异常，即使 JIPⅡ钻探和初始评价后，也都存在一个问题：为什么浅部地层没有完全充气？有多种解释，最可能的是目标储层太年轻，如果假设充气为热成因气（气体组分未知），储层的绝对年龄可能在两个方面影响水合物饱和度：一方面可能是由于水合物层砂体比较新，可能未赶上排气阶段；另一方面可能是还一直处于充气阶段，未达到气饱和，水合物气源可能是原地生物成因气。该假设同样适用于生物成因气。在 EB990 井，距离 AC21-B 井 4.1mi，砂层为含水而不是部分充填水合物，排除了局部的孔隙水盐度和矿物组分变化。EB990 含水砂岩与 EB992-001 井、AC21-A 井和 AC21-B 井含水合物砂岩的主要差异在于含水合物的砂岩层是垂向的独立体，埋藏相对较深。

5.3.2 日本南海海槽（弧前盆地）砂岩型水合物成藏模式

日本南海海槽位于太平洋板块和欧亚板块的交界处，从日本静冈县骏河湾延伸至九州以东海面约 700km，深约 400km。日本南海海槽因为处于太平洋板块向欧亚板块的俯冲带上，地震频发，同时，在其大陆架和大陆坡的砂岩储层发育高饱和度的天然气水合物。由于日本国内化石燃料贫乏，日本南海海槽沉积层中的甲烷水合物成为能源研究的热点，日本希望可以开发这些潜在的能源满足未来国内对能源的需求。日本南海海槽的水合物钻探，为深入理解海洋环境中天然气水合物在砂岩储层中的成藏提供依据，而且，日本南海海槽水合物研究被认为是提高技术水平、实现商业开采、开发利用水合物，作为长期能源的先行试验。

美国能源部和能源部国家实验室确认日本南海海槽地区是亚太地区的重要水合物赋存区。据美国能源部试验室的估算，日本南海海槽天然气水合物储量达到 16～27Gm^3（NETL，2011）。研究确认在两个不同的地方发现水合物，分别是四国和东海外的增生楔、日本西北面的弧后盆地。日本南海海槽区域内，几乎所有水合物都出现在 290～300mbsf（海平面以下 1240m）的深度范围内。中新世以来，菲律宾海板块向欧亚板块俯冲，在日本南海海槽靠近大陆一侧形成增生楔。俯冲带使日本南海海槽成为地球上最活跃的地震带之一。菲律宾板块的沉降带又称为“四国盆地”，其实是一个之前充填海底扇沉积物的弧前盆地，后来被粗粒陆源碎屑增生楔沉积物覆盖。

水下机器人（ROV）调查和水中流体分析发现与日本南海海槽平行的断层带存在大量以微生物烃类为主的冷泉（Ashi and Tokuyama，1997；Ashi et al.，2002）。海底采样的岩芯中含有微生物成因的甲烷。对日本南海海槽钻探得到的岩芯地球化学分析也证明天然气水合物所含甲烷主要为微生物成因。所以，Waseda 和 Uchida（2004）认为深层的热解气对水合物生成贡献不大。

在日本南海海槽附近采集的地震剖面显示 BSR 在该地区广泛分布（图 5-9）。2004 年在水深 720～2030m 处钻探了 16 个站位，测井结果显示在 BSR 出现的地方发现天然气水合物层，但分布和厚度差别较大，而且在一些 BSR 不明显的地方也发现水合物。钻探过程中由测井分析出六种不同的储层分布特征，分别为：①孔隙充填水合物的砂岩；②孔隙充填水合物的粉砂岩；③结核状或者裂隙充填的大块水合物；④未固结的砂岩；⑤泥岩；⑥碳酸盐岩。水合物充填的砂岩储层电阻率比其他层高约 10Ω · m。测井曲线上出现尖峰作为砂岩和泥岩的转换，伽马测井值偏低，声波速度明显偏高，密度测井显示孔隙度大约 40%，中子孔隙度得到的值比密度孔隙度略小，高富集水合物的层段，孔隙度接近于零。充填水合物的粉砂岩电阻率没有尖峰，比正常值偏高 2～5Ω · m，伽马测井未出现明显异常，声波速度略偏高，密度测井没有太大变化，中子孔隙度约为密度孔隙度的一半。结核或者裂隙充填的水合物层电阻率明显偏高，密度值比上下层要小，声波速度很大。

钻探中发现最厚的水合物砂岩储层达到 105m。在某些井中，高富集的水合物层段的底与水合物稳定带的底并不一致。某些钻探到水合物的井附近没有 BSR。但是厚层的高富集砂岩水合物储层与反演得到的高速层是一致的。

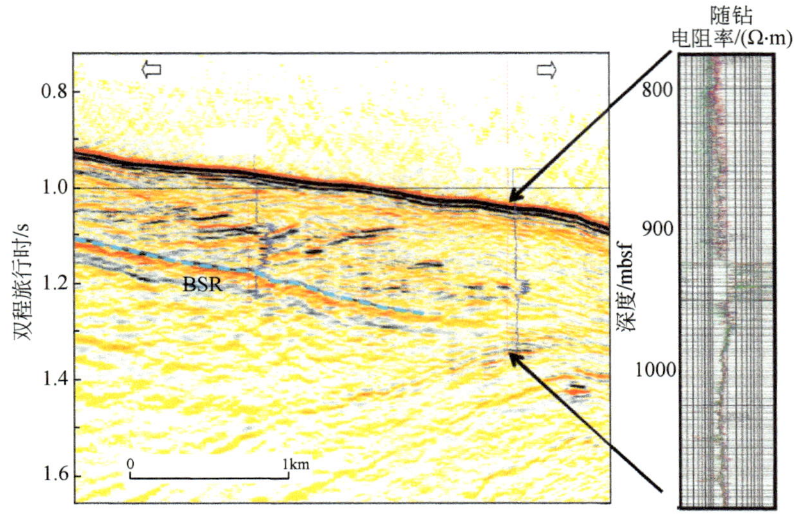

图 5-9 在 BSR 之上的一个天然气水合物高富集带（Tsuji et al.，2009）

5.3.3 韩国郁陵盆地砂岩型水合物成藏模式

韩国郁陵盆地是位于欧亚板块边缘的弧后盆地，形成于早渐新世的地壳减薄和拉张过程中。中中新世开始，区域构造环境由拉张变为挤压，这个过程在盆地南部和西部产生逆冲断层和折叠构造，沉积物受到挤压容易发生超压作用形成裂隙（Ryu et al.，2009）。韩国郁陵盆地的典型沉积特点是块体搬运体系和朵叶体流，盆地南部主要是滑坡或者滑塌体沉积，在盆地中央存在浊积岩和近海泥质沉积。

韩国郁陵盆地的地震剖面上气烟囱、管状构造或者反射空白带分布广泛，许多气烟囱向下延伸连接到深部断裂（Horozal et al.，2009）。气烟囱表现为地震空白带，内部反射层被上拉。一些小的管状构造冲出海底，形成隆起、麻坑或者海底凹陷（图 5-10）。这些气烟囱可能代表着流体垂向运移的通道。垂向通道实际上是相互连通的裂隙网络（Riedel et al.，2006）。气烟囱之上冲出海底的丘状突起可能是自生碳酸盐岩，或者是与冷泉有关的水合物结核。气烟囱内部的反射轴上拉可能是由于热或者热化学效应造成的。流体垂向运移往往把能量集中在一个窄的通道内，气烟囱一般越往上越窄。

Riedel 等（2006）依据地震相把韩国郁陵盆地内可能的水合物储层分成三类，分别为①MTD；②有砂岩浊积层的半深海泥质沉积；③半深海泥质沉积层。

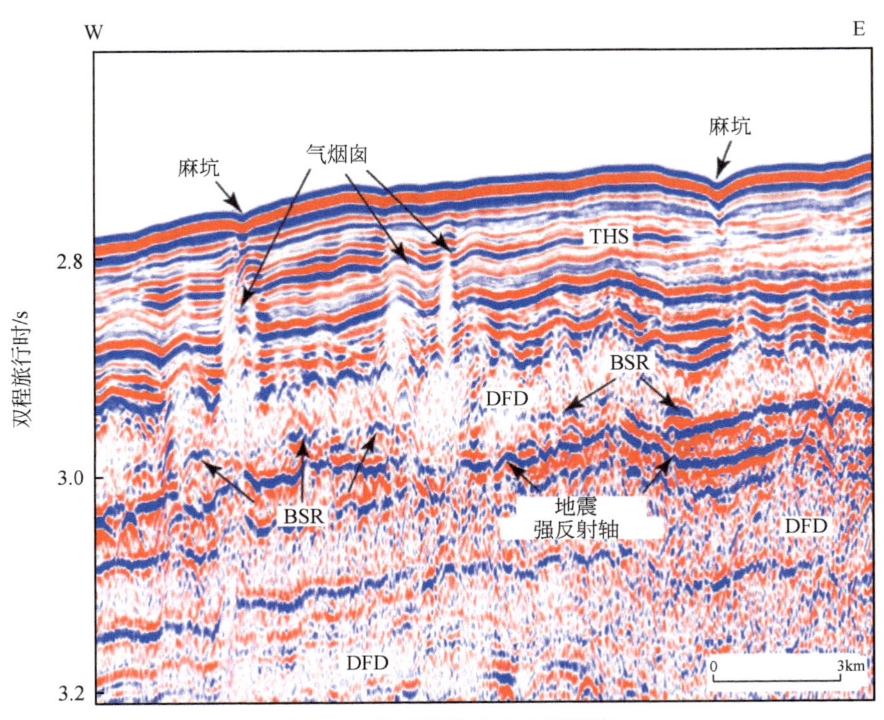

图 5-10　韩国郁陵盆地地震测线

DFD 为朵叶体流；THS 为浊流/半远洋沉积［据 Horozal 等（2009）修改］

韩国分别于 2007 年、2010 年在郁陵盆地进行过两次水合物钻探，发现了多种不同的水合物矿藏，包括孔隙充填的砂岩储层水合物，裂隙充填的脉状、结核状或者分散状的细粒沉积物中的水合物。岩芯和测井综合分析结果显示 UBGH2-2 和 UBGH2-6 站位发现的砂岩储层水合物品质最高、厚度较大。这两个站位的岩性主要是泥质沉积物中的浊积砂岩夹层。在 UBGH2-2 站位的砂岩层出现在海底以下 69～155m，浊积岩占据整个层序单元的 48%。UBGH2-6 站位的砂岩层出现在海底以下 110～155m，砂岩夹层出现的频率更高，砂岩厚度占整个层段的 47%。岩芯中的浊积砂岩层厚度为 1～148cm，平均约 9cm。UBGH2-6 站位的砂岩储层中天然气水合物饱和度为 12%～79%，平均值达到 52%，而 UBGH2-2 站位为 15%～65%，平均值为 37%。

5.3.4　南海北部陆坡砂岩型水合物成藏模式

南海白云凹陷所在的陆坡区发育复杂的海底峡谷水道系统，而且这些峡谷系统均发育在水深约200m的陆架坡折以下（Zhu et al.，2010；Lü et al.，2012）。在地形地貌立体图上，白云凹陷北坡至少可识别出21条小峡谷水道，其中最西侧的4条小峡谷水道位于珠江口外海底大峡谷的源头处。但在研究区的某些2D地震剖面上很难识别出这4条小峡谷水道，可能由于它们的规模小、侵蚀浅，属于珠江口外大峡谷内的冲沟，而不是经过流体长期侵蚀–充填作用形成的峡谷水道。GMGS-01天然气水合物钻探位于该峡谷水道区（图5-11）。2007年，在SH2、SH3和SH7站位水深范围1105～1423m，进行了电缆测井和部分取芯并获得水合物样品，SH1和SH5没有取芯，SH4、SH6和SH8进行了电缆测井，但没有取芯。其中SH1、SH2、SH3和SH7位于同一峡谷侧翼不同部位，SH6和SH8位于相邻峡谷的侧翼。白云凹陷北坡珠江口外海底大峡谷东侧的17条深水峡谷水道均表现为近似平行排列、近NS方向延伸的似线型特征，且与陆坡斜交，在峡谷水道的下游或末端附近，它们的走向均由向南突然转为向东，部分峡谷水道转为近WE走向。这些峡谷水道起源于陆架坡折以下，末端终止于白云凹陷北坡

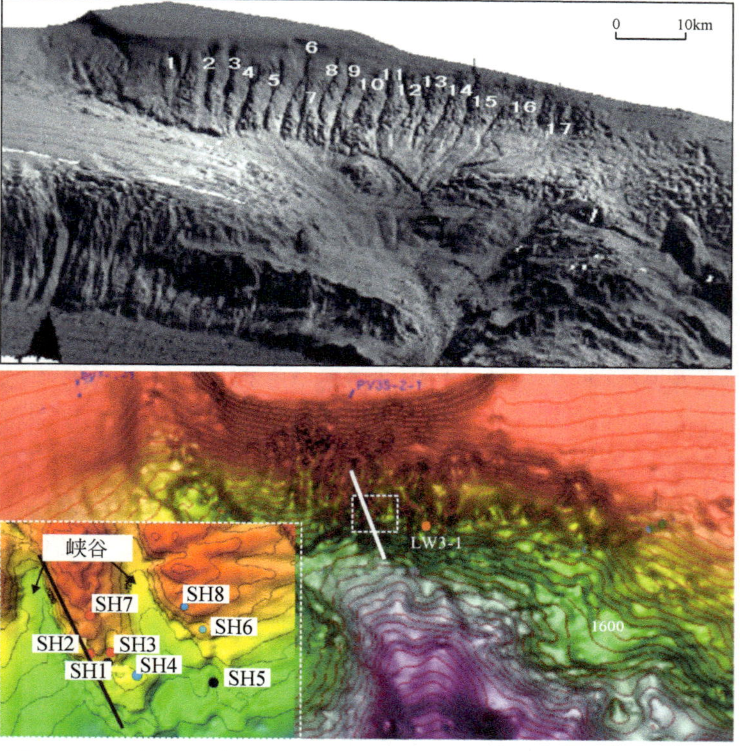

图5-11 研究区17条深水峡谷水道平面展布图及其水合物钻探井位

约 1500m 水深处。深水峡谷水道长 30 ~ 60km，宽 1 ~ 5.7km，起伏 50 ~ 300m。峡谷水道轴部呈上凹型，其轴部坡度在峡谷水道延伸方向由上而下为 10° ~ 0.5°，谷道形态随峡谷水道轴部坡度的下降变化很大，其中西南部两条峡谷水道变化最明显。

位于古珠江三角洲前缘地带的这 17 条深水峡谷水道表现出相似的平面展布特征，且具有明显的成组特征。因而，根据这些水道起源位置与陆架坡折的距离和水深将其分成三组，其中第一组起源于陆架坡折附近，水深约为 250m（峡谷 1 ~ 3）；第二组起源位置距离陆架坡折较远，水深约为 500m（峡谷 4 ~ 9）；第三组起源位置距离陆架坡折最远，水深约为 900m（峡谷 10 ~ 17）。深水峡谷水道 2 和 3 起源于陆架坡折附近，终止于水深 1000m 附近，延伸较长且较平直。从垂直横切峡谷水道的 2D 高分辨率多道反射地震剖面（图 5-12）可知，水道上段两侧翼较陡，呈 V 形，宽深比较小，以侵蚀作用为主；水道下段两侧翼较缓，呈 U 形，宽深比较大，为侵蚀和沉积共同作用。这与至今研究最深入的世界典型峡谷水道——亚马孙水道的沉积演化特征相似。亚马孙水道的形成主要由于垂直陆坡走向长期的浊流侵蚀-沉积充填作用，横剖面一般表现为 V 形—U 形的两段式。

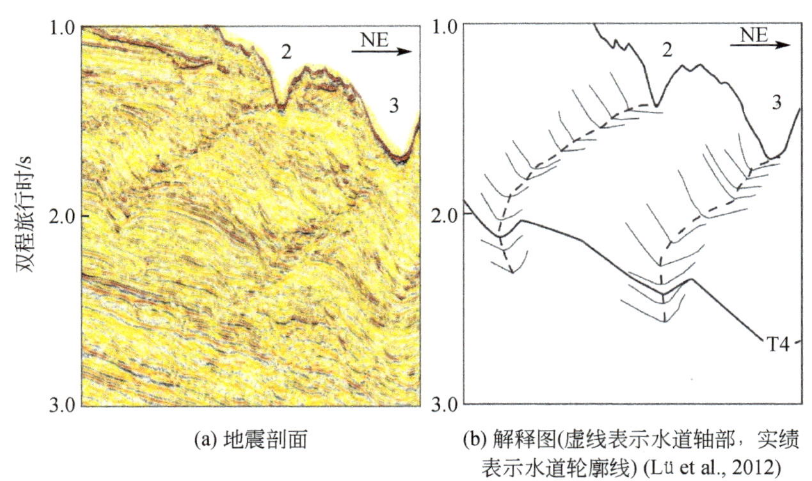

(a) 地震剖面　(b) 解释图(虚线表示水道轴部，实绩表示水道轮廓线) (Lü et al., 2012)

图 5-12　峡谷水道 2 和 3 的横切剖面

峡谷水道 9 位于研究区的中心位置，处于研究区 17 条峡谷水道演化的中间阶段，且临近水合物钻探井位，具有代表性。故选择横切峡谷水道的 3 条测线（A、B 和 C）对其进行更深入探讨（图 5-13）。在横剖面 A，峡谷水道底部明显发育向南西方向下倾的正断层，单个水道两侧翼较陡，整体呈 V 形，起伏度很大，各单个水道之间表现为垂向叠置，谷道沉积较少，表明水道轴部坡度较陡，

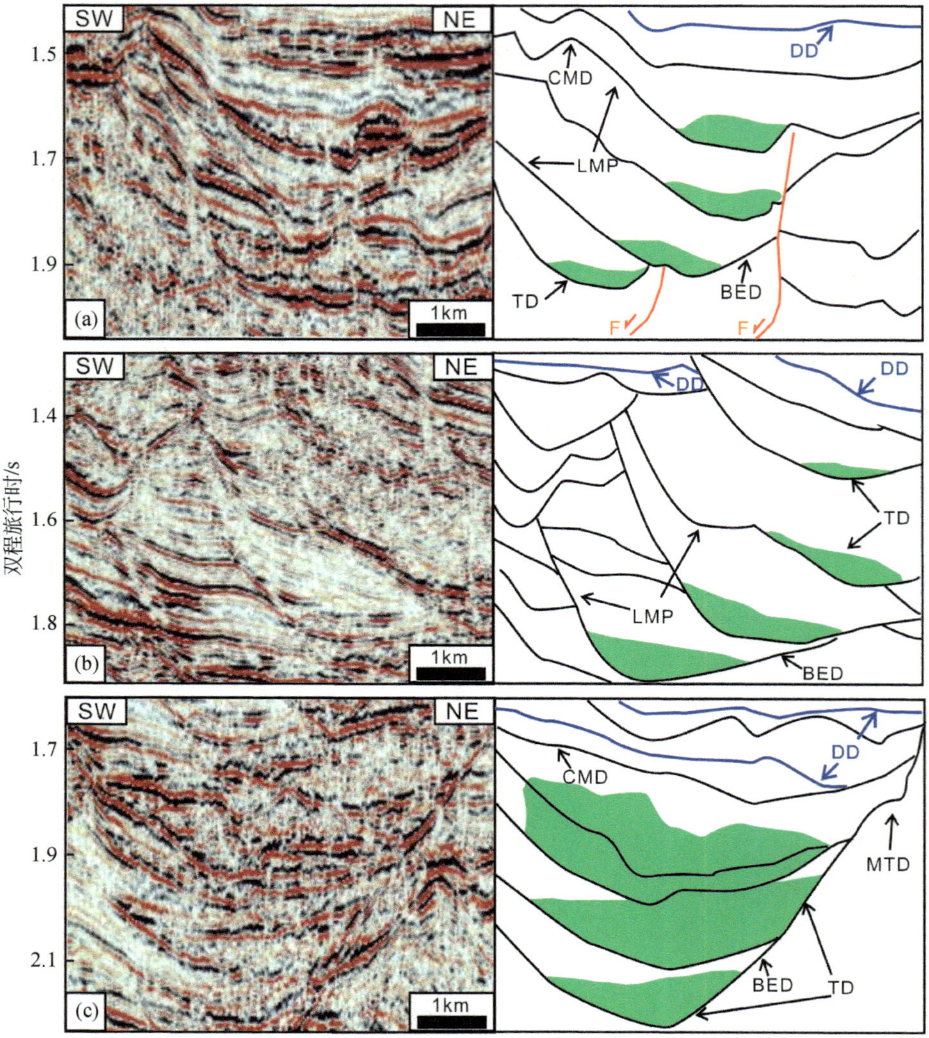

图 5-13　峡谷水道 9 的横剖面地震识别单元

BED 为底部侵蚀；TD 为谷道沉积；LMP 为侧向迁移体；MTD 为块体搬运沉积体系；
CMD 为水道边缘沉积；DD 为披覆沉积（Lü et al.，2012）

主要以侵蚀作用形成。水道顶部明显发育披覆沉积，这可能与水道源头处距离物源较近有关。在横剖面 B，单个水道轴部变宽且两侧翼变缓、起伏度减小，整体呈 U 形。底部侵蚀面明显向北东方向迁移且迁移量很大，侧向迁移体内部地层明显向东下倾，表明峡谷水道的西侧有沉积物来源充填在水道内。披覆沉积较发育，表明该处沉积物源充分；剖面 C 与剖面 B 相比，底部侵蚀面和谷道沉积的侧向迁移量随时间逐渐减小，直到最终转变为垂向叠置样式，据下陆坡 ODP 1148 钻孔资料推测，发生该转变所对应的时代为上新世（约 5Ma）。单个水道内主要为谷道垂向加积充填，峡谷水道顶部披覆沉积很发育，水道外侧发育非规则状的块体搬运沉积体系（包括滑动、滑塌和碎屑流沉积等）。

从白云凹陷识别 BSR 来看，大部分强 BSR 位于峡谷侧翼上，在峡谷谷道沉积物内无 BSR，在水合物钻探区 BSR 与气烟囱形成的模糊反射区部分重合，气烟囱位于 LW3-1 大气田的西北部。该地区 17 条峡谷侵蚀作用比较强，峡谷侧翼地层存在的 BSR 在峡谷谷道内可能受到破坏，如果侵蚀未明显影响海底温度，则峡谷谷道的 BSR 应该与侧翼部 BSR 一致，如果侵蚀影响海底温度，则 BSR 将处于不均衡，可能是 BSR 发生相移，而位于峡谷谷道较深层位，由于该位置 BSR 形成晚于峡谷侧翼脊部的 BSR，因此，无 BSR 或 BSR 较弱，不容易识别。通过对测井数据重新处理和分析，在 SH4 井发现了一个厚度为 2m 富砂的含水合物层，平均水合物饱和度占孔隙空间的 20% 左右。在水合物层下，存在一个 5m 厚游离气砂岩层，该砂岩层位于一个埋藏古水道边缘。查明了在深度 175m 为水合物和游离气接触面，该深度指示 BSR 位置（图 5-14）。SH4 井 BSR 深度比相邻

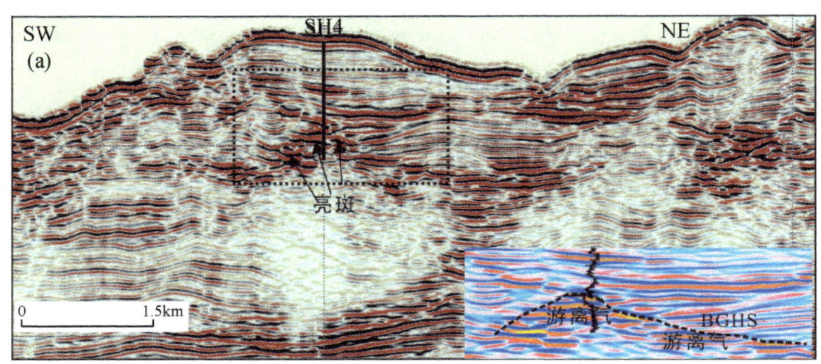

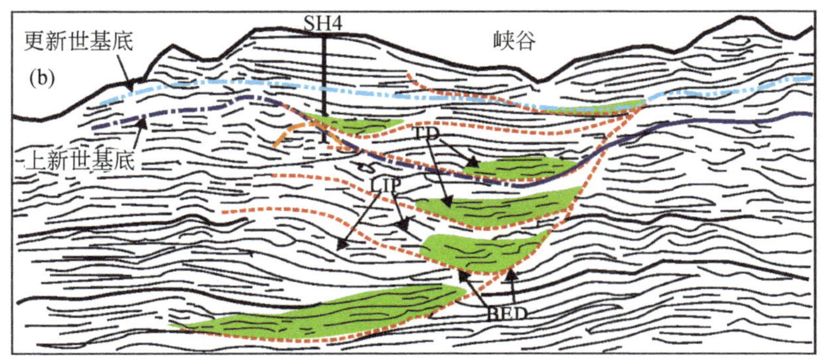

图 5-14　南海神狐海域砂岩储层水合物模式（Wang et al.，2014）

SH3 井 BSR 深度略浅，再结合地震振幅异常变化，认为该异常浅的水合物稳定带厚度与局部热流体垂向运移有关（Wang et al.，2010；Wang et al.，2014）。

海洋砂岩储层的水合物资源是仅次于极地冻土带砂岩储层最有勘探远景的水合物储层。但是砂岩储层与裂隙储层经常紧密联系或者复合出现在水合物稳定带。复合型的储层包括水平到次水平，粗粒、渗透性沉积岩层（其中大部分是砂岩）和明显的垂直到次垂直的裂隙为气体运移提供通道（Collett et al.，2009）。砂岩储层与细粒富泥的裂隙储层的水合物可能来自两种不同气源，一种是热成因运移来的甲烷气体，另一种是微生物成因气。

参考文献

吴时国，秦蕴珊. 2009. 南海北部陆坡深水沉积体系研究. 沉积学报，27（5）：922 ~ 930

Ashi J，Tokuyama H. 1997. Cold seepage and gas hydrate BSR in the Nankai Trough//The Second Joint Japan-Canada Workshop. Proceedings of the International Workshop on Gashydrate Studies，256 ~ 273

Ashi J，Tokuyama H，Taira A. 2002. Distribution of methane hydrate BSRs and its implication for the prism growth in the Nankai Trough. Marine Geology，187：177 ~ 191

Boswell R，Collett T. 2006. The Gas Hydrates Resource Pyramid. Fire in the Ice Newsletter. U. S. DOE-Office of Fossil Energy，（Fall 2006）：5 ~ 7

Bouma A H，Normark W R，Barnes N E. 1985. Comfan：Needs and initial results//Bouma A H，Normark W R，Barnes N E. Submarine Fans and Related Turbidite Systems. New York：Springer-Verlag

Burger R L，Fulthorpe C S，Austin Jr J A. 2003. Effects of triple junction migration and glacioeustatic cyclicity on evolution of upper slope morphologies，offshore Eel River Basin，northern California. Marine Geology，199（3）：307 ~ 336

Collett T S，Johnson A H，Knapp C C，et al. 2009. Natural Gas Hydrates：A Review//Collett T，Johnson A，Knapp C，et al. Natural gas hydrates-Energy resource potential and associated geologic hazards. AAPG Memoir，89：146 ~ 219

Frye M，Shedd W，Godfriaux P，et al. 2009. Gulf of Mexico Gas Hydrate Joint Industry Project Leg II-Alaminos Canyon 21 Site Summary：Proceedings of the Drilling and Scientific Results of the 2009 Gulf of Mexico Gas Hydrate Joint Industry Project Leg II. http：//www. netl. doe. gov/technologies/oil-gas/publications/Hydrates/2009Reports/AC 21SiteSum. pdf

Gee M J R，Gawthorpe R L，Friedmann J S. 2005. Giant striations at the base of a submarine landslide. Marine Geology，214（1）：287 ~ 294

Haflidason H，Sejrup，H P，Nygård A，et al. 2004. The Storegga Slide：Architecture，geometry and slide development. Marine Geology，213：201 ~ 234

Heezen B C，Hollister C D，Ruddiman W F. 1966. Shaping of the continental rise by deep geostrophic contour currents. Science, 152: 502 ~ 508

Heggland R. 2004. Definition of geohazards in exploration 3-D seismic data using attributes and neural-network analysis. AAPG Bulletin, 88 (6): 857 ~ 868

Horozal S, Lee G H, Yi B Y, et al. 2009. Seismic indicators of gas hydrate and associated gas in the Ulleung Basin, East Sea (Japan Sea) and implications of heat flows derived from depths of the bottom-simulating reflector. Marine Geology, 258 (1): 126 ~ 138

LaFond E C. 1966. Internal waves//Fairbridge R. The Encyclopedia of Oceangraphy. New York: Reinhold

Lü C, Yao Y, Gong Y, et al. 2012. Deepwater canyons reworked by bottom currents: Sedimentary evolution and genetic model. Journal of Earth Science, 23: 731 ~ 743

Mayall M, Stewart I. 2000. The architecture of turbidite slope channels//Weimer P, Slatt R M, Coleman J, et al. Deep-water reservoirs of the world. SEPM Gulf Coast Section 20th Bob F. Perkins Research Conference

Mayall M, Jones E, Casey M. 2006. Turbidite channel reservoirs-key elements in facies prediction and effective development. Marine and Petroleum Geology, 23: 821 ~ 841

McConnell D. 2000. Optimizing deepwater well locations to reduce the risk of shallow water flow using high-resolution 2D and 3D seismic data//Proceedings, Offshore Technology Conference, OTC-11973

McConnell D, Boswell R, Collett T S, et al. 2009. Gulf of Mexico gas hydrate Joint industry project Leg II: Green Canyon 955 site Summary//Proceedings of the Drilling and Scientific Results of the 2009 Gulf of Mexico Gas Hydrate Joint Industry Project Leg II. http: //www. netl. doe. gov/technologies/oil-gas/publications/Hydrates/2009Reports/GC955SiteSum. pdf

Mougenot D, Vanney J R. 1982. The Plio-Quaternary sedimentary drifts of the south Portuguese continental slope. Bassin Aquitaine: Bull. Inst. Geol. 131 ~ 139

Mulder T, Syvitski J P M, Migeon S, et al. 2003. Marine hyperpycnal flows: Initiation, behavior and related deposits: A review. Marine and Petroleum Geology, 20 (6): 861 ~ 882

Mutti E, Normark W R. 1991. An integrated approach to the study of turbidite systems. Seismic facies and sedimentary processes of submarine fans and turbidite systems. New York: Springer

Nelson C H, Nilsen T H. 1984. Modern and ancient deep-sea fan sedimentation. SEPM Short Course Notes, No. 14, 404

Pickering K T. 2000. The Cenozoic world: 20-34//Culve S J, Rawson P F. Biotic Response to Global Change: The Last 145 Million Years. Cambridge: Cambridge University Press

Richards M, Bowman M. 1998. Submarine fans and related depositional systems II: variability in reservoir architecture and wireline log character. Marine and Petroleum Geology, 15: 821 ~ 839

Riedel M, Novosel I, Spence G D, et al. 2006. Geophysical and geochemical signatures associated with gas hydrate-related venting in the northern Cascadia margin. Geological Society of America Bulletin, 118 (1-2): 23 ~ 38

Ryu B J, Riedel M, Kim J H, et al. 2009. Gas hydrates in the western deep-water Ulleung Basin, East Sea of Korea. Marine and Petroleum Geology, 26 (8): 1483 ~ 1498

Stow D A V, Faugeres J C, Howe J A, et al. 2002. Bottom currents, contourites and deep-sea sediment drifts: Current state-of-the-art. Geological Society, London, Memoirs, 22 (1): 7 ~ 20

Symington W A, Higgins J W. 2000. Migration pathway analysis cotributes to success in the Diana intraslope Basin, Western Gulf of Mexico. Hedbery 1998 Models for Understanding Risk, 1 ~ 9

Tsuji Y T, Namikawa T, Fujii M, et al. 2009. Methane-hydrate occurrence and distribution in the eastern Nankai Trough, Japan: Findings of the Tokai-oki to Kumano-nada methanehydrate drilling program//Collett T, Johnson A, Knapp C, et al. Natural Gas Hydrates-Energy Resource Potential and Associated Geologic Hazards. AAPG Memoir, 89: 228 ~ 246

Wang X J, Lee M, Collett T, et al. 2014. Gas hydrate identified in sand-rich inferred sedimentary section using downhole logging and seismic data in Shenhu area, South China Sea. Marine and Petroleum Geology, 51: 298 ~ 306

Wang X, Wu S, Yuan S, et al. 2010. Geophysical signatures associated with fluid flow and gas hydrate occurrence in a tectonically quiescent sequence, Qiongdongnan Basin, South China Sea. Geofluids, 10 (3): 351 ~ 368

Waseda A, Uchida T. 2004. The geochemical context of gas hydrate in the Eastern Nankai Trough. Resource Geology, 54 (1): 69 ~ 78

Weimer P, Slatt R M. 2007. Introduce to the Petroleum Geology in deepwater setting. AAPG Studies in Geology, 57, Tulsa, American Association of Petroleum Geologists

Wilson C K, Jones C H, Molnar P, et al. 2004. Distributed deformation in the lower crust and upper mantle beneath a continental strike-slip fault zone: Marlborough fault system, South Island, New Zealand. Geology, 32 (10): 837 ~ 840

Wynn R B, Stow D A V. 2002. Classification and characterisation of deep-water sediment waves. Marine Geology, 192 (1): 7 ~ 22

Yuan S Q, Lv F L, Wu S G, et al. 2009. Seismic stratigraphy of the Qiongdongnan deep sea channel, Northwestern South China Sea. Chinese Journal of Oceanology and Limnology, 27 (2): 250 ~ 259

Zhu M, Graham S, Pang X, et al. 2010. Characteristics of migrating submarine canyons from the Middle Miocene to present: Implications for paleoceanographic circulation, northem South China Sea. Marine and Petroleum Geology, 27: 307 ~ 319

第6章 细粒沉积物天然气水合物系统

6.1 细粒沉积物水合物系统

在天然气水合物资源金字塔图中，尽管砂岩型水合物以其高渗透率易于开采，更受重视，但是海洋水合物储量中，细粒泥沉积物中水合物资源量巨大，值得重视。海洋细粒泥质沉积物中大量的水合物位于砂岩储层水合物下面，其中填充在裂隙系统中的水合物是这类水合物矿藏中最有前景的资源。但是，泥岩裂隙中富集的甲烷水合物的开采会遇到更多的问题。需要将来用现代生产基础之上的技术来开采裂隙为主的天然气水合物矿藏。但是，最近的野外观测表明局部、深埋的高浓度裂隙控制的天然气水合物矿藏比原来认为的资源量要大得多（Trehu et al.，2004；Riedel et al.，2006；Collett，2008；Hutchinson et al.，2008；Park et al.，2008）。此外，许多裂隙充填型水合物直接与海底表面渗漏形成的水合物关系密切。

在海洋环境中天然气水合物多形成在细粒泥质沉积物中，与海底表面渗漏成因的块状天然气水合物有关（Milkov and Sassen，2002）。这种天然气水合物常常与海底的丘状体有关，很多情况下与深部裂隙充填型天然气水合物相连，该裂隙系统可以作为从水合物稳定带底部由下向上运移的气体通道。这些特征非常常见且为动态的，但是，该类型水合物的资源量还不清楚。从丘状构造中商业开采天然气还存在经济和技术阻碍，而且还可能破坏海底生态系统。

广泛分布的分散型水合物位于天然气水合物资源金字塔的最底部（图 4-16），最具代表性的研究实例是布莱克海台，大量的天然气水合物饱和度较低（10%或更低），分布在深水盆地的大部分地区。大部分水合物资源都属于此类。但是，运用现有技术对这种高分散型的资源进行商业开采的希望很渺茫，在这种沉积物中进行商业开采需要一种崭新模式。

海洋天然气水合物系统是最近几年研究的主要内容，为了获得一个较好的天然气水合物系统水文地质环境的模式图，尤其是水文地质过程相对活跃的动态端元，如俄勒冈州岸外的 Hydrate Ridge（Suess et al.，1999；Tryon et al.，2002；Heeschen et al.，2003；Trehu et al.，2004；Weinberger et al.，2005）和水文地质过程相对不活跃的静态端元，以卡罗来纳南部海域 Blake Ridge 为例（Holbrook et al.，1996；Dickens et al.，1997；Hornbach et al.，2007）。观测表明水合物稳定带存在水合物、气体和水的共存现象，在动态环境中尤为显著（Wood et al.，2002；Milkov et al.，2004；Torres et al.，2004），但是在低通量的水合物区域也有发现（Gorman et al.，2002）。很明显，在一些地质环境中，由于溶解的甲烷以液相状态扩散和对流运移，甲烷穿过水合物带时并不能单独出现（Torres et al.，2004；Liu and Flemings，2006）。水合物、气体和水三相共存现象的原因目前存在争议（Milkov and Xu，2005；Torres et al.，2005；Ruppel et al.，2005），其共存原因有：①水合物形成的动力学反应（Torres et al.，2004）；②区域性的地热（Wood et al.，2002）；③水合物形成造成的高盐度卤水（Milkov et al.，2004）；④聚集的游离气快速穿过裂隙和高渗透率通道（Flemings et al.，2003；Hornbach et al.，2004）。甲烷气体以独立的气相运移以及水合物形成伴生的多相流体的影响是十几年前被提出来的（Ginsburg and Soloviev，1997），在细粒沉积物和高的毛细管吸入压力环境下，气压超出水平应力时裂隙扩张会主导流体运移。

在细粒沉积物，如粉砂沉积物中，在非常低甲烷通量和水通量下，水合物形成模式如图 6-1 所示。由于甲烷通量很小，所有的甲烷以溶解气的形式运输，只通过含水的对流和渗漏来向上运移（图 6-1）。只考虑对流时，溶解的甲烷浓度必须为一定值才能把所有的甲烷运移完，实际上部分甲烷是通过扩散传输［图 6-1（a）］。初始甲烷浓度［实线，图 6-1（a）］在各处均低于溶解度［虚线，图 6-1（a）］，此时，既没有水合物也没有气体形成［图 6-1（b），*t*1］。在 *t*2 时间，在局部水合物带内（RHSZ）形成水合物，但范围没有扩展到 RHSZ 基底之外，因为未饱和的水持续不断地从更深处向上运移。与低气体通量和水通量的早期阶段很相近。水合物形成带来的盐度的增加还不足以使热力学条件发生大的改变，因此在 RHSZ 中继续聚集水合物直到 *t*3 结束。

水合物生成速率和水流速率及水合物与溶解的甲烷溶解度梯度变化成正比。饱和度（S_h）在水合物生成带底部达到最大值，为孔隙空间的 6% 左右［图 6-1（b），*t*3］，该处溶解度梯度最大。该模拟中，所有甲烷以溶解的方式传输，在水合物稳定带底部不可能形成水合物。在该模式下形成的天然气水合物可能分布比较广泛，但是由于水合物饱和度低，商业开采的技术和经济成本都很高。

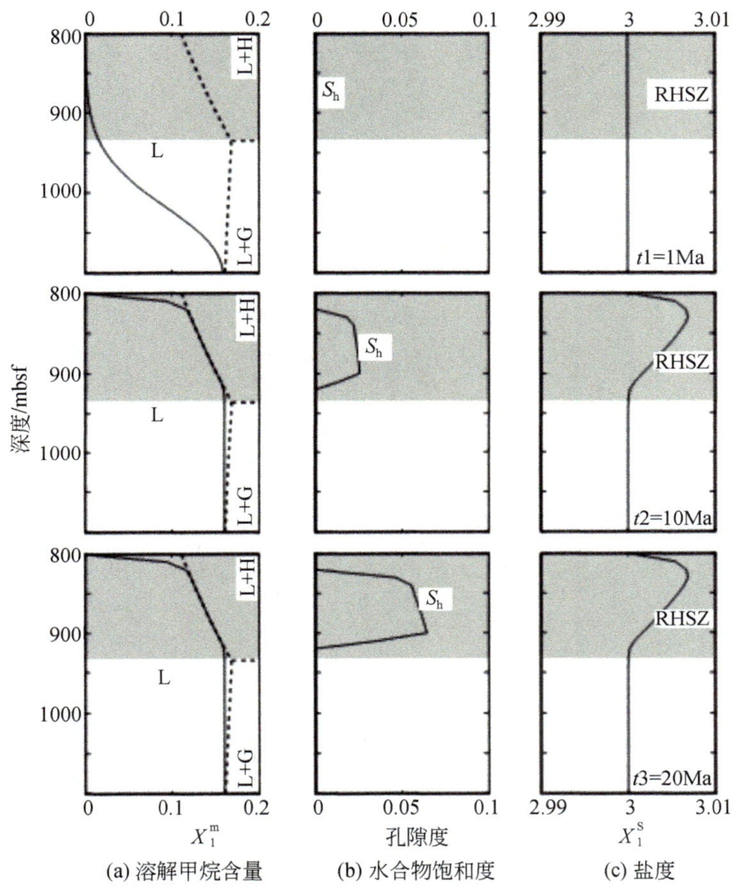

图 6-1 粉砂中极低甲烷通量和水通量的模型［据 Liu 和 Flemings（2006）修改］

6.2 细粒沉积物天然气水合物系统的识别特征

在第 2 章中，我们已讨论了水合物的识别标志。似海底反射层被解释为天然气水合物稳定带底界的反射波，通常作为水合物存在的重要依据。根据近年来的调查结果表明，我国南海北部广泛存在着不连续的 BSR，这种 BSR 具有或强或弱的振幅，仅在局部地区出现与地层斜交的现象。强振幅的 BSR 大多位于泥底辟或气烟囱构造的顶部（图 6-2），部分测线显示的 BSR 呈现弱反射和极性反转的现象（图 6-3）。弱 BSR 被认为可能是水合物下方的游离气含量过低所致（Wu et al.，2007）。

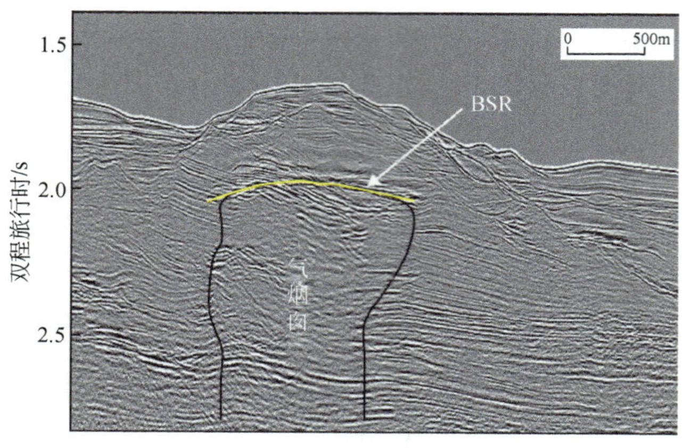

图 6-2 气烟囱构造顶部的强 BSR

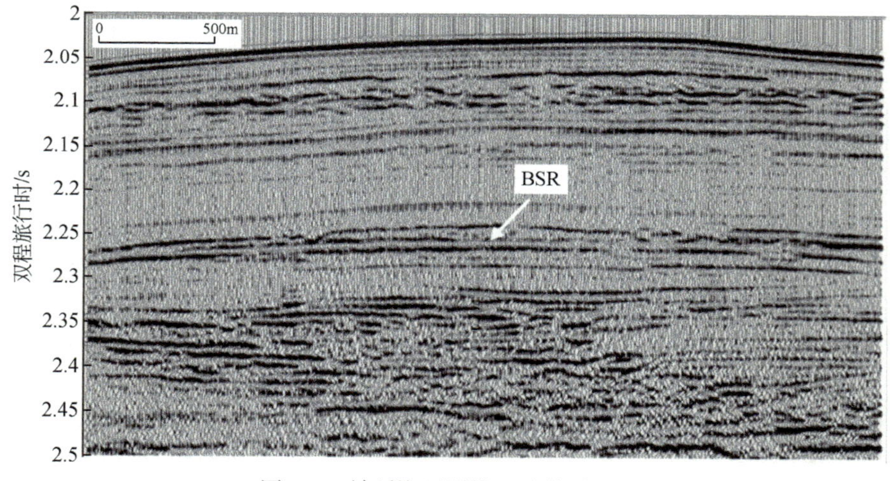

图 6-3 神狐海区测线显示的弱 BSR

6.3 我国南海北部陆坡细粒沉积物天然气水合物系统

南海北部陆缘神狐海区是很好的细粒水合物系统研究区（图 6-4）。该区北侧以神狐隆起和番禺低隆起为界；南边以南部隆起为界，构造区划上属于珠江口盆地的珠二坳陷。该区处于陆壳和洋壳过渡带，地壳厚 18 ~ 24km，分布有顺德、开平、白云和荔湾等一系列凹陷，组成北东向的裂陷带。该裂陷带总面积约为 $12\times10^4km^2$，其中以白云凹陷最大，面积 $8000km^2$，古近系残余厚度平均 5000m，最大 8000m，新近系地层厚达 11 000m。上中新世以来地层可划分为三个层序，与水合物有关的层序主要为海底滑坡及其伴生的碎屑流、浊流相沉积。

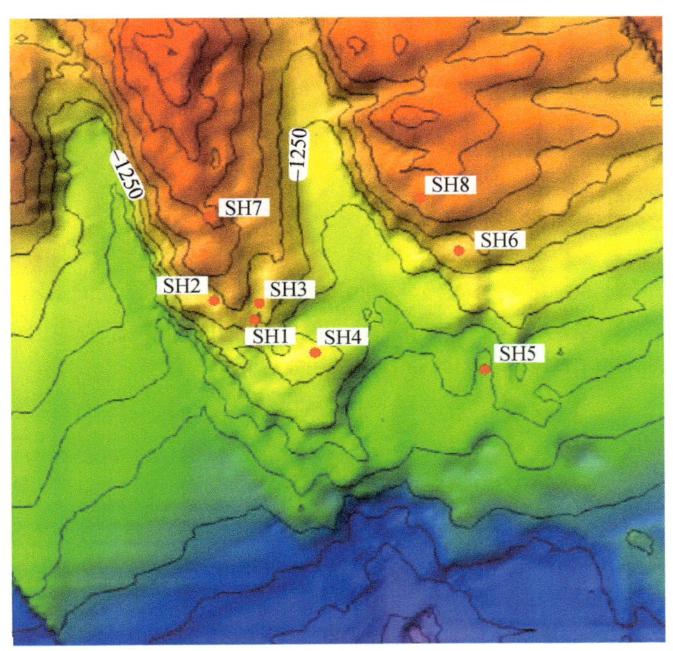

图 6-4 南海北部神狐海区水合物取样区的地形地貌

2007 年 4 ~6 月，中国地质调查局首次组织实施了南海天然气水合物钻探工程，在神狐海区（白云凹陷）进行钻探，并在 SH2、SH3 和 SH7 三个钻孔中取得了天然气水合物实物样品（Zhang et al.，2007）。这三个钻孔大致位于 1200m 水深的大陆坡崎岖海底的脊部，钻获的天然气水合物样品以分散方式或以胶结方式充填在海底以下 200m 左右的泥质沉积物孔隙中。天然气水合物的气体组成为甲烷，含量为 99.7%，且不含 CO_2，其中 SH2 钻位含天然气水合物的沉积厚度为 18m，天然气水合物饱和度平均为 20%，最高达 43%。天然气水合物在 SH3B-13P 和 15R 保压岩芯 X 射线扫描图像中得到清楚反映。

南海神狐海区出现平均 20% 的饱和度，在世界范围内也属于高含量区。南海钻遇到的天然气水合物样品均匀地分布在含有孔虫黏土或含有孔虫粉砂质黏土中，且饱和度很高。控制天然气水合物的形成过程与富集的因素有很多，其中，岩性当然是一个重要的地质因素。同许多试验结果一样，在自然条件下，粗粒沉积物有利于水合物的形成和富集（吴时国等，2008，2009）。在细粒沉积物中的水合物可以呈分散状、脉状或透镜状，沉积物渗透率越大其浓度越高。当然，构造裂缝、断裂、孔隙空间和气源类型等均影响含甲烷的流体活动、水合物成核和生长。为什么在南海神狐海区细粒沉积物中形成如此富集的水合物呢？那么必然存在着其独特的成藏系统，否则难以形成如此富集的水合物。

6.3.1 温压条件

在海洋沉积物中，温度接近0℃，水深超过300m的地方都可能存在水合物。GMGS-1钻探证明神狐地区的温压条件适合水合物的稳定存在（Li et al.，2010；Xu et al.，2012）。但是许多研究表明南海的水合物稳定条件受侵蚀和沉积的影响比较大，因为侵蚀和沉积速率过大将会影响地层的温度分布（Hornbach et al.，2007）。三维地震资料解释表明，该区的沉积和侵蚀过程发生了很大的变化。侵蚀速率超过108m/Ma将造成水合物稳定带底界向下移动。第四纪以来，神狐海域大部分区域水合物温度条件未发生剧烈变化。

6.3.2 南海气源条件

6.3.2.1 南海北部浅表层酸解烃的特征

(1) 南海北部酸解烃分布

酸解烃是指赋存在碳酸盐矿物包裹体中的烃类气体，主要包括碳酸盐类自生矿物、胶结物或其次生加大边，因为有孔虫等钙质生物体内基本上不含烃类气体。南海北部陆坡区的酸解烃气体组分分析表明，酸解烃甲烷含量分布于0.8～1051.8μL/kg，平均为117.3μL/kg，其中东沙群岛海域113件浅表层沉积物样品的甲烷含量为51.21～781.26μL/kg，平均为319.58μL/kg，显示出较高的正异常。西沙海槽127个浅表层沉积物样品的酸解烃甲烷含量为10.7～243.5μL/kg，平均为69.5μL/kg。南海其他地区350件浅表层样品的酸解烃甲烷含量为0.8～393μL/kg，平均为66.0μL/kg。

前人运用酸解烃法对南海北部沉积物做了大量的工作，东沙群岛附近海域12件样品的酸解烃甲烷含量为22.8～270.8μL/kg，平均为159.9μL/kg（郑建禄等，1994）；西沙海槽北（相当于神狐地区）18件样品为83.7～247.9μL/kg，平均为141.7μL/kg；北部陆坡其他地区20件样品为71.0～242.0μL/kg，平均为147.9μL/kg（林卫东等，2005）。西部陆坡4件样品的酸解烃甲烷含量为73.0～96.0μL/kg，平均为88.2μL/kg（郑建禄等，1994）。中央海盆13件样品的酸解烃甲烷含量为20.0～119.0μL/kg，平均为70.6μL/kg（郑建禄等，1994）。南海北部海域848件样品的甲烷含量为0.8～1051.2μL/kg，平均为118.4μL/kg。

甲烷高值区主要分布于东沙群岛海域、台湾西南斜坡、笔架南盆地、神狐地区、万安盆地等，其次为琼东南盆地、西沙海槽北部、中建南盆地等。总体上南海北部陆坡区明显高于西部陆坡区和南部陆坡区，台湾西南地区为异常高值区（祝有海等，2008）。

由此可见，南海北部陆坡区是烃类气体异常相对强烈的地区，其中东沙群岛海域沉积物的烃类气体含量要优于神狐地区、西沙海槽和琼东南盆地，同时东沙群岛海域的BSR也是整个南海北部陆坡区最好的，因此东沙群岛海域天然气水合物的找矿前景有可能要好于神狐地区。

（2）酸解烃的成因类型

南海北部207个沉积物样品酸解烃$\delta^{13}C_1$值为-48.2‰～-26.6‰，平均为-35.6‰。东沙群岛海域62件浅表层沉积物酸解烃$\delta^{13}C_1$值为-46.1‰～-33.6‰，平均为-36.6‰。

东沙群岛海域ODP 1146站位从深部到浅表层16件样品的$\delta^{13}C_1$为-36.2‰～-29.8‰，平均为-33.7‰，与顶空气基本一致。神狐钻探区4个站位（SH1B、SH2B、SH5C、SH7B）62件深部沉积物样品的$\delta^{13}C_1$值为-46.1‰～-33.6‰，平均为-36.6‰。西沙海槽8个浅表层沉积物样品的酸解烃$\delta^{13}C_1$值比东沙群岛海域略高，为-48.2‰～-29.8‰，平均为-39.5‰。

前人对南海北部浅层沉积物酸解烃碳同位素值（以δD值代替，下同）也做了工作，东沙群岛附近海域7个站位7件样品的$\delta^{13}C_1$值为-44.3‰～-29.8‰，平均为-35.0‰，西沙海槽北8个站位8件浅表层样品的$\delta^{13}C_1$值为-37.1‰～-25.2‰，平均为-33.4‰。

综合南海北部所有酸解烃样品的甲烷碳同位素值及其相应的气体组分比值后可以发现，无论是浅表层沉积物还是深部沉积物，其$\delta^{13}C_1$值相对较高，为-48.9‰～-24.4‰，平均为-35.6‰，而$C_1/(C_2+C_3)$值为2～50，平均为19，表明其属于典型的热成因气类型（图6-5）。

东沙群岛海域浅层沉积物酸解烃为热成因气类型还得到了甲烷氢同位素值的支持，51件样品酸解烃甲烷氢同位素值为-184‰～-127‰，平均为-149‰。东沙群岛海域酸解烃的$\delta^{13}C_1$值和δD值的分布与莺歌海盆地、琼东南盆地热解气型天然气基本一致（祝有海等，2008），也说明它们应是来自于深部的热成因气。

1146站位酸解烃的$\delta^{13}C_1$值随深度没有明显的变化规律（图6-6），说明不同

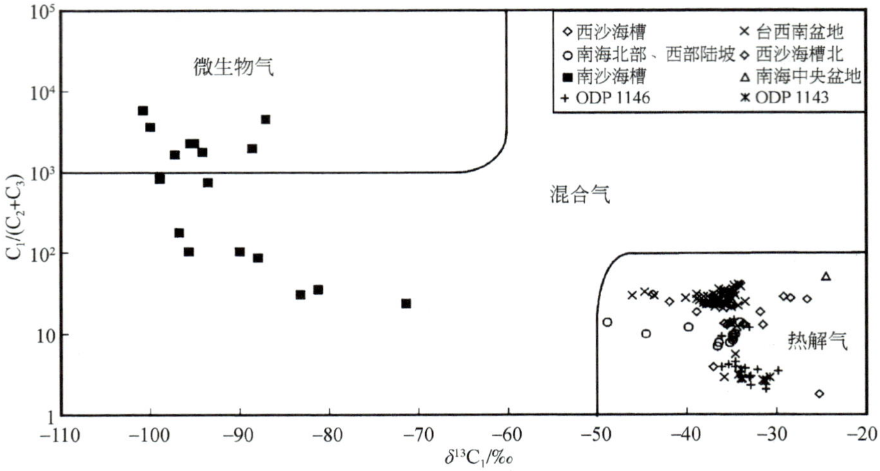

图 6-5　南海酸解烃甲烷碳同位素值与烃类气体分子比投点［据祝有海等（2008）修改］

深度的酸解烃应是同一来源的，可能是深部或其他地区迁移来的热成因气被碳酸盐类矿物包裹而成，浅部的 $C_1/(C_2+C_3)$ 值有逐渐升高的现象（图 6-7），说明甲烷含量相对较高，可能是由于甲烷的扩散系数较乙烷大，在长距离的运移当中发生色谱效应造成的。

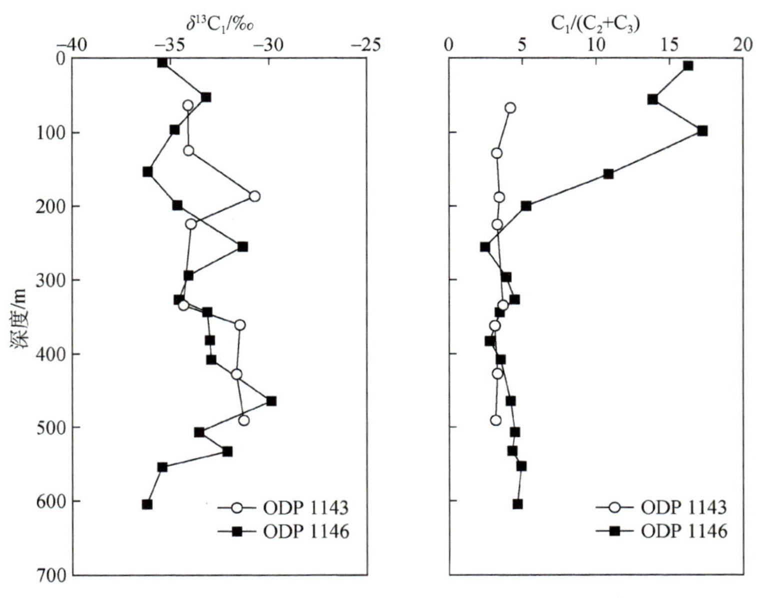

图 6-6　南海 ODP 164 航次酸解烃甲烷碳同位素值及其 $C_1/(C_2+C_3)$ 值剖面［据祝有海等（2008）修改］

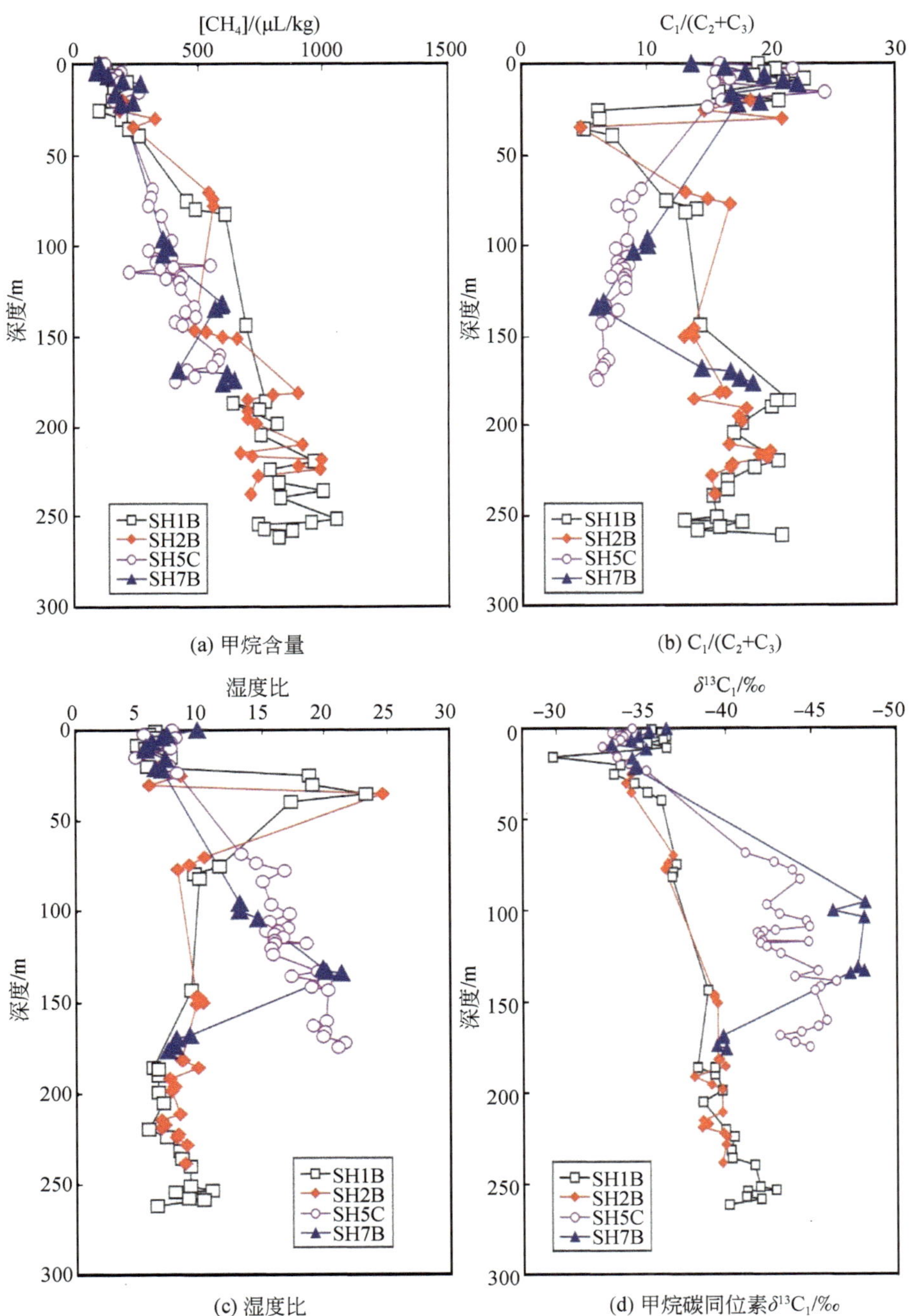

图 6-7　南海北部神狐钻探区酸解烃参数剖面（付少英和陆敬安，2010）

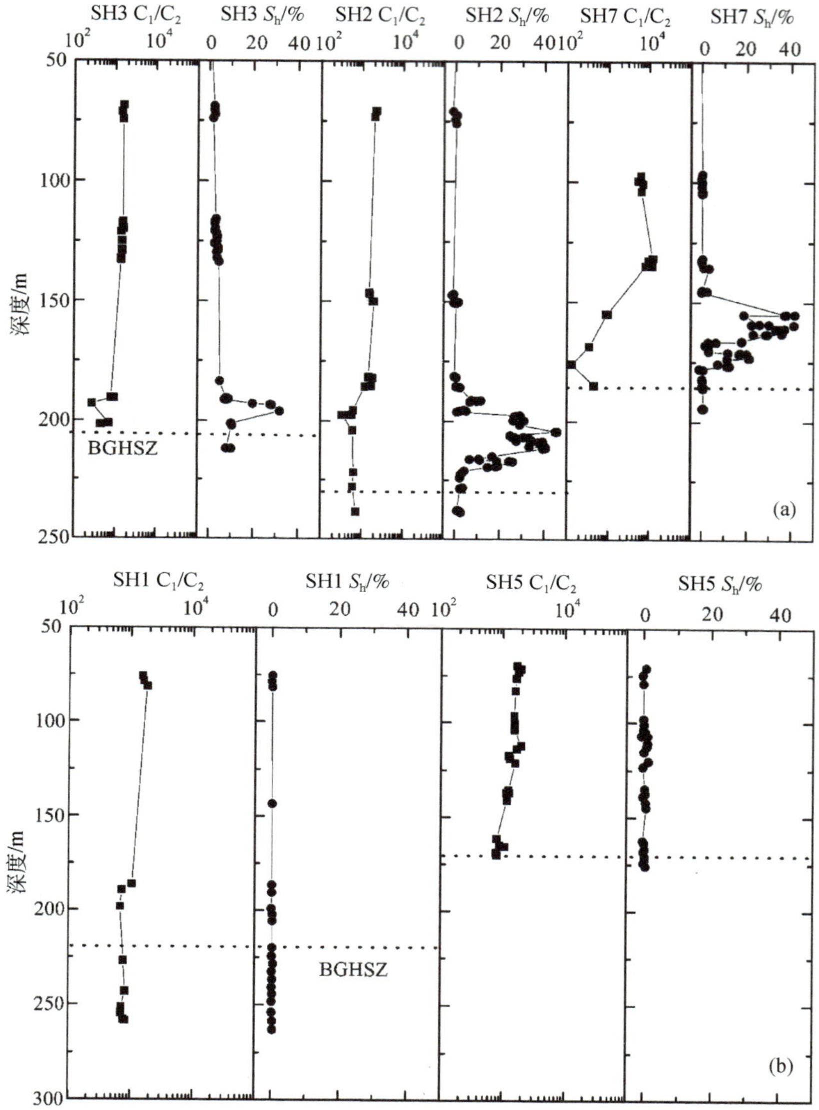

图 6-8 神狐钻探区 C_1/C_2 值与水合物饱和度（Wang et al.，2014）

神狐钻探区四个天然气水合物钻探站位的酸解烃甲烷含量有随深度增加而逐渐增加的趋势［图 6-7（a）］，显示出酸解烃中的甲烷有可能来自于深部。从酸解烃的 $C_1/(C_2+C_3)$ 值、湿度比及其甲烷碳同位素值分析，四个站位可细分为两种类型。SH1B、SH2B 两个相邻站位为一类型，其 $C_1/(C_2+C_3)$ 值和湿度比虽有个别异常，但总体变化不明显，$\delta^{13}C_1$值往下逐渐降低，但变化幅度较小，说明两者的地质背景相似，烃类气体的成因、来源及其赋存状况也基本一致，且在其向上迁移的过程中很少有外来的气体加入。SH5C 和 SH7B 两个站位则为另一类型，其 $C_1/(C_2+C_3)$ 值往下逐渐降低，湿度比逐渐升高，$\delta^{13}C_1$值则有较大幅度降低，表明随着深度的加深，其成熟度也逐渐增加，热解气所占的分量也就越来越大。但 SH7B 的情况比较复杂，134.26m 的 $C_1/(C_2+C_3)$ 值、湿度比和 $\delta^{13}C_1$ 值有一明显的转折，其 $C_1/(C_2+C_3)$ 值由逐渐降低转为逐渐升高，湿度比由逐渐升高转为逐渐降低，$\delta^{13}C_1$值逐渐降低转为逐渐升高［图 6-7（b）～（d）］。但是，从 C_1/C_2与水合物饱和度图形可知，在含水合物站位，低 C_1/C_2值与相对高水合物饱和度呈明显的负相关，而不含水合物站位，C_1/C_2值无明显变化（图 6-8）。因此，在神狐海域水合物稳定带上方出现相对高饱和度的水合物，沿断层、气烟囱等从深部运移上来的热成因气体，具有重要的贡献。

6.3.2.2 神狐钻探区天然气水合物成因类型及来源

2007 年 5 月，广州海洋地质调查局在神狐钻探区成功钻获天然气水合物，SH2B、SH3B 站位的水合物层段内各获得一个水合物样品，其中 SH2B-12R 的采样深度为 197.5～197.95m，SH3B-13P 的采样深度为 190.5～191.35m。同时还对 SH3B、SH5C 站位两个顶空气样品进行了分析测试，样品编号为 SH3B-7P 和 SH5C-11R，采样深度分别位于 SH3B 站位的 123.00～123.85m 和 SH5C 的 114.00～114.93m 处（表 6-1）。

表 6-1 南海神狐钻探区甲烷同位素及其烃类气体组分比值

样品编号	样品	采样深度/m	$\delta^{13}C_1$（‰，PDB）	δD（‰，VSMOW）	$C_1/(C_1+C_3)$
SH2B-12R	水合物	197.50～197.95	-56.7	-199	911.7
SH3B-7P	顶空气	123.00～123.85	-62.2	-225	1373.5
SH3B-13P	水合物	190.50～191.35	-60.9	-191	1094
SH5C-11R	顶空气	114.00～114.93	-54.1	-180	2447

神狐钻探区水合物样品中的烃类气体以甲烷为主，甲烷含量高达99.89%和99.91%，此外还含少量的乙烷和丙烷，其 $C_1/(C_2+C_3)$ 值较高，达911.7和1094。两个顶空气也具有类似特征，其甲烷含量分别达99.92%和99.96%，其 $C_1/(C_2+C_3)$ 值相应为1373.5和2447，呈现出微生物气的特征（表6-1）。

甲烷碳、氢同位素测定结果表明，水合物气的 $\delta^{13}C_1$ 值为−56.7‰和−60.9‰（PDB标准，下同），δD值为−199‰和−180‰（V-SMOW标准，下同）。三个顶空气的 $\delta^{13}C_1$ 值为−62.2‰和−54.1‰，δD值为−225‰和−191‰，也呈现出微生物气的特征（表6-1）。

将烃类气体的分子组成与甲烷碳同位素值在 $C_1/(C_2+C_3)$ −$\delta^{13}C_1$ 图上进行投点，结果显示水合物气为混合气（图6-9）。

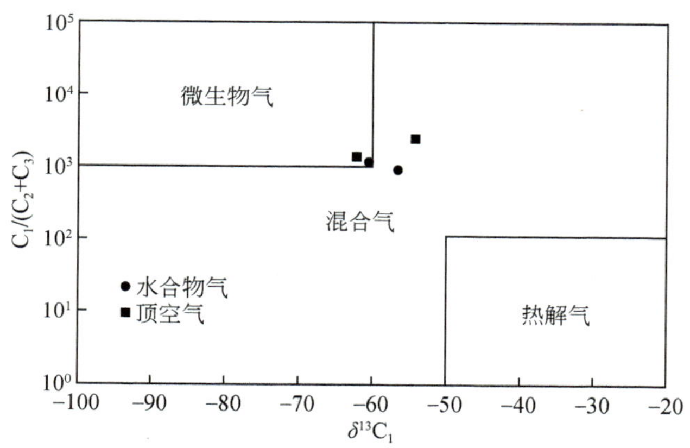

图6-9　南海神狐钻探区甲烷碳同位素值与烃类气体分子比投点

神狐钻探区烃类气体的成因类型判识图上（图6-10），无论是水合物还是顶空气均位于 CO_2 还原型微生物气区或其边缘，显示其应是 CO_2 还原型甲烷。

天然气水合物是由气体分子（主要是甲烷）和水组成的固体物质，烃类气体是天然气水合物的物质基础，其成因类型与来源不仅影响到天然气水合物的形成机理及其过程，也影响到资源评价和找矿方法。南海北部沉积物中尤其是浅层沉积物中，酸解烃的总量较顶空气的总量明显偏低，有的样品甚至低几个数量级，并且考虑到水合物形成时所捕获的气体应是游离气（顶空气）而不是包裹在碳酸盐矿物内的包裹体气，故应更多地关注游离气（微生物气）的成因类型及其含量，但这些地区同时存在着热成因气型的酸解烃，并不时地迁移到水合物

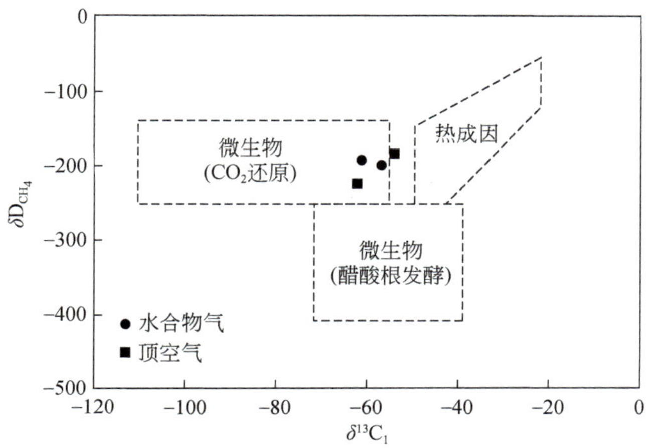

图 6-10 南海神狐钻探区甲烷碳、氢同位素值投点

稳定带，补充原地形成的微生物气。

6.3.3 气体运移

水合物的形成需要大量的气体，原位的生物气是不足以形成水合物的，因此，气体运移成为影响水合物成藏的重要因素。甲烷气及其他气体在沉积地层中的运移主要通过三种方式：①溶解气；②扩散气体；③游离气（Collett et al.，2009）。钻探区地震资料分析在水合物稳定带之下发现了大量的断层、气烟囱及粗粒水道体系等构造，这些构成了深部气体向上运移的重要通道系统（Wu et al.，2009a，b；Wang et al.，2011b；Sun et al.，2012a）。沉积物波在该区也广泛分布，Lee 等（2002）认为沉积物波的主要沉积物为细粒物质，这可能形成流体运移的障碍。SH6 和 SH9 井处的沉积物波向下穿过了稳定带底界，可能是该处没有 BSR 的原因。而 SH2、SH3 和 SH7 处的沉积物波所在深度较浅，不会屏蔽下部气体运移至稳定带内，因此并未影响 BSR。

白云凹陷地区超压流体释放与水合物成藏存在着复杂的动态演化过程。白云凹陷地区由于基底沉降、陆坡迁移和充足沉积物供应，形成了多期超压地层。晚中新世末期，受东沙运动的影响，东沙隆起带及其周边的基底发生升降活动，产生了大量的 NW-NWW 向走滑断裂，诱发超压储层流体释放，形成气烟囱，在浅部地层富集大量热解气体，吸附在沉积物颗粒上，形成目前钻探到的富含重$\delta^{13}C_1$的样品。东沙运动结束后，地层超压得以释放，深部储层孔隙压力减小，热流体活动减弱。浅部地层沉积物孔隙中的热解气逐渐被生物气替代，形成以生物气为主的水合物层。而超压流体在气烟囱内部产生的大量微小断裂，也成为部分热成因流体和微生物气向上运移的重要通道（图6-11）。

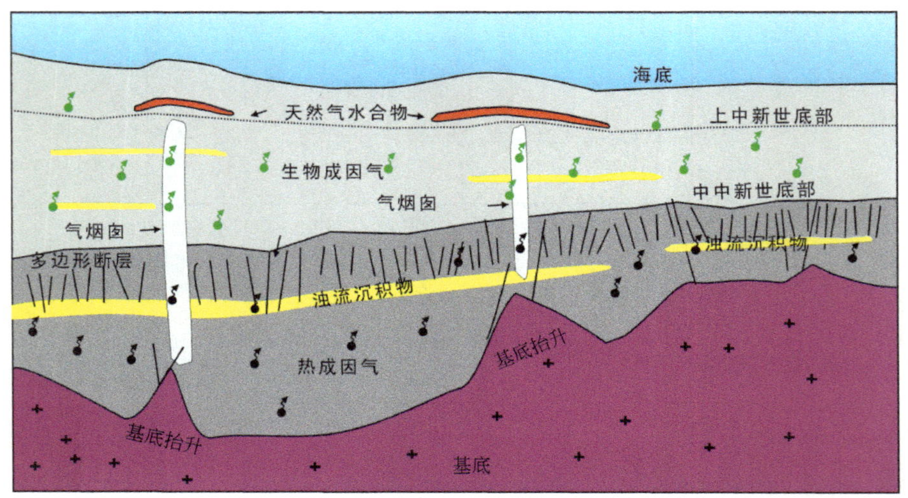

图 6-11　白云凹陷水合物成藏模式

6. 3. 4　储层特征

GMGS-1 钻探测井与岩芯数据显示水合物主要存在于 BSR 之上的粉砂岩和粉砂质泥岩中（Zhang et al.，2007；Yang et al.，2008；Wang et al.，2011a，b；Wang et al.，2012），而且水合物的空间分布非常局限。一般认为，水合物储层受岩性控制，主要存在于粒度较粗的沉积物中、砂岩或含裂缝的沉积岩中。SH6 井伽马测井的低值可能指示了砂岩含量较高的地层。SH4 井在砂岩含量高的沉积物中发现水合物，为埋藏古水道沉积（Wang et al.，2014）。SH2 井含水合物层伽马曲线显示高值，表现为泥质含量较高的地层（图 6-12）。而 SH2 较高的水合物饱和度使该地层钙质化石和有孔虫含量较高，使得沉积物粒度较粗（Chen et al.，2009）。SH3 井和 SH7 井含水合物层均具有低的伽马值和高 P 波速度。白云凹陷现代海底识别出了 17 条海底峡谷。白云凹陷峡谷自中新世发育以来，就存在不断向北东方向迁移的现象。这种迁移造成海底沉积和侵蚀过程非常活跃，白云凹陷水合物在空间的不均匀分布受沉积岩性的影响。

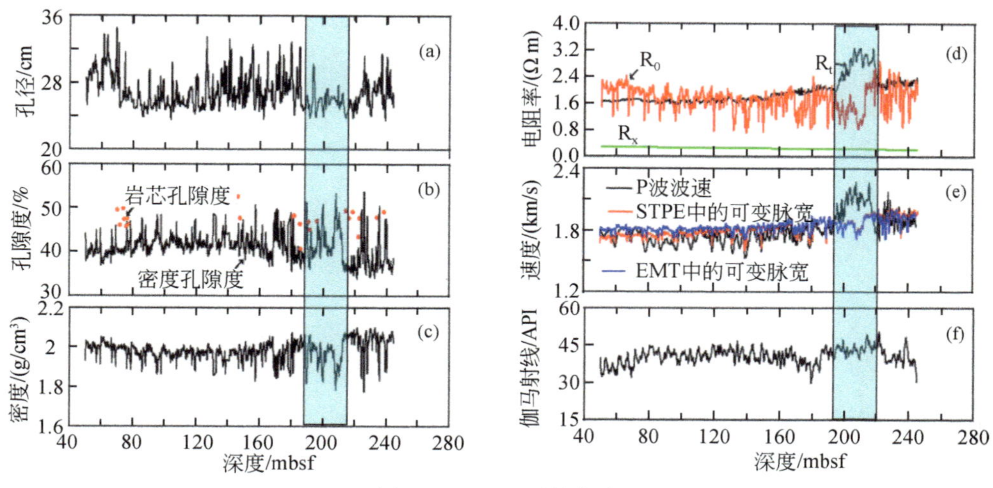

图 6-12 SH2 测井曲线

6.3.5 孔隙水特征

从 SH2 孔隙水的组成特征（图 6-13）看，垂向上孔隙水中 SO_4^{2-} 含量迅速在海底以下 26m 降低到接近 0，推测其 SMI 深度为 26m。而校正后的氯离子浓度（Cl^-）和盐度曲线均存在随着孔深增加而降低的趋势。这里根据盐度曲线假定，正常情况下随孔深增加，氯度将从 70.85m（560mM）线性降低到 238m（519mM），从而获得氯度基线。从孔隙水氯度校正曲线及其基线的匹配特征看，该钻孔的氯度在 185.96～195.81m 以及 197.61～221.71m 层段存在明显的氯度漂移的现象，也就是说，该钻孔在这两个孔深存在明显的孔隙水淡化的情况（付少英和陆敬安，2010）。

该钻孔通过氯度淡化计算出的水合物饱和度分别为 1.8%～12.7%（平均值为 6.5%）以及 1.7%～47.3%（平均值为 27.6%）。从 SH7 孔隙水的组成特征（图 6-14）看，垂向上孔隙水 SO_4^{2-} 含量迅速从海底以下 1.61m 处的 25.8mM 降低到 16.85m 的 0.9mM，而 17.66m 以下孔隙水 SO_4^{2-} 含量接近 0，推测其 SMI 深度为 17m。而校正后的氯度和盐度曲线均存在随着孔深增加而降低的趋势。这里假定，正常情况下随孔深增加，氯度将从 145.64m（552mM）线

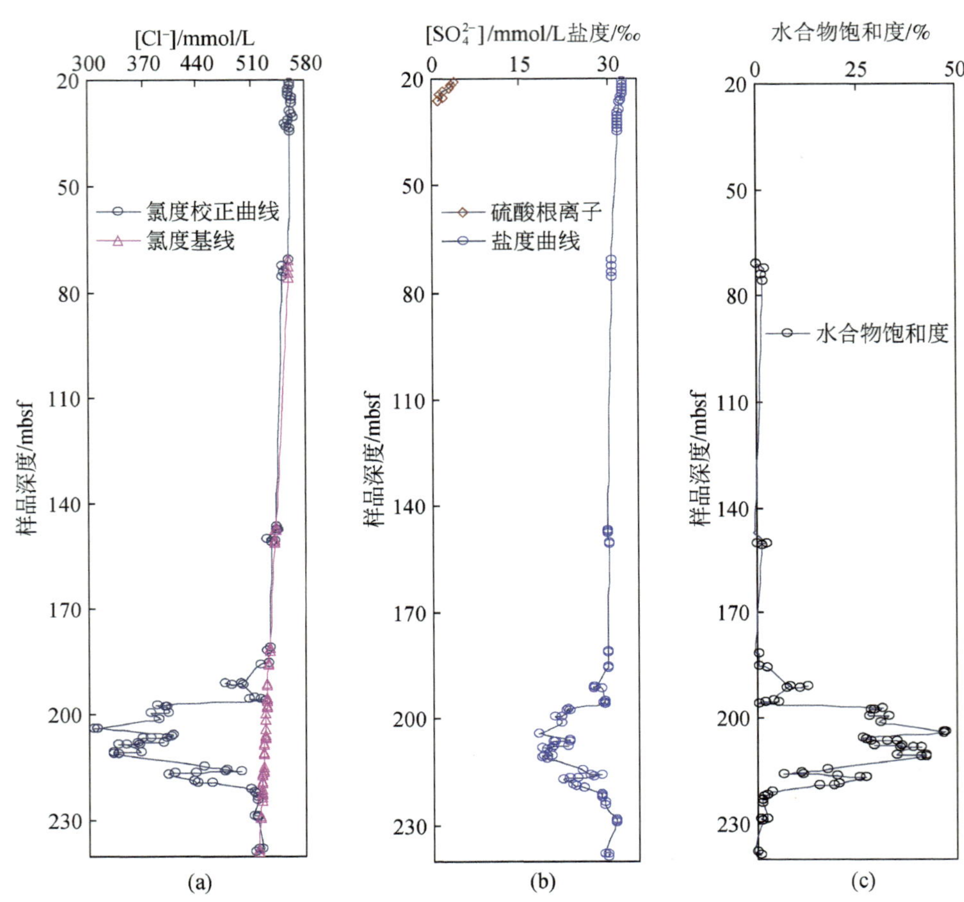

图 6-13　SH2 沉积物孔隙水的组成特征

性降低到 182. 2m（533mM），而 182. 2m 以下氯度保持恒定，从而获得氯度基线。从孔隙水氯度校正曲线及其基线的匹配特征看，该钻孔的氯度在135. 67 ~ 145. 33m 以及 155. 11 ~176. 27m 层段存在明显的氯度漂移的现象，也就是说，该钻孔在这两个孔深存在明显的孔隙水淡化的情况。通过氯度计算出的水合物是饱和度分别为 0. 9% ~3. 7% （平均值为 2. 1%） 以及 1. 6% ~43. 8% （平均值为 23. 0%）。

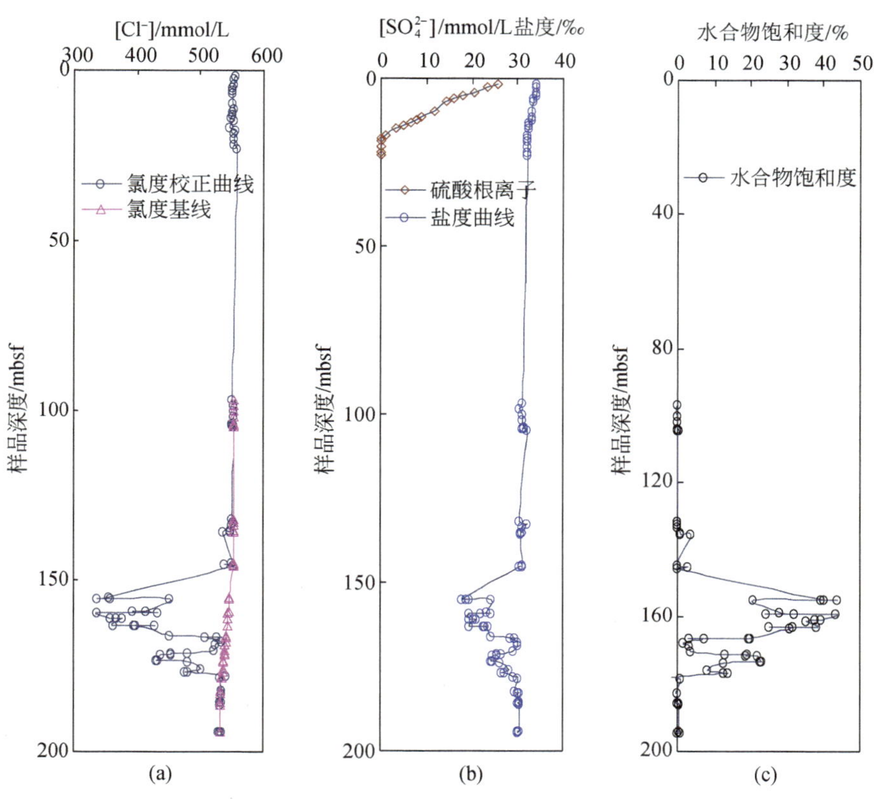

图 6-14 GMGS1-SH7 沉积物孔隙水的组成特征

6.3.6 流体疏导系统与水合物形成时间

神狐地区 BSR 与气烟囱关系密切，位于气烟囱构造的顶部，且 BSR 分布区毗邻荔湾油气田。水合物段岩芯酸解烃结果也表明，甲烷碳同位素值在-29.9% ~ -48.2%（黄霞等，2010），说明有深部热成因气的参与。而水合物气体测试分析表明，甲烷碳同位素值在-54.1‰ ~ -62.2‰，主要为生物成因气。生物成因气和气烟囱两个真实但指示意义相异的证据，使神狐地区水合物成藏过程变得更复杂。

气烟囱是地层超压流体释放的结果，会在经过的未固结地层中形成小尺度的断裂，这些断裂为以后流体的运移提供了新的通道。神狐地区气烟囱、泥底辟、断层广泛分布，而水合物基本上都是分布在气烟囱发育地区，这说明水合物的形成与气烟囱有关。

超压流体释放直接导致了气烟囱的形成，研究区内的气烟囱构造分布在油田周边，据此推断气烟囱构造的形成可能与白云凹陷北坡番禺低隆起天然气气田和荔湾 3-1 气田有关，是储层超压气体泄漏的结果。番禺两个地区烃源岩性质较为一致，番禺低隆起带的 PY34-1-1 和荔湾 3-1 构造带的 LW3-1-1 井的主要储层段表现较为一致的气体碳同位素值，且碳同位素总体呈正序排列，表明储层天然气为气源相对单一的有机成因气，都来自恩平组烃源岩。

超压释放时间和触发机制是研究的重点。以 LW3-1 气田地区为例，油气钻井显示白云凹陷浅部为常压，钻井储层段压力系数为 1.043 ~ 1.047，指示只存在弱超压（石万忠等，2006；Chen et al.，2013），气烟囱顶部的水合物层没有发现超压流体泄露导致的裂缝构造，因此推测气体泄漏不是发生在现今。根据东沙隆起带上 NW－NWW 向断层和不整合面推断（Lüdmann and Wong，1999；赵淑娟等，2012），晚中新世以来影响珠江口盆地东部地区的东沙运动最剧烈时期也发生在 5.5Ma 的晚中新世末期。流体包裹体分析、埋藏史和热演化史的研究表明番禺低隆起油气充注时间大体在 10 ~ 0Ma（米立军等，2006），LW3-1 气田油气充注时间大体为 8 ~ 0Ma（朱俊章等，2010），而东沙运动的时间与两个气田气体充注的时间比较一致。此外，LW3-1 气田周边气烟囱顶部强反射大都截止在上中新统顶部（SB 5.5Ma），没有继续往浅部地层延伸。据此推论，东沙运动很可能诱发储层超压释放产生了气烟囱，其形成时间在晚中新世末期，这与白云凹陷地层压力演化与油气运移模拟结果一致（石万忠等，2006）。

6.4 细粒沉积物天然气水合物系统的成因模式

神狐海区（白云凹陷）获取水合物样品的钻孔大致位于 1200m 水深的大陆坡崎岖海底的脊部，天然气水合物分布在海底以下 200m 左右的泥质沉积物孔隙中，水合物充填在孔隙空间（图 6-15），气体组分中的甲烷含量高达 99.7%。

表 6-2 给出了针对世界典型地区天然气水合物样品所获得的部分研究参数，其中水合物饱和度变化较大。南海神狐海区水合物的饱和度平均可达到 20%，在全球范围内也属于高含量区。吴能友等（2007）认为南海天然气水合物存在三个特征：①含天然气水合物的沉积物为含有孔虫黏土或含有孔虫粉砂质黏土，且高饱和度的水合物在沉积物中均匀分布；②天然气水合物在纵向分布上，往往分布在 BSR 上的一定深度，一般为 25m 左右；③平面上，水合物往往同强 BSR 反

图 6-15 南海北部神狐海区细粒沉积

射地震相一致，所发现水合物的层位，都有良好的 BSR 显示。

表 6-2 世界典型海区天然气水合物样品参数对比

典型海区	井位	层位	岩性	饱和度/%	资料来源
水合物脊	1249	0 ~ 25	粉砂质黏土	20 ~ 30	Torres et al. , 2004; Trehu et al. , 2004
	1250	15 ~ 112	粗砂	平均 2 ~ 5	
布莱克海台	997	200 ~ 420	泥	3. 8	Lee，2000
	995	300	泥	5. 7	
	994	331	泥	3. 9	
南海北部	SH2/3/7	153 ~ 225	黏土或粉砂质黏土	最大 48	吴能友等，2007

Trehu 等（2006）根据大洋钻探资料，将水合物的成因类型划分为两个成因端元，一种是集中型水合物（focused high-flux gas hydrate），往往是由于构造原因引起携带大量甲烷的热流体活动，在局部地区形成块状水合物；另一种是分散型水合物（distributed low-flux gas hydrate），水合物呈分散状存在于沉积物中（吴能友等，2007；Zhang et al. , 2007）。国内学者又将前者称为构造渗漏型水合物，后者称为地层扩散型水合物（苏正和陈多福，2006；张树林等，2007）。构造渗漏型水合物成藏系统指形成水合物的气体沿着构造裂隙向上运移至水合物稳定带，并在裂隙系统或地层中沉淀下来，也可渗出海底在合适的条件下形成水合物（张光学等，2002；吴时国等，2009）。从目前研究来看，构造渗漏型对细粒沉积物中水合物的富集起了关键作用。综合分析，作者给出了南海北部细粒沉积物天然气水合物系统的地质模式（图 6-16）。

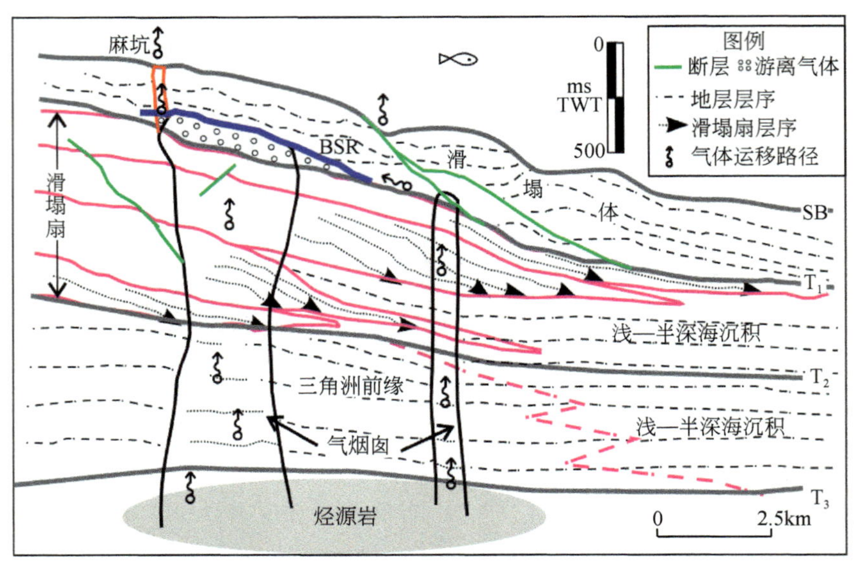

图 6-16 南海北部陆坡天然气水合物成藏模式

细粒沉积物中水合物富集的关键因素在于大量的甲烷参加了水合物的成藏。南海北部深水区的白云凹陷新近纪层序很厚，其中上中新统到第四系沉积地层厚度为 300 ~ 1900m，最大为 4400m，有机碳含量一般为 0.22% ~ 0.49%，最大可达 2%，这些地层厚度大、成熟度低，是潜在的生物成因气源层。然而，单从有机碳总量来看，与其他海区相比并不高，那么是什么原因造成该区如此富集的水合物呢?

除水合物稳定带的生物成因气外，大量的深部甲烷气可能参与了水合物的成藏过程。白云凹陷内发现的许多气烟囱构造可以源于天然气矿藏而直达水合物稳定带（张树林等，2007），气烟囱构造或通过构造顶部的密集断裂系统或直接将大量含甲烷气体运送到水合物稳定带，从而为形成水合物富集带提供必要的高浓度的甲烷。LW3-1 千亿立方米大气田的发现证实白云凹陷地区是一个大型气田区，该区主要发育有两套烃源岩：始新统—渐新统湖相泥岩和新近系浅海—半深海相泥岩。其中，中新统和渐新统具有丰富的烃源岩，气源充足，而且大量的气烟囱构造可以为深部气体向上运移提供良好通道，将深部甲烷气（可能包括深部的热解天然气）运移到水合物稳定带，对水合物的形成和富集具有重要的作用。广州海洋地质调查局在南海北部的钻井证实，在气烟囱存在的地区具有丰富的水合物。综上，南海北部细粒沉积物中水合物富集实际上与海底滑坡和热流体活动密切相关。当然，目前对于神狐地区是生物气还是热成因气占主导还存在争议，但 BSR 普遍发育在气烟囱之上，说明超压热成因气的贡献还是非常大。

由上述所知，天然气水合物的形成和富集位于海底滑坡区。那么两者之间的关系如何呢？我们认为海底滑坡对水合物的形成和分解具有重要的作用。

大陆边缘深水区海底滑坡是将沉积物从陆架坡折带向深海盆地运移的最重要的重力作用过程之一（Weimer and Slatt，2007）。白云海底滑坡是由上新统和第四系浅海陆架边缘沉积物因重力失稳垮塌堆积而成，是由突发事件形成的快速堆积体。白云海底滑坡不是一次形成的，而是由于水合物多期分解所产生的滑塌共同叠置而成，这些沉积体在地质空间展布上的复杂性和性质上的多样性造成地层内部一些高孔隙度的储集层彼此孤立（Wang et al.，2014）。海底滑坡发育大量的层间滑脱断层，主要是上上新统和更新统地层中的层间断层，这些断层使得沉积物产生更为复杂的变形。

海底滑坡不但为浅层气的侧向运移提供了良好的疏导体系，还扩大了水合物形成的孔隙空间。海底滑坡由于快速沉积，其内部一般具有较大的孔隙空间和较高的渗透率。根据速度测算，钻探目标区内全新统—更新统（T_0-T_1）、上新统（T_1-T_2）的孔隙度分别为 50%～80% 和 30%～70%，具有较大的储存空间，能够成为天然气水合物的良好储集层；此外，滑塌沉积体中沉积物欠压实，往往存在局部的异常高压，有利于气体的聚集，形成水合物矿藏。

当然，海底滑坡也可造成水合物的分解和逸散。在滑坡后壁的犁式正断层的滑脱面接近 BSR 分布的深度，在滑坡体的底面也大致与 BSR 的分布相当，这意味着天然气水合物稳定带底界与沉积物的薄弱带或海底滑坡滑动面相对应，由此来看，水合物分解很可能导致了海底滑坡，两者具有密切的联系。

庞雄等（2005）通过研究发现，在上新世末珠江口海平面出现了大规模的下降，而我们在南海北部神狐海区的上新统上部地层识别出了大量的三角洲前缘沉积体，大规模的海平面变化必然会引起水合物稳定带的变化，这也可以解释为什么在神狐海区会出现多个 BSR（张树林等，2007）。水合物稳定带被破坏后，气体会发生释放，进而会导致海底滑坡，海底滑坡沿着早期的 BSR 进行滑动并在滑塌体内部出现强烈变形。今后还需要通过建立陆坡区的地质模型并开展数学物理模拟来验证这一推断。

气烟囱在携带大量气体向上运移的过程中，在合适的温压条件下形成水合物，而反过来水合物层形成之后就可以作为很好的遮挡层而阻止气体的进一步上涌，剖面上 BSR 之下的强振幅显示了大量游离气体的存在，进一步证实了水合物层的遮挡作用。水合物层刚好发育在第四系的地层中，剖面上表现为气烟囱顶部停止在更新统与上新统的边界处。

热流体的沸腾作用是气烟囱构造的重要形成机制。热流体通常含有大量的气体成分，在深部地层中当流体压力集聚到大于封隔层岩石的扩张强度时，深部超饱和地压囊上拱，在顶部岩层形成裂隙以及断裂，热流体沿垂向向上突破，爆发式向上运移，形成气烟囱构造。热流体运移的方式主要是以垂向运移为主，第一种为爆破式气体上涌，另一种是气体扩散渗漏，而前者是最常见的方式（Sun et al.，2012b）。在地震剖面识别的一些气烟囱构造在较深的部位发现有同相轴轻微上拱的现象，这说明深部的气体上涌的动能很大，造成了地层的上拱，即使地层因为含气而导致同相轴下拉也没有抵消地层的这种上拱现象。通过上面的分析也可以看出，热流体活动通常呈现幕式活动的特征，多期的活动都会在地层中留下构造痕迹。

一个很有意义的现象是该区存在广泛分布的气烟囱构造，且气烟囱构造一般只到更新统和上新统的界限处，很少直接渗漏到地表（Sun et al.，2012b）。我们的另一种解释是当时发生海底滑坡，突然改变了压力封存箱内流体压力的条件，导致其流体压力超过地层压力，从而诱发了热流体的活动。当时的气烟囱构造很可能直达海底，水力压裂产生的断裂构造为后来的深部热流体上涌提供了固定的通道，但热流体活动均不如上新世末的热流体活动强烈。热流体活动为水合物稳定带的成藏提供了大量的气源，从而促进了水合物的富集。

参考文献

付少英，陆敬安.2010. 神狐海域天然气水合物的特征及其气源. 海洋地质动态，26（9）：6～10

龚跃华，张光学，郭依群，等.2013. 南海北部神狐西南海域天然气水合物成矿远景. 海洋地质与第四纪地质，33（2）：97～104

黄霞，祝有海，卢振权，等.2010. 南海北部天然气水合物钻探区烃类气体成因类型研究. 现代地质，24（3）：576～580

林卫东，沈平，徐永昌，等.2005. 南海中部近代沉积物中烃类气体的地球化学特征及其来源. 沉积学报，23（1）：170～174

米立军，张功成，傅宁，等.2006. 珠江口盆地白云凹陷北坡-番禺低隆起油气来源及成藏分析. 中国海上油气，18（3）：161～168

庞雄，陈长民，施和生，等.2005. 相对海平面变化与南海珠江深水扇系统的响应. 地学前缘，12（3）：167～177

石万忠，陈红汉，陈长民，等.2006. 珠江口盆地白云凹陷地层压力演化与油气运移模拟. 地球科学-中国地质大学学报，31（2）：229～236

苏正，陈多福.2006. 海洋天然气水合物的类型及特征. 大地构造与成矿学，30（2）：256～264

吴能友，张海启，杨胜雄，等. 2007. 南海神狐海域天然气水合物成藏系统初探. 天然气工业，27（9）：1～6

吴时国，董冬冬，杨胜雄，等. 2009. 南海北部陆坡细粒沉积物天然气水合物系统的形成模式初探. 地球物理学报，52（7）：1849～1857

吴时国，姚根顺，董冬冬，等. 2008. 南海北部陆坡大型气田区天然气水合物的成藏地质构造特征. 石油学报，29（3）：324～328

姚伯初. 1998. 南海北部陆缘天然气水合物初探. 海洋地质与第四纪地质，4：11～17

姚伯初. 2001. 南海的天然气水合物矿藏. 热带海洋学报，20（2）：20～28

张光学，黄永样，祝有海，等. 2002. 南海天然气水合物的成矿远景. 海洋地质与第四纪地质，22（1）：75～81

张树林，陈多福，黄君权. 2007. 白云凹陷天然气水合物成藏条件. 天然气工业，27（9）：7～10

赵淑娟，吴时国，施和生，等. 2012. 南海北部东沙运动的构造特征及动力学机制探讨. 地球物理学进展，27（3）：1008～1019

郑建禄，张穗，周明杰，等. 1994. 南海北部海域表层沉积物中吸附气态烃的特征. 热带海洋，13（2）：93～98

朱俊章，施和生，庞雄，等. 2010. 利用流体包裹体方法分析白云凹陷 LW3-1-1 井油气充注期次和时间. 中国石油勘探，2010（1）：52～56

祝有海，吴必豪，罗续荣，等. 2008. 南海沉积物中烃类气体（酸解烃）特征及其成因与来源. 现代地质，22（3）：407～414

Chen D X，Wu S G，Dong D D，et al. 2013. Focused fluid flow in the Baiyun Sag，northern South China Sea：Implications for the source of gas in hydrate reservoirs. Chinese Journal of Oceanology and Limnology，31（1）：178～189

Chen Q，Liu C L，Ye Y G. 2009. Experimental study on geochemical characteristic of methane hydrate formed in porous media. Journal of Natural Gas Chemistry，18：217～221

Collett T. 2008. Geology of marine gas hydrates and their global distribution. Offshore Technology Conference，Houston，Texas，USA

Collett T，Boswell R，Rose K，et al. 2009. Gas hydrate energy resource studies in the United States. Abstracts of Papers of the American Chemical Society，237

Dickens G R，Paull C K，Wallace P，et al. 1997. Direct measurement of in situ methane quantities in a large gas-hydrate reservoir. Nature，385（6615）：426～428

Flemings P B，Liu Xiali，Winters W J，et al. 2003. Critical pressure and multiphase flow in Blake Ridge gas hydrates. Geology，31（12）：1057～1060

Ginsburg G D，Soloviev V A. 1997. Methane migration within the submarine gas-hydrate stability zone under deep-water conditions. Marine Geology，137：49～57

Gorman A R，Holbrook W S，Hornbach M J，et al. 2002. Migration of methane gas through the hydrate stability zone in a low-flux hydrate province. Geology，30（4）：327～330

Heeschen K U, Trehu A M, Collier R W, et al. 2003. Distribution and height of methane bubble plumes on the Cascadia Margin characterized by acoustic imaging. Geophysical Research Letters, 30 (12): 1643

Holbrook W S, Hoskins H, Wood W, et al. 1996. Methanehydrate and free gas on the Blake Ridge from vertical seismic profiling. Science, 273 (5283): 1840 ~ 1843

Hornbach M J, Ruppel C, Dover C L V. 2007. Three-dimensional structure of fluid conduits sustaining an active deep marine cold seep. Geophysical Research Letters, 34 (5), doi: 10. 102912006GLO28859

Hornbach M J, Saffer D M, Holbrook W S. 2004. Critically pressured free-gas reservoirs below gas-hydrate provinces. Nature, 427: 142 ~ 144

Hutchinson D, Hart P, Collett T, et al. 2008. Geologic framework of the 2005 Keathley Canyon gas hydrate research well, northern Gulf of Mexico. Journal of Marine Petroleum Geology, 25: 906 ~ 918

Lee H J, Syvitski J P M, Parker G, et al. 2002. Distinguishing sediment waves from slope failure deposits: Field examples, including the 'Humboldt slide' and modelling results. Marine Geology, 192: 79 ~ 104

Lee M. 2000. Gas hydrates amount estimated from acoustic logs at the Blake Ridge, sites 994, 995 and 997//Paull C K, Matsumoto R, Wallace P J, et al. Proceedings of the Ocean Drilling Program. Scientific Results, 164: 193 ~ 198

Li G, Moridis G J, Zhang K N, et al. 2010. Evaluation of Gas Production Potential from Marine Gas Hydrate Deposits in Shenhu Area of South China Sea. Energy & Fuels, 24: 6018 ~ 6033

Liu X L, Flemings P B. 2006. Passing gas through the hydrate stability zone at southern Hydrate Ridge, offshore Oregon. Earth and Planetary Science Letters, 241 (1-2): 211 ~ 226

Lüdmann T, Wong H K. 1999. Neotectonic regime on the passive continental margin of the northern South China Sea. Tectonophysics, 311 (1-4): 113 ~ 138

Milkov A V, Dickens G R, Claypool G E, et al. 2004. Co-existence of gas hydrate, free gas, and brine within the regional gas hydrate stability zone at Hydrate Ridge (Oregon margin): Evidence from prolonged degassing of a pressurized core. Earth and Planetary Science Letters, 222: 829 ~ 843

Milkov A V, Sassen R. 2002. Economic geology of offshore gas hydrate accumulations and provinces. Marine and Petroleum Geology, 19: 1 ~ 11

Milkov A V, Xu W. 2005. Comment on "Gas hydrate growth, methane transport, and chloride enrichment at the southern summit of Hydrate Ridge, Cascadia margin off Oregon" by Torres, et al. [Earth Planet. Sci. Lett. 226 (2004) 225-241]. Earth and Planetary Science Letters, 239: 162 ~ 167

Park K P, Bahk J J, Kwon Y, et al. 2008. Korean national program expedition confirm rich gas hydrate deposits in the Ulleung Basin, East Sea. Fire in the Ice: Methane Hydrate Newsletter, (Fall issue): 6 ~ 9

Riedel M, Collett T S, Malone M J. 2006. The Expedition 311 Scientists, Proc. IODP, 311. DC

(Integrated Ocean Drilling Program Management International, Inc, Washington

Ruppel C, Dickens G, Castellini D, et al. 2005. Heat and saltinhibition of gas hydrate formation in the northern Gulf of Mexico. Geophysical Research Letters, 32, L04625

Suess E, Torres M E, Bohrmann G, et al. 1999. Gas hydrate destabilization: Enhanced dewatering, benthic material turnover and large methane plumes at the Cascadia convergent margin. Earth and Planetary Science Letters, 170: 1 ~ 15

Sun Y B, Wu S G, Dong D D, et al. 2012a. Gas hydrates associated with gas chimneys in fine-grained sediments of the northern South China Sea. Marine Geology, 311-314: 32 ~ 40

Sun Q L, Wu S G, Cartwright J, et al. 2012b. Shallow gas and its origin in the Pearl River Mouth Basin, northern South China Sea. Marine Geology, 315-318: 1 ~ 14

Torres M E, Wallmann K, Trehu A, et al. 2004. Gas hydrate growth, methane transport, and chloride enrichment at the southern summit of Hydrate Ridge, Cascadia margin off Oregon. Earth and Planetary Sciences Letters, 226: 225 ~ 241

Torres M E, Wallmann K, Trehu A M, et al. 2005. Reply to comment on: "Gas hydrate growth, methane transport and chloride enrichment at the southern summit of Hydrate Ridge, Cascadia Margin off Oregon" . Earth and Planetary Science Letters, 239: 168 ~ 175

Trehu A M, Long P E, Torres M E, et al. 2004. Three-dimensional distribution of gas hydrate beneath southern Hydrate Ridge: Constraints from ODP Leg204. Earth and Planetary Science Letters, 222 (3-4): 845 ~ 862

Trehu A M, Ruppel C, Holland M, et al. 2006. Gas hydrate in marine sediments: Lessons from Scientific Ocean Drilling. Oceanology, 19 (4): 124 ~ 142

Tryon M D, Brown K M, Torres M E, et al. 2002. Fluid and chemical flux in and out of sediments hosting methane hydrate deposits on Hydrate Ridge, OR, Ⅱ: Hydrological processes. Earth and Planetary Science Letters, 201 (3-4): 541 ~ 557

Wang X J, Collett T, Lee M, et al. 2014. Geological controls on the occurrence of gas hydrate from logging and seismic data in the Shenhua area, South China Sea. Marine Geology, in press

Wang X, Hutchinson D R, Wu S, et al. 2010. Gas hydrate saturations estimated from silt and silty-clay sediments at site SH2, Shenhu area, South China Sea. Journal of Geophysical Research-Solid Earth, 116: 1 ~ 18

Wang X J, Hutchinson D R, Wu S, et al. 2011a. Elevated gas hydrate saturation within silt and silty clay sediments in the Shenhu area, South China Sea. Journal of Geophysical Research, 116, B05102, 1 ~ 18

Wang X, Lee M, Wu S, et al. 2012. Identification of gas hydrate dissociation from wireline-log data in the Shenhu area, South China Sea. Geophysics, 77 (3): 125 ~ 134

Wang X J, Wu S G, Lee M, et al. 2011b. Gas hydrate saturation from acoustic impedance and resistivity logs in the Shenhu area, South China Sea. Marine and Petroleum Geology, 28: 1625 ~ 1633

Weimer P, Slatt R M. 2007. Introduce to the Petroleum Geology in Deepwater Setting. AAPG Studies in Geology 57, Tulsa, American Association of Petroleum Geologists, 820

Weinberger J, Brown K, Long P. 2005. Painting a picture of gas hydrate distribution with thermal images. Geophysical Research Letters, 32, L04609

Wood W T, Gettrust J F, Chapman N R, et al. 2002. Decreased stability of methane hydrates in marine sediments owing to phase-boundary roughness. Nature, 420 (6916): 656 ~ 660

Wu N Y, Yang S X, Wang H B, et al. 2009a. Gas-bearing fluid influx sub-system for gas hydrate geological system in Shenhu Area, Northern South China Sea. Chinese Journal of Geophysics-Chinese Edition, 52: 1641 ~ 1650

Wu S G, Dong D D, Yang S X, et al. 2009b. Genetic model of the hydrate system in the fine grain sediments in the northern continental slope of South China Sea. Chinese Journal of Geophysics-Chinese Edition, 52: 1849 ~ 1857

Wu S, Wang X, Wong H. 2007. Low-amplitude BSRs and gas hydrate concentration on the northern margin of the South China Sea. Marine Geophysical Research, 28 (2): 127 ~ 138

Xu X, Li Y M, Luo X H, et al. 2012. Comparison of different-type heat flows at typical sites in natural gas hydrate exploration area on the northern slope of the South China Sea. Chinese Journal of Geophysics-Chinese Edition, 55: 998 ~ 1006

Yang S X, Zhang H Q, Wu N Y, et al. 2008. High concentration hydrate in disseminated forms obtained in Shenhu area, north slope of South China Sea//Proceedings of the 6th International Conference on Gas Hydrates, Vancouver, British Columbia, Canada

Zhang H, Yang S, Wu N. 2007. GMCS-1 Science team: China's first gas hydrate expedition successful. Fire in the Earth. Methane Hydrate Newsletter, National Technology Laboratory, US department of Energy, Spring/Summer Issue, 1: 4 ~ 8

第7章 海洋天然气水合物的资源评价

近年来，海洋天然气水合物的资源评价方法和资源量发生了巨大变化。从最初利用体积法进行评价至现在利用油气成藏评价方法，估算的全球天然气水合物资源量相差了几个数量级。天然气水合物能够作为将来的新型能源并不在于巨大的资源量，而是由于水合物的富集、成藏在将来能够进行开发。

7.1 孔隙充填型水合物饱和度估算

饱和度是天然气水合物资源量估算和开发可行性及经济评价中的一个重要参数。水合物的饱和度指水合物占孔隙的百分比，估算饱和度的方法有很多种，不同地区勘探程度不同，估算方法略微不同。在进行电缆测井或随钻测井的地区，利用声波和电阻率测井数据可以计算饱和度。在钻井取芯位置，利用孔隙水中氯离子数据、盐度数据也能够计算饱和度。但是，利用测井数据仅能够反映井孔附近水合物的饱和度，无法反映横向水合物饱和度的变化。含水合物的地层具有高声波阻抗、高纵波速度、高电阻率和略微降低密度异常，与饱和水地层相比，各种异常与水合物饱和度成正比（Pearson et al.，1983；Ecker et al.，1998；Helgerud et al.，1999；Tinivella，1999；Wang et al.，2006，2011a，b）。以测井数据为约束，利用地震反演方法可获得含水合物层的声波速度，基于不同模型能够估算含水合物储层的饱和度。

7.1.1 电阻率法

水合物和冰都是电绝缘体，与饱和水地层相比，含水合物的地层具有高电阻率异常，假设该高电阻率异常完全是由于水合物出现引起，则该电阻率异常与水合物饱和度成正比，利用阿尔奇公式来估算水合物饱和度。

7.1.1.1 孔隙度分析

孔隙度是估算水合物饱和度的一个关键参数，利用测井数据和回收的岩芯资料能够计算地层的孔隙度，不同方法计算的地层孔隙度略微不同。图 7-1 和图 7-2分别为神狐地区 SH2 井的测井资料和不同方法计算的孔隙度（王秀娟等，2010）。从 SH2 井测量的井径曲线看，井孔直径为 25cm 左右，在 50 ~ 180m 深度，局部地层井径变化较大，测量各种测井数据受井径变化影响，不能直接用于水合物饱和度评价。在 190 ~ 220m 层段，井径变化不大，测井数据准确可靠。该层段出现高电阻率、低密度的异常，该异常与地层含有水合物特征相吻合。

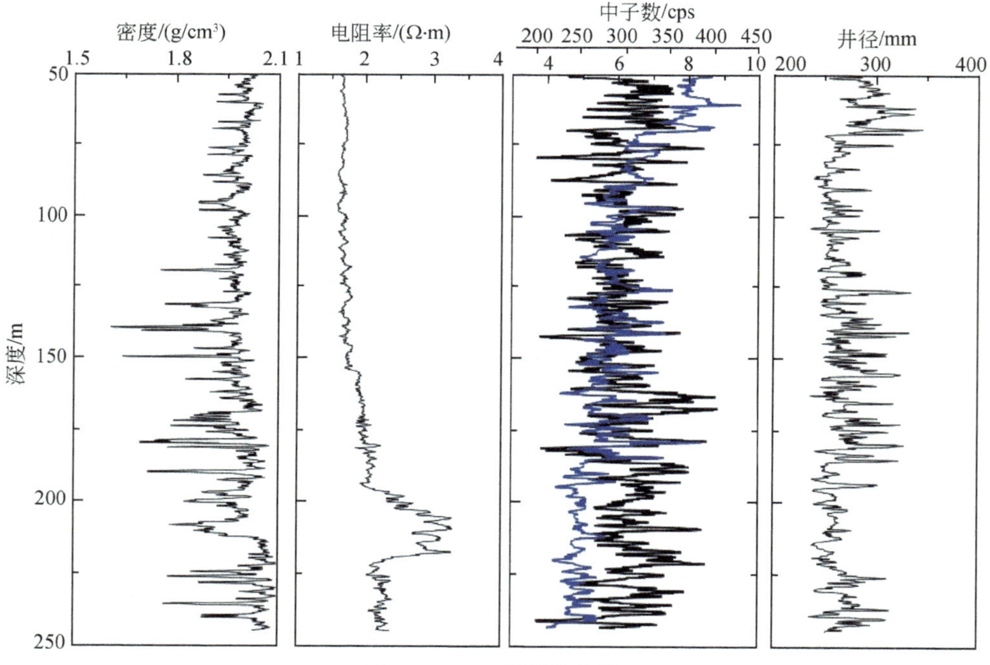

图 7-1 SH2 井测井曲线

对于未固结成岩沉积物，利用密度数据是计算孔隙度的一种有效方法。SH2 站位密度变化较大，变化范围在 1.6 ~ 2.1g/cm³。在剔除井径变化导致测量的密度数据异常值后，密度孔隙度计算公式：

$$\phi = \frac{\rho_m - \rho_b}{\rho_m - \rho_f} \tag{7-1}$$

式中，ρ_m 为地层骨架的密度；ρ_b 为测井测量的密度；ρ_f 为流体密度。SH2 站位地层骨架主要由陆源碎屑矿物、黏土矿物和方解石组成（陈芳等，2009），基于骨架各组分及相应的含量计算的骨架密度为 2.65g/cm^3，流体密度为海水密度，取值为 1.03g/cm^3。利用中子测井数据和电阻率数据也可以计算孔隙度。近、远源距俘获计数比与地层孔隙度为曲线关系，在孔隙度为 10% ~40% 时具有良好线性关系。利用阿尔奇公式计算地层孔隙度需要知道阿尔奇常数及地层水的电阻率。从图 7-2 可知，不同方法计算的地层孔隙度存在差异，在深度 190 ~ 220m 处，密度孔隙度和近、远源距俘获计数比获得的孔隙度略微增加，而利用电阻率计算地层孔隙度降低。利用电阻率计算的孔隙度，地层含有水合物时，水合物占据了部分孔隙空间，计算的孔隙度将偏低，需要进行校正。因此，在利用阿尔奇公式估算水合物饱和度时，一般采用密度数据计算的孔隙度。

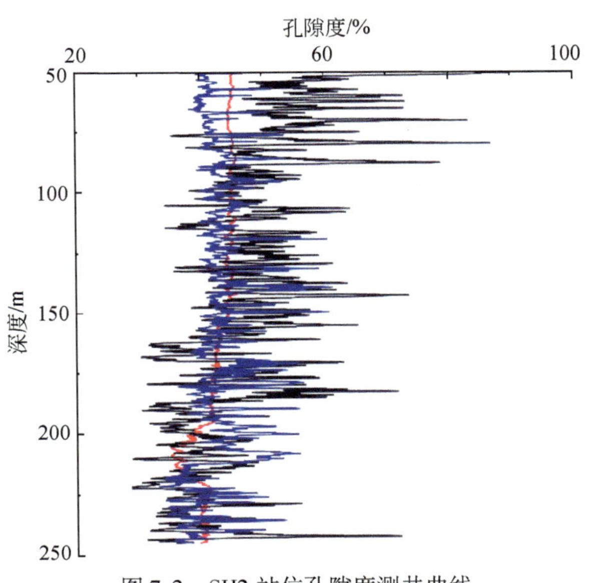

图 7-2 SH2 站位孔隙度测井曲线

密度（蓝色）、中子（黑色）和电阻率（红色）

7.1.1.2 饱和度计算

饱和水地层的电阻（R_0）利用阿尔奇方程（Archie，1942）表示为

$$R_0 = \frac{aR_w}{\phi^m} \tag{7-2}$$

式中，R_w 为地层共生水电阻率；a 和 m 为阿尔奇常数；ϕ 为地层孔隙度；m 为水合物胶结指数。a 和 m 是经验常数，一般通过岩石导电性实验获得，但是假设沉积层的孔隙空间被水饱和，测量电阻率为完全被水饱和地层的电阻率，利用交会图也能够获得该常数。共生水电阻率与海水盐度、地温梯度有关，利用 Arp 方程（1953）来计算：

$$R_{w2} = R_{w1}(T_1 + 21.5)/(T_2 + 21.5) \tag{7-3}$$

式中，R_{w1} 和 R_{w2} 分别为温度 T_1 和 T_2 时在一定盐度下的水的电阻率，温度单位为℃。神狐水合物钻井测量的 SH2 井地温梯度为 45℃/km，盐度为 32ppt①，图 7-3 给出了 SH2 井地层水的电阻率曲线。R_0/R_w 被称为地层因子（FF），假定地层孔隙空间充满水，可以利用电阻率测井代替饱和水电阻率。式（7-2）可以写成：

$$\mathrm{FF} = a\phi^{-m} \tag{7-4}$$

对式（7-4）两边取对数为

$$\log \mathrm{FF} = \log a - m \log\phi \tag{7-5}$$

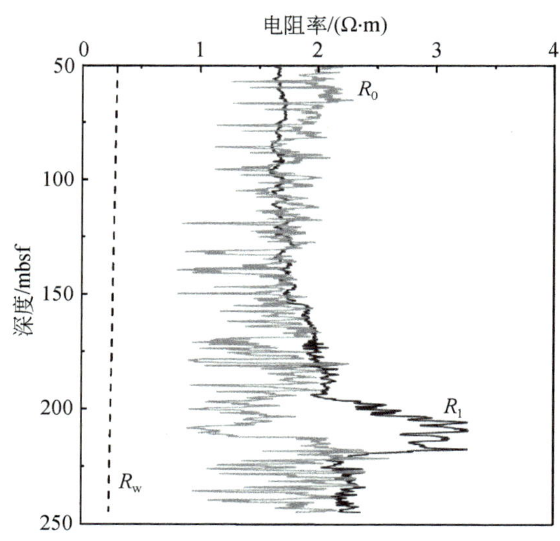

图 7-3　SH2 站位不同电阻率值

测井测量的电阻率（R_1，黑线）、计算的共生水电阻率（R_w，虚线）和饱和水地层电阻率（R_0，灰线）（王秀娟等，2010）

① $1\text{ppt} = 1\times10^{-12}$。

斜率 m 和截距 $\ln a$ 能够利用密度孔隙度与地层因子交汇图来计算。由于孔隙度与地层因子交汇数据比较发散，在 50～150mbsf（加号）和 150～240mbsf（黑点）之间明显呈分层（图 7-4），获得的 a 和 m 存在多种组合数据，该参数选取影响估算出的水合物饱和度的精度。均匀分布的水合物，阿尔奇常数一般是 a 趋于 1，m 趋于 2。图 7-4 中给出不同线性拟合的背景趋势，远离背景值区域是由于地层含有水合物引起，不同拟合曲线阿尔奇常数不同。因此，该常数影响估算的水合物饱和度值。

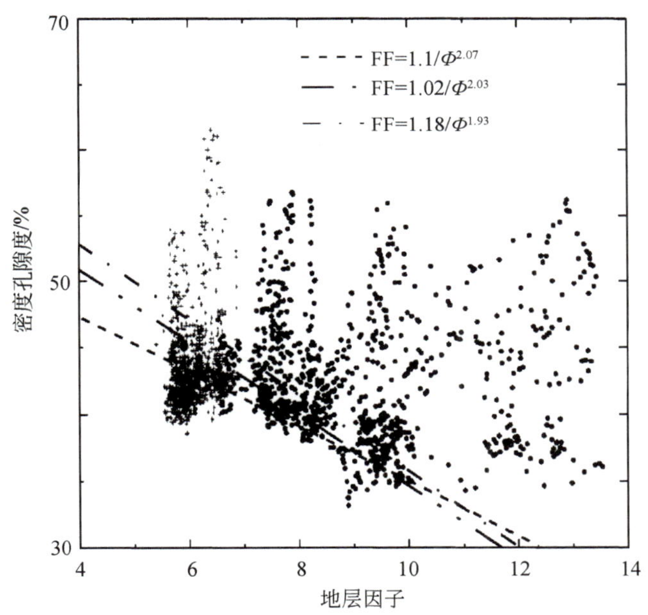

图 7-4 密度孔隙度与地层因子交会图

不同线为假设地层孔隙充满水的各种阿尔奇常数的拟合线，偏离该线上部区域为水合物异常区（王秀娟等，2010）

利用 SH2 井交会图获得的阿尔奇常数 $a=1.1$ 和 $m=2.07$，可以确定地层饱和水电阻（图 7-3，灰线），通过与测井测量的电阻率值相比，高电阻率异常指示地层含有水合物，假定该电阻率异常完全由于水合物出现引起，而且孔隙空间仅由水合物和水组成，利用均匀介质中电阻率异常估算水合物饱和度为

$$S_h = 1 - S_w = 1 - \left(\frac{R_0}{R_t}\right)^{\frac{1}{n}} \tag{7-6}$$

式中，n 为饱和度指数；S_w 为含水饱和度；R_t 为实测电阻率。前人对饱和水的砂

岩、灰岩以及细砂、粉砂组分的地层与温度、孔隙水电阻率和地层电阻率之间的关系进行了大量研究。假设该条件测试盐度等于原位的盐度，利用多元线性回归方法给出利用阿尔奇公式计算水合物饱和度的指数 n 值。当水合物呈均匀分布时，利用式（7-6）计算的水合物饱和度不同沉积物条件下的 n 取值不同，在未固结地层 n 取值为 1.715，砂岩地层 n 值为 2.1661，灰岩地层为 1.834，合并数据 n 取值为 1.9386，一般趋近于 2（Pearson et al.，1983）。神狐海域 SH2 井细粒沉积物为黏土粉砂，该饱和度指数的经验参数能够用来估算水合物饱和度。图 7-5 为 $a=1.1$、$m=2.07$、$n=2.0$ 时计算的水合物饱和度，不同阿尔奇常数计算出水合物饱和度略微不同。在 50 ~ 150 mbsf，局部地层存在低水合物饱和度异常区，该水合物饱和度可能是由于局部井径的变化导致地层孔隙度变化。在深度 150 ~ 190m，水合物饱和度为 5% ~10%，该区域地层电阻率略微增加，表明该地层水合物饱和度可能较低。在深度 190 ~ 220mbsf，水合物平均饱和度为 24%，最高达 44%。利用电阻率计算的水合物饱和度与氯离子异常估算的结果一致，饱和度在垂向上具有明显的不均匀性。在 220 ~ 245mbsf 处，地层电阻并没有明显降低，计算的饱和水地层电阻率低于测井测量的电阻率，该位置没有取芯分析资料，假定该异常可能是由于水合物异常引起，估算出水合物饱和度平均为 10% 左右，局部比较高。

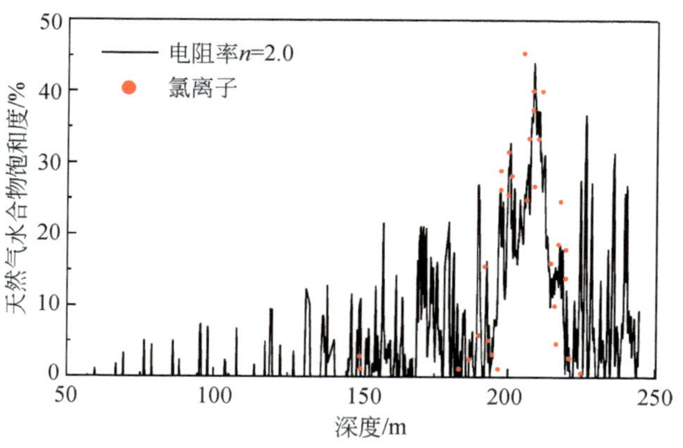

图 7-5　电阻率和氯离子异常计算水合物饱和度

7.1.1.3　饱和度精度分析

利用电阻率基于阿尔奇公式计算水合物饱和度，影响估算饱和度的精度主要有以下四个方面：①阿尔奇常数和共生水电阻率；②地层孔隙度；③测井测量的电阻率；④水合物在孔隙空间的分布类型。水合物可能充填在沉积物的孔隙空间，也可能以颗粒驱替方式呈脉状、块状等发育在沉积物中。孔隙充填的水合物呈均匀分布，裂隙内充填的水合物呈各向异性。钻探区 X 射线成像及压力取芯表明水合物呈分散状、均匀充填在沉积物颗粒中（Schultheiss et al.，2009），基于均匀介质的电阻率计算水合物饱和度。地层孔隙度是影响估算水合物饱和度的一个关键参数，尽管计算地层孔隙度方法较多，但是一般选择密度孔隙度计算水合物饱和度。从密度孔隙度与地层因子交会图看，地层孔隙度变化影响阿尔奇常数 a 和 m 的选择，因此地层孔隙度的误差影响该参数的选取。

由式（7-2）和式（7-5），计算的水合物饱和度值与饱和水地层电阻率、孔隙度和阿尔奇常数有关，当该参数选取存在一定误差时，计算的饱和度误差关系式分别为

$$\Delta S_h = \frac{(1 - S_h)}{n}\frac{\Delta R_t}{R_t} \tag{7-7}$$

$$\Delta S_h = \frac{(1 - S_h)}{n}\frac{m\Delta\phi}{\phi} \tag{7-8}$$

$$\Delta S_h = \frac{(1 - S_h)m\ln(\phi)}{n}\frac{\Delta m}{m} \tag{7-9}$$

$$\Delta S_h = \frac{-(1 - S_h)}{n}\frac{\Delta a}{a} \tag{7-10}$$

$$\Delta S_h = \frac{-(1 - S_h)}{n}\frac{\Delta R_w}{R_w} \tag{7-11}$$

$$\Delta S_h = (1 - S_h)\ln(1 - S_h)\frac{\Delta n}{n} \tag{7-12}$$

从式（7-7）~式（7-12）看，计算的水合物饱和度精度与 a、n、R_w 和 R_t 选取精度有关，这些参数引起的误差与孔隙度无关，而 m 引起的误差与孔隙度有关。如果阿尔奇公式通过交会分析选取的参数 a、m 和 R_w 偏大，则估算的水合物饱和度将偏小。如果测井测量的电阻率偏高，则估算的水合物饱和度偏高。当 a、R_w 和 R_t 存在一定误差时，计算的水合物饱和度的误差与该参数具有相同的数量级。在计算误差时，我们给定水合物饱和度指数 $n=2.0$，地层孔隙度为 50%。图 7-6 为利用阿尔奇公式计算水合物饱和度，各参数存在 10% 误差时，不同水合物饱和度下计算结果的误差。在低水合物饱和度时，任何参数选取均存在误差，计算出饱和度误差大于高饱和度时的误差，即水合物饱和度越高，利用阿尔奇公式计算的水合物饱和度可靠性越高。地层孔隙度的误差对估算出的水合

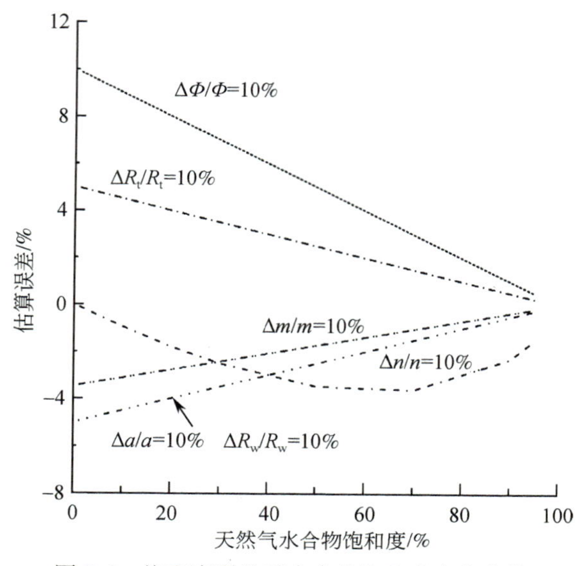

图 7-6　饱和度误差随水合物饱和度变化曲线

物饱和度影响最大，随着水合物饱和度增加，相同孔隙度误差计算的饱和度误差降低。

在利用电阻率数据计算水合物饱和度时，由于密度测井计算的孔隙度受井壁垮塌影响，密度孔隙度与地层因子交会图可以有不同的线性拟合，获得不同的经验常数。假定天然气水合物在沉积物中呈均匀分布，利用阿尔奇常数 a 和 m 分别选取 1.1 和 2.07、水合物指数 n 为 2.0 时计算了水合物饱和度，在深度 190 ~ 220mbsf 饱和度平均值为 24%，局部饱和度达 44%，该水合物饱和度与现场淡化氯离子计算水合物饱和度相吻合。利用测井数据计算水合物饱和度可以获得整个测井深度的水合物饱和度，不受钻井取芯资料的限制。利用电阻率计算水合物饱和度，阿尔奇常数（a 和 m）及地层共生水的电阻率（R_w）比实际偏高，估算出水合物饱和度偏低；地层孔隙度和测井测量的电阻率比实际电阻率偏高，估算出水合物饱和度偏高。阿尔奇方程中选择的各参数在相同误差条件下，计算的水合物饱和度在低饱和度时误差大于高饱和度。

7.1.2　声波速度法

目前有三类模型被用来研究速度与水合物饱和度之间的关系：①胶结模型；②孔隙充填模型；③承载模型。胶结模型中，水合物与沉积物颗粒接触或包裹着颗粒，即使在低水合物饱和度下，速度也明显增加。有效介质理论（effective media theory，EMT）和修改的 Biot-Gassmann 理论（MBGL）基于孔隙充填模型研究速度与水合物的饱和度关系，尽管模型讨论了水合物作为骨架的一部分，改变骨架的弹性模量，但其理论基础仍是孔隙充填模型。三相 Biot-type 方程（TPBE）假设地层由沉积物、水合物和孔隙流体三相组成来计算水合物稳定带内弹性波速度（Carcione and Tinivella，2000）。最近实验室研究表明，在水合物饱和度达到孔隙空间 25% ~40% 时，水合物在孔隙中从孔隙充填模式转换成承载模式（Yun et al.，2005，2007）。因此，沉积物孔隙中的水合物利用承载模型更合适。Lee 和 Waite（2008）基于渗流理论把水合物作为一个独立相，利用简化的 TPBE 研究速度与水合物饱和度之间的关系，在孔隙充填模型中速度随水合物饱和度单调增加，而胶结模型中，速度随水合物饱和度迅速增加。但是 TPBE 是基于 Biot 理论，假设孔隙水不受沉积物颗粒束缚，因此，能够用于砂岩沉积物中水合物出现的地层。沉积物中泥质含量增加，孔隙水受沉积物颗粒束缚与泥质含量有关，在富含泥质沉积物中，TPBE 的假设不成立。王秀娟等（2006）基于 Biot-Geertsma-Smith 方程，给出了双相介质中含水合物地层速度模型（TPBGE），通过流体相与固体相之间的耦合情况考虑弹性波传播中的能量耗散。

7.1.2.1 有效介质理论

Helgerud 等（1999）基于有效介质模型推导出未固结沉积物中的弹性波速度，该方法考虑了有效压力、孔隙度和沉积物组分的变化，存在临界孔隙度的假设条件。模型的理论基础是水合物充填在孔隙空间，水合物在孔隙中有两种存在方式，一种是水合物是流体的一部分，不影响骨架的弹性性质，另一种是水合物是干燥骨架的一部分，水合物的生成降低了孔隙度，影响骨架的弹性性质。

干燥沉积物（不考虑孔隙流体）的体积模量 K_{Dry} 和剪切模量 G_{Dry} 可表示为

$$K_{\mathrm{Dry}}=\begin{cases}\left[\dfrac{\phi/\phi_{\mathrm{c}}}{K_{\mathrm{HM}}+\frac{4}{3}G_{\mathrm{HM}}}+\dfrac{1-\phi/\phi_{\mathrm{c}}}{K+\frac{4}{3}G_{\mathrm{HM}}}\right]^{-1}-\dfrac{4}{3}G_{\mathrm{HM}}\cdots\phi<\phi_{\mathrm{c}}\\ \left[\dfrac{(1-\phi)/(1-\phi_{\mathrm{c}})}{K_{\mathrm{HM}}+\frac{4}{3}G_{\mathrm{HM}}}+\dfrac{(\phi-\phi_{\mathrm{c}})/(1-\phi_{\mathrm{c}})}{\frac{4}{3}G_{\mathrm{HM}}}\right]^{-1}-\dfrac{4}{3}G_{\mathrm{HM}}\cdots\phi\geqslant\phi_{\mathrm{c}}\end{cases}\tag{7-13}$$

$$G_{Dry}=\begin{cases}\left[\dfrac{\phi/\phi_c}{G_{HM}+Z}+\dfrac{1-\phi/\phi_c}{G+Z}\right]^{-1}-Z\cdots\phi<\phi_c\\ \left[\dfrac{(1-\phi)/(1-\phi_c)}{G_{HM}+Z}+\dfrac{(\phi-\phi_c)/(1-\phi_c)}{Z}\right]^{-1}-Z\cdots\phi\geqslant\phi_c\end{cases}\tag{7-14}$$

$$Z=\frac{G_{HM}}{6}\left(\frac{9K_{HM}+8G_{HM}}{K_{HM}+2G_{HM}}\right)\tag{7-15}$$

式中，K 和 G 分别指体积模量和剪切模量；ϕ_c 指临界孔隙度，一般取 0.38 ~ 0.42。临界孔隙度 ϕ_c 下沉积物的体积模量和剪切模量可分别表示为

$$K_{HM}=\left[\frac{n^2(1-\phi_c)^2G^2}{18\pi^2(1-\nu)^2}P\right]^{\frac{1}{3}}\tag{7-16}$$

$$G_{HM}=\frac{5-4v}{5(2-v)}\left[\frac{3n^2(1-\phi_c)^2G^2}{2\pi^2(1-\nu)^2}P\right]^{\frac{1}{3}}\tag{7-17}$$

式中，n 为 ϕ_c 孔隙度下每个颗粒与相邻颗粒的接触点，一般为 8 ~ 9.5；P 为有效压力，可以通过静岩压力和静水压力的差值（$\rho_b-\rho_w$）gh（h 为海底以下深度）计算；ν 为泊松比，可以通过下式计算：

$$\nu=\frac{1}{2}\left(K-\frac{2}{3}G\right)/\left(K+\frac{1}{3}G\right)\tag{7-18}$$

（1）水合物为流体的一部分

当孔隙被体积模量为 K_f 的流体充填，即悬浮模式时，体积模量为

$$K_{Sat}=K\frac{\phi K_{Dry}-(1+\phi)K_fK_{Dry}/K+K_f}{(1+\phi)K_f+\phi K-K_fK_{Dry}/K}\tag{7-19}$$

沉积物的剪切模量 G_{Sat} 并未发生变化，即 $G_{Sat}=G_{Dry}$，一旦弹性波模量可以计算出来，则弹性波速度 V_P 为

$$V_p=\sqrt{(K_{Sat}+\frac{4}{3}G_{Sat})/\rho_B}\tag{7-20}$$

$$\rho_B=\phi\rho_f+(1-\phi)\rho_s\tag{7-21}$$

式中，ρ_B 是沉积物骨架密度。当沉积物由几种矿物组成时，根据 Hill 平均方程，骨架的 K 和 G 为

$$K=\frac{1}{2}\left[\sum_{i=1}^{m}f_iK_i+\left(\sum_{i=1}^{m}f_i/K_i\right)^{-1}\right]\tag{7-22}$$

$$G=\frac{1}{2}\left[\sum_{i=1}^{m}f_iG_i+\left(\sum_{i=1}^{m}f_i/G_i\right)^{-1}\right]\tag{7-23}$$

式中，m 为矿物的组分数；f_i 为第 i 组分的体积分数，K_i、G_i 分别为第 i 组分的体积模量和剪切模量。

如果水合物作为孔隙流体的一部分且和水均匀充填在孔隙中，水和水合物的平均体积模量为

$$\overline{K_f} = [S_h/K_h + (1 - S_h)/K_f]^{-1} \tag{7-24}$$

式中，K_h 为水合物体积模量；S_h 为水合物饱和度。

(2) 水合物为固体骨架的一部分

假设水合物为沉积物骨架的一部分，即水合物充填在孔隙空间，降低沉积物的孔隙度，则孔隙度为 $\overline{\phi}=\phi\ (1-S_h)$。则 f 由 $f_i(1-\phi)/(1-\overline{\phi})$ 代替。

沉积物骨架的 K 和 G，根据 Hill 公式重新修正：

$$K = \frac{1}{2}(f_h K_h + (1 - f_h)K_s + [f_h/K_h + (1 - f_h/K_s)]^{-1}) \tag{7-25}$$

$$G = \frac{1}{2}(f_h G_h + (1 - f_h)G_s + [f_h/G_h + (1 - f_h/G_s)]^{-1}) \tag{7-26}$$

在利用 Hill 公式计算骨架的 K 和 G 之前，先应计算固相沉积物中水合物的百分比，由下式计算得出：

$$f_h = \frac{\phi S_h}{1 - \phi(1 - S_h)} \tag{7-27}$$

在 EMT 模型中，假定水合物为固体骨架的一部分，有效压力为 4MPa，每个颗粒平均接触的球形充填数为 8，临界孔隙度为 40%。骨架的矿物组分及物质特性按照表 7-1 来计算骨架的体积模量和剪切模量（陈芳等，2009），地层孔隙度利用图 7-2 密度反演的孔隙度，图 7-7 为利用 EMT 方法计算的饱和水地层速度，在测量的声波速度大于饱和水速度的地层，表明地层含有水合物，假设该异常完全由于水合物生成导致速度增加，图 7-8 为利用 EMT 方法计算的水合物饱和度。

表 7-1 沉积物弹性模量和物性参数

物质	体积模量/GPa	剪切模量/GPa	密度/（kg/cm^3）
方解石	76.8	32.0	2710
黏土	20.9	6.85	2580
石英	36.0	45.0	2650
纯水合物	8.4	13.54	922
海水	2.58	0	1036
65.7%石英+20%黏土+14.3%方解石	36.6	28.18	2645

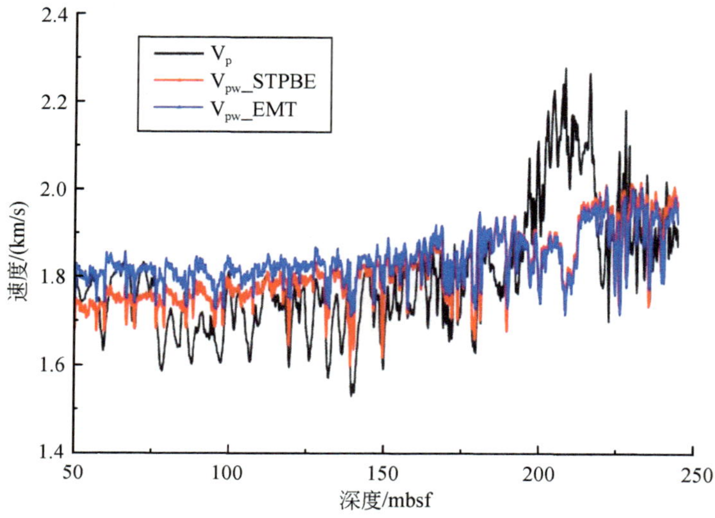

图 7-7　SH2 井利用 EMT 和 STPBE 方法计算的饱和水地层速度

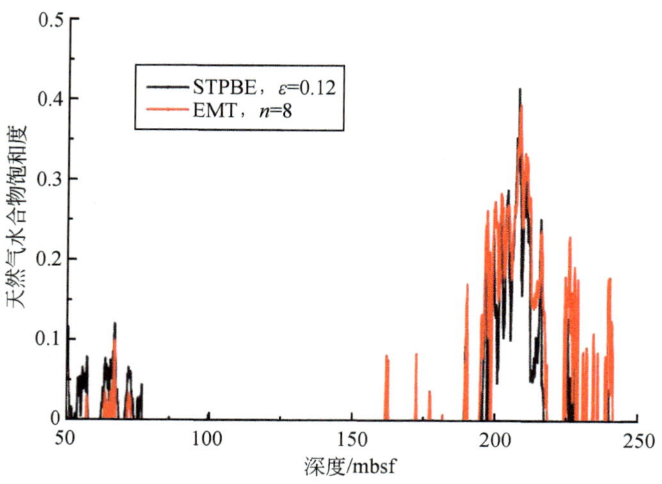

图 7-8　SH2 井利用 EMT 和 STPBE 方法计算的水合物饱和度

7.1.2.2 简化的三相比奥特方程（STPBE）

Carcione 和 Tinivella（2000）基于渗流理论，利用 TPBE 速度模型计算了水合物饱和度，该方法假定沉积物、水合物和孔隙流体组成了三相均匀的骨架，P 波速度表示为

$$V_p = \sqrt{\frac{\sum_{i,j}^{3} R_{ij}}{\rho_b}} \tag{7-28}$$

$$V_s = \sqrt{\frac{\sum_{i,j}^{3} \mu_{ij}}{\rho_b}} \tag{7-29}$$

式中，R_{ij}和μ_{ij}为骨架各分量；ρ_b 为体积密度，$\rho_b=\rho_s(1-\phi)+\rho_w\phi(1-C_h)+\rho_h\phi C_h$，$\phi$ 为孔隙度，C_h为水合物饱和度，ρ_s、ρ_w 和 ρ_h 分别为沉积物骨架、水和水合物的密度。

假定水合物为骨架的承载分量，则 R_{ij}和μ_{ij}表示为

$$R_{11} = [(1-c_1)\phi_s]^2 K_{av} + K_{sm} + 4\mu_{11}/3 \tag{7-30}$$

$$R_{12} = R_{21} = (1-c_1)\phi_s\phi_w K_{av} \tag{7-31}$$

$$R_{13} = R_{31} = (1-c_1)(1-c_3)\phi_s\phi_h K_{av} + 2\mu_{13}/3 \tag{7-32}$$

$$R_{23} = (1-c_3)\phi_h\phi_w K_{av} \tag{7-33}$$

$$R_{33} = [(1-c_3)\phi_h]^2 K_{av} + K_{hm} + 4\mu_{33}/3 \tag{7-34}$$

$$\mu_{11} = [(1-g_1)\phi_s]^2 \mu_{av} + \mu_{sm} \tag{7-35}$$

$$\mu_{12} = \mu_{21} = \mu_{22} = \mu_{23} = \mu_{32} = 0 \tag{7-36}$$

$$\mu_{13} = (1-g_1)(1-g_3)\phi_s\phi_h\mu_{av} + \mu_{sm} \tag{7-37}$$

$$\mu_{33} = [(1-g_3)\phi_h]^2 \mu_{av} + \mu_{hm} \tag{7-38}$$

式中，$\phi_s=1-\phi$；$\phi_w=(1-C_h)\phi$；$\phi_h=C_h\phi$；$c_1=\frac{K_{sm}}{\phi_s K_s}$；$c_3=\frac{K_{hm}}{\phi_h K_h}$；$g_1=\frac{\mu_{sm}}{\phi_s\mu_s}$；$g_3=\frac{\mu_{hm}}{\phi_h\mu_h}$；$K_{av}=\left[\frac{(1-c_1)\ \phi_s}{K_s}+\frac{\phi_w}{K_w}+\frac{(1-c_3)\ \phi_h}{K_h}\right]^{-1}$；$\mu_{av}=\left[\frac{(1-g_1)\ \phi_s}{\mu_s}+\frac{\phi_w}{2\omega\eta}+\frac{(1-g_3)\ \phi_h}{\mu_h}\right]^{-1}$，$\omega$ 为角频率，η 为孔隙流体的黏度；角标 sm 和 hm 分别为沉积物和水合物相。相对于沉积物骨架部分，水合物的 K_{hm} 和 μ_{hm} 对速度影响比较小，可以忽略，在测井频带范围，流体影响（μ_{av}）也可以忽略。在测井和地震频带范围，$K_{hm}=0$，$\mu_{hm}=0$，$\mu_{av}=0$，$c_3=0$，$g_3=0$，TPBE 简化为

$$k = K_{ma}(1-\beta_p) + \beta_p^2 K_{av} \tag{7-39}$$

$$\mu = \mu_{ma}(1-\beta_s) \tag{7-40}$$

$$\frac{1}{K_{av}} = \frac{(\beta_p - \phi)}{K_{ma}} + \frac{\phi_w}{K_w} + \frac{\phi_h}{K_h} \tag{7-41}$$

$$\beta_p = \frac{\phi_{as}(1+\alpha)}{(1+\alpha\phi_{as})} \tag{7-42}$$

$$\beta_s = \frac{\phi_{as}(1+\gamma\alpha)}{(1+\gamma\alpha\phi_{as})} \tag{7-43}$$

$$\gamma = \frac{(1+2\alpha)}{(1+\alpha)} \tag{7-44}$$

式中，α 为胶结常数（Pride et al.，2004；Lee，2005）；$\phi_{as}=\phi_w+\varepsilon\phi_h$；$\phi_w=(1-C_h)\phi$；$\phi_h=C_h\phi$；$K_{ma}$、$K_w$ 和 K_h 分别为骨架、水和水合物的体积模量；μ_{ma} 为骨架的剪切模量；ε 为地层含水合物后相对于骨架硬化降低的压实程度的影响，$\varepsilon=0.12$（Lee and Waite，2008）；STPE 为 Gassmann 方程。胶结常数 α 与有效压力和胶结程度有关，Mindlin（1949）认为体积模量和剪切模量为有效压力的 1/3 次幂，即 $\alpha_i=\alpha_0(p_0/p_i)^n\approx\alpha_0(d_0/d_i)^n$，$n$ 为幂指数，α_0 为压力 p_0 或者深度 d_0 时的胶结因子，α_i 为在任意有效压力 p_i 或深度 d_i 时胶结因子。

含水合物层的简化的 TPBE 速度模型为

$$V_p = \sqrt{\frac{k+4\mu/3}{\rho_b}} \tag{7-45}$$

$$V_s = \sqrt{\frac{\mu}{\rho_b}} \tag{7-46}$$

在 STPBE 模型中，固结因子 α，不同深度有效压力不同，可利用下式计算：

$$\alpha_i = 45\,(100/d_i)^{0.71} \tag{7-47}$$

骨架物性参数利用表 7-1，孔隙度利用密度孔隙度，图 7-7 为利用 STPBE 模型计算的饱和水地层的速度（红线），高速度异常位于海底以下 190～221m 处，假设该速度异常完全是由于水合物出现引起，图 7-8 为 STPBE 模型计算的水合物饱和度（黑线）。在深度 190～221m 明显速度异常处，两种方法计算的水合物饱和度基本吻合，局部层位存在差异。图 7-9 为在部分深度 190～230mbsf 处，估算的水合物饱和度与氯离子异常和压力取芯释放气体计算的饱和度对比。由该图可以看出，压力取芯在该层段计算的水合物饱和度为 30% 左右，与氯离子异常及声波速度计算的饱和度相吻合。在水合物饱和度较高的层位，其地层孔隙度较大，足够的生成空间是形成高浓度水合物的一个必要条件。

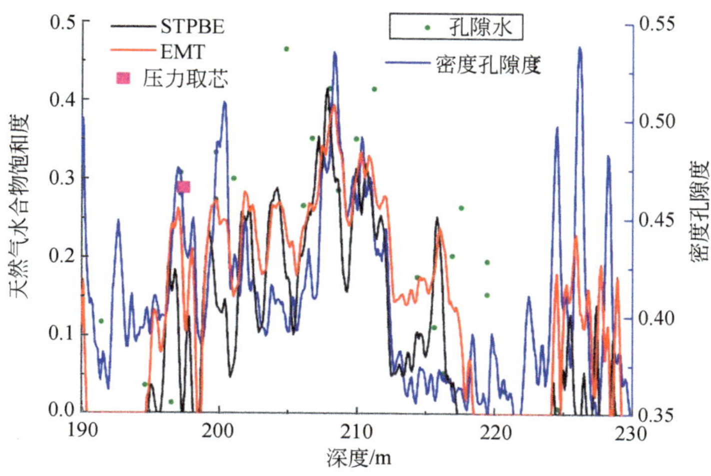

图 7-9　SH2 井利用 EMT 和 STPBE 方法估算的水合物饱和度与氯离子异常绿点及压力取芯释放（紫色方框）计算水合物饱和度对比；高饱和度位置地层孔隙度（蓝线）相对较大

7.1.2.3　TPBGE 模型

该模型以 Biot-Geertsma-Smith 方程为基础，推导出含水合物层的流体饱和多孔隙固体速度模型，利用渗流模型研究水合物对骨架弹性性质的影响，利用 Hashin-Shtrikman-Hertz-Mindlin 理论计算水合物对骨架弹性性质的影响（王秀娟等，2006，2010）。

未固结沉积层纵波速度为

$$V_p=\left\{\left[\left(\frac{1}{C_m}+\frac{4}{3}\mu\right)+\frac{\frac{\phi_{eff}}{k}\cdot\frac{\rho_m}{\rho_f}+\left(1-\beta-2\cdot\frac{\phi_{eff}}{k}\right)\cdot\ (1-\beta)}{(1-\phi_{eff}-\beta)\ \cdot C_b+\phi_{eff}\cdot C_f}\right]\cdot\frac{1}{\rho_m\left(1-\frac{\phi_{eff}}{k}\cdot\frac{\rho_f}{\rho_m}\right)}\right\}^{\frac{1}{2}} \tag{7-48}$$

各符号说明见表 7-2。假定孔隙空间中充满水，沉积层骨架组分及含量见表 7-1，孔隙度分别利用电阻率和密度估算的孔隙度［图 7-10（c）］，密度由测井获得［图 7-10（e）］，根据式（7-48）可以计算该井由浅至深的饱和水纵波速度（V_{pw}）。从图 7-10（a）看，在阴影区测井纵波速度与饱和水速度之间存在 100～250m/s 速度差，而利用不同方法获得孔隙度计算出的饱和水纵波速度存在差异。密度曲线在该区域出现略微降低的异常现象，表明该速度异常不是由于岩性变化引起的，而是由水合物出现的结果。

表 7-2　式（7-48）中各参数意义和物性参数

参数	意义	参数	意义
ϕ	孔隙度	$\rho_f=S_w\rho_w+S_g\rho_g$	流体相密度
ϕ_s	颗粒孔隙度	$\rho_b=S_s\cdot\rho_s+S_h\cdot\rho_h$	固体相密度
ϕ_h	水合物孔隙度	$\rho_m=(1-\phi_{eff})\rho_b+\phi_{eff}\rho_f$	骨架平均密度
ϕ_w	水孔隙度	ρ_w	水密度
$\phi_s+\phi_h+\phi_w=1$		ρ_h	水合物密度
$C_h=\phi_h/(\phi_h+\phi_w)$	水合物浓度	ρ_s	颗粒密度
$S_s=\phi_s/(\phi_s+\phi_h)$	颗粒饱和度	$C_m=(1-\phi_{eff})\cdot C_b+\phi_{eff}\cdot C_p$	骨架可压缩率
$S_h=\varphi_h/(\phi_h+\phi_s)$	水合物饱和度	$\beta=C_b/C_m$	
$\phi_{eff}=(1-C_h)\cdot\phi$	有效孔隙度	$C_b=\frac{1}{2}(S_s\cdot C_s+S_h\cdot C_h)+\frac{1}{2}\left(\frac{S_s}{C_s}+\frac{S_h}{C_h}\right)^{-1}$	固体相可压缩率
C_s	颗粒可压缩率	$C_f=\frac{1}{2}(S_g\cdot C_g+S_w\cdot C_w)+\frac{1}{2}\left(\frac{S_g}{C_g}+\frac{S_w}{C_w}\right)^{-1}$	流体相可压缩率
C_w	水可压缩率	$k=2.3$	耦合因子
C_h	水合物可压缩率		

假定水合物为固体骨架的一部分，降低了地层孔隙度，影响固体骨架的弹性模量，但没使骨架硬化。基于 Hashin-Shtrikman-Hertz-Mindlin 理论，可以计算出沉积层的有效体积模量 K 和剪切模量 μ。利用迭代正演模拟法，根据测井获得纵波速度与饱和水纵波速度差，估算水合物饱和度［图 7-10（f）］。在位置 1 处，利用电阻率计算的孔隙度估算的水合物饱和度与氯离子估算的结果相吻合，饱和度最大值为 48%，而在位置 2 处，估算的水合物饱和度也较高，而利用密度孔隙度估算的水合物饱和度却比较低，此位置无取芯资料。从不同方法计算的饱和度对比来看，利用密度孔隙度计算水合物饱和度与氯离子异常计算结果吻合的略微好些。

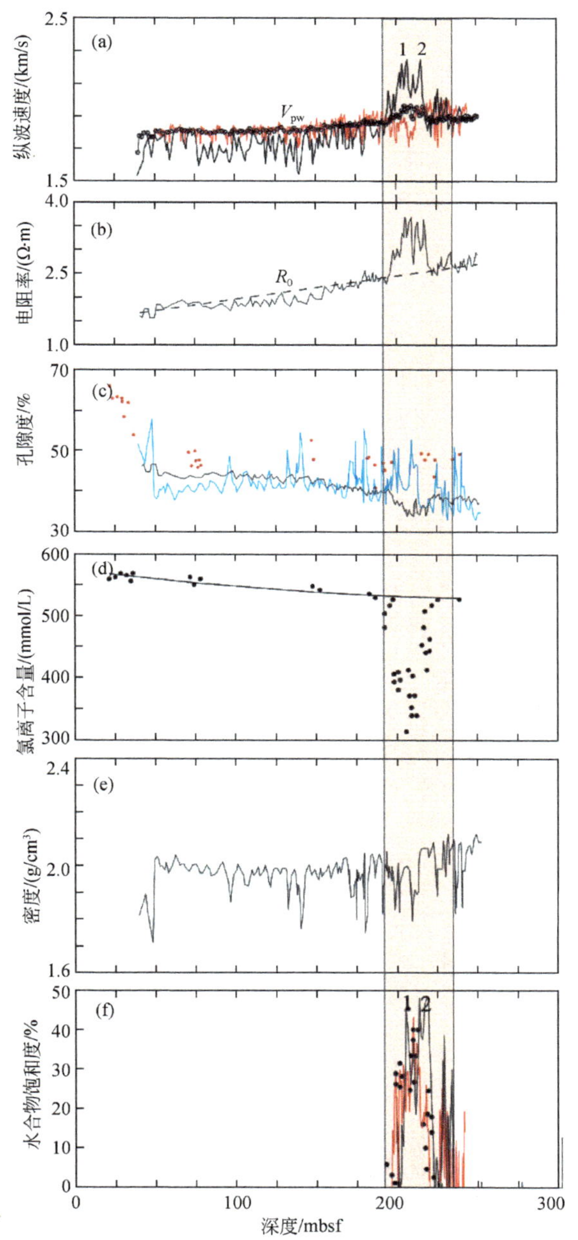

图 7-10　神狐海域 SH2 井测井曲线及氯离子异常（黑色圆点）

（a）～（e）为测井曲线；（f）为分别利用密度（红线）和电阻率（黑线）孔隙度估算水合物饱和度。V_{pw}分别为利用电阻率孔隙度（虚线空原点）和密度孔隙度（红线）计算的饱和水纵波速度；R_0 为饱和水电阻率曲线（虚线）；正常孔隙水中氯离子含量背景曲线（实线）。1 和 2 为两个不同位置

7.1.3 含水合物层的饱和度估算

7.1.3.1 基于纵波速度

测井资料精度较高，但是只能反映井孔位置水合物分布特征，而地震资料却可以反映空间的变化特征。基于地震资料，利用约束稀疏脉冲反演（constrained sparse spike inversion，CSSI）首先反演出沉积层纵波速度，然后利用速度与水合物饱和度模型，可以估算水合物的空间分布。CSSI 是以地震为主，测井补充低频信息。SH2 井位于测线 0102 上，利用该井纵波速度［图 7-10（a）］制作合成地震记录（图 7-11），并与实际地震剖面对比，获得 CSSI 反演的子波。通过模型的控制层位内插和外推到整个区域。

CSSI 通过寻找最小目标函数求取声波阻抗：

$$F_{\text{obj}} = \sum (r_i)^p + \lambda^q \sum (d_i - s_i)^q \tag{7-49}$$

式中，i 为时间；r_i 为反射系数，是声波阻抗的函数；d_i 为地震数据；s_i 为合成

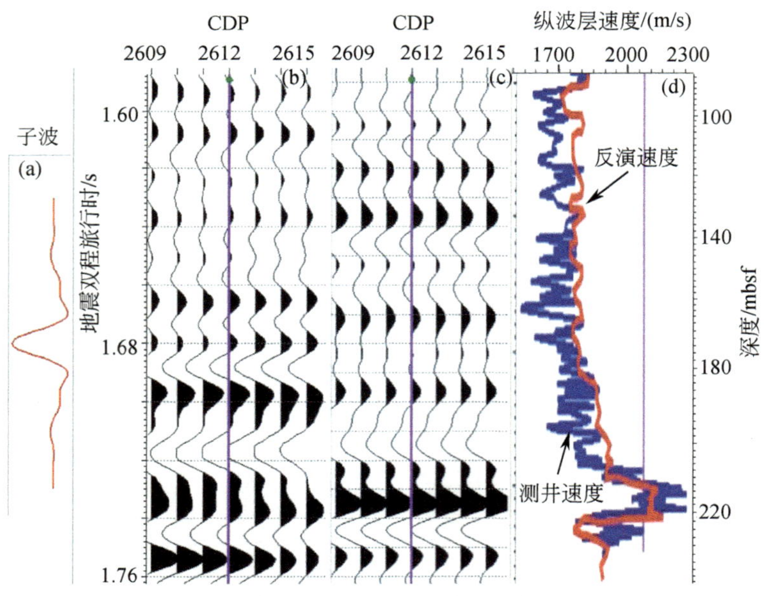

图 7-11 合成地震记录与井旁地震剖面对比

（a）为井旁子波；（b）为井附近地震剖面；（c）为利用 W2 井制作的合成地震记录；（d）为 W2 井纵波速度和 CSSI 反演速度

记录数据；λ 为权系数；p 和 q 为标准因子。权系数 λ 值要使信噪比最大、井相关最大、地震残差最小和反射系数残差最小。

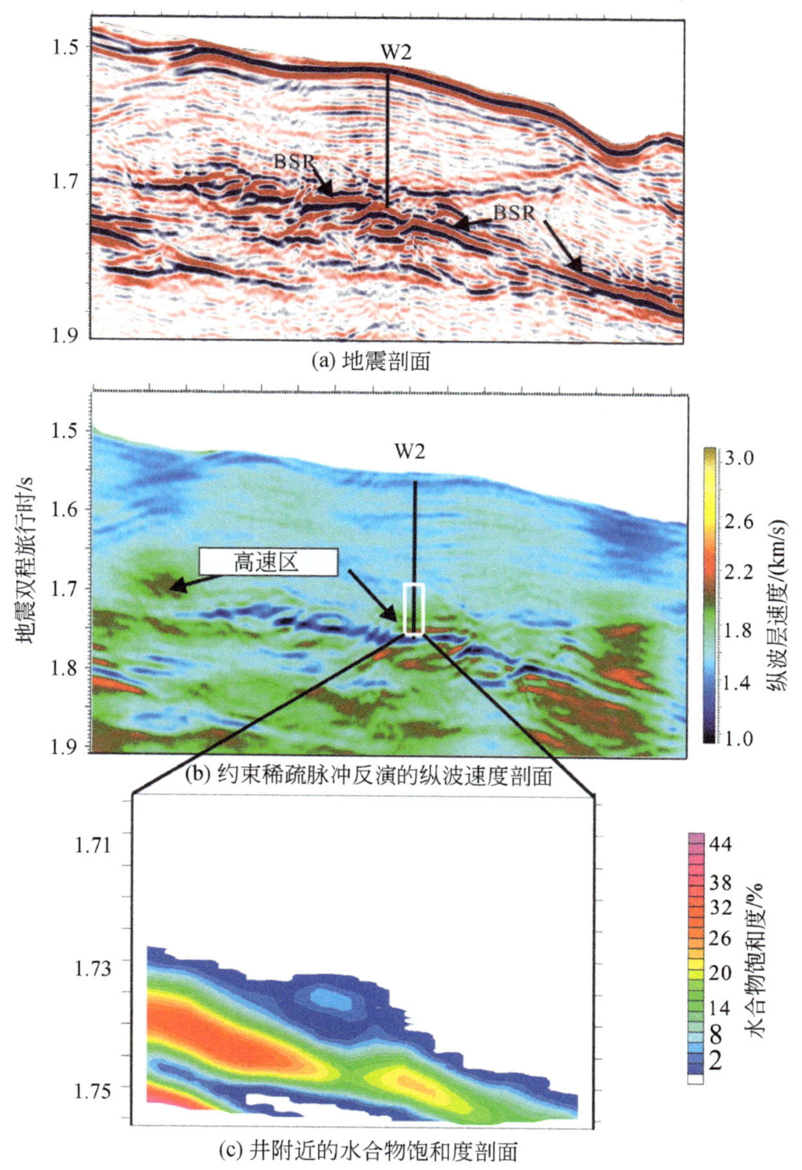

图 7-12　0102 测线地震剖面纵波速度和水合物饱和度（王秀娟等，2010）

在 0102 测线反演中 $\lambda=9$，$p=1$，$q=2$。图 7-12 为基于 SH2 井反演的纵波速度。从图 7-12 看，距海底双程旅行时 200ms 处，存在一个强反射，极性与海底相反，该反射层上存在高纵波速度异常，而其下出现低纵波速度异常。从 0102 测线纵波速度看［图 7-12（b）］，BSR 上出现高纵波速度异常，纵波速度在纵向上厚度不同，横向上不连续。从井旁附近反演出的水合物饱和度看，在纵向上水合物位于海底 1.728 ~ 1.753s，呈不均匀状分布，饱和度占孔隙空间的 5% ~ 30%，BSR 上饱和度为 44%。在井旁位置含水合物层地震波速度为 1850 ~ 2200m/s，平均速度为 2000m/s，则地震反演出速度计算的水合物厚度约为 25m。

7.1.3.2 基于电阻率测井

大洋钻探 184 航次的 1148 井测井数据显示，BSR 上呈现较高密度（ρ）、高 P 波阻抗（I_P）、高 P 波速度（V_p）、低孔隙度（ϕ）和高电阻率（R_t）异常（图 7-13），该异常与神狐水合物钻探揭示含水合物层的异常略微不同。对 1148 井 50 ~ 700m 井段的取芯样品每隔 2 ~ 5m 进行了矿物组分及含量分析，矿物成分主要为石英、长石、黏土和碳酸钙。利用 EMT 模型计算了饱和水的 P 波速度［图 7-13（e），红色圆圈］，在深度 470m 附近，由于碳酸钙含量较高，计算的饱和水地层的 P 波速度达到了 2.13km/s，而在 1148 井的声波测井资料上，由高碳酸钙引起的高 P 波速度仍比实测速度低 0.28km/s，推测该深度的速度异常不仅仅是岩性变化所引起，还可能与水合物有关。

假定 BSR 上的高电阻率异常是由水合物引起的，且孔隙中只含有水合物和水这两种物质，那么可以根据阿尔奇方程（1942）计算水合物的饱和度，即

$$S_h = 1 - S_w = 1 - \left(\frac{R_0}{R_t}\right)^{\frac{1}{n}} \tag{7-50}$$

式中，S_w 为含水饱和度；R_0 为饱和水地层电阻率；R_t 为地层电阻率；n 为经验值，对于含水合物地层，$n=1.9386$（Pearson et al.，1983）。假设整条测线具有相同的背景电阻率 R_0，根据 1148 井电阻率和孔隙度资料，利用最小二乘线性拟合方法得到 R_0 与深度的关系式［图 7-13（a）］：

$$R_0 = 0.9716 + 3.801 \times 10^{-4} z \tag{7-51}$$

式中，z 为海底以上深度。根据式（7-50）和式（7-51）就可以估算 BSR 之上水合物的饱和度［图 7-13（b）］。

水合物饱和度与饱和水孔隙度（ϕ）、饱和水地层电阻率（R_0）和孔隙水电

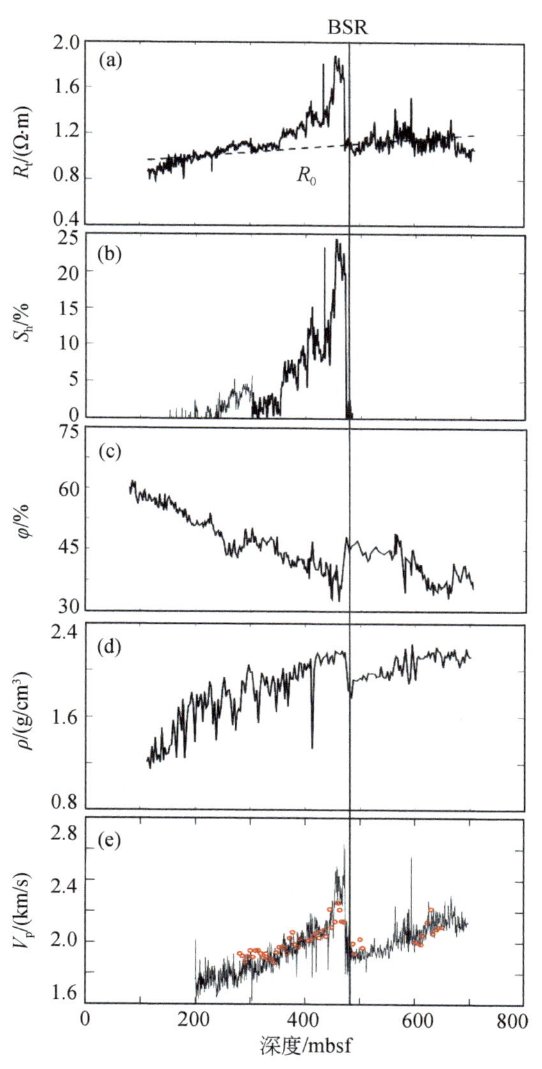

图 7-13 1148 井的测井资料

(a) 为电阻率；(b) 为水合物饱和度；(c) 为孔隙度；(d) 为密度；(e) 为 P 波速度

阻率（R_w）之间的关系为

$$S_h = 1 - \left(\frac{R_0 \phi^m}{a R_w}\right)^{\frac{1}{n}} \tag{7-52}$$

式中，R_0、m、a、R_w 和 n 由特定环境的经验值确定；ϕ 为未知数。

假定不含水合物和游离气地层为正常压实的均匀沉积，饱和水孔隙度和声波阻抗交会拟合曲线（ϕ–I）是一条光滑曲线，在该曲线上随深度增加孔隙度降低、声波阻抗增加；如果在 BSR 之上的地层中含有水合物，则地层的孔隙度降低，声波阻抗增加；如果 BSR 之下的地层中含游离气，则阻抗和孔隙度均呈降低趋势。因此，在含水合物的区域，含水合物地层的 ϕ–I 偏离饱和水的 ϕ–I 的大小指示水合物的饱和度。

通过电阻率、声波阻抗和 P 波速度异常变化识别出含水合物的地层（图 7-14）。利用 1148 井的测井资料，根据约束最小二乘拟合方法得到饱和水孔隙度 ϕ 与声波阻抗 I 的关系式：

$$\phi = 4.258 \times 10^{-11} I^3 + 4.287 \times 10^{-6} I^2 - 0.0418 I + 139.450 \tag{7-53}$$

声波阻抗的单位为10^3 g·m/（cm^3·s）。图 7-14 给出的是 ϕ–I 的拟合曲线。

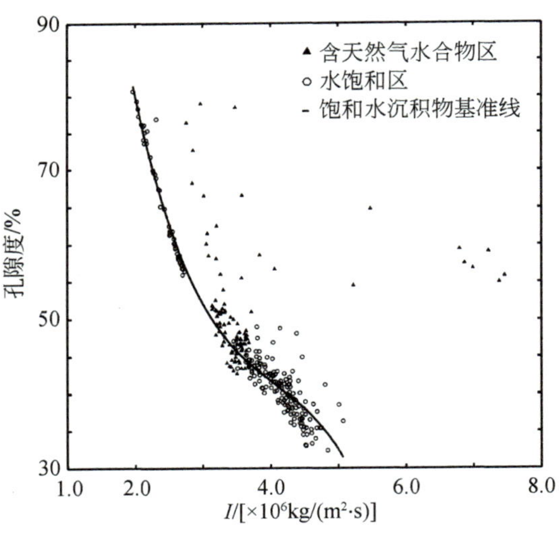

图 7-14　声波阻抗与地层孔隙度交会分析结果（Wu et al.，2007）

取 $\lambda = 20$，$p = 1$，$q = 2$，对 0101 测线进行约束稀疏脉冲反演获得声波阻抗［图 7-15（b）］，利用式（7-53）将 CSSI 的声波阻抗剖面转换成饱和水孔隙度剖面［图 7-15（c）］，地层的饱和水孔隙度为 40% ~50%。利用式（7-51）求得饱和水电阻率（R_0），利用式（7-53）求得饱和水孔隙度剖面（ϕ），利用 1148 井

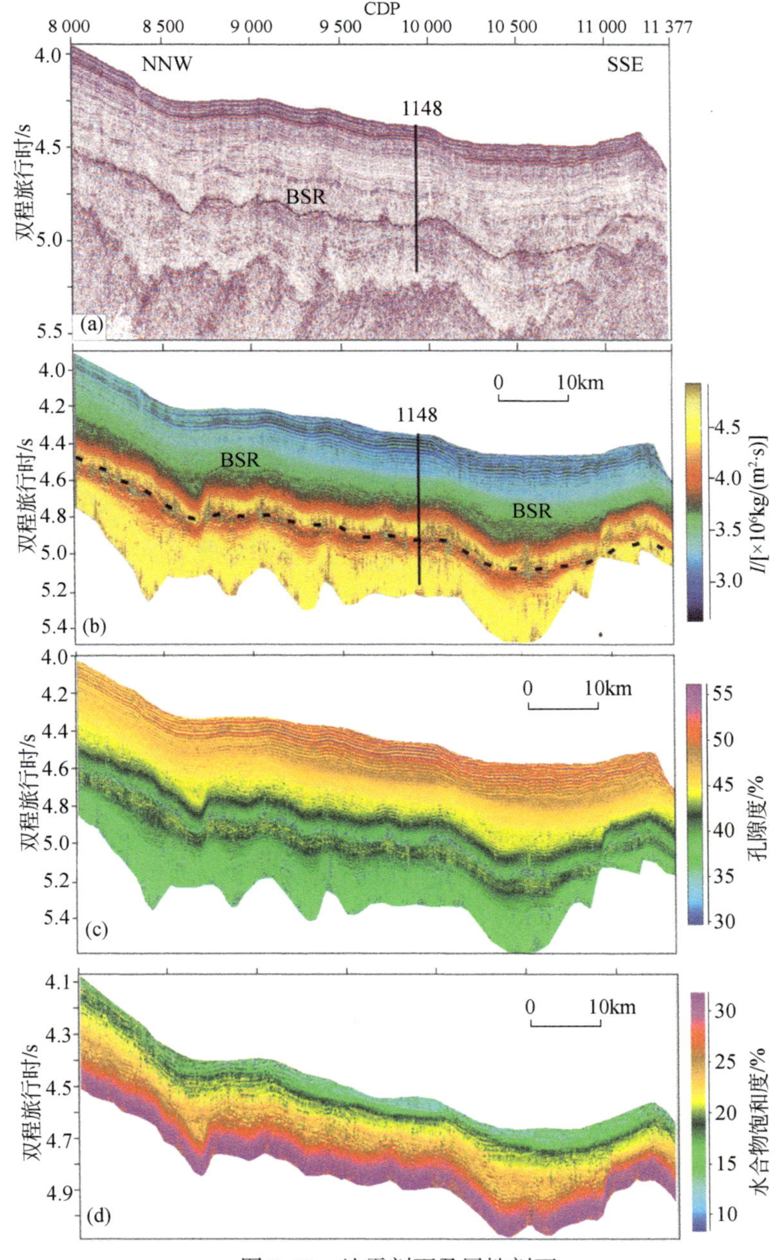

图 7-15 地震剖面及属性剖面

(a) 地震测线 0101 地震剖面；(b) CSSI 反演地震测线 0101 声波阻抗剖面；(c) 估算的饱和水孔隙度剖面；(d) 水合物饱和度剖面（Wu et al.，2007）

测井资料得到孔隙水电阻率（R_w），取 m 和 a 分别为 2.56 和 1.05，含水合物地层取 n 为 1.9386；R_w 是孔隙水中温度和盐度的函数，基本为一常数，取值为 0.22Ω·m，利用式（7-52）计算了南海北部的水合物饱和度。图 7-15（d）为利用地震资料估计的水合物饱和度剖面，水合物饱和度占孔隙空间的 10%～20%，含水合物层呈横向连续分布特征。

7.2 裂隙充填型水合物饱和度

7.2.1 层状介质的速度模型

水合物钻探取芯 X 射线成像显示水合物既可以呈均匀状或者球状充填在孔隙空间也可以沿裂隙主应力方向呈脉状富集在各种沉积物中（Tréhu et al.，2006；Cook and Goldberg，2008）。裂隙内生成的水合物呈各向异性，若假定水合物层是各向同性的，利用 P 波和 S 波速度，估算的水合物饱和度为 80% 左右，而利用压力取芯计算的饱和度为 20% 左右（Lee and Collett，2009）。估算饱和度差异主要是由于含水合物层的各向异性造成的。油气勘探遇到的各向异性主要是由周期性薄互层和定向裂隙引起的，不同地质模型具有不同的各向异性。水合物储层的各向异性有两种常见模型，一种是水平或层状（如砂泥互层）薄层引起的横向各向同性，在垂向上具有对称性；另一种是由垂向定向排列的裂隙引起的垂向各向同性，在水平轴上具有对称性。研究含水合物层的各向异性时，假设裂隙中完全充填水合物，裂隙充填型水合物储层可以利用两种端元的层状介质模型来研究（图 7-16）。模型由Ⅰ和Ⅱ两部分组成，Ⅰ为裂隙，100% 充填水合物，Ⅱ为孔隙中饱和水的各向同性介质，η_1 为裂隙所占的体积分数，假设裂隙中完全充填水合物，$\phi_1=\eta_1$，η_2 为各向同性介质所占的体积分数，ϕ_2 为饱和水的孔隙度。端元Ⅱ中，各弹性参数利用简化的三相介质模型来计算。层状介质的横向各向同性理论（White and Angona，1955；Backus，1962）和 Thomsen 各向异性理论（Thomsen，1986，1995）被用来研究裂隙储层的弹性波速度。含裂隙时横向各向同性介质的相速度为

$$< G > \equiv (\eta_1 G_1 + \eta_2 G_2) \tag{7-54}$$

$$< G >^{-1} \equiv \left(\frac{\eta_1}{G_1} + \frac{\eta_2}{G_2}\right)^{-1} \tag{7-55}$$

式（7-54）和式（7-55）中，η_1、η_2 分别为裂隙和骨架的体积百分比；G 是图 7-16 中Ⅰ和Ⅱ中任意弹性参数或者弹性参数的组合。横向各向同性介质的 P

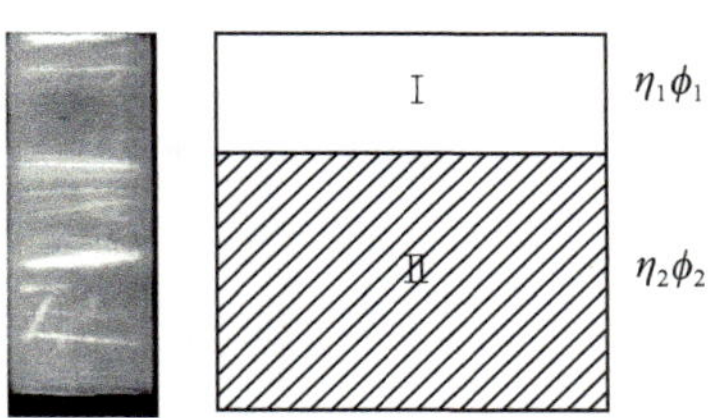

图 7-16　含天然气水合物层 X 射线成像和两个端元的层状介质模型

波和 S 波速度利用拉梅参数 λ 和 μ 表示（White and Angona，1955）为

$$V_{\mathrm{p}} = \left(\frac{A\sin^2\phi + C\cos^2\phi + L + Q}{2\rho}\right)^{\frac{1}{2}} \tag{7-56}$$

$$V_{\mathrm{s}}^{\mathrm{v}} = \left(\frac{A\sin^2\phi + C\cos^2\phi - Q}{2\rho}\right)^{\frac{1}{2}} \tag{7-57}$$

$$V_{\mathrm{s}}^{\mathrm{h}} = \left(\frac{N\sin^2\phi + L\cos^2\phi}{\rho}\right)^{\frac{1}{2}} \tag{7-58}$$

$$A = \overline{\frac{4\mu(\lambda+\mu)}{\lambda+2\mu}} + \overline{\overline{\frac{1}{\lambda+2\mu}}}\left(\overline{\frac{\lambda}{\lambda+2\mu}}\right)^2 \tag{7-59}$$

$$C = \overline{\overline{\frac{1}{\lambda+2\mu}}} \tag{7-60}$$

$$F = \overline{\overline{\frac{1}{\lambda+2\mu}}}\,\overline{\frac{\lambda}{\lambda+2\mu}} \tag{7-61}$$

$$L = \overline{\overline{\frac{1}{\mu}}} \tag{7-62}$$

$$N = \bar{\mu} \tag{7-63}$$

$$\rho = \bar{\rho} \tag{7-64}$$

$$Q = \sqrt{[(A-L)\sin^2\phi - (C-L)\cos^2\phi]^2 + 4(F+L)^2\sin^2\phi\cos^2\phi} \tag{7-65}$$

式中，ϕ 为入射波与层状介质对称轴之间的夹角。对于垂直的井孔，入射角为 0°表示水平裂隙，入射角 90°表示垂向裂隙。Thomsen（1986）利用 γ、δ 和 ε 三个参数来描述弱各向异性介质，该参数与 White 模型中各参数间的关系为

$$\gamma = \frac{N-L}{2L} \tag{7-66}$$

$$\delta = \frac{(F+L)^2 - (C-L)^2}{2C(C-L)} \tag{7-67}$$

$$\varepsilon = \frac{A - C}{2C} \tag{7-68}$$

同时，Thomsen（1986）给出了横向各向同性介质群速度与相速度之间的关系式为

$$V_p(\phi) = GV(\phi_g) \tag{7-69}$$

$$V_s^h(\phi) = GV_s^h(\phi_g) \tag{7-70}$$

$$V_s^v(\phi) = GV_s^h(\phi) \tag{7-71}$$

式中，ϕ_g 表示射线方向与层状介质对称轴之间的夹角；GV_p、GV_s^h 和 GV_s^v 分别是纵波、水平极化横波和垂向极化横波的群速度。式（7-69）～式（7-71）中群速度与相速度并不相等，在 ϕ_g 对应的波前法线角为 ϕ 时，可以利用相速度来计算群速度。对于弱各向异性介质，ϕ_g 和 ϕ 满足以下关系：

纵波，
$$\tan\phi_g = \tan\phi[1 + 2\delta + 4(\varepsilon - \delta)\sin^2\phi] \tag{7-72}$$

SH 波，
$$\tan\gamma_g = \tan\phi[1 + 2\gamma] \tag{7-73}$$

SV 波，
$$\tan\phi_g = \tan\phi[1 + \frac{2\alpha_0^2(\varepsilon - \delta)(1 - 2\sin^2\phi)}{\beta_0^2}] \tag{7-74}$$

式中，α_0 和 β_0 分别为 $\phi=0°$时的纵横波速度。

7.2.2 裂隙充填型天然气水合物饱和度估算

假定裂隙内充填水合物，当裂隙内水合物体积百分比为 0 时，表明裂隙内不含水合物及完全水饱和地层，与各向同性的纵横波速度相同；当裂隙内完全充填水合物时为纯水合物的速度。各向同性介质模型中最大水合物饱和度由孔隙度确定，因此，水合物最大饱和度为 65%。图 7-17（a）为利用表 7-1 的物性参数，沉积物中泥质含量为 60%，地层孔隙度为 65% 且地层含水平或垂直的裂隙时，裂隙内充填水合物时的 P 波和 S 波速度随饱和度变化曲线。由该图可以看出，各向异性对 S 波速度的影响大于对 P 波速度的影响，在水合物体积百分比小于 80% 时，水平裂隙的 S 波速度近似为常数，超过 80% 时迅速增加；在垂直裂隙内，在低水合物含量时，S 波速度迅速增加，之后随水合物含量增加而增加。因此，含水合物沉积物中存在裂隙时，裂隙内生成水合物使地层具有各向异性，在计算水合物饱和度时，利用各向同性介质的速度模型，计算出水合物饱和度将增大计算误差。从图 7-17（b）看，在 NGHP01-10D 井利用各向同性速度模型计算的 P 波速度和 S 波速度与该井实际测量值不吻合，假设地层存在 84°裂隙时，计算速度与测量的速度吻合较好，表明该地层中可能含有

高角度裂隙。同样，基于纵波速度和横波速度联合可以计算水合物饱和度和裂隙倾角。

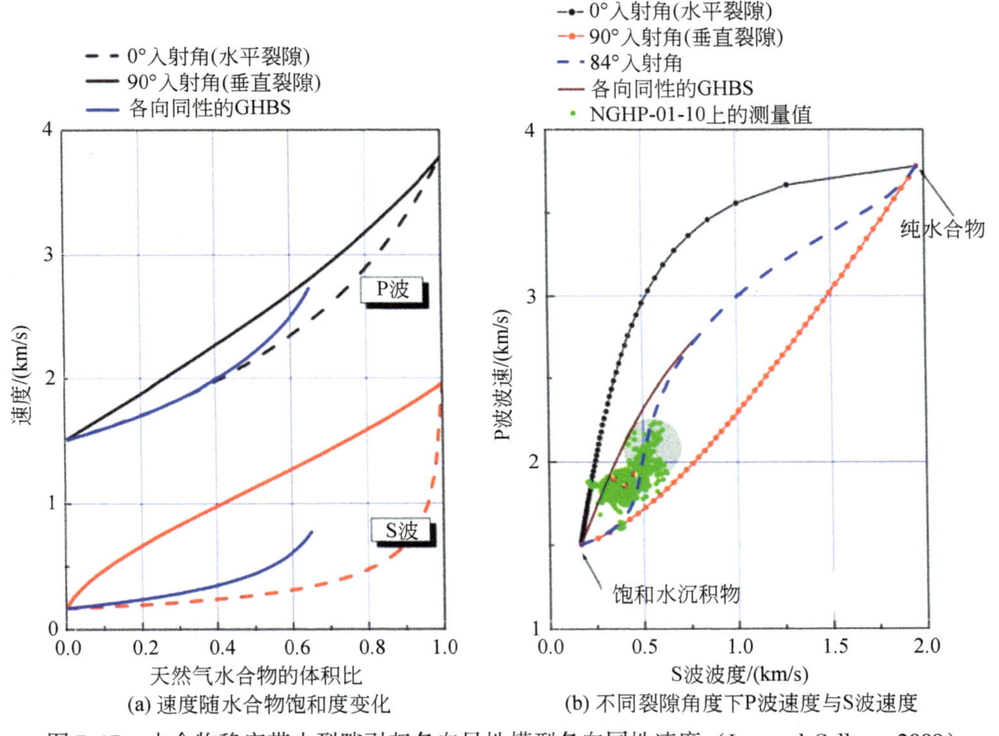

图 7-17 水合物稳定带由裂隙引起各向异性模型各向同性速度（Lee and Collett，2009）

图 7-18 为利用各向同性和各向异性估算出 NGHP01-10D 井水合物饱和度与压力取芯计算水合物饱和度对比，沉积物中泥岩含量利用伽马测井获得，固结常数利用 $\alpha=70(200/d_i)^{1/3}$。在水平裂隙时，利用 P 波速度基于各向同性的速度模型估算水合物饱和度与各向异性模型基本相同，而在垂直裂隙时，利用各向同性速度模型计算结果大于各向异性的速度模型。利用各向同性 S 波速度模型，计算的水合物饱和度与水平裂隙时利用各向异性速度模型计算结果接近。通过与压力取芯估算水合物饱和度对比，假设地层存在垂直裂隙计算出饱和度与压力取芯吻合较好。利用纵波速度基于 EMT 模型计算的水合物饱和度为 25% ~60%，计算结果略微大于假设为水平裂隙的饱和度。利用纵波和横波速度联合计算的水合物饱和度与压力取芯结果吻合相对较好，水合物饱和度为 10% ~25%，平均为 24%，裂隙的倾角在 60° ~90°，裂隙倾角较陡。

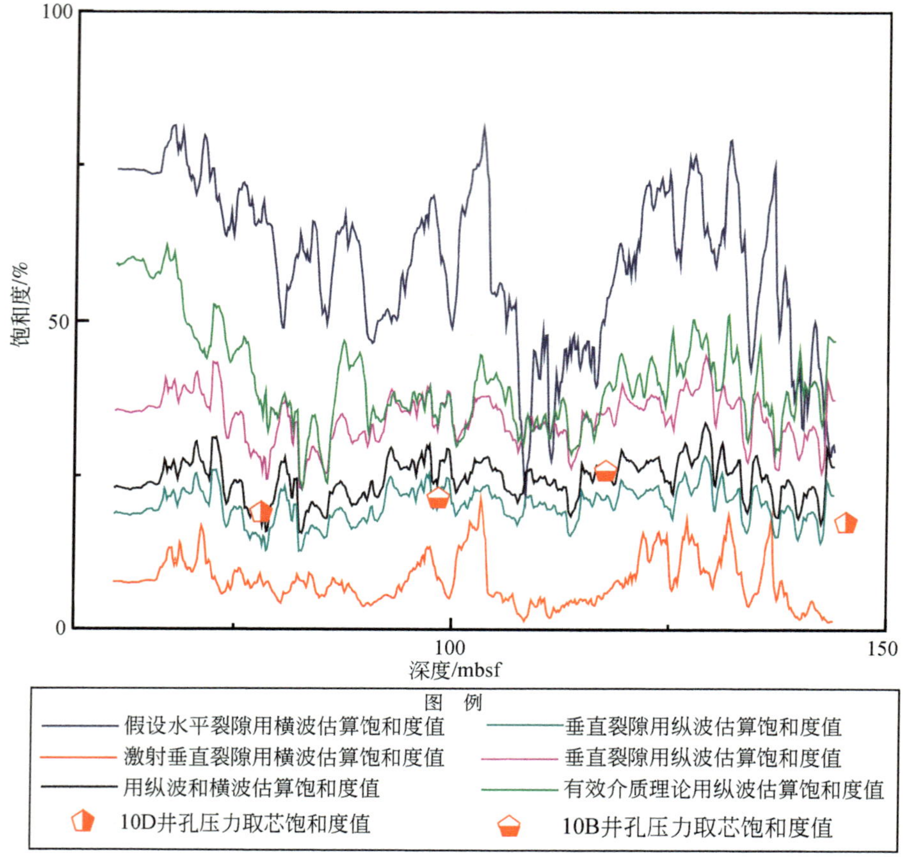

图 7-18　NGHP01-10D 井多种饱和度计算结果（王吉亮等，2013）

7.3　孔隙水氯离子浓度计算水合物饱和度

水合物沉积物岩芯在温压环境发生变化，水合物将分解产生大量的淡水，因此，从含水合物层中孔隙水盐度比不含水合物层要淡（图 7-19）。盐度降低与水合物饱和度成正比（Hesse and Harrison，1981；Kvenvolden and Barnard，1983）。因此，氯离子浓度降低可以用来定量计算水合物饱和度。

利用岩芯孔隙水氯离子淡化程度来估算水合物的饱和度首先需要建立水合物分解前的原地孔隙水氯离子浓度剖面，从而制约由水合物分解所造成的稀释。假定岩芯孔隙水氯离子值小于原地孔隙水氯离子背景值的部分都代表了水合物分解

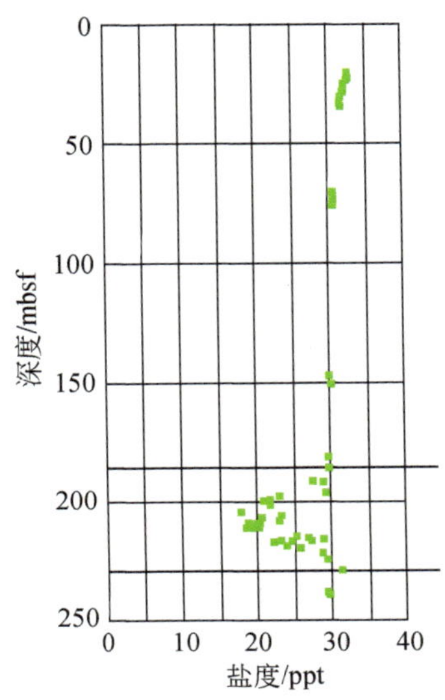

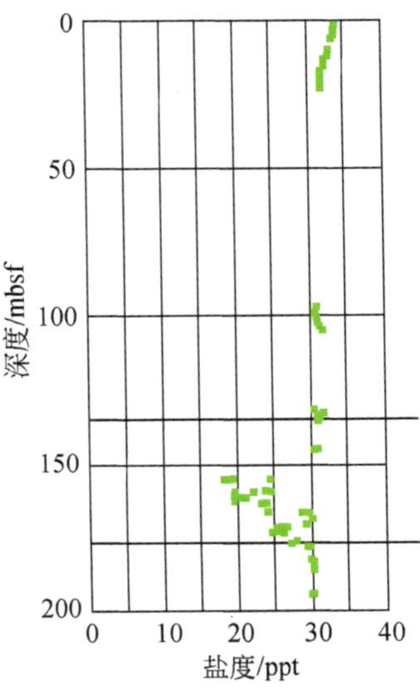

图 7-19　SH2 井和 SH7 井盐度变化曲线（Wu et al.，2011）

的影响，则水合物饱和度可以通过氯离子异常获得：

$$S=\frac{1}{\rho_h}\left(1-\frac{Cl_{pw}}{Cl_{sw}}\right) \tag{7-75}$$

式中，ρ_h为水合物密度；Cl_{pw}为孔隙水中实测的氯离子浓度；Cl_{sw}为孔隙水中氯离子的浓度背景值，可以通过拟合稳定带顶底的氯离子含量趋势而求得。

原地孔隙水氯离子浓度背景值主要通过两种方法获取：

1）假定原地氯离子浓度和海水相似，该方法计算的饱和度偏高。ODP 533 站位的估计就采用了当地海水氯离子浓度作为原地孔隙水氯离子浓度，计算出水合物的平均饱和度至少为 8%，明显高于该地区使用其他方法获得的结果。

2）利用一个低阶多项式拟合水合物稳定带上下的氯离子含量趋势来得到一个背景浓度，把它作为原地孔隙水中氯离子的浓度。Paull 等（1996）对 ODP 164 航次 997 站位以及 Lu 和 McMechan（2002）对 994D、995B 和 997B 钻孔采用三阶多项式拟合的背景浓度，计算的水合物饱和度分别为 4.8% 和 3% ~8%，两者具有相似性。

水合物稳定带的孔隙水是一个开放系统，易受对流、扩散作用以及冰期-间冰期海水盐度波动等的影响而造成根本性改变，因此使用海水氯离子浓度和拟合出的“背景浓度”并不严格代表实际情况。Egeberg 和 Dickens（1999）利用孔隙水化学数据组对 ODP 164 航次 997 井进行了分析，研究了一个氯离子-水合物模型来纳入这些因素对孔隙水氯离子浓度的影响，从理论上模拟出原地氯离子浓度背景值。模拟结果显示，997 井所在的 Blake 海脊地区原地孔隙水氯离子浓度主要受到了水合物稳定带底部低盐度的孔隙水向上对流和最后一次冰期结束后盐度减小了的底层水的影响。模拟结果显示 997 站位具有很低的水合物浓度，水合物饱和度约为 2.3%。虽然 Egeberg 和 Dickens 的模型能从理论上更为准确地推算出原地孔隙水的氯离子浓度，但由于其较强的针对性和复杂的过程使它的推广受到了限制。实际应用中更多的是直接采用原位海水氯离子浓度值或拟合出的“背景浓度”来近似原地孔隙水的氯离子浓度。

图 7-20 为神狐水合物钻探 SH2 和 SH7 井沉积物样品中氯离子浓度，由浅至深逐渐增大，阴影区出现氯离子浓度异常低值。利用二次多项式拟合出 SH2 和 SH7 井孔隙水中氯离子浓度背景值（Cl_{sw}）随深度变化曲线分别为

$$Cl_{sw}=-0.006Z^2-0.0062Z+574.85 \tag{7-76}$$

$$Cl_{sw}=-0.0014Z^2+0.1646Z+551.7 \tag{7-77}$$

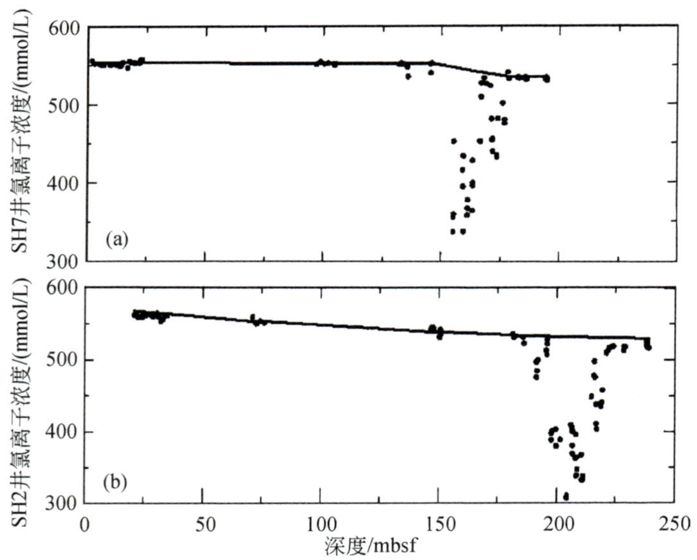

图 7-20　神狐水合物钻探 SH2 和 SH7 井氯离子浓度及其拟合背景趋势（Wu et al.，2011；Wang et al.，2011b）

图 7-21 为 SH2 和 SH7 井利用氯离子异常估算的水合物饱和度（圆点）和保压取芯计算的水合物饱和度（菱形）。

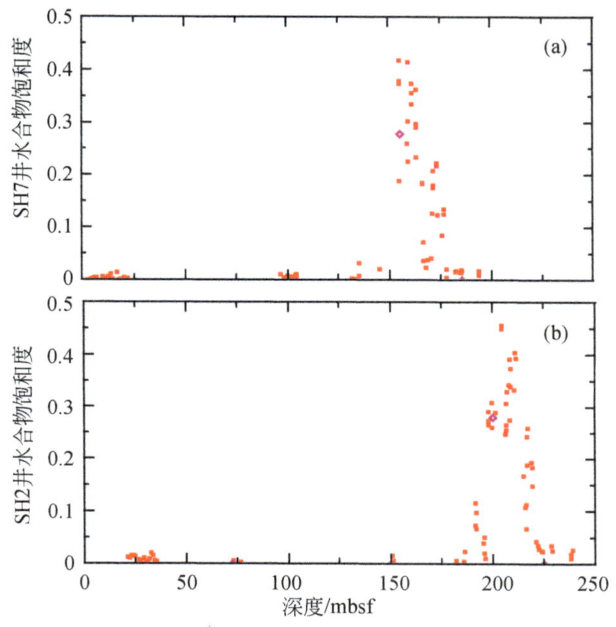

图 7-21 氯离子异常估算的水合物饱和度

7.4 天然气水合物资源前景

在过去三十年中诸多学者发表了多种估算的天然气水合物资源量，认为海洋蕴藏着丰富的水合物资源量。但是利用体积法估算的全球水合物资源量既包括低饱和度的泥岩沉积物中的水合物又包括高浓度的砂岩沉积物中的水合物。最近，许多学者提出高饱和度水合物成藏系统是常规油气系统的延伸，利用天然气水合物系统方法是评价天然气水合物资源量的有效方法（Collett et al.，2009）。

7.4.1 天然气水合物资源评价

水合物是全球碳循环和能源资源的一个重要组成部分（Kvenvolden，1999；Collett，2002）。近几十年来出现了 20 多个全球天然气水合物的资源量评价结果，从 Trofimuk 等（1973）的估算结果到最近 Milkov 等（2003）的结果，表 7-3 和表 7-4 给出了 14 种估算数据。过去三十年估算的天然气水合物资源量从 20 世纪 80 年代初期的 10^{17} ~ 10^{18} m^3，到 80 年代晚期至 90 年代的 10^{16} m^3，90 年代至现今为

$10^{14} \sim 10^{15} m^3$。Kvenvolden（1999）分析了一系列全球水合物资源的估算结果，建议全球水合物资源量为 $21 \times 10^{15} m^3$。天然气水合物被认为是将来能源资源不仅因为体积巨大，同时也是因为单个水合物的聚集含有巨大的资源量，将来可能进行能源开采（Milkov，2004）。

表 7-3　全球海洋天然气水合物估算的甲烷量　（单位：$10^{15} m^3$）

范围	最可靠或平均值	文献
3021 ~ 3085	3053	Trofimuk et al.，1977
	1135	Trofimuk et al.，1975
	1573	Cherskiy and Tsarev，1977
	1550	Nesterov and Salmanov，1981
	>0.016	Trofimuk et al.，1977
110 ~ 130	120	Trofimuk et al.，1979
	3.1	McIver，1981
5 ~ 25	15	Makogon，1981
	15	Trofimuk et al.，1983
	40	Kvenvolden and Claypool，1988
	20	Kvenvolden，1988
	20	MacDonald，1990
26.4 ~ 139.1	26.4	Gornitz and Fung，1994
22.7 ~ 90.7	45.4	Harvey and Huang，1995
	1	Ginsburg and Soloviev，1995
	6.8	Holbrook et al.，1996
	15	Makogon，1997
	>0.2	Soloviev，2002
3 ~ 5	4	Milkov et al.，2003
1 ~ 5	2.5	Milkov，2004

在理想条件下，水合物中的天然气量主要取决于以下五个条件：面积、厚度、有效孔隙度、水合指数、水合物饱和度，采用以下公式估算：

$$Q = A \times Z \times \phi \times H \times G \quad (7\text{-}78)$$

式中，Q 为甲烷资源量；A 为水合物分布面积；Z 为水合物稳定带平均厚度；ϕ 为沉积物的有效孔隙度；H 为水合物饱和度；G 为产气因子（即单位体积天然气

表 7-4 全球天然气水合物资源量估算参数

研究者	研究区	估算的稳定带厚度/$\times10^6km^2$	含水合物区(*A*)/$\times10^6km^2$	平均GHZ厚度(*Z*)/m	GHSZ体积/$\times10^6km^3$	含水合物层体积/$\times10^6km^3$	孔隙度(ϕ)	TOC含量/%	水合物饱和度(*H*)/%	水合物含量(*G*)/(m^3/m^3)	水合物沉积物中气体量(*D*)/(m^3/m^3)	水合物资源密度/(m^3/m^2)	水合物资源量/$\times10^{15}m^3$
Trofimuk等(1973)	全球海洋	335.71	335.71	300	100.7	100.7	0.2		100	150~180	30~36	900~920	3021~3625
Trofimuk等(1975)	陆架 陆坡 深海平原	26.7 76.5 257	2.6 76.5 257	60 200 300	0.16 15.3 77.1	0.16 15.3 77.1		0.7 1.3 0.3			24 6.7 13	1460 1350 4000	1135
Cherskiy和Tsarev(1977)	陆架 陆坡 深海平原	26.7 76.5 257	2.6 76.5 257	60 200 300	0.16 15.3 77.1	0.16 15.3 77.1					10~80	4842 2075	1573
Trofimuk等(1979)	陆架 陆坡 深海平原	31.1 60.4 189	1 36.2 56.7	<300	75.7	28.2					30~36	1170~1384	110~130
Kvenvolden和Claypool(1988)	TOC>1%海洋沉积物	10	10	500	5	5	0.5	>1	10	160	8	4000	40
Kvenvolden(1988)	陆坡	14	10.5	400(40)	5.6	0.42	0.3		100	140	42	1900	20
MacDonald(1990)	水深200~3000m	62.4	6.2	500	31.2	3.1	0.4	1	10	156	6.2	3200	20

续表

研究者	研究区	估算的稳定带厚度/$\times10^6km^2$	含水合物区(A)/$\times10^6km^2$	平均GHZ厚度(Z)/m	GHSZ体积/$\times10^6km^3$	含水合物层体积/$\times10^6km^3$	孔隙度(φ)	TOC含量/%	水合物饱和度(H)/%	水合物含量(G)/(m^3/m^3)	水合物沉积物中气体量(D)/(m^3/m^3)	水合物资源密度/(m^3/m^2)	水合物资源量/$\times10^{15}m^3$
Gornitz 和 Fung (1994)	原位生物气 流体运移	13.3 ~ 31.7 23	13.3 ~ 31.7 23	379.1 ~ 440 453.4	5 ~ 13.9 10.4	5 ~ 13.9 10.4	0.46 0.46	0.5 ~ 1	5 ~ 10 0 ~ 50	170 170	5.2 ~ 10 11	2000 ~ 4000 5000	26.4 ~ 139.1 114.5
Ginsburg 和 Soloviev (1995)	深埋水合物 流体运移	40	0.24			0.1 0.002					3.2 30	2000 1500	0.48 0.06
Harvey 和 Huang (1995)	水深<3000m	59.6	14.8	277	16.5	4.1	0.6	>0.5	2.5 ~ 10, 5 ~ 20, 10 ~ 40	170.7	5.5 ~ 21.9	1500 ~ 6100	22.7 ~ 90.7
Holbrook 等(1996)	大陆坡		10.5			4.2					1.9	800	6.8
Soloviev (2002)	沉积物厚度>2km	35.7	0.28			0.1					0.7 ~ 3.1	650	0.2
Milkov 等 (2003)	大陆边缘				7	2.1					1.4 ~ 2.4	160 ~ 800	3 ~ 5
Milkov (2004)	大陆边缘				7	0.7 ~ 2.1					1.4 ~ 2.4	160 ~ 800	1 ~ 5

水合物包含的标准温-压条件下的气体)。

Trofimuk 等(1975)通过计算陆架、陆坡和深海平原三部分和计算全球天然气水合物资源量，采用以下公式:

$$Q = A\times R = (A\times R)_{shelf} + (A\times R)_{slope} + (A\times R)_{abyssal\ plane} \tag{7-79}$$

式中，Q 为甲烷资源量；R 为水合物资源密度，为标准状态下含水合物层每平方米含有的气体体积。

Kvenvolden(1988)假设水合物只能由原位产生的甲烷形成，认为沉积物中总有机碳在甲烷生成作用初期应该含有 2%，在水合物稳定带，孔隙度为 50%，生成饱和度为 10% 的水合物的 TOC 为 1%。因此，认为沉积物中 TOC 大于 1% 的区域达 $10\times10^6km^2$，假设水合物稳定带的平均厚度为 500m，估算的全球天然气水合物资源量为 $40\times10^{15}m^3$。Gornitz 和 Fung(1994)认为在天然气水合物的形成过程中有两个不同的模型，即原位生物成因模型和流体运移成因模型。在原位生物成因模型中天然气水合物形成于 TOC 大于 0.5% 的沉积物中，其他参数见表 7-4，运用式(7-79)估算的全球水合物资源量为 $(26.4\sim139.1)\times10^{15}m^3$。在流体运移成因模型中，水合物只形成于流体运移活跃的沉积物，假设水合物饱和度从水合物稳定带底部为 50% 到稳定带顶部为 0 呈线性降低，全球水合物中甲烷气体资源量为 $114.5\times10^{15}m^3$。

Ginsburg 和 Soloviev(1995)考虑了两种类型天然气水合物聚集，即海底与烃类渗漏有关和深埋或与海底渗漏没有直接关系的水合物。假设与水合物有关的渗漏占陆坡的 0.01%(即 $4\times10^4km^2$)，假设渗漏位置的水合物资源密度与里海泥火山处相同，估算的与海底渗漏有关的水合物资源量为 $6\times10^{13}m^3$。深埋的天然气水合物利用 DSDP 570 航次的实测数据，估算的全球天然气水合物资源量为 $1\times10^{15}m^3$。Holbrook 等(1996)运用 ODP 164 航次在美国东部海域布莱克海台所采集的地震波速等数据认为 Kvenvolden(1988)得出的数值太大，Holbrook 等的估计值为 $6.8\times10^{15}m^3$。Soloviev(2002)运用了大量来自于 DSDP/ODP 的数据，认为水合物只能存在于沉积层厚度超过 2km 的区域，在全球有 $35.7\times10^6km^2$，估算的全球天然气水合物资源量为 $1.8\times10^{14}m^3$，该数据可能是估算的最小水合物资源量。Milkov 等(2003)运用 ODP 204 航次在水合物脊采集到的压力孔样品及部分 ODP 164 航次在布莱克海台的数据，全球水合物稳定带范围为 $7\times10^6km^2$，仅有 30% 大陆边缘含有水合物，估算的全球水合物资源量为 $(3\sim5)\times10^{15}m^3$。

从 1970 年至今，人们对全球天然气水合物资源量估算逐渐减小，从最初估算到最近估算结果相差了千倍至万倍，估算的资源量数据与发表文章年代成负相关，表明了随着人们对海洋天然气水合物认识的增加，估算的结果在降低。在水合物资源量估算中的一些参数选择，人们利用 ODP、IODP 等大量实际资料进行了约束，因此，估算的水合物资源不会持续降低。此外，全球估算的天然气水合物资源并不包括与构造有关的天然气水合物成藏，如断层和泥火山为海底提供高通量的甲烷气体，该区域富含丰富的天然气水合物（Hovland et al.，1997；Milkov and Sassen，2002）。例如，俄勒冈岸外南水合物脊，水合物平均饱和度为11%，平均产气量为13.5m^3/m^3，局部区域饱和度达43%，产气量大于50m^3/m^3。Milkov和Sassen（2003b）评价了墨西哥湾几个构造控制的水合物成藏，认为其资源量为$4.7\times10^8\sim1.3\times10^{11}m^3$。最新钻探在印度海域、美国墨西哥湾、韩国东海海域的细粒沉积物裂隙中发现了大量的天然气水合物，水合物饱和度为中等饱和度，仅次于砂岩储层水合物。在水合物资源评价中，人们低估了裂隙充填型水合物的资源量。

7.4.2 天然气水合物资源前景

普遍认为天然气水合物资源量相当于其他化石燃料的两倍，认为是未来的一种新型能源资源（Kvenvolden，1993；Collett，2002）。利用最近研究的全球天然气水合物资源量为500～2500Gt，估算的化石燃料是16 000Gt（Hunt，1972）。天然气水合物资源量在能源结构中将发生变化。尽管评价的天然气水合物资源量巨大，但是人们逐渐认识到大多数天然气水合物资源开发成本高，在目前开发技术条件下无工业经济价值，如布莱克海台地区。构造控制天然气水合物聚集成藏与流体运移通道有关，高通量甲烷被运移至海底，但是其分布面积不能太小，否则聚集的气体量则较小，其经济价值也不高。最近人们分区域对全球水合物进行了研究，综合了沉积物中的岩性和甲烷通量，确定了具有可开采的高浓度天然气水合物，排除了将大量水合物作为能源资源。目前公开发表的利用油气成藏系统来评价天然气水合物资源量还不多，该方法利用一种有效方法覆盖了特殊的位置和区域，针对不同大陆边缘采用合适的沉积模式。在国际应用系统分析研究指导下，联合国公布了18个区域评价结果。

高浓度天然气水合物赋存在合适温度、压力、岩性和气体供应区，仅在少数区域评价资源量的参数目前还不确定。大多数海洋里的天然气水合物生成在细粒泥岩沉积物中，储层评价比较差。自从2007年，应用油气系统的方法对水合物资源量进行评价，包括对高饱和度水合物所有参数的评价。

利用天然气水合物油气系统评价水合物资源量的三个主要参数为：水合物稳定带的厚度、水合物稳定带的岩性和合适的气体供应。天然气水合物稳定带的厚度利用美国海军研究实验室的数据来计算（Wood and Jung，2008），图7-22为全球稳定带厚度图。利用Wood和Jung（2008）模型计算的天然气水合物稳定带范围综合考虑了水合物稳定带的砂岩百分含量、砂岩作为水合物储层百分比、砂岩孔隙度值和水合物饱和度，该计算能够估算水合物资源量中的原位气体量。全球天然气水合物资源非常巨大，大多数资源量分布在天然气技术上可以开采的范围。表 7-5 为全球水合物资源量估算结果，在世界大多数沉积盆地中，上述参数并不是十分清楚，因此估算的资源量相差几个数量级。将来随着各种资料的增加，计算结果差异可能会小些。

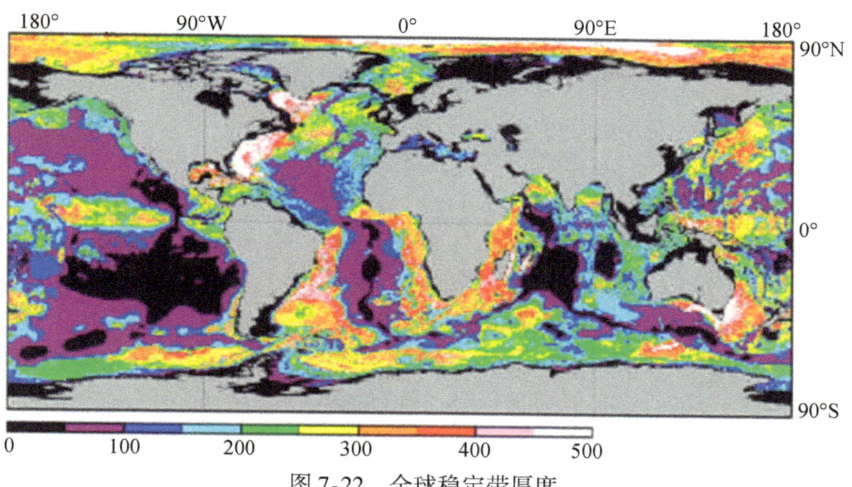

图 7-22　全球稳定带厚度

表 7-5　全球水合物资源量

区域（联合国命名）	原位气体（范围）/TCF	原位气体（平均）/TCF	区域（联合国命名）	原位气体（范围）/TCF	原位气体（平均）/TCF
美国	1500 ~ 15 434	7013	中国	10 ~ 1788	177
加拿大	533 ~ 8979	2228	东亚其他区域	14 ~ 2703	371
西欧	36 ~ 14 858	1425	印度	36 ~ 6268	933
中欧和东欧	0 ~ 105	13	南亚其他区域	20 ~ 3497	557
苏联	1524 ~ 10 235	3829	日本	71 ~ 471	212
北非	6 ~ 1829	218	大洋洲	38 ~ 6750	811
东非	42 ~ 25 695	1827	亚太其他区	64 ~ 25 946	1654
西非和中非	79 ~ 26 672	3181	拉丁美洲和加勒比海	258 ~ 31 804	4940
南非	121 ~ 26 369	3139	南方海域	144 ~ 45 217	3589
中东	31 ~ 3848	573	北冰洋	178 ~ 55 524	6621

资料来源：Johnson and Louisiana，2011

7.4.3 天然气水合物资源分级

近几十年人们采集了大量的野外资料，利用几种类型分布图来描述全球天然气水合物分布。Boswell 和 Collett（2008）利用资源金字塔模式给出了四种不同的天然气水合物成藏类型（图4-16）。资源金字塔图通常用来显示相对数量和不同种类能源的生产能力，其中最有前景最容易开发的能源位于最顶部，技术上最有挑战性的能源位于最底部。主要存在以下四种不同的天然气水合物种类：①砂岩为主的储层；②泥质为主的裂隙型水合物层；③暴露在海底的水合物矿藏；④低渗透性的泥岩地层中低浓度水合物。

最近，人们提出新的天然气水合物资源分布图，该图强调了由钻探取样证实的水合物资源分布（Ruppel et al.，2011）。目前，全球天然气水合物分布分为几类。第一种是海洋和冻土带适合天然气水合物生成的温度-压力条件，考虑了全球沉积物厚度数据库、有机碳含量、地热和其他因素（Buffett and Archer，2004；Wood and Jung，2008），为野外勘探提供重要的指导，这些评价强调了水合物远景，但是没有考虑沉积物性质对水合物饱和度的控制作用。另一种是基于回收水合物样品的数据库，没有区分重力样获得的浅部水合物和钻探获得深部地层的水合物（Booth et al.，1996；Kvenvolden and Lorenson，2000）。浅层（小于50m）和较深部位的水合物对环境、灾害和能源资源的影响明显不同，该图并没有加以区分。浅层水合物对海洋-气候系统变化比较敏感，有时候表现为近海底的钻探灾害，由于考虑到技术和安全因素，并没有把这些水合物区作为天然气水合物开发区。具有高饱和度深埋的天然气水合物是将来进行开发的目标区，在缺乏合适控制下，水合物钻探释放的气体在某些条件下可能是一种灾害。但是深埋的水合物对环境影响不大，如果明显或者长期变暖，它们也可能向海洋-大气系统释放甲烷气体。

岩芯观测到的天然气水合物表明资源评价图存在以下不足：①裂隙发育的细粒沉积物中，大量的水合物出现在裂隙中；②取芯条件（冷水、浅水）会影响水合物资源量的评价水合物保存；③缺少测井区或者人们感兴趣的区域。资源评价图给人们一种印象是美国大陆边缘的天然气水合物分布和资源量比非洲、亚洲和印度海域多。这主要是由于明显的地域取样差异，利用这些图来说明全球水合物分布时要格外小心。

BSR分布可以用来描述海洋天然气水合物，但是BSR分布有限，在缺乏BSR区域（如布莱克海台、墨西哥湾等地区）也采集到了水合物样品。BSR有时候指示天然气水合物，但是一般情况下指示饱和度比较低、出现在稳定带附近的水合物。在缺乏BSR区存在水合物富集有几种解释，可能是低甲烷通量（Xu and Ruppel，1999）、油气系统聚集气体运移和破坏了普遍的扩散流（如墨西哥湾）（Shedd et al.，2009）以及局部温度、盐度和甲烷通量破坏 BSR 或者使 BSR 发生转换。

天然气水合物资源金字塔分布将深埋的水合物进行新的分类（图 7-23），该图包括了最近水合物钻探和来自其他数据的信息。表 7-6 概括了图 7-23 给出的资源分类情况，该图基于水合物钻探发现的块状水合物，强调了最近钻探的主要储层类型。圆圈为利用取芯观测到水合物和钻井资料（声波、电阻率和伽马）证实的含水合物钻探位置。椭圆为利用钻井和压力取芯证实的水合物。三角形给出了 DSDP/ODP 66、67、84、112、127、131 和 146 航次，这些钻探中水合物出现的岩性没有最近以水合物为目的的钻探结果可靠。该图并不能反映水合物富集地质的复杂性，局部区域以储层为基础的分类应该逐井分析。而且，有些钻井不一定穿过最有代表性的岩性或者与特定盆地内有利于水合物出现的岩性。资源分类中没有火山灰层的水合物，由于水合物钻探已经钻探到该类型的水合物样品（如印度安达曼海），图中增加了该类型的水合物分布。

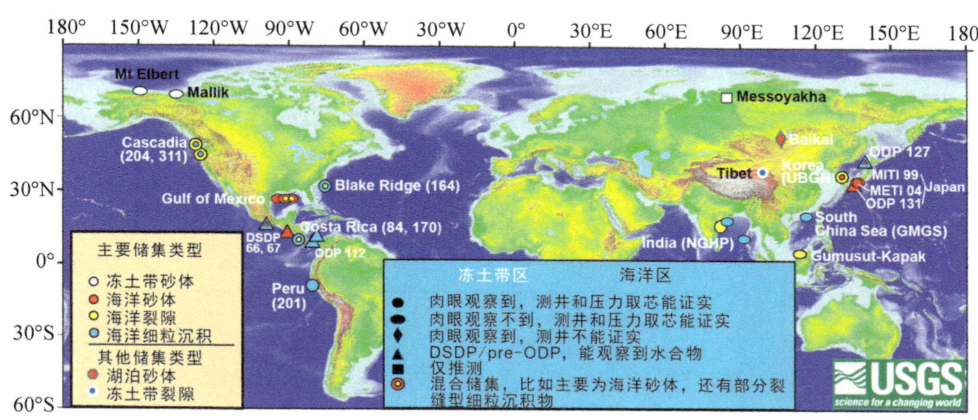

图 7-23 海底和陆地深度大于 50m 的天然气水合物储层位置分布（Ruppel et al.，2011）

表 7-6 水合物钻探证实的水合物富集的储层类型

钻探位置	主要储层类型	次要储层类型	文献来源
布莱克海台（ODP 164，994/995HE 997 井）	细粒沉积物	裂隙发育的细粒沉积物	Paull et al.，ODP Leg164 Initial-Reports，1996
哥斯达黎加（ODP 170）	细粒沉积物	裂隙发育的细粒沉积物	Kimura et al.，ODP Leg170 Initial Reports，1997
秘鲁大陆边缘	细粒沉积物		D'Hondt et al.，ODP Leg201 Initial Reports，2003

续表

钻探位置	主要储层类型	次要储层类型	文献来源
卡斯凯迪亚（ODP 204；IODP 311）	裂隙发育的细粒沉积物	细粒沉积物	Trehu et al. 2004. ODP Leg 204 Initial Reports
韩国东海（UBGH1 和 2）	裂隙发育的细粒沉积物	砂岩	Ryu et al. 2009. Mar. Pet. Geol. 26
印度大陆边缘（NGHP1） KG 盆地 Mahanadi Andaman	裂隙 细粒沉积物 细粒沉积物		Collett et al. 2008. Indian National Gas Hydrate Program Expedition 01 initial reports
中国南海	细粒沉积物		Zhang et al. 2007. FITI，Fall
日本南海海槽（ODP 131；MITI 1999～2000；METI 2004）	砂岩		Tsuji et al.，and Fujii et al // Collett et al. 2009. AAPG Memoir
马来西亚	裂隙发育的细粒沉积物		Hadley et al. 2008. Int. Pet. Tech. Conf. 12554
墨西哥湾 AC818 JIP：WR313 JIP：GC955	砂岩 砂岩 砂岩	裂隙 裂隙	Boswell et al. 2009. Mar. Pet. Geol. 26

7.5　南海天然气水合物远景资源评价

国内众多学者也在讨论水合物的资源量（吴时国和姚伯初，2009；黄永样和张光学，2009）。黄永样和张光学（2009）利用常规体积法和蒙特卡罗法对南海陆坡天然气水合物资源进行了研究。在常规体积法中，根据南海海域 BSR 分布，综合考虑了水深、稳定带厚度、有利构造区带、有利沉积区带和有利地球化学异常区分布等因素，在南海陆坡推测了五个天然气水合物资源远景区块，分别为南海北部陆坡东部远景区、南海北部陆坡西部远景区、南海南部陆坡西部远景区、南海南部陆坡东部远景区和南海南部陆坡南部远景区，并对各个区块进行了天然气水合物资源常规体积法估算（表 7-7）。在利用体积法估算天然气水合物资源量时，天然气水合物分布面积和平均厚度见表 7-7，孔隙度为 55%，水合物饱和度平均为 3.5%，产气因子为 150。

表 7-7　南海海域天然气水合物远景资源估算

远景区	分布面积/km^2	平均厚度/m	气体体积/$10^{11}m^3$	油当量/10^8t
南海北部陆坡东部	36 787	232	253	253
南海北部陆坡西部	26 988	175	137	137
南海南部陆坡西部	20 197	160	87	87
南海南部陆坡南部	26 123	194	146	146
南海南部陆坡东部	15 737	152	69	69
合计	125 832	183	692	692

资料来源：黄永样和张光学，2009

采用蒙特卡罗数学统计方法，在估算水合物资源量时，水合物分布面积和水合物层平均厚度见表 7-8，沉积物孔隙度取 55%，水合物饱和度为 2% ~5%，平均为 3.5%，产气因子为 121.5 ~ 160.5，平均区为 150，表 7-8 给出南海各天然气水合物远景区块水合物资源。最小值为 $394\times10^{11}m^3$（394×10^8t 油当量），中间值为 $667\times10^{11}m^3$（667×10^8t 油当量），最大值为 $898\times10^{11}m^3$（898×10^8t 油当量）。

表 7-8　南海海域利用蒙特卡罗法估算的天然气水合物远景资源量

远景区	分布面积/km^2	平均厚度/m	气体体积/$10^{11}m^3$		
			最小值	中间值	最大值
南海北部陆坡东部	36 787	232	144	244	328
南海北部陆坡西部	26 988	175	78	131	177
南海南部陆坡西部	20 197	160	50	84	113
南海南部陆坡南部	26 123	194	83	141	190
南海南部陆坡东部	15 737	152	39	67	90
合计	125 832	183	394	667	898

资料来源：黄永样和张光学，2009

研究者估算的南海天然气水合物资源量利用了一些经验参数，如含水合物层孔隙度、含水合物层的平均厚度，尤其是天然气水合物饱和度参数选择并不高。2007 年天然气水合物钻探显示南海北部神狐地区水合物饱和度局部高达 48%，利用电阻率测井资料计算的 SH2 井，在水合物富集层段平均饱和度占孔隙空间 20% 左右，具有明显电阻率、速度异常的层段厚度为 30m，因此前人对南海水合物资源量的估算应该是南海天然气水合物资源量的最小范围。Johnson 和 Louisiana

(2011) 利用油气系统方法估算的南海水合物砂岩内的甲烷气体资源量为 (10 ~ 1788)$\times 10^{12}ft^3$，相当于2.832 ~ 506.361亿t油当量，中间值为177$\times 10^{12}ft^3$，相当于50.126亿t油当量。该研究与中国学者计算的天然气水合物资源量并不矛盾，Johnson评价的天然气水合物资源量更强调了水合物可以作为将来的能源资源。尽管南海海域蕴藏着丰富的水合物资源量，但是那些低饱和度的水合物资源量占很大一部分，这部分资源量缺乏工业经济价值。因此，南海天然气水合物资源量评价应该加强高饱和度地区的资源评价。

参考文献

陈芳，苏新，周洋，等. 2009. 南海北部陆坡神狐海域晚中新世以来沉积物中生物组分变化及意义. 海洋地质与第四纪地质，29 (2)：1 ~ 8

黄永样，张光学. 2009. 我国海域天然气水合物地质-地球物理特征及前景. 北京：地质出版社

王吉亮，王秀娟，钱进，等. 2013. 裂隙充填型天然气水合物的各向异性分析及饱和度估算研究——以印度东海岸NGHP01-10D井为例. 地球物理学报，56 (4)：1312 ~ 1320

王秀娟，吴时国，刘学伟. 2006. 天然气水合物和游离气饱和度估算的影响因素. 地球物理学报，49 (2)：504 ~ 511

王秀娟，吴时国，刘学伟，等. 2010. 基于电阻率测井的天然气水合物饱和度估算及估算精度分析. 现代地质，24 (5)：993 ~ 999

吴时国，姚伯初. 2009. 天然气水合物形成的地质构造分析与资源评价. 北京：科学出版社

Archie G E. 1942. The electrical resistivity log as an aid in determining some reservoir characteristics. Society of Petroleum Engineers，5：1 ~ 8

Backus G E. 1962. Long-wave elastic anisotropy produced by horizontal layering. Journal of Geophysical Research，67 (4)：427 ~ 4440

Booth J，Rowe M，Fischer K. 1996. Offshore gas hydrate sample database. USGS Open File Report，96 ~ 272

Boswell R，Collett T S. 2008. The gas hydrates resource pyramid. Fire in the ice：Methane hydrate news letter，Fall issue，5 ~ 7

Boswell R，Shelander D，Lee M，et al. 2009. Occurrence of gas hydrate in Oligocene Frio sand：Alaminos Canyon block 818，northern Gulf of Mexico. Marine and Petroleum Geology，26：1499 ~ 1512

Buffett B，Archer D. 2004. Global inventory of methane clathrate：Sensitivity to changes in the deep ocean. Earth and Planetary Science Letters，227：185 ~ 199

Carcione J M，Tinivella U. 2000. Bottom-simulating reflectors：Seismic velocities and AVO effects. Geophysics，65：54 ~ 67

Cherskiy N V，Tsarev V P. 1977. Evaluation of the reserves in the light of search and prospecting of natural gases from the bottom sediments of the world's ocean. Geologiyai Geofizika，5：21 ~ 31

Collett T S. 2002. Energy resource potential of natural gas hydrates. AAPG Bulletin, 86: 1971 ~ 1992

Collett T S, Knapp C C, Johnson A H, et al. 2009. Natural gas hydrate: A review. AAPG Memoir, 89: 146 ~ 219

Collett T S, Riedel M, Cochran J, et al. Geologic Controls on the Occurrence of Gas Hydrates in the Indian Continental Margin: Results of the Indian National Gas Hydrate Program (NGHP) Expediton 01 Initial Report

Cook A E, Goldberg D. 2008. Extent of gas hydrate filled fracture planes: Implications for in situ methanogenesis and resource potential. Geophysical Research Letters, 35: L15302

D'Hondt S L, Jørgensen B B, Miller D J, et al. 2003. Proc. ODP, Initial Reports., 201: College Station, TX (Ocean Drilling Program)

Ecker C, Dvorkin J, Nur A. 1998. Sediments with gas hydrates: Internal structure from seismic AVO. Geophysics, 63: 1659 ~ 1669

Egeberg P K, Dickens G R. 1999. Thermodynamic and pore water halogen constraints on hydrate distribution at ODP site 997 (Blake Ridge). Chemical Geology, 153: 53 ~ 79

Gassmann F. 1951. Uber die Elastizitat poroser Medien. Veirteljahrsschrift der Naturforschenden Gesellschaft in Zurich, 96: 1 ~ 23

Ginsburg G D, Soloviev V A. 1995. Submarine gas hydrate estimation: Theoretical and empirical approaches. Proceedings of Offshore Technology Conference, Houston, TX, 1: 513 ~ 518

Gornitz V, Fung I. 1994. Potential distribution of methane hydrates in the world's oceans. Global Biogeochemical Cycles, 8: 335 ~ 347

Hadley C, Peters D, Vaighan A. 2008. Gumusut-Kakap Project: Geohazard characterization and impact on field development plans. IPTC-12554

Harvey L D D, Huang Z. 1995. Evaluation of potential impact of methane clathrate destabilization on future global warming. Journal of Geophysical Research, 100: 2905 ~ 2926

Helgerud M B, Dvorkin J, Nur A, et al. 1999. Elastic-wave velocity in marine sediments with gas hydrates: Effective medium modeling. Geophysical Research Letters, 26: 2021 ~ 2024

Hesse R, Harrison W E. 1981. Gas hydrates (clathrates) causing pore-water freshening and oxygen isotope fractionation in deep-water sedimentary sections of terrigenous continental margins. Earth and Planetary Science Letters, 55: 453 ~ 462

Holbrook W S, Hoskins H, Wood W T, et al. 1996. Methane hydrate and free gas on the Blake Ridge from vertical seismic profiling. Science, 273: 1840 ~ 1843

Hovland M, Gallagher J W, Clennel M B, et al. 1997. Gas hydrate and free gas volumes in marine sediments: Example from the Niger Delta front. Marine and Petroleum Geology, 14: 245 ~ 255

Hunt J M. 1972. Distribution of carbon in crust of earth. American Association of Petroleum Geologists Bulletin, 56: 2273 ~ 2277

Johnson A H, Louisiana K. 2011. Global resource potential of gas hydrate-a new calculation. Proceedings of the 7th international conference on gas hydrates (ICGH2011). Edinburgh,

Scotland, United Kingdom, 1 ~ 4

Kimura G, Silver E A, Blum P, et al. 1997. Proc. ODP, Init. Repts., 170: College Station, TX (Ocean Drilling Program)

Kvenvolden K A. 1988. Methane hydrate: A major reservoir of carbon in the shallow geosphere? Chemical Geology, 71: 41 ~ 51

Kvenvolden K A. 1993. Gas hydrates-geological perspective and global change. Reviews of Geophysics, 31: 173 ~ 187

Kvenvolden K A. 1999. Potential effects of gas hydrate on human welfare. Proceedings of National Academy of Science, 96: 3420 ~ 3426

Kvenvolden K A, Barnard L A. 1983. Gas hydrates of the Blake Outer Ridge, site 533, Deep-Sea Drilling Project Leg-76. Initial Reports of the Deep Sea Drilling Project, 76: 353 ~ 365

Kvenvolden K A, Claypool G E. 1988. Gas hydrates in oceanic sediment. USGS Open-File Report, 50: 88 ~ 216

Kvenvolden K A, Lorenson T D. 2000. A global inventory of natural gas hydrate occurrence. http: //walrus. wr. usgs. gov/globalhydrate/poster. pdf

Lee M W. 2005. Proposed moduli of dry rock and their application to predicting elastic velocities of sandstones. U. S. Geological Survey Scientific Investigations Report, 2005-5119: 1 ~ 14

Lee M W, Collett T S. 2009. Gas hydrate saturations estimated from fracture dreservoirat Site NGHP-01-10, Krishna-Godavari Basin, India. Journal of Geophysical Research, 114 (B07102): 1 ~ 13

Lee M W, Waite W F. 2008. Estimating pore-space gas hydrate saturations from well log acoustic data. Geochemistry, Geophysics, Geosystems, 9 (Q07008): 1 ~ 8

Lu S M, McMechan G A. 2002. Estimation of gas hydrate and free gas saturation, concentration, and distribution from seismic data. Geophysics, 67 (2): 582 ~ 593

MacDonald G J. 1990. The future of methane as an energy resource. Annual Review of Energy, 15: 53 ~ 83

Makogon Y F. 1981. Perspectives of development of gas hydrate accumulations. Gasovaya Promyshlennost, 3: 16 ~ 18

Makogon Y F. 1997. Hydrates of Hydrocarbons. Penn Well, Tulsa, OK, 504 pp

Malaysia K L. 2008. Impaction field development plans. Proceedings of the International Petroleum Technology Conference, 15: 3 ~ 5

McIver R D. 1981. Gas hydrates//Meyer R G, Olson J C. Long-term Energy Resources. Pitman, Boston, MA

Milkov A V. 2004. Global estimates of hydrate-bound gas in marine sediments: How much is really out there? Earth-Science Reviews, 66: 183 ~ 197

Milkov A V, Claypool G E, Lee Y J, et al. 2003. In situ methane concentrations at Hydrate Ridge offshore Oregon: New constraints on the global gas hydrate inventory from an active margin. Geology, 31: 833 ~ 836

Milkov A V, Sassen R. 2002. Economic geology of offshore gas hydrate accumulations and provinces. Marine and Petroleum Geology, 19: 1 ~ 11

Milkov A V, Sassen R. 2003a. Two-dimensional modeling of gas hydrate decomposition in the northwestern Gulf of Mexico: Significance to global change assessment. Global and Planetary Change, 36: 31 ~ 46

Milkov A V, Sassen R. 2003b. Preliminary assessment of resources and economic potential of individual gas hydrate accumulations in the Gulf of Mexico continental slope. Marine and Petroleum Geology, 20: 111 ~ 128

Mindlin R D. 1949. Compliance of elastic bodies in contact. Journal of Applied Mechanics Transaction, 71: 259 ~ 268

Nesterov I I, Salmanov F K. 1981. Present and future hydrocarbon resources of the Earth's crust// Meyer R G, Olson J C. Long-term energy resources. Pitman, Boston, MA

Paull C K, Matsumoto R, Wallace P J, et al. 1996. Proc. ODP, Init. Repts. , 164: College Station, TX (Ocean Drilling Program)

Pearson C F, Halleck P M, McGuire P L, et al. 1983. Natural gas hydrate: A review of in situ properties. Journal of Physical Chemistry, 87: 4180 ~ 4185

Pride S R, Berryman J G, Harris J M. 2004. Seismic attenuation to wave-induced flow. Journal of Geophysical Research, 109, B01201, 1029 ~ 2003

Ruppel C, Collett T, Boswell R, et al. 2011. A new global gas hydrate drilling map based on reservoir type. Fire in the Ice (US DOE-NETL newsletter), 11 (1): 13 ~ 17

Schultheiss P, Holland M, Humphrey G. 2009. Wireline coring and analysis under pressure: Recent Use and future developments of the HYACINTH system. Scientific Drilling, 7: 40 ~ 45

Shedd B, Godfriaux P, Frye M. et al. 2009. Occurrence and variety in seismic expression of the base of gas hydrate stability in the Gulf of Mexico, USA. Fire in the Ice (US DOE-NETL newsletter), 9 (4): 11 ~ 14

Soloviev V A. 2002. Global estimation of gas content in submarine gas hydrate accumulations. Russian Geology and Geophysics, 43: 609 ~ 624

Thomsen L. 1986. Weak elastic anisotropy. Geophysics, 51 (10): 1954 ~ 1966

Thomsen L. 1995. Elastic anisotropy due to aligned cracks in porous rock. Geophysical Prospecting, 43: 805 ~ 829

Tinivella U. 1999. A method for estimating gas hydrate and free gas concentrations in marine sediments. Bollettinodi Geofisica Teoricaed Applicata, 40 (1): 19 ~ 30

Trofimuk A A, Cherskiy N V, Tsarev V P. 1973. Accumulation of natural gases in zones of hydrate-formation in the hydrosphere. Doklady Akademii Nauk SSSR, 212: 931 ~ 934

Trofimuk A A, Cherskiy N V, Tsarev V P. 1975. The reserves of biogenic methane in the ocean. Doklady Akademii Nauk SSSR, 225: 936 ~ 939

Trofimuk A A, Cherskiy N V, Tsarev V P. 1977. The role of continental glaciation and hydrate formation on petroleum occurrences//Meyer R F. Future Supply of Nature-made Petroleum and Gas. Pergamon, New York

Trofimuk A A, Cherskiy N V, Tsarev V P. 1979. Gas hydrates-new sources of hydrocarbons. Priroda, 1: 18 ~ 27

Trofimuk A A, Tchersky N V, Makogon U F, et al. 1983. Possible gas reserves in continental and marine deposits and prospecting and development methods//Delahaye C, Grenon M. Conventional and unconventional world natural gas resources. Proceedings of the Fifth IIASA conference on energy resources. International Institute for Applied Systems Analysis, Laxenburg

Tréhu A M, Bohrmann G, Rack F R, et al. 2004. Volume 204 Initial Reports, Drilling Gas Hydrates on Hydrate Ridge, Cascadia Continental Margin. Proceedings of the Ocean Drilling Program, 204

Tréhu A M, Ruppel C, Holland M D, et al. 2006. Gas hydrates in marine sediments: Lessons from scientific ocean drilling. Oceanography, 19 (4): 124 ~ 142

Tsuji Y, Namikawa T, Fujii T, et al. 2009. Methane hydrate occurrence and distribution in the Eastern Nankai Trough, Japan-Findings of the "METI Tokai-okito Kumano-nada" Methane Hydrate Drilling Program//Collett T, Johnson A, Knapp C, et al. Natural Gas Hydrates-energy Resource Potential and Associated Geologic Hazards. American Association of Petroleum Geologists Memoir, 89: 385 ~ 400

Wang X, Hutchinson D R, Wu S, et al. 2011b. Elevated gas hydrate saturation within silt and silty clay sediments in the Shenhu area, South China Sea. Journal of Geophysical Research, 116 (B05102): 1 ~ 18

Wang X J, Wu S G, Lee M, et al. 2011a. Gas hydrate saturation from acoustic impedance and resistivity logs in the Shenhu area, South China Sea. Marine and Petroleum Geology, 28: 1625 ~ 1633

Wang X J, Wu S G, Xu N, et al. 2006. Estimation of gas hydrate saturation using Constrained Sparse Spike Inversion: Case study from the northern South China Sea. Terrestrial, Atmospheric and Oceanic Sciences, 17 (4): 99 ~ 813

White J E, Angona F A. 1955. Elastic wave velocities in laminated media. Journal of Acoustical Society of America, 27: 310 ~ 317

Wood W T, Jung W Y. 2008. Modeling the extent of Earth's methane hydrate cryosphere. Proceedings of the Sixth International Conference on Gas Hydrates

Wu N Y, Zhang H Q, Yang S X, et al. 2011. Gas hydrate system of Shenhu area, Northern South China Sea: Geochemical results. Journal of Geological Research, 20: 1 ~ 10

Wu S G, Wang X J, Wong H K, et al. 2007. Low-amplitude BSRs and gas hydrate concentration on the northern margin of the South China Sea. Marine Geophysical Research, 28 (2): 127 ~ 138

Xu W, Ruppel C. 1999. Predicting the occurrence, distribution, and evolution of methane gas hydrate in porous marine sediments. Journal of Geophysical Research, 104: 5081 ~ 5095

Yun T S, Francisca F M, Santamarina J C, et al. 2005. Compressional and shear wave velocities in

uncemented sediment containing gas hydrate. Geophysical Research Letters, 32, L10609, 1029 ~ 2005

Yun T S, Santamarina J C, Ruppel C. 2007. Mechanical properties of sand, silt, and clay containing tetrahydrofuran hydrate. Journal of Geological Research, 112, B04106, 1029 ~ 2006

Zhang H Q, Yang S X, Wu N Y, et al. 2007. Successful and surprising results for China's first gas hydrate drilling expedition. Fire in the Ice. Methane Hydrate Newsletter, National Energy Technology Laboratory, US Department of Energy, 1